冶金职业技能培训丛书

热轧带钢生产知识问答

（第2版）

赵家骏　柳谋渊　编著

北　京
冶金工业出版社
2008

内容提要

本书是《冶金职业技能培训丛书》之一。它以问答形式通俗地介绍了热轧带钢生产过程的各种基础知识和热轧带钢生产工艺。

全书共分6章，即概述、坯料与加热、粗轧、精轧、精整和热轧车间管理。

本书可作为轧钢工人技术培训教材，亦适用于热轧带钢车间的广大工人和生产管理人员阅读，也可供大专院校有关专业师生参考。

图书在版编目(CIP)数据

热轧带钢生产知识问答/赵家骏，柳谋渊编著．—2版．—北京：冶金工业出版社，2006.1（2008.11重印）

（冶金职业技能培训丛书）

ISBN 978-7-5024-3853-1

Ⅰ.热…　Ⅱ.①赵…　②柳…　Ⅲ.热轧—带钢—问答　Ⅳ.TG335.5-44

中国版本图书馆CIP数据核字（2005）第126809号

出版人　曹胜利

地　址　北京北河沿大街嵩祝院北巷39号，邮编100009

电　话　(010)64027926　电子信箱　postmaster@cnmip.com.cn

责任编辑　李培禄　美术编辑　李　心

责任校对　白　迅　李文彦　责任印制　牛晓波

ISBN 978-7-5024-3853-1

北京百善印刷厂印刷；冶金工业出版社发行；各地新华书店经销

1993年11月第1版，2006年1月第2版，2008年11月第5次印刷

850mm×1168mm　1/32；13.5印张；358千字；411页；9501-12500册

35.00元

冶金工业出版社发行部　电话：(010)64044283　传真：(010)64027893

冶金书店　地址：北京东四西大街46号(100711)　电话：(010)65289081

（本书如有印装质量问题，本社发行部负责退换）

序

新的世纪刚刚开始，中国冶金工业就在高速发展。2002年中国已是钢铁生产的“超级”大国，其钢产总量不仅连续7年居世界之冠，而且比居第二位和第三位的美、日两国钢产量总和还高。这是国民经济高速发展对钢材需求旺盛的结果，也是冶金工业从20世纪90年代加速结构调整，特别是工艺、产品、技术、装备调整的结果。

在这良好发展势态下，我们深深地感觉到要适应这一持续走强要求的人员素质差距之惑。当前不仅需要运筹帷幄的管理决策人员，需要不断开发创新的科技人员，更需要适应这新变化的大量技术工人和技师。没有适应新流程、新装备、新产品生产的熟练技师和技工，我们既使有国际先进水平的装备，也不能规模地生产出国际先进水平的产品。为此，提高技工知识水平和操作水平需要开展系列的技能培训。

冶金工业出版社根据这一客观需要，为了配合职业技能培训，组织国内有实践经验的专家、技术人员和院校老师编写了《冶金职业技能培训丛书》，以支持各钢铁企业、中国金属学会各相关组织普及和培训工作的需要。这套丛书按照不同工种分类编辑成册，各册根据不同工种的特点，从基础知识、操作技能技巧到事故防范，采用一问一答形式分章讲解，语言简练，易读易懂易记，适合于技术工人阅读。冶金工业出版社的这一努力是希望为更好地发展冶金工业而做出的贡献。感谢编著者和出版社的辛勤劳动。

借此机会，向工作在冶金工业战线上的技术工人同志们致意，感谢你们为冶金行业发展做出的无私奉献，希望不断学习，以适应时代变化的要求。

原冶金工业部副部长
中国金属学会理事长

2003年6月18日

第2版前言

《热轧带钢生产知识问答》第1版自1993年出版以来已有10多年了。近年来，我国的热轧板带生产有了很大的发展，引进了一些先进的热轧设备和技术，一些行业标准也有了新的版本。因此，本书第1版中的部分内容已经过时，修订再版势在必行。

为了配合热轧生产和管理人员的培训，提高热轧生产和管理的水平，适应我国钢铁工业发展的需要，我们此次修订再版补充介绍了一些新工艺、新设备和新技术，如宝钢新建的热连轧生产线、薄板坯连铸连轧等；按现行的行业标准对有关内容进行了删改；另外，对原书的个别字句和计算数据有误之处一一予以改正，书中的全部物理量及单位均按照《量和单位》新标准的有关规定做了修改。鉴于本书的读者对象、编写要求以及内容与《冶金职业技能培训丛书》相符，本次修订将其纳入该丛书之中。

本书第1版由赵家骏老师编著，此次再版由赵家骏和柳谋渊老师共同修订，并得到了上海应用技术学院魏立群等老师的大力协助，在此特表谢意。

愿本书能为从事轧钢生产的工人、技术人员和管理人员提供有益的帮助。对书中存在的不足之处，恳请广大读者批评指正。

编　者

2005年9月

第1版前言

为了配合热轧带钢车间工人考工和职工技术培训，提高热轧带钢生产工人的专业技术水平，编写了这本《热轧带钢生产知识问答》，本书也是《轧钢工人应知应会丛书》之一。

《热轧带钢生产知识问答》是根据冶金工业部颁发的《冶金工人技术等级标准》，结合各厂生产工艺、设备的实际情况编写的。全书以问答形式按生产工艺过程，着重阐明热轧带钢生产工艺特点及其设备和现场操作经验。本书以介绍实用技术为主，对先进技术仅作简单介绍。

本书在编写过程中，广泛地听取了轧钢行业的生产工人、工程技术人员、生产管理人员和大专院校教师的意见，并得到他们的大力支持和帮助，提供了有关资料，在此一并致谢。

本书由宝山钢铁总厂王德仁高级工程师审阅，并提出了许多宝贵意见，在此表示感谢。

由于作者水平有限，书中存在的不足之处，恳请广大读者批评指正。

赵家骏

1992年5月于上海

目　录

第一章　概　述

第二章 坯料与加热

第三章 粗 轧

第四章　精　　轧

第五章 精 整

第六章　热轧车间管理

第一章　概　　述

1. 热轧板带钢有哪些品种和用途?

答: 热轧带钢产品主要以钢卷状态供给冷轧机作原料，同时也直接向用户和市场销售热轧钢卷和精整加工产品，即平整钢卷、分卷钢卷、纵切窄带钢卷、横切钢板，最近几年又有经过酸洗的热轧钢卷作为成品进入销售市场。

供给本企业和其他企业冷轧机作原料用热轧钢卷主要的钢种为低碳钢（包括超低碳钢）、一般碳素结构钢，供冷轧机生产取向硅钢、无取向硅钢、不锈钢薄板带用原料钢卷，也由热轧宽带钢轧机生产。冷轧机原料钢卷的规格范围为：厚度 1.5 ~ 6.0mm、宽度 600 ~ 1900mm。

直接供用户和向市场销售的热连轧板带钢的种类和用途如下:

(1) 普通碳素结构钢板带。用于制造建筑结构，起重运输机械，工程、农用和建筑机械，铁路车辆及其他各种结构件。

(2) 优质碳素结构钢板带，包括按国外标准供货的焊接结构钢板带。大量的用途同上，并用于制造汽车、拖拉机、收割机以及要求冲压性能和焊接性能优良的机械构件、石油储罐、压力容器、船舶、桥梁和各种工程的结构件。

(3) 低合金高强度结构钢板带。用于制造要求强度更高、成形性更好和性能稳定的机械制造、车辆、化工设备等各种设备的结构，大型厂房钢结构，重要工程及桥梁结构等。

(4) 耐大气腐蚀和高耐候钢板带。用于制造铁路客车、冷藏车、铁路货车、矿石车以及各种交通车辆的结构件，也用于船舶及铁路集装箱制造，石油井架、各种工程机械和交通运输机械的制造。

(5) 耐海水腐蚀结构钢板带。用于石油井架、海港建筑、采油平台、船舶制造，也用于化工、石油行业含硫化氢腐蚀性液体容器和铁路运输车辆的制造。

（6）汽车制造用板带钢系列。

（7）集装箱用钢。专用于制造集装箱侧板、门板、顶板、底板、边框、立柱等构件。

（8）管线用钢。石油天然气输送用管线，用于制造埋弧焊钢管以及直缝电焊钢管。

（9）焊接气瓶及压力容器用钢。用于制造液化气钢瓶及乙炔气钢瓶、较高工作温度的压力容器及锅炉等。

（10）造船用钢板。用于制造内河船体及上层建筑结构，远洋轮船的上层建筑及隔舱板。

（11）矿用钢板。用于制造采矿用液压支架、矿用工程机械、矿用车斗、采矿刮板运输机，以及其他矿用机械耐磨结构件。

2. 热轧板带钢是如何进行分类的？

答：钢板是一种宽厚比和表面积都很大的扁平钢材。热轧板带钢是采用热轧方法生产的带钢，其厚度为 1.2 ~ 25.4mm，宽度为 200 ~ 1900mm。

按规格分类，有窄带钢和宽带钢之分。宽度在 600mm 以下的为窄带钢；宽度大于 600mm 的为宽带钢。

按材质分类，有普碳钢、优碳钢、合金结构钢、碳素工具钢、不锈钢、弹簧钢和电工用硅钢等。它们主要用于汽车工业、航空工业、搪瓷工业、电气工业、机械工业等部门。薄钢板除轧制后直接交货之外，还可经过酸洗、表面镀锌镀锡和涂覆聚酯材料等形式进行深加工，提供高附加值产品。

按形状分类，有横切板、纵切带钢卷等。

3. 热轧板带钢生产基本工艺流程是怎样的？

答：热轧板带钢生产的基本工艺流程如图 1-1 所示。

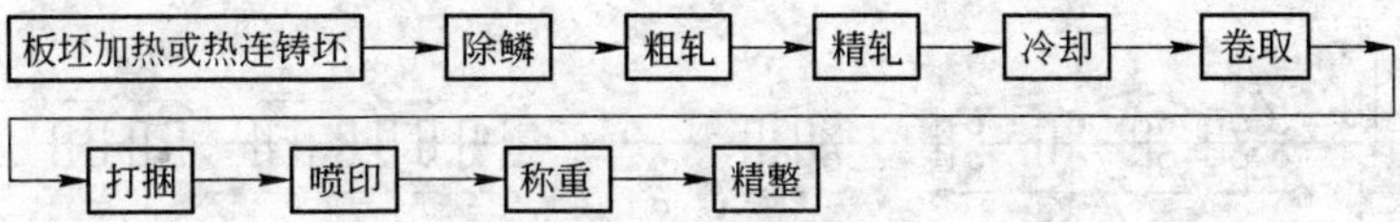

图 1-1 热轧板带钢生产基本工艺流程

4. 热轧板带钢生产主要有哪些形式?

答: 热轧板带钢生产目前主要有连续轧制、炉卷轧制和薄板坯连铸连轧三种基本形式。按粗轧机组与精轧机组的不同配置，带钢热连轧有半连续式、3/4 连续式和全连续式三种形式。

半连续式轧机的粗轧机组（图 1-2）由两架可逆式轧机组成，并设有中厚板加工线设备，既生产板卷，又生产中厚板。半连续式轧机的设备和投资都比较少，粗轧阶段道次可灵活调整，故适用于产量要求不高、品种范围较广的情况。全连续式轧机粗轧机组由 5 ~ 6 个机架组成，每架轧制一道，全部为不可逆式。所谓全连续就是指轧件自始至终没有逆向轧制的道次（图 1-2）。3/4 连续式，在粗轧机组内设置 1 ~ 2 架可逆式轧机，把粗轧机由 6 架缩减为 4 架。为了缩短机架之间的距离，粗轧机组最后两架采用了连续式布置（图 1-2）。全连续式轧机与半连续式轧机相比，除了轧机生产能力更大（300 ~ 600 万 t/年）外，还有操作简单、维修方便、成品质量较好等优点，但设备多、投资大、轧制流程线或厂房长度增大。3/4 连续式轧机，除生产能力与全连续式轧机相仿外，还具有投资较省、适应性较强和适于分期建设等优点。

精轧机组因其轧机形式不同而有所区别。

表 1-1 为我国热轧带钢轧机精轧机组组合方式，其中 PC 为成对轧辊交叉轧机，CVC 为连续可变凸度轧机，WRB 为弯辊轧机，WRS 为轴向移动轧机。

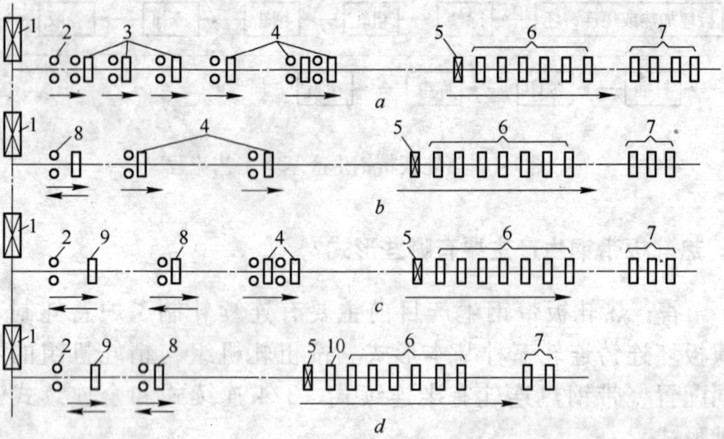

图 1-2 带钢热连轧机的布置形式

a—全连续式；*b*—3/4 连续式（一）；*c*—3/4 连续式（二）；*d*—半连续式

1—加热炉；2—立辊除鳞机座；3—二辊不可逆万能机座；4—四辊不可逆万能机座；5—飞剪；6—四辊精轧机组；7—卷取机；8—四辊可逆万能机座；9—二辊可逆机座；10—二辊除鳞机座

表 1-1 我国热轧带钢轧机精轧机组的组合方式

序号	机 组	精轧机组组合形式					机架数量
		四辊	PC	CVC	WRB	WRS	
1	宝钢 2050mm 轧机			7			7
2	宝钢 1580mm 轧机	1	6				7
3	武钢 1700mm 轧机				7	4	7
4	武钢 2250mm 轧机			4		3	7
5	鞍钢 1780mm 轧机	1	3		3		7
6	鞍钢 1700mm 轧机	6					6
7	本钢 1700mm 轧机	1		3	3		7
8	太钢 1549mm 轧机				7	3	7
9	梅钢 1422mm 轧机			3		3	6
10	攀钢 1450mm 轧机				6		6

5. 带钢热连轧机的发展趋势和特点是怎样的?

答: 带钢热连轧机的发展趋势和特点主要体现在以下几个方面:

(1) 综合改造:对我国原有的工艺落后、设备陈旧、自动化程度低、消耗大的带钢热轧机组,从计算机管理与控制、装备与自动化水平、工艺参数控制水平、能耗最小化等各个方面加以综合改造,使其达到或接近现代带钢热连轧机的生产水平。

(2) 控制冷却:采用高效层流冷却技术,以提高轧制速度和控制热轧带钢的组织性能。

(3) 多级计算机管理和控制:在20世纪70年代直接数字控制和过程控制技术基础上,实现多级计算机管理和控制,控制范围包括整个生产过程,从加热炉入口或连铸机出口直至成品库,涵盖了轧制计划、库存管理、数学模型、设备控制、质量控制、电气及液压传动数字控制等各个层次,并且有了神经元网络技术介入管理和控制系统。

(4) 主传动交流变频传动技术:采用由交流变频调速装置供电或由交直交电压型脉冲宽度调制型电源变换器供电的交流主传动电动机和数字式矢量控制,取代以往的可控硅整流供电的直流主传动电动机。

(5) 精轧机板形控制:如采用交叉辊(PC)和在线磨辊(ORG)、连续可变凸度(CVC)、液压辊形控制等一系列技术,提高精轧机组板形控制的精度。

(6) 采用大型连铸板坯或连铸连轧方式:以高效节能为主要目的,采用大型连铸板坯或连铸连轧方式已经成为各国热带钢生产的一大趋势。我国现有宽幅薄板坯连铸连轧生产线6套,即珠钢的1500mm机组、邯钢的1900mm机组、包钢的1750mm机组、唐钢的超薄板坯连铸连轧机组、马钢的CSP机组和涟钢的CSP机组。

表1-2列出了20世纪40~90年代带钢热连轧机的发展概况。

表 1-2　带钢热连轧机发展情况

项　目	20 世纪 40 年代	20 世纪 50 年代	20 世纪 60 年代	20 世纪 70 年代	20 世纪 90 年代
年产量/万 t	50 ~ 150	100 ~ 250	200 ~ 350	300 ~ 600	300 ~ 600
速度/$m \cdot s^{-1}$	6 ~ 8	8 ~ 12	15 ~ 22	18 ~ 30	约 30
坯重/t	2.5 ~ 5	5 ~ 15	10 ~ 30	20 ~ 45	
板坯厚×长/mm×m	(100 ~ 120) × (2.5 ~ 5)	(120 ~ 180) × (3.5 ~ 7)	(120 ~ 250) × (5 ~ 10)	(180 ~ 300) × (4 ~ 13)	(180 ~ 300) × (4 ~ 13)
产品厚×长/mm×m	(2 ~ 8) × (100 ~ 200)	(1.8 ~ 10) × (200 × 500)	(1.2 ~ 12) × (500 ~ 1000)	(0.8 ~ 20) × (1000 ~ 2000)	(0.8 ~ 20) × (1000 ~ 2000)
粗轧机组形式	2 架可逆或 4 架串轧	同 40 年代	3/4 连轧或 5 ~ 6 架串连	同 60 年代	同 60 年代
精轧机组形式	4 ~ 6 架	6 架	6 ~ 7 架	7 ~ 9 架	6 ~ 7 架
每架电机容量(精轧)/kW	2500 ~ 3500	4000 ~ 5000	6000 ~ 10000	8000 ~ 12000	约 15000
厚度公差/mm	±0.35	±0.15	±0.08 ~ ±0.1	±0.05	±0.02
宽度公差/mm	±20	±15	±5 ~ ±10	±5 以下	±5 以下
终轧温度偏差/℃	±50	±50	±30	±10 ~ 15	±10 以下
卷取温度偏差/℃	±50	±50	±30	±10 ~ 15	±10 以下
自动化程度	人工操作	有速度、张力及厚度控制系统	电子计算机 AGC，计算机功能扩大	多级电子计算机全面自动控制	光纤数据大道多级计算机系统全面控制

6. 炉卷轧机轧制有哪些特点？

答：炉卷轧机的工作机座分前后两部分，设有带保温炉的卷取机，因此可以在热状态下实现成卷带钢的可逆轧制（图 1-3）。

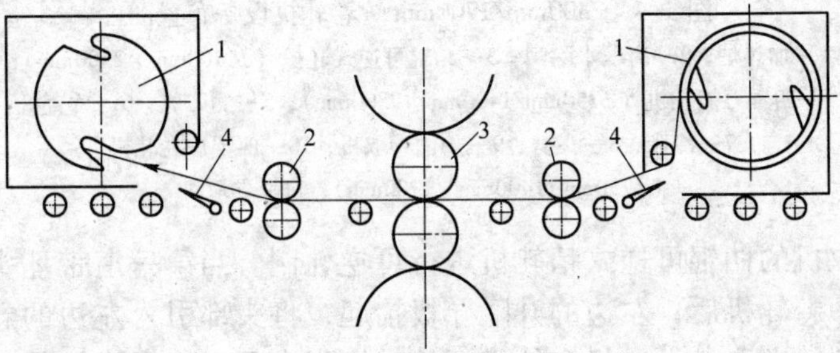

图 1-3　炉卷轧机示意图

1—带保温炉的卷取机；2—送料辊；3—四辊可逆轧机；4—升降导板

炉卷轧机的主要优点是在轧制过程中可大大减少带钢的温降，因此，轧制道次可以灵活变化，可生产出各种热轧带卷，适合于轧制加工温度范围较窄的难变形的特殊钢带，并且可以调节炉温，控制轧件的终轧温度；其次，与连轧机相比，其设备质量轻，占地面积小。

炉卷轧机的缺点是：

(1) 产品质量比较差。由于带钢头尾轧速低、散热快，所以轧出的带钢头尾厚度偏差大；另外精轧时间长，需要控制炉内气氛，否则二次氧化铁皮多，使带钢表面质量变差。

(2) 轧机操作复杂，轧辊易磨损，使换辊频繁，并且该轧机生产能力也不高，因而影响到炉卷轧机的广泛使用。

炉卷轧机的生产工艺流程和设备布置如图 1-4 所示。板坯在连续式加热炉中加热后，通过高压水除鳞，然后在二辊宽展轧机和带立辊的四辊万能粗轧机上分别轧制一定道次，将板坯轧成厚 10 ~ 20mm 的带坯，在飞剪机上切除头尾，然后喂入带炉内

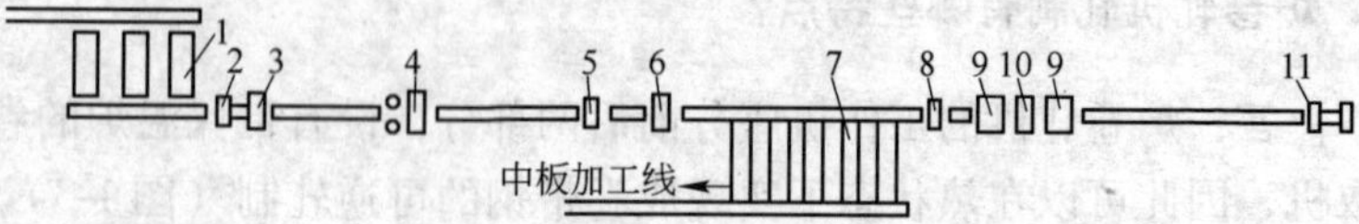

图 1-4 2300mm/1700mm 炉卷轧机设备布置图

1—加热炉；2—高压水除鳞；3—二辊可逆式轧机（ϕ1100mm×2300mm）；4—四辊万能轧机（ϕ750mm/1400mm×2300mm）；5—铡刀剪；6—矫直机；7—冷床；8—飞剪；9—炉内卷取机；10—四辊炉卷轧机（ϕ750mm/1400mm×1700mm）；11—卷取机

卷取机的四辊可逆式精轧机进行可逆轧制。当第一道带坯头部出炉卷轧机后，左边的升降导板抬起，将头部引入左边的卷取机进行卷取。卷取机和轧机间的带钢张力不大。卷取机的最大总张力为 30kN。第一道轧件尾部一出轧辊，左边的送料辊下降，整个机组进行反转，开始第二道轧制，此时右边的送料辊和升降导板抬起，又将带钢导入右边的炉内卷取机中进行卷取。如此反复轧制几道，即轧成所需要的带卷。由于每道轧制轧件端部均需通过轧辊，因而每道次开始时都需以咬入速度（0.5～2.5m/s）轧制，使轧件端部容易进入卷取机。咬入后，卷取机与轧机同步升速到正常轧制速度，而在每道次终了时，必须及时制动，以防轧件尾部进入保温炉内。这样频繁改变的操作制度必须依赖自动控制才能实现，并且这也限制了轧制速度的提高。一般轧件在炉卷轧机上轧制 3～5 道次，轧成要求的带材厚度后，通过运输辊道冷却到卷取温度，在成品卷取机上卷成钢卷。

轧机的产品厚度范围一般为 1.5～10mm，轧制速度范围为 0.5～8.5m/s，年产量约 15～60 万 t。而先进轧机如 Steckel 轧机的年产量可达 100 万 t 以上，甚至达 200 万 t。

7. 国产 1700mm 带钢热连轧机的设备布置和工艺流程是怎样的？

答：国产 1700mm 带钢热连轧机为 3/4 连续式布置形式（图

1-2*b*)。坯料厚度120~250mm，宽度800~1600mm，长度3800~4400mm和8200~9200mm（单排加热），最大坯重24t。成品为1.5~10mm厚、750~1550mm宽的成卷带钢。带钢的钢种以碳钢为主，也生产少量低合金钢和不锈钢。设计年产量300万t。

板坯在加热炉中加热至1250~1280℃时，由推钢机推出，经高压水（12~14MPa）除鳞后，送入大立辊压侧边并再次用高压水除鳞，然后进入第一架万能粗轧机往复轧3~5道，在第二、第三架万能粗轧机各轧一道。

板坯由第三架粗轧机轧出后，进行测厚、测宽。不合格的废品剪成12m定尺，推上废品台架。合格的板坯经飞剪切头并再次经高压水除鳞后，进入7机架精轧机组。轧出后的成品带钢经过150m辊道，进入三辊式地下卷取机卷成带钢卷。各精轧机座间设有导板和恒张力气动活套支持器。

加热炉为6段连续式，共3座，炉底尺寸为宽9628mm、长33060mm，生产能力为200t/h，采用双排齿条式推钢机。

粗轧机组中大立辊轧机轧辊直径为1000mm，轧机开口度为700~2000mm，轧辊由1200kW主电机驱动；第一架四辊可逆轧机工作辊/支撑辊直径为1150mm/1550mm，轧机开口度为300mm，轧机由2×4300kW直流电机驱动；第二、三架粗轧机为四辊不可逆轧机，立辊直径为850mm，立辊开口度为700~1600mm，工作辊/支撑辊直径为1150/1550mm，由7000kW交流同步电机驱动。

三辊式地下卷取机卷筒直径为800mm，卷取速度5~20m/s，卷取带钢厚度1.5~10mm，钢卷最大外径2000mm，最大卷重20t。

由卷取机卸下的带卷经打捆后由链式运输机运至地面（经过称量和打印），再由吊车运往钢卷库。

车间有两条横切机组，一条将宽800~1500mm、厚1.5~4.8mm的带钢用摆式飞剪切成最大长度8m的定尺钢板；另一条将宽800~1500mm、厚2.5~10mm的带钢用斜刀剪切成最长为

10m 的定尺钢板。

纵切机组生产厚 2 ~ 3mm、最窄 120mm 的带钢卷。

8. 引进 1700mm 带钢热连轧机的设备布置和工艺流程是怎样的?

答：引进 1700mm 带钢热连轧机为 3/4 连续式布置（图 1-5）。原料为厚 150 ~ 250mm、宽 500 ~ 1600mm、长 4 ~ 10m 的板坯，最大坯重 30t。成品为厚 1.2 ~ 12.7mm、宽 500 ~ 1550mm 的卷材或板材（表 1-3）。钢种主要是碳素结构钢和低合金钢，也生产少量取向和无取向硅钢。总的年产量为 310 万 t。

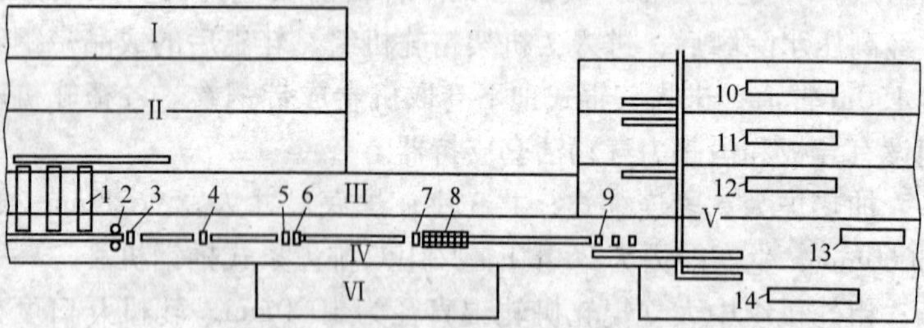

图 1-5 引进 1700mm 带钢热连轧机设备平面布置图

Ⅰ—板坯修磨间；Ⅱ—板坯存放场；Ⅲ—主电室；

Ⅳ—轧钢车间；Ⅴ—精整车间；Ⅵ—轧辊磨床

1—加热炉；2—大立辊机架；3—R1，二辊不可逆；4—R2，四辊可逆；

5—R3，四辊直流；6—R4，四辊交流；7—飞剪；8—精轧机组，

F1 ~ F7；9—卷取机；10、11、12—横切机组；13—平整机组；

14—纵切机组

表 1-3 1700mm 带钢热连轧机产品规格

序号	产品名称	规格			备注
		厚/mm	宽/mm	长/m	
1	热轧薄钢板	1.2 ~ 6.35	620 ~ 1550	2 ~ 12	1 号、2 号横剪生产
2	热轧钢板	4.5 ~ 12.7	620 ~ 1550	2 ~ 12	3 号横剪生产
3	热轧纵切钢卷	1.2 ~ 8.6	120 ~ 1550		

续表1-3

序号	产品名称	规格			备注
		厚/mm	宽/mm	长/m	
4	热平整钢卷	1.2~8.6	700~1550		平整到6.35mm厚，分卷到8.6mm厚
5	供冷轧用钢卷	1.5~6.0	540~1550		最大卷重30t
6	供硅钢用钢卷	1.8~2.5	800~1100		常用2.0~2.3mm厚

轧制线由步进式加热炉、粗轧机组、精轧机组和卷取机组成。

从连铸厂和初轧厂运来的板坯（硅钢板坯由保温车先送到保温清理跨间，在不低于150℃的温度下进行火焰清理后送来）由推钢机推入步进式加热炉。步进式加热炉为8段加热，加热炉有效长度为32500mm，有效宽度为10700mm。加热能力：碳素结构钢和低合金钢为270t/h，取向硅钢为102t/h，无取向硅钢为177t/h。加热炉燃料为重油、混合煤气。碳素结构钢、低合金钢加热温度为1250℃，硅钢为1360℃。板坯按计算机给定的轧制节奏出料。加热到指定温度的板坯由板坯出料机移放到输出辊道上，输送到立式除鳞机（VSB）前。板坯经大立辊压侧边并用高压水（水压15MPa）除鳞后，进入第一架二辊粗轧机轧一道，再经第二架四辊万能可逆式粗轧机轧3~5道，送往第三、第四架四辊万能粗轧机连轧1道。粗轧机组的第三、第四架轧机的结构和尺寸相同，但驱动形式不同，第四架轧机由一台6500kW交流同步电机驱动，第三架轧机由直流电机驱动并与第四架轧机保持无张力连轧关系。

第四架粗轧机的出口轧件厚度为30mm。坯料经测厚、测宽、测温后送往飞剪切头（飞剪也可切尾），然后经7机架精轧机组轧成成品。带钢终轧温度一般为800℃以上，在输出辊道上经层流冷却至卷取温度（600℃左右），进入地下卷取机卷取。

不需要检查的钢卷，卷取后由运输链送到打捆机捆扎，捆扎后称重，把钢卷转运到指定的下一工序的运输链上；在钢卷输出链带旁，有一条钢卷检查线，将被检查的钢卷转运其上，进行检查，检查后的钢卷要用人工打捆并返回到运输链上。

7架精轧机的支撑辊辊径是相同的（ϕ1570mm/ϕ1448mm）。工作辊辊径有两种规格：前3架为ϕ800mm/ϕ740mm，后4架为ϕ760mm/ϕ700mm。后几架工作辊辊径较小，有利于轧制薄规格产品。各机架均设有工作辊正、负弯辊装置，可以进行辊形控制，以便改善板形。在各机架非传动侧均设有转盘式快速换辊装置。精轧机组各机座之间均设有恒张力电动活套支持器。第七架精轧机还设有液压推上缸，利用液压压下系统可实现轧机的变刚度控制，以减小板厚误差并获得良好板形。

轧制线由1台监控计算机、3台数字直接控制计算机控制。监控计算机管理从板坯上料直到卷取机的整个工艺过程。3台数字计算机分别控制加热及粗轧区、精轧区和层流冷却卷取区。

车间还设有3条横切机组、1条纵切机组和1条平整机组。

1号、2号横切机组的设备基本相同，采用IHI型摆式飞剪。机组剪切厚1.2~6.35mm、长2~12m的定尺钢板。3号横切机组采用模式飞剪，剪切厚4.5~12.7mm、长2~12m的定尺钢板。

平整机组的作用是平整钢带，也作为切分带钢的机组。平整带钢的厚度为1.2~6.35mm，切分带卷厚度1.2~8.6mm。平整机有液压压下（推上）和弯辊系统，用4%压下率进行平整。

纵切机组可将厚度1.2~8.6mm的带卷切成最小宽度为120mm的窄带卷。

9. 宝钢2050mm热连轧机的设备和工艺是怎样的？

答： 宝钢2050mm热连轧机生产碳结钢、优质碳结钢和低合金钢热轧板卷，年产400万t，产品范围为厚1.2~25.4mm（API-5LS-X70为19mm），宽600~1900mm。成品分配为：钢板

100万t（1.2～25.4mm×550～1850mm×2000～12000mm）；纵切带卷20万t（1.2～12.7mm×120～1850mm）；平整、分卷带卷30万t（1.2～8.6mm×600～1900mm）；供螺旋焊管用卷12.2万t（6.0～25.4mm×900～1900mm）；供2030mm冷轧机用卷237.8万t（1.8～6mm×900～1900mm）。

采用板坯尺寸为厚150～250mm、宽650～1930mm、长4～12m，最大板坯重44.5t。板坯由初轧机和连铸机供应。

最大钢卷重43.6t，最大单位卷重23kg/mm。

有3座分段步进架式加热炉，每座炉的加热能力为350t/h（冷坯），最大能力达400t/h。加热炉能适应板坯热装、冷装、冷热混装的操作要求，采用计算机控制。

粗轧机组由4架轧机组成（R1、R2、R3、R4），每架粗轧机前均设立辊（E1、E2、E3、E4）。除R1为二辊轧机外其他3架均为四辊轧机，E1R1和E2R2都为可逆式万能轧机。E3R3和E4R4邻近布置，不可逆，采用微张力连轧（R4为同步电机驱动；R3用直接变频交流电机驱动）。在粗轧机组上可以轧成35～65mm厚的中间坯。E1立辊一道次的最大宽度压下量为120mm，3道次的最大宽度有效压下量可达150mm。前3架立辊轧机上设有短冲程和宽度自动控制系统（RAWC）。R4的轧制速度为4.2m/s。

精轧机组由7架四辊轧机组成（F1～F7）。末架F7的最大速度为25.1m/s，F1～F7轧机上均设有液压厚度自动控制（AGC）和液压弯辊系统，F1～F3轧机的工作辊采用新型的"连续可变轧辊凸度系统"（CVC）。F1～F4机架间采用微张力控制系统，其余机架间仍用低惯量电机传动的活套挑。

粗轧机组后的中间辊道上设有保温罩。带钢出精轧机组后经层流冷却装置进行控制冷却，并以一定的卷取温度进行卷取。卷取机共设3台。

有5条精整机组，其中3条横切机组（分薄、中、厚3种规格），1条平整分卷机组，1条纵切机组。共设有15台打捆机，其中自动打捆机2台，半自动打捆机13台。

全厂计算机系统分成4级，即生产管理级（MCS）、生产控制级（FLS）、过程控制级（PCC）和设备控制级（BA）。全厂的生产管理、计划管理及生产流程和操作全部实现了计算机自动控制。

10. 宝钢2050mm热连轧机采用了哪些新工艺、新技术和新设备？

答：宝钢2050mm热连轧机所采用的主要新工艺、新技术和新设备情况如下：

（1）采用连铸坯热送热装工艺。为了实现热送热装工艺而采用的主要技术有：连铸来料辊道上设保温罩，板坯库有热坯保温坑，用夹钳式吊车吊具，加热炉炉前辊上设测温计，加热炉用步进梁分段驱动，采用大调节比烧嘴控制系统。设计热装目标值为连铸供坯的60%，平均热装温度500～550℃，进一步可提高到650～700℃，与冷装炉相比节约能耗为25%和35%。

（2）采用低温出炉（1150℃）轧制工艺。采取的主要措施是适当增加进精轧机的中间坯厚并使切头飞剪能力与之相适应。

（3）采用低燃耗加热炉。在板坯入炉端设有“换热段”，用于废气与板坯的热交换，空气预热温度可提高到550℃，废气出口温度降到343℃。炉墙炉顶加厚、炉门采用最佳密封及炉内冷却水管用双层隔热衬套等以减少热量损失。采取这些措施后冷坯单耗降为1292MJ/t。加热炉步进梁和固定梁采用分段交错布置，使坯料“水印”大为减轻。

（4）宽度自动控制（RAWC）。在R1、R2和R4后设测宽仪，用E2、E3立辊进行宽度自动控制，以克服“水印”和其他因素产生的带坯宽度变化。

（5）粗轧机组后中间辊道上设置了17组总长75m的保温罩，以降低中间带坯的温降和减小带坯头尾的温差约30℃以上。

（6）切头飞剪采用最佳化剪切系统，可提高金属收得率约0.4%。

（7）为了确保轧制精度和控制板形，在精轧机组 F1～F7 上都采用了液压 AGC 系统，在 F1～F3 上采用 CVC 系统和弯辊系统来控制带钢凸度（在 F4～F7 上则仍采用弯辊系统），F7 后设有板形检测装置。

11. 宝钢 1580mm 热连轧机的设备是怎样的？

答：宝钢 1580mm 热连轧机轧制线的主要设备情况如下：

（1）步进梁式加热炉 3 座（其中 3 号炉用于加热硅钢，缓建）。1、2 号为普通钢加热炉，有效炉长 41m，全长 42.3m，炉内宽度 12m，全宽 12.94m，装出炉辊道中心间距 47.1m，炉子加热能力 250t/h（按标准坯冷坯计算）。

（2）粗轧机组设备 1 套，包括定宽压力机，高压水除鳞装置，R1、R2 粗轧机及前后辅助设备，E1、E2 立辊，中间辊道及保温罩和废品推出机等。其中：

1）定宽压力机 1 台，最大侧压量为 350mm，最大压力为 22000kN，压下周期为每分钟 50 个冲程，每个冲程板坯走行量为 400mm，运行速度为 20m/min。主电动机 1 台，容量 AC3400kW，转速 0～500r/min。

2）二辊可逆式 R1 粗轧机 1 座，辊径 1350～1230mm，辊身长 1580mm，最大压力 30000kN。主电动机 2 台，容量 AC3500kW，转速 28～40r/min。上下辊单独传动，最大轧辊速度 180m/min。

3）四辊可逆式 R2 粗轧机 1 座，工作辊辊径 1160～1060mm，辊身长 1580mm；支撑辊辊径 1480～1330mm，辊身长 1560mm；最大压力 30000kN。由 2 台 AC6000kW、45～90r/min 的电动机上下辊单独传动，最大轧辊速度 327m/min。

4）中间辊道上的保温罩 1 套，全长 70m，分为 10 段。

（3）精轧机组设备 1 套，主要包括带坯边部电感应加热器、飞剪前输入辊道、切头飞剪、精轧除鳞装置、精轧前 FIE 立辊、7 台四辊式精轧机 F1～F7 等。其中：

1）带坯边部电感应加热器1套。电感应器为水冷式，左右各2组，功率为2×2000kW，频率为500Hz。电动台车2台，通板宽度范围700~1450mm。带坯头部异常检出器2台。

2）切头飞剪及切头收集装置1套。飞剪为异周速转鼓式，切断能力（在温度为900℃时），最大厚度60mm，最大宽度1430mm。切头长度最长500mm，最大剪切力9500N，切断速度60~150m/min。电动机2台，容量AC740kW，转速720r/min。

3）精轧机组F1~F7，其中：F1为四辊式轧机，F2~F7为PC型四辊式交叉轧机。工作辊直径：F1~F3为ϕ825~735mm，F4~F7为ϕ650~575mm；辊身长度为1580mm。支撑辊直径：F1~F3为ϕ1600~1450mm，F4~F7为ϕ1480~1330mm；辊身长度为1560mm。精轧机组轧制速度见表1-4。最大轧制力：F1~F3为40000kN；F4~F7为34000kN。F1~F7机架上设有液压压下装置和工作辊弯辊液压缸；F4~F7机架设有在线磨辊装置（ORG）；F1~F7机架间设电动活套；F2~F7轧机轧辊交叉角为0~1.5°。

表1-4　1580mm热连轧机精轧机组轧制速度

机架号	主电机功率/kW	主电机转速/$r \cdot min^{-1}$	轧制速度/$m \cdot min^{-1}$
F1	AC 7000	184/455	99/240
F2	AC 7000	184/455	142/344
F3	AC 6500	85/206	220/534
F4	AC 6500	154/375	314/766
F5	AC 6500	197/492	402/1005
F6	AC 6000	225/585	459/1195
F7	AC 5500	248/655	506/1338

（4）卷取机区设备1套，主要包括精轧后输出辊道、层流冷却和地下卷取机及其前后设备、钢卷打捆机和卸卷小车、移送小车、钢卷运输设备等。其中：

1）输出辊道全长约124m，291根辊子，标准辊距400mm，最高速度1526m/min。层流冷却装置冷却区长度82.8m，分15组108个控制段，上下最大总喷水量为15800m³/h。

2）地下卷取机1、2号各1套，3号预留，为三助卷辊液压操作式，采用自动快速打开Q、O、C控制（踏步控制）。卷筒电动机2台，AC440kW，360～1080r/min；助卷辊电动机3台，AC74kW，575～1150r/min；卷筒直径762mm，可扩缩4个位置。

12. 宝钢1580mm热连轧机的生产工艺流程是怎样的？

答：宝钢1580mm热连轧机的生产工艺流程如下：

连铸板坯由毗邻的连铸车间通过辊道和过跨小车运入热轧板坯库跨间。有4种板坯工艺路线：(1)冷装(CCR)板坯;(2)热装(HCR)板坯;(3)直接热装(DHCR);(4)直接轧制(HDR)。直接热装和直接轧制工艺的实现需要区域管理计算机（第四级）的支持。

板坯经过加热炉被加热到轧制温度后出炉，先经过粗除鳞箱，用高压水清除初生氧化铁皮。板坯除鳞后紧接着即送往板坯定宽压力机进行一道次的连续侧压。定宽压力机的侧压量是根据板坯与钢卷宽度差来决定的，一次可侧压到要求的宽度，最大侧压量可达350mm。随后，板坯经R1二辊可逆轧机轧制3道，再送至R2四辊可逆轧机轧制3～5道，轧成30～60mm厚的中间带坯。R1、R2前的E1、E2立辊用来对于板坯水平压下时的宽展进行侧压修正，补偿控制板坯头尾部轧制时产生的不足和对全宽度进行控制。粗轧后的中间带坯经中间辊道、切头飞剪前输入辊道，根据钢种和规格，如需要边部加热，带坯经边部电感应加热器，随后进入切头飞剪切去带坯头部，再经精轧除鳞箱清除再生氧化铁皮，进入精轧机组进行轧制。

中间带坯经过F1E立辊和F1～F7机架的四辊式精轧机组，轧成1.5～12.7mm的热轧带钢。精轧机组设有强力弯辊装置，F2～F7精轧机为双交叉轧机（PC轧机），对轧制的带钢凸度和平直度进行控制，轧出板形良好的成品带钢。热轧带钢经精轧机后的输出辊道上的层流冷却装置进行冷却，将带钢冷却到规定的卷取温度，然后由三助卷辊式全液压卷取机卷成钢卷。卸卷小车将钢卷从卷取机卸出，经打捆后由输送小车将钢卷送到钢卷运输链上，钢卷呈水平状态（卧卷），由钢卷运输链系统途经称量、喷印分别输送到冷轧厂热卷库跨间、本厂热钢卷库或分卷线热卷库跨间。在本厂钢卷库存放的钢卷冷却后，由汽车分别运往冷轧硅钢片厂或宝钢集团以外的上海地区冷轧厂。

需经分切重卷的热轧钢卷在冷却到常温后，由分卷机组进行分切重卷成小钢卷，经打捆、称量、喷印后存放在成品卷库，发货出厂。

13. 宝钢1580mm热连轧机采用了哪些新技术和新设备？

答：宝钢1580mm热连轧机采用的新技术和新设备主要有：

（1）板坯定宽大侧压机，最大侧压量达350mm，大幅度减少了连铸机供坯的宽度种类，有利于热装热送和直接轧制工艺的实现。

（2）F2～F7采用四辊交叉式PC轧机，交叉辊可控角度为0～1.5°，具有较大的辊形调节能力，以提高带钢横断面的均匀性和平直度。

（3）采用在线磨辊装置ORG和自由轧制。在F4～F7轧机上装有在线磨辊装置，以延长轧制周期，减少换辊时间，提高带钢表面质量，为进一步开发自由轧制技术创造了条件。

（4）中间带坯采用边部加热的中频电感应加热器。加热器功率为2×2000kW，频率为500Hz，可在行进中使带坯边部25mm区域内升温约45℃。

（5）主传动全部采用交直交电压型脉冲宽度调制型（PWM）的交流变频调速系统，辅传动亦大量采用交流调速电机，以节省投资，简化维修，提高设备运转的可靠性。

（6）采用数字化控制技术。各类传动系统大量采用数字式成套控制设备，提高设备的可靠性和控制精度。

(7) 主传动采用大功率元件 GTO 组成的电源变换器。GTO 大功率可关断可控硅（晶闸管）应用于主传动系统，速度响应快，谐波量少，无功冲击小，功率因数接近于 1.0，故可省去无功动态补偿系统。

(8) 采用热送热装工艺，并预留直接轧制的可能性。从平面总体布局上将炼钢、连铸、热轧一体化紧凑式布置，加之大侧压、ORG 的应用，保温坑的设置为全面热送热装打下了基础。

(9) 采用由计算机和微机组成的集中监控和控制系统。

(10) 采用光纤数据通道的多级计算机系统。

14. 我国热轧宽带钢轧机应用的新技术主要有哪些？

答：我国现有热轧宽带钢轧机应用的新技术包括工艺技术以及和工艺密切相关的技术装备。其中主要包括：

(1) 连铸板坯热装（HCR）和直接热装（DHCR）技术。应用和实现板坯热装技术的基础是炼钢和连铸机稳定生产无缺陷板坯。在热轧车间有关的技术有：

1) 连铸和热轧车间上下工序生产计划的一贯管理，保证预定的板坯物流与连铸和热轧机的节奏匹配，板坯数据要求实时传输；

2) 热轧车间最好和连铸机直接连接，以缩短传送时间，保证和提高板坯温度；

3) 设有板坯定宽压力机（Sizing Press，简称 SP），可以减少连铸板坯的宽度种类和增加连铸板坯宽度，从而提高连铸机产量和稳定连铸机生产，相应可以提高板坯的 DHCR 比率；

4) 加热炉采用长行程装料机，1580mm 热连轧机的步进式加热炉采用了行程为 10.4m 的装料机，便于在冷板坯与热板坯交替时将高温板坯一次装入到炉内 8m 的深处，从而缩短高温板坯的在炉加热时间；

5) 精轧机组后段的机架（F4 ~ F7）设工作辊轴向移动装置（WRS），这对于增加带钢同宽度的轧制量十分有利，对提高

DHCR 比率也很有利。

（2）板坯定宽压力机。我国有两套热连轧机组设有由日本 IHI 公司设计供货的板坯定宽压力机。这种板坯定宽压力机一次最大侧压量为 350mm，可以连续进行板坯侧压，运行时间短，效率高，板坯温降小，侧压后板坯头尾形状好，狗骨断面小，板坯减宽侧压有效率达 90% 以上。

（3）粗轧机立辊侧压短行程控制（SSC）和宽度自动控制（AWC）。2050mm 热连轧机 E1/R1 和 E2/R2 粗轧机，由于在 E1 和 E2 立辊轧机上要进行大侧压，有效减宽量最大为 150mm，为改善板坯头尾形状而设有液压短行程控制（SSC）。在 E2 及 E3 立辊上设有前馈和反馈 AWC（FFAWC、FBAWC）。

1580mm 热连轧机和 1780mm 热连轧机，由于采用了定宽压力机进行板坯减宽，因此在 E1/R1 和 E2/R2 粗轧机上主要是应用 HAWC。

（4）中间辊道保温罩和带坯边部电感应加热器。粗轧机出口带坯长度可达 80～90m，在进精轧机轧制过程中为减少带坯头尾温差，设置保温罩是简单易行的有效技术。

我国 2050mm、1580mm、1780mm 热连轧机原设计已采用保温罩。太钢 1549mm 和梅钢 1422mm 热连轧机技术改造后增设了保温罩。

精轧机组前的带坯边部电感应加热器是针对轧制薄规格的产品和硅钢、不锈钢、高碳钢特殊品种而设置的，在日本的热带轧机上应用较普遍。宝钢 1580mm 热连轧机原计划轧制取向硅钢及薄规格产品，因而设有一套 2×2000kW 感应加热器，对于坯温为 1000℃、厚度为 40mm 的带坯，距边部 25mm 处坯温可升高 45℃。

（5）精轧机组全液压压下及 AGC 系统。热带轧机应用 HAGC 虽然开始于 20 世纪 70 年代，但是到 20 世纪 80 年代末仍保留了电动机械压下装置，同时装设 HAGC。由于 HAGC 厚度控制效果显著，其响应频率达 15～20Hz，压下速度达 4～5mm/s，加速度达 500mm/s^2，因此 HAGC 发展应用很快。在 20 世纪 90 年代投产的 1580mm 及 1780mm 热连轧机的精轧机组取消了电动机械压下装置，而采用液压缸行程为 110 ~ 120mm 的全液压压下装置和 ACC 系统。现代的 HAGC 系统厚度控制数学模型不断完善，厚度控制精度不断提高。

(6) 精轧机板形控制技术。20 世纪 80 年代以来，世界各国对于热轧宽带钢的板形质量普遍重视起来。板形包括带钢断面凸度、断面轮廓形状（Contour）及带钢的平直度。近一二十年国际上开发研制出各种板形控制轧机和方式，而用于热连轧机的板形控制方式主要有：工作辊弯辊装置（WRB、Double Chock Bender)、工作辊轴向移动装置（WRS-HCM)、连续可变凸度控制（Continuously Variable Crowning，简称 CVC）及成对交叉辊轧机（Pair Cross Mill，简称 PCM）等。其中，WRB 或者用于独立的控制，或者用于其他控制形式的热轧机而被普遍采用。

CVC 和 PCM 都是 20 世纪 80 年代开发研制的板形控制轧机，这两种形式的轧机凸度控制能力都可以达到 10MN 或更大，用于轧制薄规格、低凸度宽带钢产品，都是当代先进的板形控制技术。

(7) 带钢层流冷却系统。带钢层流冷却系统虽然早已应用，但是对于我国老的热连轧机并不尽然，其硬件和软件并不先进。老轧机经过技术改造后，其带钢层流冷却系统也可以达到先进水平。

(8) 全液压地下卷取机。20 世纪 70 年代建设的武钢 1700mm 热连轧机，卷取机的夹送辊与助卷辊由气缸压下和驱动，20 世纪 90 年代卷取机改造为全部液压驱动。20 世纪 80 年代建设的宝钢 2050mm 热连轧机，带钢厚度最大为 25.4mm，卷取机夹送辊及助卷辊全部由液压缸驱动，并且助卷辊采用液压踏步控制（Step Control)。20 世纪 90 年代新建热连轧机卷取机和老轧机改造卷取机均采用全液压驱动和踏步控制。

(9) 主传动系统交流化。随着交流调速技术的发展及矢量控制技术的应用，由交交变频调速装置供电或者由交直交电压型脉冲宽度调制型（PWM）的电源变换器供电的交流主传动电动机和采用数字式的矢量控制，20 世纪 90 年代以后完全取代了以往的由晶闸管（可控硅）整流器供电和直流主传动电动机。

1580mm 热连轧机及 1780mm 热连轧机主传动全部采用了 GTO 大功率元件组成的交直交电压型电源装置供电的交流同步电动机。

(10) 采用三级或四级计算机控制和管理系统。由基础自动化级（L1）、过程控制级（L2）、生产控制级（L3）、生产管理级（L4）构成多级计算机系统。我国新建和改造的热连轧机全部采用了 L1、L2 两级自动化和过程控制级计算机系统，已有 4 套热连轧机采用了 L1、L2、L3 三级计算机控制系统，少数热连轧机采用了 L1、L2、L3、L4 四级计算机控制和管理系统。

15. 何谓薄板坯连铸连轧，其技术发展情况如何？

答：薄板坯连铸连轧是 20 世纪 80 年代末开发成功的新技术。自 1989 年美国纽柯克拉兹维莱钢厂世界第一条薄板坯连铸连轧 CSP 生产线投产以来，该项技术发展很快，至今已建成和在建的薄板坯连铸连轧生产线（含中厚板坯连铸连轧）已近 30 条，生产能力达 4000 万 t 以上，占热轧带钢总产量的 12%。薄板坯连铸连轧技术除 SMS 开发的 CSP 外，还有 Demag 的 ISP、住友的 QSP、Danieli 的 FTSR 和 VAI 的 CONROL 等共 5 种类型。

实践证明，薄板坯连铸连轧工艺具有三高（装备水平高、自动化水平高、劳动生产率高）、三少（流程短工序少、布置紧凑占地少、环保好污染少）和三低（能耗低、投资低、成本低）等优点。和传统工艺相比，薄板坯连铸连轧工艺还具有以下一些特点：

(1) 由于板坯厚度薄，它在结晶器内冷却强度大，柱状晶短，铸态组织晶粒细化。

(2) 直接轧制，取消了 α-δ 相变温度区的中间冷却，热轧变形在粗大奥氏体组织上直接进行，避免合金元素在板坯冷却过程中析出，从而使成品组织得到弥散硬化并可获得更精细、更均匀的金相组织。

(3) 均热工艺、辊底炉式均热炉保证了板坯在轧制过程中头尾温度的均匀和稳定，从而使带钢全长的力学性能和厚度公差均匀一致。

(4) 强力高压水除鳞，保证带钢表面质量。

(5) 高精度动态液压压下厚度自动控制（HAGC）、板形和平直度自动控制（PCFC）、精确的宽度和温度自动控制，使带钢几何尺寸精度达到最高水平。

(6) 较高的轧制温度，进精轧的开轧温度一般控制在1100～1150℃，比常规轧机高100～150℃。因此，即使精轧机机架数少，也能更易轧制超薄热轧带钢。

(7) 由于薄板坯连铸连轧生产线的小时产量主要取决于连铸机的拉速和板坯宽度，因此轧制薄规格带钢不会像传统轧机那样受到很大影响。

薄板坯连铸连轧的上述特点使其在产品质量和薄规格轧制上具有较大优势。

我国目前已有6条薄板坯连铸连轧生产线。广州珠钢于1999年8月7日建成第一条，邯钢于1999年12月建成第二条，包钢在2001年底建成第三条薄板坯连铸连轧生产线。这三条均是“捆绑式”从德国SMS、Siemens引进的CSP机型。唐钢、马鞍山钢铁公司、涟源钢铁公司等也已开始进行薄（中厚）板坯连铸连轧生产。可以预见，薄板坯连铸连轧技术在我国必将有更大的发展。

16. 薄板坯连铸连轧工艺是怎样的?

答：薄板坯连铸连轧工艺主要由连铸、均热、连轧和平整分卷4部分工艺组成。各部分工艺具体介绍如下：

(1) 连铸工艺。精炼跨吊车将盛有精炼钢水的钢包吊放到钢包回转台转臂上，回转台顶部机械手将钢包盖盖在钢包上，而后回转臂升起并旋转 180°将钢包转到连铸跨结晶器上方，连接好长水口，打开钢包滑动水口将钢水注入烘烤好的中间包内。当中间包内钢水升到预定高度后，开启中间包塞棒，按要求向结晶器注入钢水，结晶器内钢水高于浸入式水口钢流出口一定高度后，向钢液加入保护渣，而后自动开启结晶器振动装置及夹送辊进行拉坯。同时扇形段二冷水主阀打开喷水冷却，结晶器液面检测控制系统、跟踪系统投入工作。当铸坯头部从扇形Ⅰ段进入扇形Ⅱ段后，跟踪系统发出信号，扇形Ⅰ段内弧侧实施液芯压下，将铸坯从 50 ~ 70mm 压到 45 ~ 50mm，铸坯头部经过扇形Ⅲ段继续垂直向下并通过顶弯辊。顶弯辊动作将铸坯头部顶弯，使引锭杆与铸坯脱开。接着顶弯辊进一步将铸坯头部顶弯到半径为 3.25m 的圆弧线上，在弯曲辊、弧形导向段的导向下铸坯沿弯曲半径进入拉矫机。矫直后的铸坯沿水平方向前进，坯头越过摆式剪后，摆式剪动作切下坯头，切头掉入切头箱内，铸坯继续向前进入均热炉内。

（2）辊底炉均热工艺。直通辊底炉起加热、均热、保温缓冲等作用。当连铸机铸出的连铸坯以铸速进入辊底炉并且在铸坯尾部完全通过加热段后，开始加速直达最大速度 65m/min，并通过传送段、摆渡段进入保温段与后续铸坯拉开距离，保证必要的缓冲时间。而后加热好的铸坯以轧机第一架咬入速度离开均热炉，进入轧机轧制。当来自第二流铸机的板坯以铸速进入 2 号炉且板坯尾部通过该炉加热段后，板坯开始加速，同样以最大速度（65m/min）通过传送段，直至本炉末端的摆渡段。待两个炉子摆渡段旋转复原后，该板坯前进至 1 号炉的保温段并以轧速进入轧机进行轧制。板坯入炉温度 850 ~ 1050℃，板坯出炉温度 1100 ~ 1150℃，由计算机系统进行最佳化控制，确保沿长度方向和厚度方向板坯出炉目标温度精度达到 ±10℃的要求。

（3）连轧工艺。铸坯出炉后，输送辊道将薄板坯经事故剪送到高压水除鳞装置用高压水除去氧化铁皮及残余保护渣，然后进入精轧机组轧至成品厚度。邯钢因铸坯较厚，设置了一台不可逆式粗轧机将板坯轧至35mm厚送精轧机轧制。

为了确保带钢精度、控制板形和平直度，精轧各机架均装备了CVC系统、WRB系统、AGC系统、PCFC系统及快速换辊装置和测量仪表。层流冷却装置按钢种、规格的不同将带钢根据相应的终轧温度按冷却制度冷却到卷取温度。带钢进入三助卷辊地下卷取机，被卷成一定直径的钢卷。卸卷小车将钢卷取下并传送到钢卷提升车上，经旋转到1号步进梁、2号步进梁，其中经过带钢检查站检查、称重、打捆、喷印作业。然后，钢卷被运送到钢卷库存放或送到精整跨进行平整分卷。

（4）平整分卷工艺。用吊车将钢卷运输到钢卷准备站，拆除捆扎带，切头，用上料小车将钢卷运往开卷机开卷，并经夹送辊送入矫直机、平整机。经平整的带钢再分别通过切分剪切分。平整、切分后的带钢再由卷取机卷成钢卷。而后，钢卷由钢卷小车从卷取机上卸下，并被送到步进梁运输机上，进行称重、打捆、喷印。最后，吊车把钢卷卸到成品库等待发货。

17. 薄板坯连铸连轧的技术特点与技术指标是怎样的？

答：薄板坯连铸连轧技术，从设计指标看主要有以下特点：

（1）板坯切头损失少。金属的收得率高达98%。

（2）带钢质量比较好。用CSP钢卷生产的冷轧钢板经测试与实用证明，可以满足汽车工业与家电工业的需要。ISP工艺生产的钢板质量比CSP工艺的更好。

（3）生产线短。与传统工艺相比，生产线的长度与厂房长度大大缩短。CSP的生产线总长约340m，厂房长604m；ISP生产线长只有160m，厂房总长约200m。

（4）设备简单，设备总质量轻。150万t/a的生产线，CSP设备总重12000t，ISP设备总重14000t，比传统连铸与轧钢设备少得多。设备投资也相应减少，与传统工艺的投资比较，CSP的吨钢投资只有传统工艺的66%；ISP的吨钢投资据MDH介绍为传统工艺的80%。

（5）节约能源。由于采用了近终形浇铸、铸轧、直轧等技术，大大节省了轧制能量，减少坯料热量损失。据计算，传统360万t/a连铸、热轧生产线的工序能耗（标准煤）为106.43kg/t，而CSP工艺只有67.73kg/t，节能36.36%。

（6）定员少。常规流程每1000t钢板生产能力用3.2人，ISP工艺为0.2~0.3人，CSP工艺用人也较常规工艺大为减少。

（7）生产运行费用低。CSP的运行费用对双流设备而言可比360万t/a的传统生产工艺低15%左右。据MDH介绍，ISP的生产费用是传统生产费用的55%。

当然薄板坯连铸连轧也有生产过程衔接长、中间缓冲量小、钢板表面质量不如传统工艺等问题。

至于CSP与ISP的比较，CSP有生产技术成熟、设备质量轻、投资少的特点。在其他方面ISP却占有优势。ISP的铸轧与荒轧为轧制更薄的钢板创造了条件，热卷过程又使钢坯的温度更加均匀，轧线长度大为缩短，连铸与轧制之间的缓冲能力大为增加，而且在必要时可以出荒轧后的中板，这些都使ISP工艺具有良好的前景。

18. CSP工艺特点是怎样的？

答：CSP工艺特点如下：

转炉钢水经RH真空处理装置或LF多功能钢水精炼炉处理，用钢水包吊至连铸机2×250t回转台，中间罐每个28t，有等离子加热器维持钢水温度，钢的浇铸温度控制在液相温度以上5~25℃的范围内。连铸机结晶器为漏斗式。拉出板坯厚度50mm。结晶器由铜板制成，表面有镀铬层，它的形状设计使铸坯形成过程内应力较低。浇铸过程采用浸入式水口，液面稳定方式与水口高度调整也是CSP工艺的诀窍。注入结晶器的钢水被事先进入结晶器底部的引锭头挡住，在结晶器内受冷却，钢水迅速凝固成具有一定厚度的坯壳，并与引锭头凝结在一起，当结晶器钢水达到规定高度时自动把铸坯拉出，设计拉速2.5～6m/min。为保证铸坯质量，结晶器以6mm的振幅、每分钟400次左右的频率振动，并采用了不同于常规的保护渣。

出结晶器的钢坯经承托区、浇水冷却区、夹送装置、弯曲半径为3m的弯曲段，再经矫直装置矫直。连铸机凝结段长约5.5m，凝固时间约1min。纽柯1号装置平均连浇炉数已达到7炉。

我国某钢铁厂采用二机二流布置方式，铸机后的辊底式炉很长，共200m，其中有一段可横向位移，炉内共可放6块连铸坯。

高压除鳞装置采用新式旋转式喷嘴，喷水压力20～24MPa，强化了除鳞效果。

热轧机组选用1700mm 5机架连轧机，轧机为4辊式，主电机容量5×7000kW。轧机配有液压厚度自动控制系统，采用CVC板形控制技术，精轧机还采用矢量控制交交变频交流电机，并且有快速换辊的条件。在输出辊道上设有层流冷却装置。卷取机为两台液压助卷辊式卷取机，有“踏步”控制功能。

19. ISP工艺特点是怎样的?

答：ISP工艺特点如下：

ISP连铸结晶器的形状基本上为矩形，为延长浇铸时间，增加水口厚度，保持水口与结晶器长边之间的距离，长边上也有鼓出15mm的曲线，钢坯出口处高出0.5mm。结晶器钢坯出口厚度75mm，结晶器的振动通过液压缸控制，振动频率可在浇铸过程中调节。铸坯拉出结晶器后即进行液芯铸轧，从75mm压到50mm，然后除鳞，再进入两台荒轧机压到15～25mm。荒轧机的压力很小，每台功率仅为500kW。

连铸坯荒轧后钢板质量已与一般中板相似，必要时可经剪切机剪切定尺后作中板出售。荒轧后的坯料经感应加热炉加热，用热卷机卷成钢卷，再经钢卷的横向移动设备将钢卷送至轧机作业线，用开卷机打开钢卷送轧机轧制。从热卷机到开卷机整个过程都处于保温加热状态。

连轧机4架，留第五架的位置，因ISP的轧制坯料比CSP的薄得多，ISP的轧制过程比较容易，咬入速度可较高，出口速度不高于13m/s，不会产生高速轧制的“漂浮”现象，而且钢板的厚度可以轧到1mm，这在CSP工艺是做不到的。ISP的连轧机可配日本三菱的PC轧机，亦有板形控制等先进技术。

20. 何为“自由轧制”技术？

答：“自由轧制”是为了提高热送热装和直接轧制的比例而在精轧机上开发的一项新技术。为了解决连铸宽度和成品宽度之间的矛盾，现代化的生产流程中主要采用三种方式组成一个整体，三种方式是：连续机板坯在线调宽技术、粗轧机组VSB或E1大立辊的大侧压技术和精轧机组的“自由轧制”技术。

“自由轧制”的主要内容是要打破精轧机常规轧制单元的规律，即带钢宽度由窄到宽又到窄，厚度由厚变薄再到厚的规律，改变了在宽度上可不规则轧制，即由宽变窄，又可由窄变宽，厚度过渡也不严格，从而缓和了板宽、板厚的变化限制及同一宽度连续轧制量的限制。常规轧制和“自由轧制”的区别见表1-5。

表1-5 常规轧制和“自由轧制”的比较

常规轧制方法	“自由轧制”方法
（1）由于没有能力控制带钢的平直度和凸度，板坯按产品种类、尺寸进行分组，同一组的每块板坯在同样的工作辊辊形下轧制	（1）因为带钢的平直度和凸度可以同时自动控制，在同一工作辊辊型下，可以混合轧制不同钢种和尺寸的带钢产品
（2）为了保证需要的厚度精度，必须在较窄的范围内限制连续轧制带钢厚度的变化	（2）依靠高精度轧制工艺，不需要限制连续轧制带钢厚度的变化，仍可得到要求的厚度精度
（3）为了防止沿带钢横向轧辊不均匀磨耗，必须遵守由宽到窄的带钢轧制顺序	（3）补偿和减少工作辊局部磨损，使轧制带钢的顺序在宽度上有较大的自由，而不会对带钢质量产生不利影响

续表 1-5

常规轧制方法	“自由轧制”方法
（4）为了按照预定的轧制顺序安排，板坯需在板坯库存放较长时间，而不能有效地利用热坯的热量	（4）热坯不需要长时间停留在板坯库，因此能充分利用热坯的热量

21. 什么叫无头轧制，它有何特点？

答：无头轧制是指热轧带钢在轧制过程中，板坯通过首尾对焊进入精轧机组进行不间断轧制，或是指连铸坯以动态软压下系统生产出薄板坯再进行全连续不间断轧制的生产工艺。

无头轧制工艺克服了成批轧制或单卷轧制的通病，尤其是当轧制超薄带材时。这一工艺既提高了收得率，又改善了带钢质量和穿带的稳定性。

传统的成批轧制工艺或单卷轧制工艺的要点是每次轧制一块中间坯，带钢出精轧机经输出辊道和冷却装置进入卷取机。随着带钢厚度的变薄，确保带钢头部在输出辊道上平稳运动和顺利喂入卷取机就变得至关重要。因此，要想轧制厚度 1.0mm 以下的带钢，在开始轧制时就必须增加带钢厚度或者降低带速，直到建立起卷取张力为止。对第一种情况，钢卷带头部分厚度超差；对第二种情况，精轧温度不合要求。这两种情况均会影响到带钢质量和收得率。由于带钢的折印缺陷会损伤工作辊，因此带钢的甩尾对生产超薄带钢也是非常重要的。

无头轧制克服了上述缺点，从而可取得下列效果：

（1）生产超薄带钢和宽薄带钢，拓宽产品大纲而不降低收得率；

（2）稳定轧制条件，以利于提高产品质量和收得率；

（3）消除了与穿带和甩尾有关的麻烦，大大地降低了轧机的废品率，即提高了收得率和生产率。

22. 组织性能控制新技术包括哪些内容?

答: 热轧板带钢的内在质量除了受材料本身化学成分的影响之外，很大程度上取决于轧制过程中的变形制度和冷却制度。通过控制变形量分配、终轧温度、卷取温度、冷却速度，可以控制产品的晶粒度、析出、相变、微结构形态等组织结构特征和屈服强度、抗拉强度、伸长率、断面收缩率、韧性等力学性能参数。

组织性能控制新技术主要包括以下三个方面:

(1) 冷却控制新技术与轧件温度场的模拟计算;

(2) 组织性能预测与控制;

(3) 铁素体区轧制新技术（温轧技术）。

23. 什么叫智能化轧制技术?

答: 智能化轧制技术是基于计算机技术、轧制工艺学、应用数学、统计学、运筹学等多门学科，在最近几年发展起来的技术。目前的智能化轧制技术涉及到两种基本功能：一是针对板带材轧制过程中的质量控制，二是针对系统优化。具体有以下几个方面:

(1) 轧制力的智能纠偏。过去利用传统轧制理论已经使轧制力的计算精度有了大幅度的提高，但仍不能满足用户对产品质量越来越严格的要求。利用修正数学模型的方法来提高轧制力计算精度的传统做法已接近其所能达到的极限。人工智能则为之开辟了一条新途径。利用人工神经网络（ANN）进行轧制力纠偏已获得成功的应用。

影响轧制力的因素数量多且关系复杂。轧件内部的因素有：轧件的化学成分、组织和性能决定的变形抗力，作为轧制工艺条件的因素有：轧制温度、轧制速度、轧制压下量、张力、摩擦系数等，而轧辊直径等则是影响轧制力的设备参数。这些因素与轧制力之间多数为复杂的非线性关系。经过筛选，可以从这些因素中选择出主要的影响因素，并将它们作为 ANN 的输入项。网络的输出项为7个机架的轧制力。

为了对网络进行训练，需要大量的实际数据，为此建立了可以进行滚动优化的海量数据库，存储实际的钢种成分、轧制工艺和设备参数，以及用做教师信号的7个机架的轧制力检测值等。利用滚动优化技术可以进行网络的实时优化，大大节省训练的时间。为了提高预测的精度，采用海量数据分组处理的方法，依据规格和钢种进行分类，取得了良好的效果。

传统的数学模型在轧制力的预报中发挥了巨大的作用，这是目前热连轧机设定的基本工具。为了继续发挥数学模型的作用，同时也为了便于技术的继承和发展，采用数学模型（MM）与神经网络（ANN）相结合的方法，以数学模型的预报作为基值，用ANN作为数学模型计算误差的实时补偿，两者组成一个综合网络。利用此ANN网络，对某厂热带精轧机组进行了轧制力MM+ANN的预测。预测精度由过去的大于10%，改善为偏差小于5%。

（2）厚差诊断专家系统。厚差诊断专家系统包括数据采集系统。数据采集系统收集车间的各种数据，如过程数据、工艺设定数据、设备参数、板带参数等并存储于数据库，再根据需要对数据进行分析和加工，从而为生产过程的计划、优化、诊断、模拟和监控提供支撑服务。厚差诊断专家系统根据采集过程的检测数据和过程控制设计，通过实时数据处理，对厚差状态进行判断，推理机以厚差状态的标识数据作为推理起点。监控主要是将动态数据处理后按一定的方式提供给用户，并且在必要时直接由监控装置对过程进行实时控制或修改现场控制的某些参数、方案或结构。应用结果表明，此专家系统能够较好地诊断出水印、温度、轧辊偏心、监控、设定模型等对厚差的影响。本系统根据厚差诊断专家系统的特点，把神经网络技术引入到厚差诊断中，建立了一种新的知识表达法，即厚差诊断专家系统隶属函数及模糊规则的神经网络表达和推理。以神经网络为主体，构造了热连轧机轧辊偏心诊断神经网络专家系统。仿真结果表明，学习后的热连轧厂轧辊偏心诊断神经网络专家系统可以对新的数据进行模式识别，具有一定的联想能力和容错能力。

（3）负荷分配的协同人工智能系统。为充分利用生产现场宝贵的信息资源，首先建立轧钢厂生产现场数据采集系统和带钢历史数据库。

利用二级模糊综合评判模型，分析带钢海量历史数据库中的数据，为评价带钢产品质量提供了一个新标准，使带钢产品质量的总体评价更具合理性。

引入人工神经网络方法预测热连轧精轧机组负荷分配，网络的预测结果可以提高负荷分配的质量。

采用遗传算法与 BP 算法耦合合成的混合学习系统，为解决 BP 网络的结构参数设计提供了一个崭新的方法，从而可以将遗传算法的全局寻优能力与 BP 算法的指导性搜索思想结合起来。

建立智能负荷分配专家系统，专家系统的应用使无法用理论模型化、非结构化解决的问题得以解决。

采用智能负荷分配系统对热连轧典型规格产品（3.0mm × 1300mm）进行负荷分配设定，并对各机架的轧制力进行校验，结果表明该设定更为合理。应用上述方法建立的智能负荷分配系统对实际生产中各轧程内所有板坯进行设定，结果表明设定结果可以再现良好的轧制状态，其设定值优于实际生产中采用的负荷分配值。

（4）在线信息处理、分析、诊断和优化系统。轧制过程在线智能化信息处理系统的作用是通过分析数据、提取知识来整合控制模型参数，维护过程控制软件，监控系统运行，最终达到优化轧制过程的目的。

智能化信息处理系统所采用的工具有：各种类型的数据库，如实时海量数据库、虚拟组合数据库等，各种类型的神经网络，如 BP 网络、模糊神经网络等，专家系统，模糊逻辑等，也包括一些传统的和新的数据处理工具，如数理统计、富氏变换、小波变换、多媒体技术等。

智能化信息处理系统要求有良好的人机界面，便于操作人员了解、掌握、使用。人机界面设计要体现电气、仪表、计算机集成一体化（Electronic Instrument Computer，简称 EIC）的思想，利用可视化技术，综合运用数据、图表、曲线、色彩和声音等手段实现人机交流。为了系统维护管理和进一步开发的方便，应设有开发管理服务器。

此外,在线信息处理系统要与过程机(Processing Computer)、在线数据采集系统、过程控制输入/输出单位(Process Input/Output,简称 PI/O)等频繁进行快速数据传输与交换，所以应利用现代网络通讯技术由信息高速公路（Data High Way）构成局域通讯网络。通常这种局域网（Local Area Network，简称 LAN）要连接到公司的主网上。

按照上述思想构造的一种分布式轧钢厂信息处理系统，为大型实时数据库系统、软件远程维修系统、诊断和分析系统、在线模拟优化系统、质量控制系统等的运行提供了环境。

第二章 坯料与加热

第一节 坯 料

24. 怎样选择板坯尺寸?

答: 进行初轧或连铸板坯尺寸选择时应考虑以下主要因素和原则。

选择板坯尺寸时应考虑的因素为:

(1) 上工序的供坯能力;

(2) 与本机组的生产能力相匹配;

(3) 能满足产品大纲中的产品尺寸要求;

(4) 有较先进的技术经济指标。

板坯尺寸选择原则包括厚度、宽度、长度的选择原则。

厚度选择原则为:

(1) 与加热、粗轧生产能力相匹配,最大单位卷宽的单重(kg/mm)不超过设计要求;

(2) 考虑对终轧温度的控制能力(头尾温差);

(3) 具有较优的机组生产平衡能力(加热、粗轧、精轧、卷取)。

宽度选择原则为:

(1) 考虑机组对带宽的通板能力,一般卷宽 $B_{max}=(0.88\sim0.955)\times$辊身长度;

(2) 考虑立辊配置与最大侧压量,以及机组对带宽的控制能力;

(3) 考虑产品的宽度系列。

某1700mm机组板坯宽度尺寸示例见表2-1。

表 2-1　某 1700mm 机组板坯宽度尺寸

钢卷宽度/mm	板坯宽度－钢卷宽度（最小值）/mm		板坯宽度－钢卷宽度（最大值）/mm
	切　边	不切边	
≤965	-15	-20	+50
966～1110	-10	-15	+50
1111～1260	-5	-10	+50
1261～1420	+5	0	+50
1421～1550	+15	+10	+50

长度选择原则为：

（1）考虑加热炉宽度与最大的钢卷外径；

（2）考虑终轧温度允许的头尾温差；

（3）考虑与板带单重相关的悬臂量。

25. 对热轧带钢用板坯有哪些质量要求?

答：对热轧带钢用板坯有以下 4 个方面的质量要求：

（1）化学成分应符合相应钢号标准的要求。

（2）尺寸偏差。其中：

1）厚度偏差为 ±5.0mm。过大的负差会降低加热炉的产量，增加热能消耗。过大的正差增加出炉板坯的断面温差，易诱发 R1 轧制故障，薄带钢尾部终轧温度的控制精度下降；轧卷径极限材时，会造成卸卷作业困难。

2）宽度偏差为 ±10.0mm。过大的负差会造成装炉板坯间隙增大，高温长时间加热的板坯，角部易产生过热或过烧；降低加热炉产量；增加热能消耗。过大的正差易诱发 VSB 轧机故障，降低带钢的宽度精度。

3）长度偏差为 ±30.0mm。过大偏差影响板坯在炉内梁上的悬臂量，刮碰梁上包扎的耐火材料；当 R3 轧机空设时过大的正差将影响 R2 偶道次的跟踪判断。

（3）对板坯外形的要求。上下弯与镰刀弯：一列材为

50mm；二列材为 25mm。过大的上下弯影响板坯的装炉定位；板坯在炉内易发生跑偏；下弯板坯易刮碰炉内梁的耐火材料；影响 R1 轧机的咬入。过大的旁弯影响板坯在炉内的间隙；影响通板时带坯的对中；影响侧导板开口度的设定或刮破带边；诱导带钢产生镰刀弯，钢卷产生塔形；影响切边材的切边质量或成品板材的宽度。

（4）表面质量要求。板坯表面不得有裂缝、角裂、拉裂、结疤和夹杂；允许有深度不大于 2. 0mm 的气孔、裂纹、划痕、凹坑和麻点，以及深度不大于 4. 0mm 的振动水纹。板坯切割的端面，不得有缩孔和可见的内裂纹。板坯侧面允许有不大于 10. 0mm 的压痕。板坯侧面的表面缺陷允许清理，清理深度不得大于 10mm。

26. 连铸生产工艺是怎样的，连铸坯有哪些特点？

答：采用模铸钢锭做原料，用初轧机将钢锭轧成板坯，然后再通过板带钢轧机轧制钢板和带钢，这是传统的板带钢生产方法。近几十年来迅速发展起来的连续铸钢技术，将钢水直接通过连铸机铸成具有一定形状的钢坯，省去了铸锭、初轧等许多工序，大大简化了钢材生产工艺过程，其生产工艺流程如图 2-1 所示。采用连续铸钢方法，不仅可以大大简化钢材生产工艺过程，而且有着节约金属、提高成材率、节约燃料消耗、降低生产成本、改善劳动条件、提高劳动生产率及改善偏析提高钢材质量等优点。

连铸坯与铸锭相比，一般断面较小，凝固速度快，因此，组织致密，成分偏析较小，特别是沿铸坯长度方向的偏析几乎没有。这是连铸坯的最大的优点。但是，连铸坯断面小、凝固速度快以及设备上的问题，又带来了某些质量问题，如表面缺陷、夹杂物、中心偏析、内裂等。

27. 连铸板坯有哪些缺陷？

答：连铸板坯主要缺陷有：

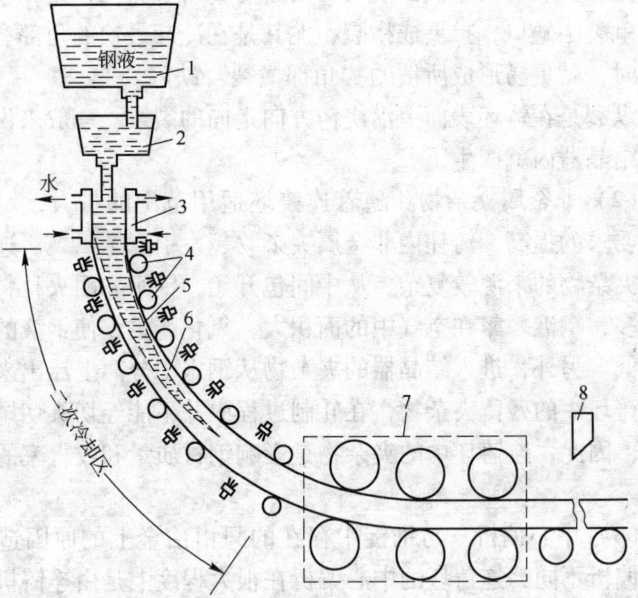

图 2-1　连铸生产工艺流程

1—钢包；2—中间包；3—结晶器；4—夹送辊；5—液相穴；
6—铸坯；7—拉矫机；8—切割装置

(1) 裂纹。根据产生的原因不同，裂纹可分为表面龟裂(或星状裂)、横裂、纵裂、内裂、断面裂（也叫中心裂）和皮下裂等。

表面龟裂，其深度通常是 1～3mm。虽然不能说很深，但它可能导致铸坯产生横向裂纹，造成严重的表面缺陷，应予以重视。立式板坯机在浇铸初期，板坯易出现龟裂，这是因为在引锭杆未出拉矫辊之前，铸坯处于易振动的条件下，铸坯承受的摩擦力超过了铸坯表面的高温强度。其防止办法主要是增加冷却强度和降低拉速，这样可使裂纹减少。

横裂纹有两种情况，一种情况是，弧形连铸机浇铸的铸坯在进行矫直时，其内弧面因受拉应力作用而产生横向裂纹；另一种情况是，当有表面龟裂出现时，由于受到矫直力的作用，就会以这些龟裂为缺口，扩展成横裂，尤其是在冷却最快的角部有这种龟裂时，就更易形成所谓的“角部横裂”缺陷。

纵裂是在铸坯表面上沿浇铸方向走向的裂纹。一般来说，纵裂在结晶器内就产生了。

（2）非金属夹杂物。随着连铸坯适用范围的扩大，对铸坯质量要求的提高，铸坯内非金属夹杂物越发引起了重视。连铸过程中夹杂物的来源较复杂，从中间包开始，钢水和耐火材料接触机会多，钢液暴露在空气中的面积大，氧化严重，使钢液的清洁度降低。另外，进入结晶器的夹杂物从钢水中分离上浮出来较困难。铸坯中的残留夹杂物，在轧制过程中并不能经切头切尾将其除掉，因此，连铸坯中的夹杂物是影响钢材质量和收得率的重要因素。

（3）中心偏析。与钢锭中存在的只由冶金上的原因造成的中心偏析不同，连铸坯的中心偏析在很大程度上是由连铸机本身机械上的原因引起的。连铸板坯中常出现线状、点状和 V 形中心偏析。

（4）气孔。连铸坯的气孔缺陷，按其存在位置分类，可把露出表面的称为表面气孔；把潜于表面之下且内部没有被氧化的称为皮下气孔。

铸坯表面进行火焰剥皮清理，其目的是清除气孔、夹渣等表面缺陷。如果铸坯表面或皮下没有夹渣和由 Al_2O_3 聚合群造成的缺陷，也没有气孔，则剥皮操作就可省去，就可以不经剥皮清理而直接进行轧制。

28. 板坯处理有哪些内容？

答：板坯处理包括清理和检查两项内容。为便于管理板坯清理工作一般都在连铸车间进行，也有的将清理设备安装在热轧板坯库内。

（1）清理。板坯的清理主要是采用火焰清理方式，对于不锈钢、高合金钢等也有采用砂轮清理的。

火焰清理有三种方式：热板坯机械火焰清理、冷板坯机械火焰清理及手动火焰清理。热板坯机械火焰清理装置安装在初轧及连铸的精整线上，冷板坯机械火焰清理装置及手动火焰清理装置可离线安装在初轧、连铸车间，也可安装在热轧板坯库。

火焰切割连铸板坯时产生的毛刺（粘附在板坯背面的熔渣），最初是由工人采用人工火焰清理工具进行清理的，然而随着 HCR 量的增加和板坯高温化技术的实施，人工清理已无法完成，为此开发并应用了自动清理毛刺的方法。清理毛刺的方法包括采用铲具的机械清理法和氧气火焰清理法两种，现在多数采用机械清理法，而且是在连铸生产中在线进行。

（2）检查。板坯表面状况，传统上都是由工人在切割前后，用肉眼进行直观检查，然而为了提高检查精度以及适应 HCR、HDR 的需要，开发了热表面缺陷检测装置。板坯的热表面缺陷检测装置有使用探头线圈的涡流探伤装置和利用自发光或照明光的光学探伤装置。

不锈钢、高合金钢等需要对微细的表面缺陷进行检测时，采用冷板坯浸透探伤试验的方法。

第二节　加　　热

一、热工制度与加热炉操作

29. 怎样制定板坯加热制度？

答： 加热制度包括加热时间、加热温度、加热速度和温度制度。

通常加热温度越高，钢的塑性越好，变形抗力越低，对热轧越有利。但钢的加热温度受许多因素制约不能过高，应有一个最高的加热温度。

对碳素钢和合金结构钢（低合金钢），可以借助铁碳平衡相图（图 2-2）选择加热温度。根据钢在加热过程中的组织变化，碳钢最合适的加热温度范围是单相奥氏体区，其中亚共析钢（碳的质量分数小于0.8%）的加热温度范围是在铁碳相图中 Ac_3 线以上 30～50℃与固相线 *NJE* 以下 100～150℃之间，即一般在 800～1350℃之间；过共析钢的最高加热温度应比 *JE* 线低 50～100℃。最高温度的确定主要应考虑防止过热、过烧。因为钢的碳含量越高，越容易过烧，所以随着碳含量的增加，最高加热温度下降，如表 2-2 所示。优质碳素结构钢，在选择其加热温度时，除参考铁碳平衡相图外，还应考虑钢材表面脱碳问题，为了使脱碳层在标准以下，应适当降低加热温度。钢的加热温度不能太低，必须保证钢在轧制终了仍能保持一定的温度（即终轧温度）。由于奥氏体组织的钢塑性最好，如果在单相奥氏体区域内加工，则金属变形抗力小，而且加工后的残余应力小，不会出现裂纹等缺陷。这个区域对于碳素结构钢来说，就是在铁碳平衡相图的 Ac_3 以上 30～50℃，固相线以下 100～150℃左右的地方。

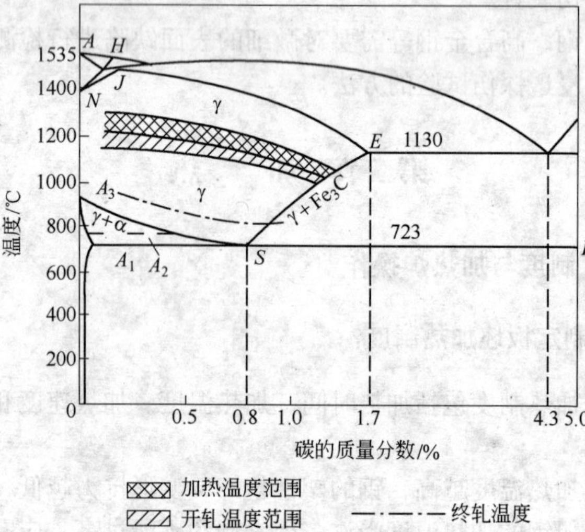

图 2-2　铁碳平衡相图

碳的质量分数高于0.8%的过共析钢（如高碳工具钢），其终轧温度不要高于Ar_{cm}线，因为在轧后的缓慢冷却过程中，沿奥氏体晶界析出二次渗碳体，二次渗碳体的针状或网状组织塑性很差，会降低钢的力学性能。

表 2-2　碳钢的最高加热温度和理论过烧温度

碳的质量分数/%	最高加热温度/℃	理论过烧温度/℃	碳的质量分数/%	最高加热温度/℃	理论过烧温度/℃
0.1	1350	1490	0.9	1120	1220
0.2	1320	1470	1.1	1080	1180
0.5	1250	1350	1.5	1050	1140
0.7	1180	1280			

合金元素的加入对钢的加热温度也有一定的影响，一是合金元素对奥氏体区域的影响，二是生成碳化物的影响。一些低合金钢与常见高合金钢的加热温度列于表2-3。

表 2-3　低合金钢和高合金钢的加热温度

低合金钢		高合金钢	
钢　　种	加热温度/℃	钢　　种	加热温度/℃
20Mn	1220～1250	T7～T10，T8Mn	1130～1180
30Mn	1180～1210	T11～T13	1130～1170
20Cr	1220～1250	60Si2Mn	1170～1190
40Cr	1160～1190	GCr15，GCr15Mn	1180～1220
40SiMnCrMoV	1170～1200	0Cr13，0～2Cr18Ni9	1180～1220
35CrMn	1180～1210	0Cr18Ni9Ti	
20SiMnVB	1190～1220	4Cr9Si2，Cr11MoV	1180～1220
40MnSiNb	1170～1190	Cr5Mo，1Cr13	
40Mn2MoV	1160～1190	2～4Cr13	1180～1220
30CrMnSiA	1170～1200	4Cr10Si2Mo	
12CrMo	1200～1240	D31，D41	1000～1050
12CrMoV	1200～1230	70Si3Mn	1130～1180
		W9Cr4V，W12Cr4V4Mo	1130～1180

从提高产量的角度出发，我们希望加热速度愈快愈好。加热速度愈快，加热时间就愈短，炉子生产率就愈高，燃料消耗也相应减少。但是提高加热速度受到一些因素的限制，除了炉子供热条件的限制外，特别要考虑钢材内外允许温度差的问题。

钢的加热制度根据连续式加热炉炉内温度的变化，一般采用三段或多段加热制度，即把板坯放在三个温度条件不同的区段内加热（预热段、加热段、均热段）。大型连续式加热炉，生产能力很大，一个加热段已不能满足加热制度的需要，因此炉型上发展为多点供热，使加热段延长，成为多段式加热制度。

30. 连续式加热炉的温度制度和供热制度是怎样的?

答：热带钢连轧机一般设置有 3 ~ 5 座连续式加热炉。炉子分为预热段、加热段和均热段。板坯由推钢机或步进梁送入炉内后，在预热段和加热段内沿炉底水冷滑管移动或随步进梁步进，并从上下两面进行加热。均热段是实炉底，只有上加热，板坯在该段内，主要是消除与水管接触处形成的黑印，实现均热以减小温差。

图 2-3 是五段式连续加热炉的温度制度和供热制度的操作实例。炉子加热板坯的厚度为 150 ~ 250mm，宽度达 1940mm，长度为 12. 2m，炉子产量为 300t/h，以天然煤气、焦炉煤气和重油做燃料。加热段和预热段的助燃空气，在金属换热器内预热到 450℃，其上下加热均采用端部烧嘴，在均热段则采用配置在炉顶上的平火焰烧嘴加热。

提高炉子装料端温度和使预热段内高温区的温度接近于加热段的温度，并充分利用一般钢坯在低温时导热系数大，能较快吸收热量的特点，使冷板装入炉后便受到炉内高温辐射热，迅速提高冷板温度，这是高产量多段式炉子的热工特点。板坯在预热段内表面温度加热到 1000℃ 左右或更高一些，进入加热段以后，再继续使表面加热到工艺规定的温度，然后在均热段进行均热，以减小板坯断面内由于快速加热而形成的较大温差。为此，必须

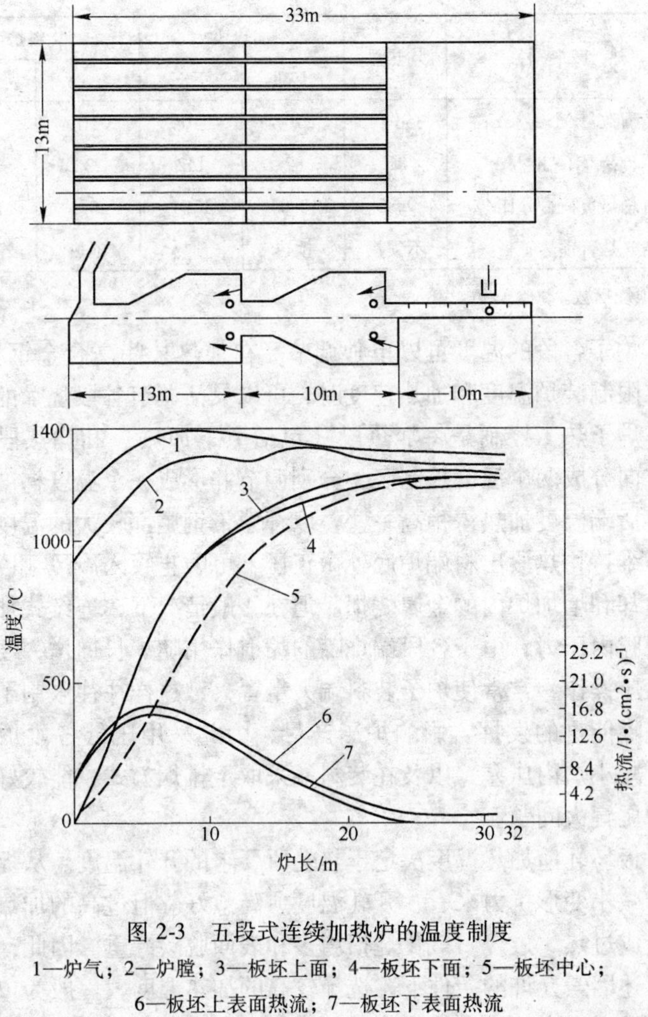

图 2-3 五段式连续加热炉的温度制度

1—炉气；2—炉膛；3—板坯上面；4—板坯下面；5—板坯中心；6—板坯上表面热流；7—板坯下表面热流

增强预热段内的烧嘴数量，使之达到炉子总供热量的 60% 以上。表 2-4 给出了炉子各段的烧嘴数量及其热负荷分配。碳素结构钢或一般钢种的初轧坯或连铸坯的装炉温度和加热速度，实际上几乎不受限制。

表 2-4 五段式连续加热炉的热工特性

热工特性	均热段	加热段		装料炉	
		上部	下部	上部	下部
烧嘴数量/个	56①	10	10	10	10
热负荷/$GJ \cdot h^{-1}$	81	82	142	232	282
占总热负荷百分比/%	9.85	10.05	17.4	28.3	34.5
空气是否预热	不预热	预热	预热	预热	预热

①顶烧嘴数。

炉子各段的温度可以单独调节。在加热某些高合金钢板坯，要求限制装炉温度和加热速度时，可以灵活调节各段烧嘴的供热量。炉子热工控制是将加热段（包括上下加热）和均热段沿炉宽方向分成两个温度控制区，分别调节并形成一个温度梯度，使板坯后端温度加热得稍高一些，以补偿带钢尾部较大的温度降。

维持均热段出料端炉底处微正压，可防止吸入冷风，以免板坯冷却和增加炉内的金属烧损。但在一般情况下，连续式加热炉的炉膛内压力，由于各段端烧嘴的喷射作用随炉长递增，要维持微正压操作，常常使炉子装料端大量冒火，这样往往限制了预热段烧嘴能量的发挥，影响炉子产量，为此采用压低各段炉喉高度、减小炉内压差，以及在装料端采取上排烟方式，能较好地解决炉尾冒火问题。

板坯轧前加热温度决定于热轧所要求的开轧温度。从提高塑性和减小变形抗力来看，开轧温度愈高愈好。但过高的加热温度会造成过热、过烧、氧化烧损增多和表面脱碳严重。因此，应该在上述因素允许的条件下，选择较高的加热温度，一般为1250～1280℃，故开轧温度约为1180～1220℃。

加热炉的小时产量为：

$$A = \frac{LnQ}{BT}$$

式中 L——加热炉炉膛有效长度，m；

n——板坯排数；

Q——板坯质量，t；

B——板坯宽度，m；

T——板坯加热时间，h。

加热时间 *T* 与板坯厚度、装炉温度及钢种有关。图 2-4 为五段式加热炉冷装炉时加热时间与板坯厚度及钢种的关系。

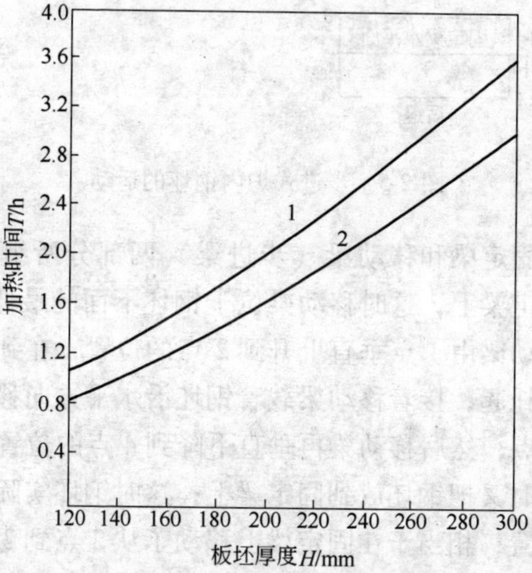

图 2-4　五段式连续加热炉板坯加热时间

1—深冲钢；2—普通钢

31. 什么是步进式加热炉，其结构是怎样的？

答： 由于推钢式连续加热炉的长度受到推钢比的限制，以及钢坯、加热质量的要求，发展了机械化炉底的连续加热炉，其中步进式炉是主要炉型。目前，大型热带钢连轧机几乎都采用步进式炉，就是中小轧机也有不少采用这种炉型的。

步进式加热炉与推钢式加热炉相比，其基本的特征是钢坯在炉底上的移动靠炉底可动的步进梁作矩形轨迹的往复运动，把放置在固定梁上的钢坯一步一步地由进料端送到出料端。图 2-5 是步进式炉内钢坯运动轨迹的示意图。

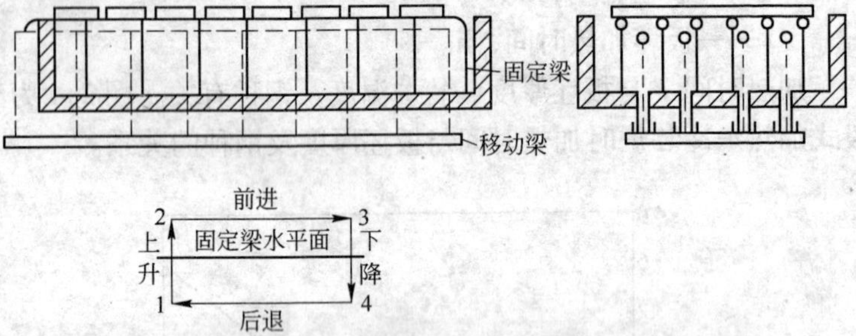

图 2-5 步进式炉内钢坯的运动

炉底由固定梁和移动梁（步进梁）两部分所组成。最初钢坯放置在固定梁上，这时移动梁位于钢坯下面的最低点 1；开始动作时，移动梁由 1 点垂直上升到 2 点的位置，在到达固定梁平面时把钢坯托起；接着移动梁载着钢坯沿水平方向移动一段距离从 2 点到 3 点；然后移动梁再垂直下降到 4 点的位置，当经过固定梁水平面时又把钢坯放到固定梁上；这时钢坯实际已经前进到一个新的位置，相当于在固定梁上移动了从 2 点到 3 点这样一段距离；最后移动梁再由 4 点退回到 1 点的位置。移动梁经过上升、前进、下降、后退 4 个动作，完成了一个周期，钢坯便前进（也可以后退）一步。移动梁的步进周期不断循环，使钢坯一步步地前进。

移动梁的运动是可逆的，当轧机出现故障要停炉检修或因其他情况需要将钢坯退出炉子时，移动梁可以逆向工作，把钢坯由装料端退出炉外。根据不同钢种和钢坯尺寸确定钢坯在炉内的加热时间，按加热时间的要求，可以调整步进周期的时间和进退的行程。移动梁还可以只作升降运动而没有前进或后退的动作，即在原地踏步，以此来延长钢坯的加热时间。

从炉子结构来分，步进式加热炉分为上加热步进炉和上下加热步进炉。上下加热步进炉如图 2-6 所示，相当于把推钢式炉的炉底水管改成了固定梁和移动梁。固定梁和移动梁都是用水冷立管支撑的，梁也由水冷管构成，外面用耐火可塑料包扎，上面有耐热合金的鞍座式滑轨，类似于推钢式加热炉的炉底纵水管。炉底是架空的，可以实现双面加热。下加热一般只能用侧烧嘴，因为立柱挡住了端烧嘴火焰的流向。上加热可以用轴向端烧嘴或侧烧嘴供热，也可以用炉顶烧嘴供热。

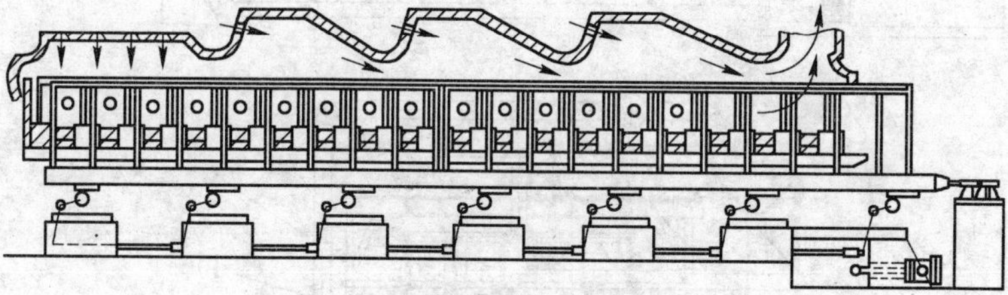

图 2-6　上下加热的步进式加热炉

多供热段步进梁式加热炉的结构如图 2-7 所示。

32. 步进式加热炉与推钢式加热炉相比有哪些优点？

答： 步进式加热炉与推钢式连续加热炉相比具有下列优点：

（1）可以加热各种尺寸、形状的钢坯，特别适合推钢式炉不便加热的大板坯和异型坯。

（2）炉子生产能力大，炉底强度可以达到 800 ~ 1000 kg/(m^2 · h)，与推钢式炉加热等量钢坯相比，炉子长度可以缩短 10% ~ 15%。

（3）炉子长度不受推钢比的限制，不会产生拱钢、粘钢现象。

（4）炉子的灵活性大，在炉长不变的情况下，通过改变钢坯之间的距离，就可以改变炉内坯料的数目，以适应产量变化的需要。而且步进周期也是可调的，加大步距即可缩短钢坯在炉时间，从而可以适应不同钢种加热的要求。

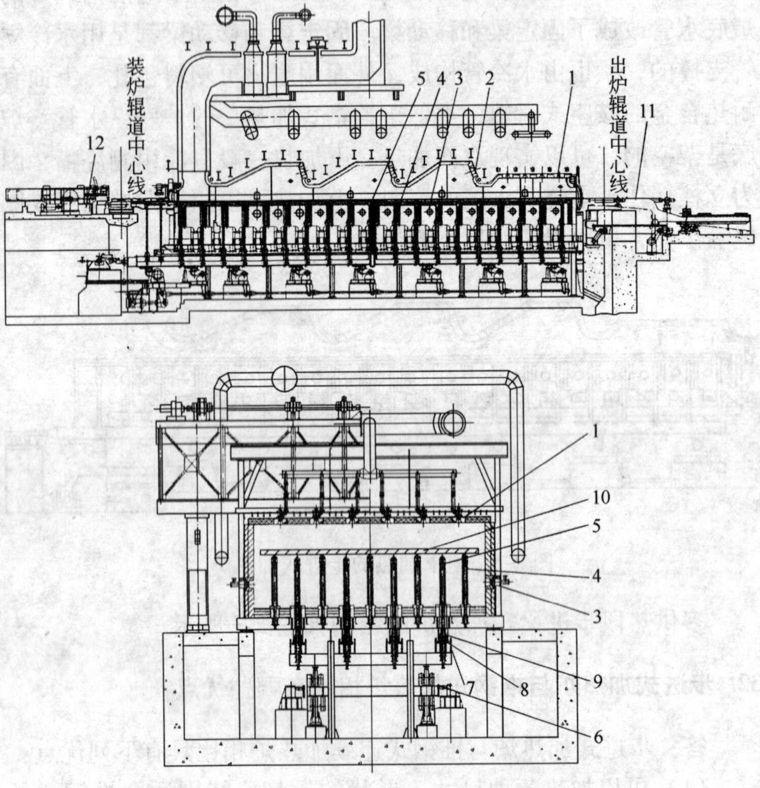

图 2-7 多供热段步进梁式加热炉的炉体结构示意图

1—平焰烧嘴；2—轴向烧嘴；3—侧烧嘴；4—固定梁；5—活动梁；6—步进梁传动机构；7—水封槽；8—刮渣板；9—密封板；10—板坯；11—出钢机；12—装钢机

(5) 由于钢坯不在炉底滑轨上滑动，钢坯下表面不会有划痕，并且钢坯的“黑印”也少，加热质量好。推钢式炉因推力振动，而造成滑轨及绝热材料经常损坏，需要经常维修，而步进式炉不需要这些维修。

(6) 轧机有故障或停轧时，能将钢坯退出炉外，以免钢坯长期停留在炉内造成氧化和脱碳。

（7）可以准确计算和控制加热时间，便于实现加热过程的自动化。

步进式炉的缺点是：炉子造价比推钢式炉高 15% ~ 20%，炉子耗水量和热耗量也高些。经验表明，在同样小时产量情况下，步进式炉的热耗量比推钢式炉高 167.5kJ/kg。

表 2-5 为步进式加热炉与推钢式加热炉的综合比较。

表 2-5 加热炉炉型的比较

序号	项 目	推钢式加热炉		步进梁式加热炉	
		比较说明	评价	比较说明	评价
设备	（1）需要炉长	稍长	一般	短	优
	（2）炉长限制	有	稍差	无	优
	（3）基础深度	浅	一般	稍深	稍差
	（4）建设费用	作为标准	一般	稍高	一般
	（5）建设周期	作为标准	一般	稍长	一般
功能	（1）加热时间	稍长	一般	短	优
	（2）加热容量可变性	无	稍差	有	优
	（3）温度差（水印）	大	稍差	小	优
	（4）烧损量	稍大	一般	稍少	优
	（5）板坯滑伤	有	稍差	无	优
	（6）板坯间紧密接触	是	稍差	不是	优
操作	（1）板坯移送	出现上翘、下塌	稍差	有下塌	一般
	（2）热损失	少	一般	略多一些	稍差
	（3）冷却水量	稍多	一般	多	稍差
	（4）电耗	少	优	多	一般
	（5）空炉的难易	困难	稍差	容易	优
	（6）坯料预处理的影响	有	稍差	无	一般
	（7）装炉和出炉操作关系	干扰	稍差	不干扰	优
	（8）板坯外形和尺寸要求	严格	稍差	稍严格	一般
维护	（1）耐火材料损耗	稍大	一般	稍少	优
	（2）日常维护管理	比较简单	一般	稍复杂	稍差

33. 步进梁的传动机构有哪几种，其传动原理是什么？

答： 步进式连续加热炉的关键设备是步进梁的传动机构。传动方式分机械传动和液压传动两种，目前广泛采用液压传动方式。使用液压传动机构运行稳定，结构简单，运动速度的控制比较准确，占地面积小，设备质量轻，与机械传动相比具有明显的优点。

液压传动机构又分为曲臂杠杆型、倾斜滑块型和偏心轮型三种，这三种传动机构如图2-8所示。表2-6列出了三种传动机构的比较。

表 2-6 各种液压传动机构的比较

项　目	曲臂杠杆型	倾斜滑块型	偏心轮型
传动系统	简　单	较复杂	较复杂
前后移动方法	液压传动	液压传动	液压传动
升降方法	液压传动（使用曲臂杠杆）	液压传动（使用倾斜滑块）	电动机械传动（使用偏心轮）
步进梁框架	简　单	比较复杂，有负责升降和进退的两个框架	简　单
速度控制	好	较　好	较　差
中间减速	在步进梁的升降过程中采用中间减速，可以减少振动和冲击，延长了设备寿命	未采用	难以使用中间减速
维　护	加热炉下部空间比较宽敞，维修方便	下面结构比较复杂，空间有限，维护困难	设备尺寸较大，下部空间小，维护比较困难
可靠性	工作可靠，容易调整	由于导轮及导轨的磨损，水平调整较困难	由于偏心轮的磨损，水平调整较困难

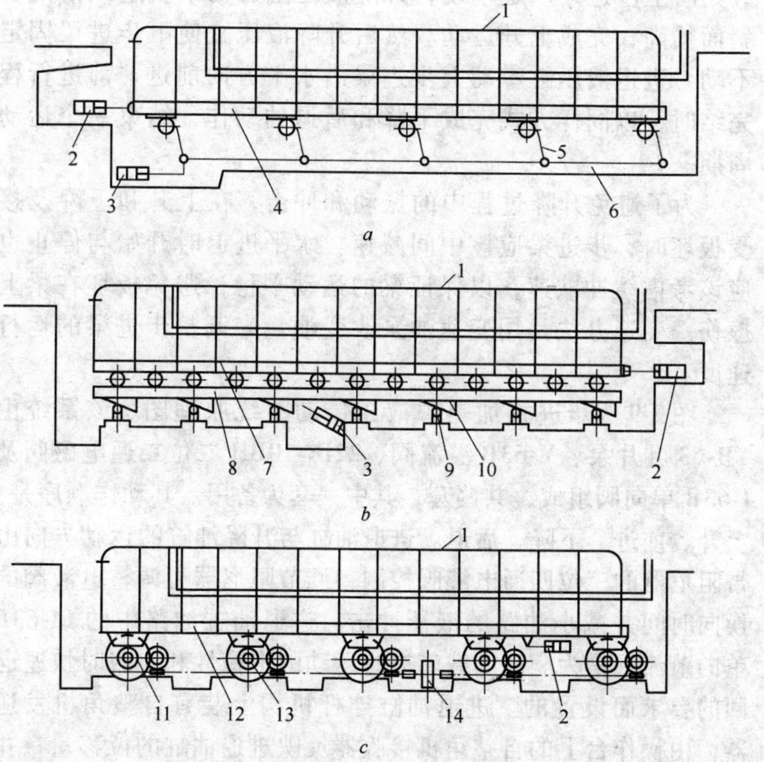

图 2-8 步进梁的液压传动机构

a—曲臂杠杆型；*b*—倾斜滑块型；*c*—偏心轮型

1—板坯支承梁；2—水平液压缸；3—上升液压缸；4—水平梁框架；5—带辊子的杠杆；6—连接杆；7—上步进梁框架；8—下步进梁框架；9—辊子；10—轨条导板；11—减速齿轮；12—步进梁框架；13—上升偏心凸轮；14—电机

下面以倾斜滑块型为例说明步进梁的动作原理。

步进梁由升降用的下步进梁和进退用的上步进梁两部分组成。上步进梁通过辊轮作用在下步进梁上，下步进梁通过倾斜滑块支承在辊子上。上下步进梁分别由两个液压缸驱动，开始时上步进梁固定不动，升降液压缸驱动下步进梁沿滑块斜面抬高，完成上升运动。然后升降液压缸使下步进梁固定不动，进退液压缸牵动上步进梁沿水平方向前进，前进行程完结时，以同样方式完成下降和后退的动作，结束一个运动周期。

为了避免升降过程中的振动和冲击，在上升和下降及接受板坯时，步进梁应该中间减速。水平进退时开始与停止也应该考虑缓冲减速，以保证梁的运动平稳，避免板坯在梁上擦伤。变速办法是用变速油泵改变油量来调整步进梁的运行速度。

图2-9为步进式加热炉液压传动系统原理图。该系统由YB-63叶片泵、Y-63B溢流阀、$22D_1$-10BH二位二通电磁阀及I-63B单向阀组成，共两套，其中一套为备用。其动作顺序是：上升、前进、下降、后退。进退油缸与升降油缸的运动方向由带阻尼器的三位四通电液阀控制，调节阻尼器可调整电液阀的换向时间并减小油路的液压冲击。进退油缸油路中的LI-63B单向节流阀是为满足满载前进时运动的平稳性和空载时快速退回的要求而设置的。进退油缸连杆机构上装有自整角机发送器，由操作台上的自整角机接收器反映进退油缸的位移量，并由接收器上设置的行程开关限制进退油缸的行程。升降油缸油路中采用节流阀L-25B和二位二通电磁阀$22D_1$-63BH的并联装置，以满足空载时快速上升（或下降）和满载时慢速上升（或下降）的要求。

油路中还设有XI-63B单向顺序阀，以组成防止因自重而引起活塞下降的平衡回路。

34. 液压推钢机的传动原理是怎样的？

答：液压推钢机的工作循环是这样的：推钢时，推钢机的推头向前运动，推动钢坯进入加热炉，到达行程终点后，推头返回到初始位置，以便再次推钢。推头往复运动一次，就完成一个工

作循环。其液压传动系统如图2-10所示。开动电机3后，油泵4通过滤油器2从油箱1中吸油，压力油经供油管5和手动换向阀

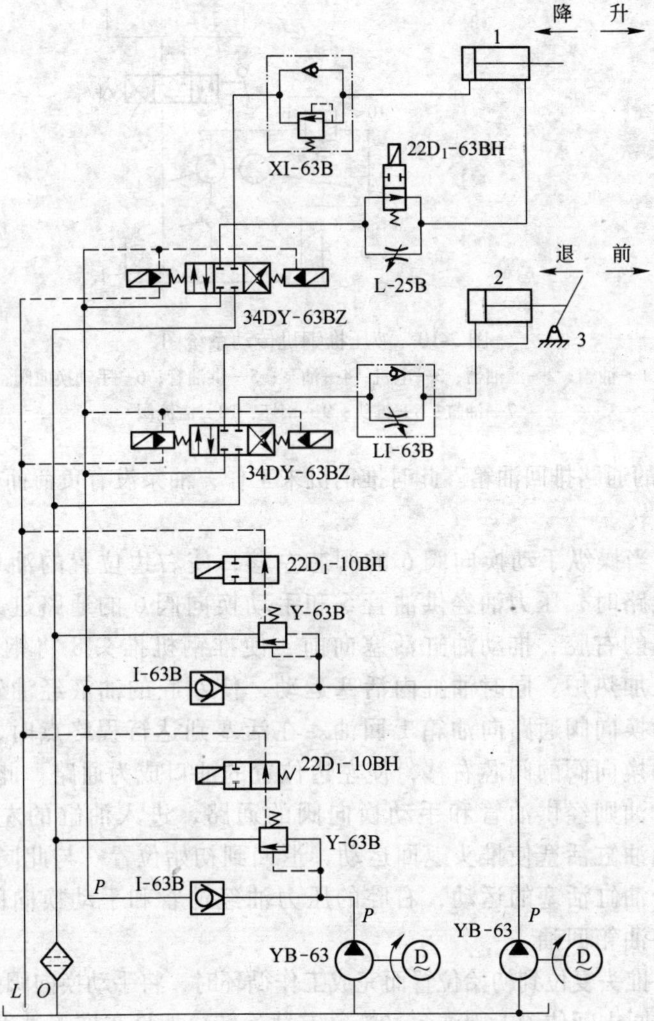

图2-9 步进式加热炉液压传动系统原理图

1—升降缸；2—前进缸；3—自整角机发送器

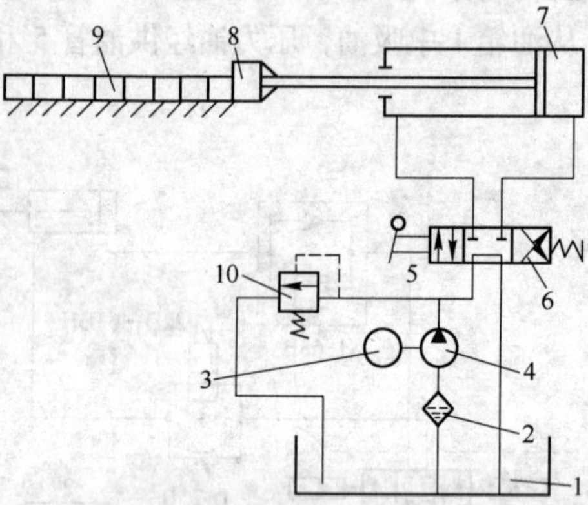

图 2-10　液压推钢机传动系统图

1—油箱；2—滤油器；3—电机；4—油泵；5—供油管；6—手动换向阀；7—油缸；8—推头；9—钢坯；10—溢流阀

6 中的通路排回油箱。此时推钢机未工作，油泵没有负荷而作空载运转。

当操纵手动换向阀 6 的阀芯左移，使右边位置的油口成为通路时，压力油经供油管 5 和手动换向阀 6 的通路进入油缸 7 的右腔，推动油缸活塞向前，使推钢机推头 8 将钢坯 9 推入加热炉。同时油缸内活塞运动，使左腔的油液经油管和手动换向阀通路向油箱 1 回油。在活塞到达行程终点时，把手动换向阀的阀芯右移，使左边位置的油口成为通路。此时，压力油则经供油管和手动换向阀的通路，进入油缸的左腔，推动油缸活塞使推头返回运动，退回到初始位置。与此同时，由于油缸活塞的运动，右腔的压力油经油管和手动换向阀通路向油箱回油。

推头复位到初始位置而完成工作循环时，将手动换向阀的阀芯放回中间位置，则油泵又恢复空载运转。如果在推钢过程中，油缸活塞到达行程终点，而操作工未能及时地换向，油缸内的油压就将增大，达到预先调定的压力时，溢流阀 10 就会打开，压力油流回油箱，这样起到安全保护的作用。

35. 怎样控制板坯在炉内的移动行程？

答：炉前推钢机把板坯推入连续式加热炉中，并把加热好的板坯推出加热炉。为了控制加热炉内板坯的移动行程，装设板坯终点控制装置。可用机械、γ射线、工业电视等装置来控制板坯在炉内的终点位置，以便用出钢机取出板坯。图2-11为控制板坯在炉内终点位置的机械装置示意图。

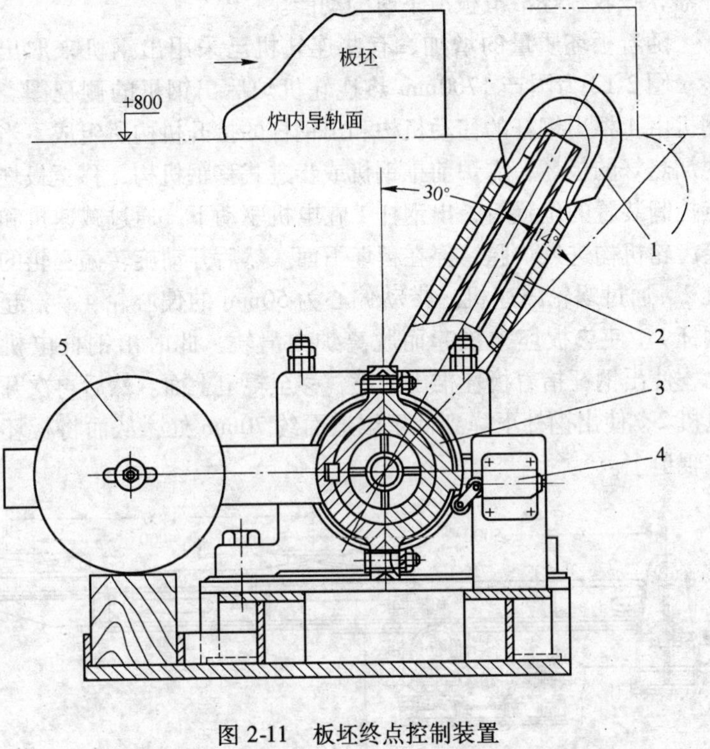

图 2-11 板坯终点控制装置

1—顶杆；2—冷却水管；3—触头；4—极限开关；5—重锤

顶杆1伸入到炉膛内。当推钢机推动板坯，顶杆被压在板坯下面时（相当于顶杆转了14°），在触头3的凸缘作用下，极限开关

4 立即断电，推钢机停止推钢，但可以往后返回。只有用出钢机把板坯取走，顶杆靠重锤 5 返回到原来位置后，推钢机才有可能推下一块板坯。考虑到推钢机单独工作，在炉内对称地放置了两个板坯终点控制装置，距炉壁 550mm，用内部通水的方法冷却顶杆。

36. 炉后出钢机是怎样进行工作的？

答： 现有的连续式加热炉炉后出料方法，通常是将热板坯沿带有一定斜度的直滑板或圆弧滑板滑至辊道上，辊道外侧设有缓冲器，吸收板坯沿滑板滑下时的动能。

随着板坯质量的增加，有些连轧机已采用出钢机来取出板坯。图 2-12 为国产 1700mm 热连轧机炉后出钢机的侧视图。出钢机由 4 根出钢杆的移动机构和出钢杆的抬升机构所组成。当炉内加热好的板坯，靠炉前推钢机或步进式移钢机构，移至板坯终点控制装置的位置后，出钢杆 1 在电机驱动下，通过减速机和齿条齿轮机构进入炉膛，停在板坯下面。然后开动旋转偏心轮的电机 2，通过蜗轮减速机，带动偏心为 50mm 的偏心轮 4，抬起出钢杆 1，使热板坯被抬起而脱离炉内滑轨。此时出钢杆电机启动，使出钢杆抬着板坯推出炉膛，移至辊道上面。然后再次开动电机 2，使出钢杆下降到低于辊道面约 70mm 处，从而将板坯放在辊道上。

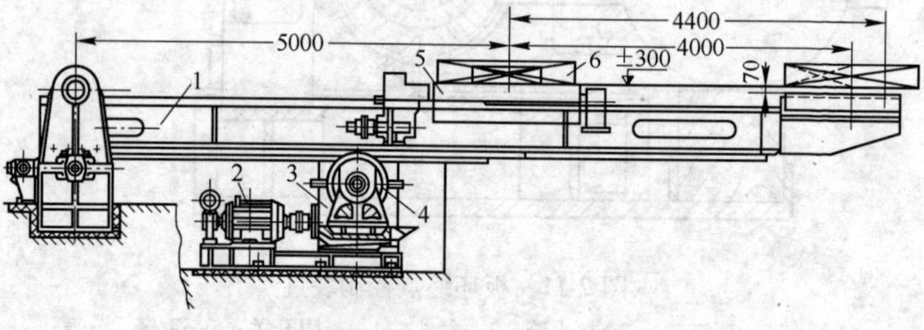

图 2-12　出钢机的侧视图

1—出钢杆；2—电机；3—蜗轮蜗杆减速机；
4—偏心轮；5—辊道；6—板坯

当板坯宽度变化时，可调整行程控制器，改变出钢杆的行程位置，以适应不同宽度板坯的需要。

若炉内加热双排短板坯时，用气动离合器把两组出钢杆传动装置分开，则每组出钢杆可以单独工作。

37. 加热炉燃料种类有哪些，如何选用?

答：热轧加热炉用燃料有天然气、焦炉煤气、焦炉煤气与高炉煤气或转炉煤气混合而成的混合煤气、重油和液化石油气等。

加热炉选用何种燃料受很多因素的影响。一般要考虑产品质量的要求、加热炉结构上可能、经济上合理、燃料的供应条件（生产、运输、合理利用资源等）、操作条件（劳动条件、调节性能、自动化水平、安全）等因素。

炉顶供热采用平焰烧嘴，燃烧重油比较困难；煤气热值、压力不稳定，对自动化调节系统的工作影响大；燃料中 H_2S 和焦油含量要符合环保要求和控制设备的要求，并要确保对产品质量没有影响。

38. 怎样维护煤气烧嘴?

答：烧嘴根据煤气燃烧的火焰状况，通常分为无焰烧嘴和有焰烧嘴两类。

无焰烧嘴使煤气和空气预先在烧嘴内混合，然后喷出迅速燃烧。这类烧嘴的特性是：煤气压力高、燃烧所需的过剩空气量少（一般为3%～5%）、燃烧快、火焰短、火焰温度高及具有空气自调性。但它也有生产能力低、外形尺寸大、调节范围小、噪声高等缺点。

有焰烧嘴使煤气与空气全部或大部分在烧嘴外混合，边混合边燃烧。这类烧嘴的特点是：煤气压力较低、燃烧时所需过剩空气较多、火焰长、燃烧慢、火焰温度低、需有空气管路系统和鼓风机（烧嘴前空气压力为1500～2500Pa），且不具有空气自调性。

表2-7列出了烧嘴常见故障及其排除方法。以表中所列的方法来操作维护煤气烧嘴和排除故障。

表2-7　烧嘴常见故障及其排除方法

故障现象	产生原因	排除方法
回火：火焰缩入烧嘴内燃烧，混合管发红，烧嘴发出异常声音	（1）喷头被烧损； （2）喷射能力降低； （3）煤气压力太大； （4）喷头 *D*/喷嘴 *d* 比值太大	（1）关闭煤气阀门，让烧嘴缓冷； （2）及时更换喷头； （3）*D*/*d* 值选择要合适
脱火：火焰离开喷头在空间燃烧	（1）混合物喷出速度大于混合物燃烧速度； （2）一次空气过剩系数太大	（1）关小空气阀； （2）点炉时轻轻开启煤气阀门
空气管道回火爆炸	（1）低压烧嘴在使用时没开风机； （2）煤气逸入空气管道与空气混合	打开鼓风机
点不着火，燃烧不稳定	（1）烧嘴结构不合理，空气不足； （2）*D*/*d* 值不合理； （3）煤气压力太低	（1）安装时注意喷嘴伸进尺寸； （2）混合室要足够大，*D*/*d* 值要合理； （3）低压烧嘴可取消节流孔板
漏气	铸件上有裂纹或疏松，连接处垫烧损	更换铸件，换垫
不完全燃烧，火焰软而无力	（1）一次空气系数太小； （2）烧嘴结构不合理，*D*/*d* 值不合理	（1）增加空气； （2）合理选择烧嘴结构和 *D*/*d* 值

烧嘴的安装和维护应注意以下几点：

（1）烧嘴前的阀门在安装前要检查阀杆的灵活性和阀门的密封性。压力在20kPa，15min下降不超过150Pa可以认为密封性合格。

（2）安装阀门时，阀门与法兰盘之间必须垫有橡胶石棉垫。垫的两侧涂上二硫化钼润滑脂（或黄油）。喷嘴与喉管要同心。保证煤气喷入喉管时不外溢，并与空气混合好。

（3）高压喷射式烧嘴的喷嘴伸进喉管的尺寸要合适。伸进太长使空气通路截面减小，阻力增大，空气就不能充分吸入，造成燃烧不完全；伸入太短使喷射气体在混合管口处抽力减小，吸入空气减少，燃烧也不完全。

（4）喷嘴、喷头和混合器堵塞时，应清除杂物（用铁丝捅、气焊烤或清洗）。喷头被烧大或烧裂时，应及时更换。

39. 煤气加热炉有哪些常见故障，怎样排除？

答： 调整加热炉的目的是使温度和炉内气氛达到工艺要求；提高热效率，降低能量消耗；判断故障原因，消除缺陷；提高炉子生产能力。

在炉子发生故障时，用目测或仪器测量，找出炉子不正常工作的原因，正确判断，及时进行调整工作，排除故障，以恢复正常工作。

煤气加热炉的常见故障及其产生原因、排除方法见表2-8。

表2-8 煤气加热炉常见故障分析

故障现象	产生原因	排除方法
炉膛温度达不到工艺要求	（1）煤气发热值低； （2）空气换热器烧坏，烟气漏入空气管道； （3）空气过剩系数太大；	（1）在煤气站找出发热值低的原因，提高煤气发热值； （2）分析换热器后空气的氧含量，如低于20%，则修理空气换热器； （3）调节进风闸，如升温效果不显著，可改大喷嘴；

续表 2-8

故障现象	产生原因	排除方法
炉膛温度达不到工艺要求	（4）空气过剩系数太小； （5）煤气换热器堵塞，致使煤气流量减少； （6）煤气换热器堵塞，致使煤气压力降低； （7）炉前煤气管道积水，致使煤气压力下降； （8）炉膛内出现负压力； （9）烧嘴配置能力偏小； （10）炉内水冷管带走热量大，或炉衬损坏，致使局部热损失大； （11）煤气或空气预热温度低	（4）调节进风阀及煤气阀； （5）用钎子捅喷嘴，清除焦油渣； （6）清除煤气换热器堵塞的管道； （7）定期放水； （8）增加烟道阻力或改变烧嘴位置和角度； （9）配置大能力烧嘴； （10）改善水冷管隔热，修复炉衬； （11）检修换热器
炉膛温度分布不均	（1）烧嘴位置布置不合理； （2）烧嘴工作不均衡； （3）排烟口位置及尺寸不合理，排烟不均； （4）靠近炉门口处温度低	（1）改变烧嘴位置或喷射角度； （2）调整烧嘴，使炉内热量均衡； （3）改变排烟口位置或尺寸； （4）将靠近炉门口处的一个或两个烧嘴能量加大，比其他烧嘴能量大20%左右
炉膛压力过大，喷火	（1）烟道闸门关得过小； （2）不完全燃烧，使煤气漏出炉外燃烧； （3）煤气流量过大； （4）烟道堵塞或有水； （5）烟道截面积偏小； （6）烧嘴的位置布置不合理	（1）调整闸门开启度； （2）调整烧嘴，空气过剩系数控制在1.02～1.05； （3）在保证炉温的情况下，适当减小煤气流量； （4）清理烟道，排水； （5）修改烟道截面积； （6）重新布置烧嘴的位置

续表 2-8

故障现象	产生原因	排除方法
燃烧不稳定	(1) 煤气中水分太多; (2) 煤气压力不稳定，经常波动; (3) 烧嘴喷头内表面不够清洁或烧坏; (4) 冷炉点火，煤气量少	(1) 根据季节，定期放水; (2) 消除煤气量供应不稳定造成的驼峰; (3) 清理内表面脏物或更换喷头; (4) 开大煤气总阀和炉前煤气阀
钢坯氧化烧损严重	(1) 过剩空气系数太大; (2) 炉膛负压; (3) 钢坯加热时间太长(炉温偏低); (4) 燃料硫含量高; (5) 炉膛内局部温度过高	(1) 调整空气阀; (2) 调整烟道闸阀或改变烧嘴位置和角度; (3) 缩短高温区加热时间; (4) 采取除硫措施; (5) 在相对位置调整个别烧嘴能量
煤气自动控制失灵	(1) 煤气控制阀后压力控制达不到要求; (2) 煤气控制阀后最大压力和最小压力参数选择不当; (3) 煤气压力为最小值时，烧嘴回火	(1) 减小煤气控制阀关闭时的间隙面积（即加大控制阀阀片直径); (2) 正确选择煤气控制阀的前后压力参数; (3) 保证烧嘴的出口速度不低于着火速度

40. 煤气加热炉的安全操作要点是什么?

答: 煤气加热炉开炉前准备工作的安全操作要点是:

（1）检查炉子各部是否正常，如烧嘴是否堵塞损坏，各种阀门是否灵活可靠，特别要注意煤气阀、法兰盘、活接头、烧嘴等容易漏气的地方。

（2）带有鼓风机的炉子，在开炉前应先启动鼓风机。

(3) 检查煤气压力。压力不足时要找出原因，及时处理。压力过低不得点火。

(4) 点火前吹洗管道，步骤是：关好放散管后总阀，打开放散阀；打开放散管前总阀，让煤气放散 1 ~ 2min，关紧放散阀；然后打开总阀，准备点火。

煤气加热炉点火的安全操作要点是：

(1) 打开炉门和烟道闸门，使炉膛通风良好。

(2) 将点燃的火把靠近烧嘴，打开第一个烧嘴前煤气阀，供给少许煤气。点燃后打开空气阀，逐个调整好其余的烧嘴。烧嘴要一个一个地点燃，不许向炉膛内部投火把点火。

(3) 空气量根据煤气量来调节，其标准以观看火焰喷射有力、燃烧坑道迅速且烧得很亮、火焰持续稳定为宜。

(4) 如果放入煤气后并没有点着火，则应立即将煤气阀关闭。稍停数分钟，将积聚在炉膛内的煤气排出。同时，要分析原因，并加以消除，然后重新点火。

(5) 点燃烧嘴，调节完毕后应放下炉门。用烟道闸门调节炉膛内部压力，一般维持在 8 ~ 12Pa，其象征是在炉门口有轻微的火焰逸出。

(6) 点火时，最好使用固定在长铁杆上的火把，站在烧嘴的侧面进行点火，以免火焰喷出伤人。

(7) 不准将开关煤气阀门的扳子留在阀门上。不用时应将扳子悬挂在阀门旁的链条上，以免发生灭火、跑煤气等现象。

(8) 燃烧情况可根据火焰颜色来判断：火焰呈混浊的黄色，不透明有黑烟时表示空气量不足；火焰过于发亮而闪耀夺目，表示空气量过剩；火焰正常时是透明的。

煤气加热炉停炉（熄火）的安全操作要点是：

(1) 逐个关闭烧嘴的煤气阀，停止输送煤气，然后关闭相应的空气阀。

(2) 关闭放散管前总阀，打开放散阀。

(3) 最后关闭放散管后的总阀。

（4）如停炉时间较短，仅几小时，可以不关闭炉前煤气总阀。

41. 常用的燃油烧嘴有哪几种?

答: 加热炉常用的燃油烧嘴有低压烧嘴和高压烧嘴两种。低压烧嘴的雾化剂压力低，雾化质量好，火焰短而软，烧嘴的燃烧能力较低，一般不超过300kg/h。高压烧嘴能力大，雾化质量好，火焰长而硬，不宜用于小炉子。由于燃油烧嘴类型较多，且各有特点，需按具体情况来选用，以满足轧钢工艺的要求。下面介绍几种常用的燃油烧嘴:

（1）双管低压烧嘴。双管低压烧嘴是把一次雾化用的空气和二次雾化的助燃空气分开，其结构如图2-13所示。这种烧嘴的优点是: 烧嘴无活动机构，故结构简单，操作可靠；能够使用经过预热的高温热风；喷出的火焰可比一次低压烧嘴长一些，每个烧嘴的燃烧能力可增大到300kg/h左右；可以集中调节油、风而不影响雾化质量。

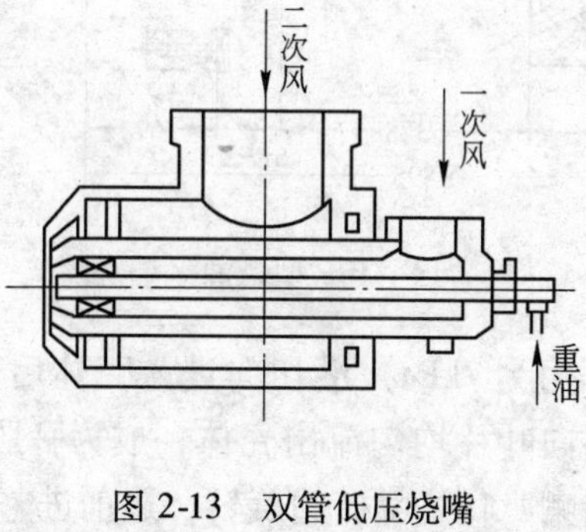

图2-13　双管低压烧嘴

（2）F型烧嘴。F型烧嘴又称F型油压自动比例调节烧嘴。它利用供油的压力和压力变化来使风和油自动地按比例进行燃烧调节，利用供油的压力使炉温和供油量之间联系起来调节炉温。

F型烧嘴的特点是: 采用三次雾化，一次风和二次风是旋转的，并和三次风有一定的角度，所以油雾化的质量好；油雾与空气混合也好，能使燃烧完全，空气过剩系数比较小（一般为 1.01 ~ 1.11），因此，提高了燃烧温度，降低了燃料消耗；根据油压变化，通过比例调节来保证所需要的空气量，因此容易实现燃油自动控制；烧嘴结构简单，维修方便。

（3）燃油平焰烧嘴。燃油平焰烧嘴可以增加钢料的总的辐射传热，节约燃料，减少氧化，提高加热质量，延长炉体寿命，提高升温速度，其加热经济效果很明显。燃油平焰烧嘴是采用蒸汽或压缩空气的内混式雾化烧嘴，由烧嘴砖、风壳及油枪三部分组成，如图 2-14 所示。

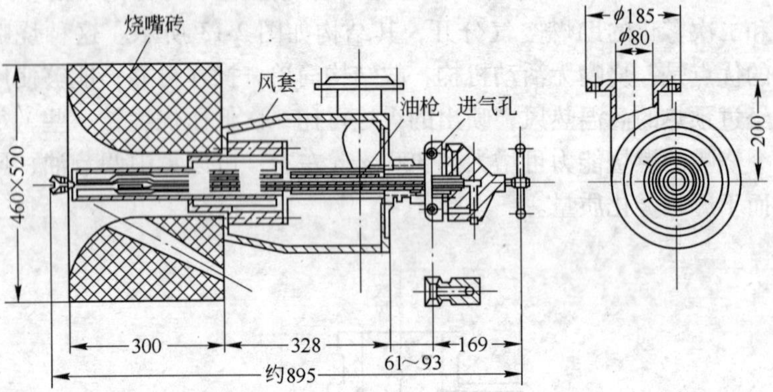

图 2-14　JBP 型燃油平焰烧嘴

助燃风（压力为 7kPa）沿切向进入壳体后部，经过风壳端部的旋风分配导向叶片均匀流出壳体，成为一股强的旋转气流。这股旋转气流沿喇叭口烧嘴砖边旋转、边前进、边扩大，到烧嘴砖出口平面处气流变成径向流动，以轴中心辐射铺散开成盘形气流。

燃油从油枪后部的进油孔进入油枪，在油枪内管中流向前端油汽芯中。

雾化用蒸汽或压缩空气经油枪后端进汽孔进入油枪夹层，经油汽芯外三个小孔成三股高速气流进入油汽芯，并随即冲击破碎中心油流股，使之乳化。被乳化的乳化液经油汽芯前出孔进入油喷头与轴中心成75°向前倾斜喷出，在与盘形气流相混合后，便可进行燃烧。

平焰烧嘴的安装是极为重要的，如果安装不好，将造成烧嘴不好使用。

42. 重油燃烧操作过程中常发生哪些故障？

答：重油燃烧操作过程中常发生点火不燃、火焰不稳定、燃烧不良、逆火结焦、黑烟等故障。这些操作故障的产生原因和防止措施详见表2-9。

表2-9　重油燃烧操作过程中常发生的故障及其防止措施

故　障	产生原因	防　止　措　施
点火不燃	无油	在点火时，确认有油流出才开始下一步操作
	配管中进了水、油泥，油黏度过大	设置油过滤器，定期打开容器及配管，将渣滓去掉
	闪点过高	点火用的火焰必须充足，视情况准备点火用燃烧器
	烧嘴眼堵塞	熄灭时要清扫烧嘴，点火时要确认有油流出
	燃油加热不够	加热燃油，直至喷雾粒子呈微细状态，增加喷雾压力
	烟道堵塞	定期清扫吸入口、烟道、排气孔
火焰不稳定	油泵吸油不充足，油中含油泥、水	将泵的容量增大，设置油过滤器，定期清除渣滓
	油黏度过大	提高加热温度，增大喷雾压力
	油的加热温度过高，油配管中有空气	为防止产生气泡，配管中加装排气装置

续表 2-9

故　障	产生原因	防　止　措　施
火焰不稳定	空气、油压不稳定	设置减压阀、辅助阀等，以保持适当的压力
	一次空气压力和空气量过大	调节到适当的压力和流量
逆　火	闪点过低	改换适当的烧嘴，并且要改变喷射方法
	有水及其他夹杂物	设置过滤器和排污、排空气等设施
	油压过大	注意油粒的大小和喷出速度
	排气孔堵塞	打开调节风门，判断通风能力
	配管中有空气	设置排空气装置
产生黑烟	灰分量过大	采用强制通风，高温燃烧
	燃烧不良	充分雾化，喷雾适当
	空气不足	增大空气量
	燃烧量过大	注意控制油量
烧嘴喷口处积炭结焦	黏度过大，油压不稳定	将油加热至一定的黏度，减压阀保持一定压力，注意油泵故障
	预热温度过高	调节油量、空气量
	空气不充足，喷射不良	增大一次空气量，防止二次空气在燃火口砖内形成涡流
	雾化不均匀	注意喷管是否堵塞及有无伤痕
	熄火后，烧嘴阀门泄漏	尽可能将烧嘴内残油吹扫干净
过滤器堵塞	被油泥、蜡分及其他夹杂物堵塞或油黏度过大，油温过低	应根据油的性能设置过滤器

43. 燃油加热炉的安全操作要点是什么？

答：燃油加热炉开炉前准备工作的安全操作要点是：

(1) 使用重油时，要向管道系统输送蒸汽，以加热油槽中的存油，保证油的正常流动。

(2) 清除喷嘴上的积焦，疏通喷油管，用蒸汽或空气吹扫。调整喷嘴的安装位置，检查喷嘴砖有无损坏。

(3) 开动风机、油泵，检查风压、油压和油温是否符合要求。

(4) 打开炉门，并稍开烟道闸门，使炉膛内气体流动，准备点火。

燃油加热炉点火的安全操作要点是：

(1) 将点燃的火把放入点火孔或喷嘴头部，加热片刻。微开风阀，供给少量空气，然后慢慢打开油阀点火。

(2) 确实点燃后再慢慢加大空气阀。风量过大容易将火焰吹散；风量过小燃烧不稳定，冒黑烟。必须根据耗油量调节合适的供风量。

(3) 如有上下两排喷嘴，应先点燃下排喷嘴。喷嘴很多时，要从中部的开始点火。最好是一次点成，不要将油喷溅到炉底上。

(4) 点燃喷嘴，调节完毕，放下炉门。烟道闸门的位置可根据点燃喷嘴的数量进行调整，使炉膛内部为微正压即可。

(5) 如由于某种原因一次点不着火，或点燃后又熄灭，必须立即关闭油阀，停数分钟将炉膛内积存的气体排出后再重新点火。

(6) 点火时操作者不要面对着喷嘴，要站在喷嘴的侧面，防止回火时灼伤。没有点着时，不能向炉内投掷火源，以免伤人和造成事故。

(7) 燃烧情况根据火焰来判断。火焰颜色：白色火焰表示空气量过多；红色火焰表示空气量不足；正常火焰为橙色，在炉膛内没有混浊的云雾，可以看到钢坯及砖。火焰的稳定性：火焰不稳定（着灭不定）的原因很多，如油中有水分及杂质、空气压力和油压力不稳定、过滤器堵塞、调节阀失灵等。

燃油加热炉停炉（熄灭）的安全操作要点是：

（1）首先关闭油阀，停止供油。然后关闭风阀，停止鼓风机。

（2）放下烟道闸门。

（3）长时间停炉时要用空气或蒸汽将油管中残油吹回油槽。停炉前尽可能将喷嘴中的油烧掉。

44. 加热炉节油措施有哪些？

答：几年来，某厂热窄带车间的燃油加热炉的燃油单耗由原来的 70kg/t 逐渐下降到 41kg/t，这是由于不断提高企业管理的水平和采取各种有效节能措施的结果。节能措施主要有改善燃烧系统和改进操作、减少烟气热损失、减少炉膛内各项热损失等几方面，如图 2-15 所示。

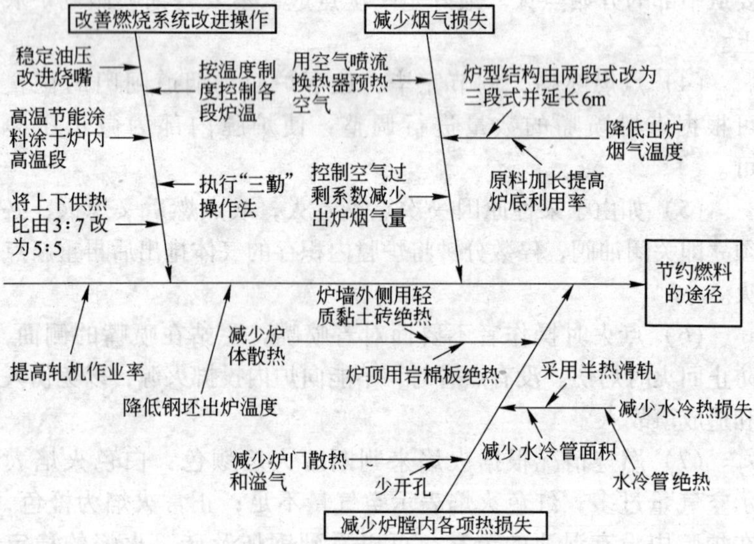

图 2-15　加热炉节油措施

45. 板坯在加热过程中常产生哪些缺陷?

答: 板坯在加热过程中，炉子的温度和气氛必须调整得当，如果操作不当，会出现各种加热缺陷，如过热、过烧、氧化、脱碳等，这些缺陷影响钢的加热质量，加热中应尽力避免。

(1) 过热和过烧。过热是当加热温度超过 Ac_3 时，钢的晶粒过度长大，从而引起晶粒间结合力减弱，钢材的力学性能恶化的现象。产生过热的原因是钢坯在加热段的温度过高，在均热段的保温时间过长。过热的板坯轧制时会产生裂纹。过热的板坯可用退火细化晶粒的方法加以挽救。

过烧是当钢在高温下，在强烈氧化气氛中加热时，氧渗透到钢内杂质集中的晶界，使晶界开始氧化和部分熔化，形成脆壳，严重破坏晶粒间连接的现象。产生过烧的原因是：钢的加热温度过高，加热时间过长。钢在氧化性炉气中加热也易产生过烧。过烧的钢在轧制时产生严重的开裂甚至破裂成碎块。过烧的钢无法挽救，只能报废。

(2) 氧化。加热时，钢表面与高温炉气接触发生氧化，生成氧化铁皮，即一次氧化铁皮。在轧制过程中表面氧化铁皮脱落，热的金属表面与水和空气接触，还会生成新的氧化铁皮，即二次氧化铁皮。一般来说，加热温度愈高，加热时间愈长，炉子的氧化性气氛愈强，生成的氧化铁皮就愈多。

加热中钢的氧化所造成的金属损失，约占钢坯总量的2% ~ 3%。钢表面的氧化铁皮降低钢的导热系数，影响加热速度。氧化铁皮大量堆积在炉底上造成炉底升高、起包，加热炉需停炉清渣，这不仅影响炉子产量，而且使操作条件恶化。在轧制时，氧化铁皮易打滑，增加咬入困难。氧化铁皮压入带钢表面造成斑点和麻坑缺陷，降低产品表面质量。

减少氧化烧损主要是从控制加热时间和炉内气氛两方面着手。主要措施有：钢坯在炉温较高的炉内快速加热，达到出炉温度后，马上出炉开轧，避免长时间停留在炉内待轧；控制炉内气氛，在保证完全燃烧的前提下，控制适当的空气过剩系数，不使炉气中有大量的过剩空气；同时注意适时调节炉膛内压力，保持微正压操作，避免吸入大量冷空气。

（3）脱碳。在加热过程中钢的表层金属的碳含量减少，甚至完全不含碳的现象叫脱碳。加热温度越高，时间越长，脱碳就越严重。

某些特殊用途钢（如滚动轴承钢、工具钢和弹簧钢等）要控制脱碳层。脱碳层的允许深度，在有关产品标准中有具体规定。

（4）粘钢和加热不均。当加热温度达到或超过氧化铁皮的熔化温度（1300～1350℃）时，氧化铁皮开始熔化，并流入钢坯与钢坯之间的缝隙中，当钢坯从加热段进入均热段时，由于温度降低，氧化铁皮凝固，便产生了粘钢。

钢坯内外加热温度不均匀，轧制时延伸不均，使轧件产生应力，容易造成裂纹。

沿钢坯长度上温度不均匀，如水管黑印（即钢坯与炉底水管接触处温度低于其他部位），轧制时造成轧制力波动，辊跳值波动，而使带钢厚度波动，给控制带钢厚度公差造成困难。

避免措施有：严格控制加热速度，防止速度过快造成钢坯加热不均，并且一定要在低温阶段使钢坯温度均匀，然后再提高加热速度；经常观察炉内温度分布情况，正确调整炉内温度使沿炉宽各点的温度保持均匀；均热段要有足够的保温时间，以保证温度均匀。

46. 怎样用目测方法分析加热炉工作状况？

答：在加热炉发生故障时，可用目测或仪器测定的方法找出炉子不正常工作的原因，正确判断，提出排除故障的办法并组织故障的排除工作，以实现设备的正常运行。

测量可用目测和仪表两种方法。炉子技术性能鉴定、定期检查则应用仪表测量，力争取得正确数据。目测方法比较简单，但必须有丰富的经验。在炉子调整工作中，目测用于处理紧急故障和一般故障比较多，它可减少影响生产的时间。

人们在长期生产实践中积累了丰富的经验，通过看、听、嗅、摸、试等方法一般就能分析出炉子产生故障的原因。具体的目测方法如下：

（1）温度的目测。目测炉墙、金属颜色以判断炉温和金属温度。金属颜色与温度对照见表2-10。目测炉膛温度和金属加热温度时，要注意炉子外部光线的不同情况。在阴暗的情况下，观察的火色会亮些，在光线充足的情况下，观察的火色会相对地暗些。一般有经验的人目测温度的误差不大于±20～±30℃。

表2-10　金属颜色与温度对照表

颜　色	温度/℃	颜　色	温度/℃
暗褐色	530～580	亮红色	830～880
赤褐色	580～650	橘黄色	880～1050
暗樱红色	650～750	暗黄色	1050～1150
深樱红色	750～780	亮黄色	1150～1250
樱红色	780～800	黄白色	1250～1300
亮樱红色	800～830	淡黄白色	1300～1360

目测火焰颜色以判断烧嘴工作状况。火焰颜色与燃料性质有关，不同燃料燃烧时的火焰颜色略有区别，见表2-11。

表2-11　各种燃料燃烧时火焰颜色与空气量的关系

燃　料	火焰颜色	空气量状况
发生炉混合煤气（氢含量较高）	蓝色火焰无力，有飘浮现象	不足，$\alpha<1$
	蓝色火焰较长	不足，$\alpha<1$
	蓝黄色火焰	稍不足，$\alpha<1$
	黄色火焰有力	适当，$\alpha=1.02\sim1.05$
	黄白色火焰	过大，$\alpha>1.05$

续表 2-11

燃　料	火焰颜色	空气量状况
油煤气（氢含量较低）	蓝黄色火焰，有飘浮现象 浅黄色火焰，有力 黄白色火焰	不足，$\alpha<1$ 适当 过大，$\alpha>1.05$
油	黄色火焰，有黑烟 浅黄色火焰，有力 黄白色火焰	不足，$\alpha<1$ 适当 过大

目测烟气以判断燃料燃烧情况。各种燃料燃烧情况与产生烟气状况的关系见表 2-12。

表 2-12　各种燃料燃烧情况与产生烟气状况的关系

燃　料	烟气情况	燃烧情况
煤　气	炉外或烟囱仍有较长火焰，并有异味	燃烧情况不好，空气量不足
煤和油	冒黑烟，有烟炱 烟灰白色，浓浅适当 烟色淡白	空气量过少，燃烧情况不佳 燃料与空气配比适当，燃烧良好 空气量过大

用手触摸冷却水，估计水温高低（见表 2-13）。一般冷却水出口温度控制在 50～60℃。

表 2-13　触觉与水温对照表

手　感　觉	水温/℃	手　感　觉	水温/℃
温和 有点热 烫手	36～40 45～50 60～65	非常烫手 手接触马上缩回（有热气）	70～75 80～83

目测油的黏度。油的黏度是随油的温度而改变的。温度高，黏度小；温度低，黏度大。油的黏度在 35.3～57.7mm^2/s 时，

用在低压油嘴上一般有利于燃烧。知道油的牌号，用于触摸油管温度或看油的流动性能，可大致辨别出油的近似黏度（见表2-14）。

表 2-14 触觉与油的黏度对照表

名称	牌号	温度/℃	黏度/$mm^2 \cdot s^{-1}$	手感觉
轻柴油				同室温
重油	20	69~80	>35.3	烫手
	60	80~89	≤79.8	非常烫手
	100	80~95	≤112.9	碰上缩回
	200	100~105	≤39.1	泼水沸腾

（2）压力和流量的目测。观察炉前煤气压力。煤气压力与流量是正比关系，压力大流量也大，压力小流量也小。当炉膛温度达不到工艺要求时，观察现场运行的压力表，如煤气压力低于额定压力，供热能力就达不到设计能力，造成炉膛温度低，大多数情况是由于管道积水或焦油堵塞等引起的。

观察油嘴前油压。炉子在运行过程中必须保证最低额定油压。如观察到燃烧情况不好，供油量不足而引起炉膛温度低，则就有可能存在油压不足的问题。为此应检查过滤器、加热器、截止阀、管路等有无堵塞现象，回油阀开启度是否太小。

观察炉膛气流及压力情况。对炉底要求微正压的炉子，一般以炉气在炉门口底处微微往外溢出为适宜。若在炉门口大量喷火及燃烧，说明燃料消耗量过大及烧嘴工作不良。调整炉压的方法，首先是调整烧嘴及烟道闸板，而烧嘴的位置和角度不合理、排烟口堵塞或太小，也会使炉门喷火。

观察风压和风量。鼓风机应能满足炉子最大供热需要的风压和风量，使其燃料能得到充分燃烧。当观察到烧嘴或油嘴的工作恶化时，要观察插板阀开启度、鼓风机实际出力情况。要注意鼓风机转速对风压和风量的影响。

（3）设备状况的目测。观察换热器工作情况。煤气换热器有泄漏时，煤气从换热器漏出，使环境受到污染并造成浪费，如引起燃烧，会使换热器温度增高而被烧坏，一般用肉眼能观察到。当空气换热器有泄漏时，如采用喷射式烧嘴的炉子，烟气能被吸入到换热器的空气通道中，使预热空气中氧含量相应减少，烧嘴工作恶化。同时，漏入高温烟气而使空气预热温度过高。当预热温度过高时，往往存在着某些故障，要引起注意。

观察煤气烧嘴的工作性能。煤气在一定的额定压力下，压力升高或降低，使吸入的空气量也按比例随之增加或减少，而过剩空气系数始终保持在理想状态，这样不用手动调节空气阀就能保证正常燃烧，说明自调性能良好。喷口离烧嘴混合管的距离过深过浅都会影响吸入空气量，影响烧嘴的自调性能。

观察油嘴的工作性能。油嘴的工作性能可用目测火焰的办法来确定。良好的火焰不应有亮点和黑点，要避免大量冒黑烟和烟点。要注意在一定的油压风压范围内使油嘴雾化性能良好，燃料得到充分燃烧。

47. 提高加热炉热效率和降低燃耗的措施有哪些？

答：加热炉的燃耗（即单位燃料消耗量）与热效率，是评价炉子工作情况的重要指标。单位燃料消耗量，或称单位油耗、煤耗、能耗，是指加热单位质量（每吨或每公斤）产品所消耗的燃料量。单位燃耗取决于加热时间、加热制度、加热炉结构、产量、坯料尺寸、钢种、坯料装炉温度等。连续式加热炉产量越高，单位燃料消耗越低。连续加热炉的热耗为：燃煤 2344.6 ~ 3516.9kJ/kg；燃油 2512.1 ~ 3349.4kJ/kg；煤气 1674.7 ~ 2093.4kJ/kg。

炉子热效率指加热金属的有效热量占供给炉子的热量（燃料的燃烧热）的百分率。根据实际测定，连续式加热炉的热效率为 30% ~40% 。

提高炉子热效率和降低燃耗的措施有：

(1) 减少出炉废气从炉膛带走的热量。出炉废气带走的热量是热损失中最主要的一项。在保证燃烧完全的前提下，应尽可能降低空气过剩系数，以提高燃烧温度，减少废气量，但如果空气量不足，或燃烧条件不好，造成不完全燃烧，不仅燃耗不能降低，而且会降低燃烧温度，恶化炉腔热交换。要注意炉子的密封问题，控制炉底压力在微正压下，防止冷空气吸入炉内而增加炉子烟气量。要控制合理的废气温度。废气温度越高，废气带走的热量越多，热效率越低。但废气温度太低，炉内的平均炉温降低，加热太慢，炉子生产率下降。而废气所含的热量应采取回收措施，以提高热效率，降低燃耗。

（2）回收废热用以预热空气、煤气。这样把热量又重新带回炉膛，可以直接提高炉子热效率，降低燃料消耗量。也可以用余热来生产蒸汽，供发电或其他用途。

（3）减少炉子冷却水带走的热量。为了减少炉子冷却水带走的热量，可采取以下方法：减少不必要的水冷却面积；进行水冷管的绝热包扎；采用汽化冷却代替水冷却；采用无水冷滑轨。

（4）减少炉子砌体的散热。采用轻质耐火材料和各种绝热保温材料，可以有效地减少通过砌体传导损失的热。实行绝热能够降低燃料消耗，提高炉子热效率，增加炉子产量。

（5）加强炉子的热工管理。应使炉子保持在额定产量下均衡地工作，并实现各项热工参数的最佳控制。

48. 什么叫汽化冷却？

答：推钢式加热炉炉底纵水管冷却水带走的热量，在加热炉总耗热量中占有很大的比例。虽然炉底管经过加强绝热，但其热损失仍然达10%左右。加热炉采用汽化冷却装置后，能够回收热量，对于节省燃料有很大的意义。我国轧钢厂的加热炉已普遍采用了汽化冷却装置。

汽化冷却的原理如图2-16所示。汽包内高温热水通过下降管被引到加热炉的滑轨中，高温热水由于受热，形成汽水混合物，温度上升，然后通过上升管回到汽包中。汽水混合物在汽包内分离，热水回到汽包内进行再循环，蒸汽作为动力资源而被有效地利用。

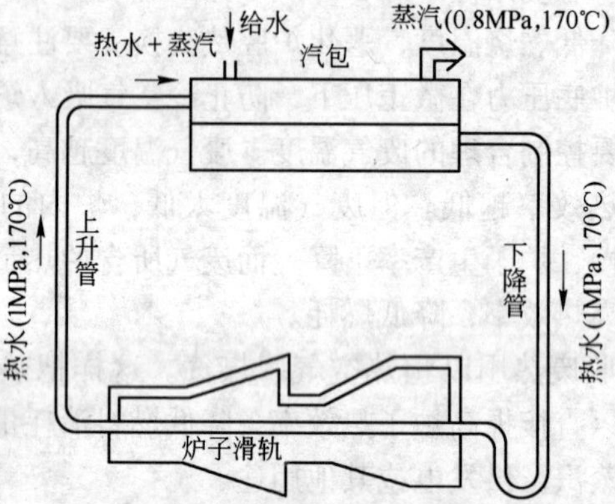

图 2-16　加热炉炉底滑轨管的汽化冷却装置

加热炉炉底管采用汽化冷却时，具有以下一些优点：

（1）汽化冷却的耗水量比用水冷却少得多。例如加热炉采用工业水冷却时，如水的入口与出口温度差为20℃，则1kg水从水冷炉底管带走的热量仅为83.7kJ。改用汽化冷却后，设工作压力为0.5MPa，给水温度50℃，在该压力下的饱和水热焓是661.5kJ/kg，汽化潜热为2089.2kJ/kg，则1kg 50℃的水，通过炉底管时，能带走的热量应为2541.4kJ。由此可见，汽化冷却的耗水量，仅相当于水冷却的1/30左右，节约用水的效益是很显著的。

（2）用工业水冷却时，由冷却水带走的热量全部损失，而汽化冷却所产生的蒸汽则可供生产、生活方面使用，甚至可以用来发电。

（3）炉底纵管采用汽化冷却时，其表面温度比采用水冷却时要高一些，这对于减轻钢料加热时形成的黑印、改善钢料加热温度的均匀性有一定的好处。

（4）采用水冷却时，一般用工业水，其硬度较高，易结垢，结垢后传热效果变坏，使炉底纵管发生过热或烧坏。当采用汽化冷却时，一般用软水可以避免结垢，从而可延长炉底水管的寿命。

49. 炉底管为什么要包扎，怎样包扎？

答：大量实测数据表明，炉底管不包扎的热损失要占整个炉子燃料消耗总量的30%～35%，而且，它给加热和轧制工艺带来许多问题，如：

（1）钢坯加热质量差。炉底管不包扎造成钢坯上下加热不均匀（阴阳面大），影响正常轧制，还会引起轧制带钢的厚度波动。此外，为了补充被炉底管不包扎带走的大量热量，就要加强下加热，而这样又容易产生过烧和粘钢等现象。

（2）降低了炉子的产量。为了消除钢坯出炉前的温差和阴阳面，需强化加热，但又要受到燃烧装置和排烟系统的限制，因此，为了保证正常的轧制，就不得不延长加热时间，因而降低了炉子的产量。强化加热使烧嘴周围炉墙容易损坏，也缩短了炉子的寿命。

如进行炉底管包扎，就可以克服上述缺点，同时它又是降低炉子燃耗、提高产量的一项有效的措施。

耐火可塑料是一种新型的不定形的耐火材料，是以耐火骨料和细粉为主，加入适当比例的黏结剂，经过充分搅拌形成的混合物。它具有如下一些优点：生产工艺简单，省去了成形、干燥和烧成的工序，施工简单，容易掌握，便于修补；热稳定性好，耐剥落，使用寿命长；导热系数小，能减少炉子的热耗。

炉底管的耐火可塑料包扎的结构形式有以下三种：

（1）现捣法单层包扎结构。按照包扎层锚固件的形式，现捣法单层包扎结构可分为钉钩法、钢丝圈法以及混合法三种，如图2-17所示。这三种方法将各种形状的金属钉（T字形、Y字形、Γ字形、V字形以及U字形）和钢丝圈焊在炉筋管上，然后用可塑料捣打。

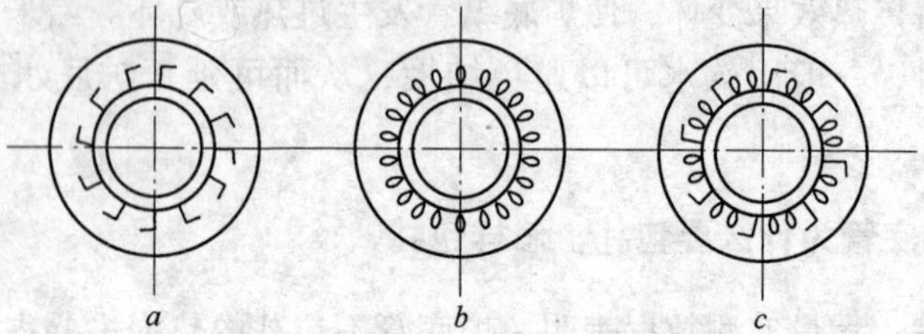

图 2-17　现捣单层包扎的结构形式

a—钉钩法；*b*—钢丝圈法；*c*—混合法

（2）预制法单层包扎结构。此结构的包扎形式如图 2-18 所示。这种结构是在钢板或半圆管上焊上钉钩（钉钩的形式与现捣法单层结构的钉钩法相同），然后捣打上耐火可塑料，做成预制块，使用时焊在炉底管上。

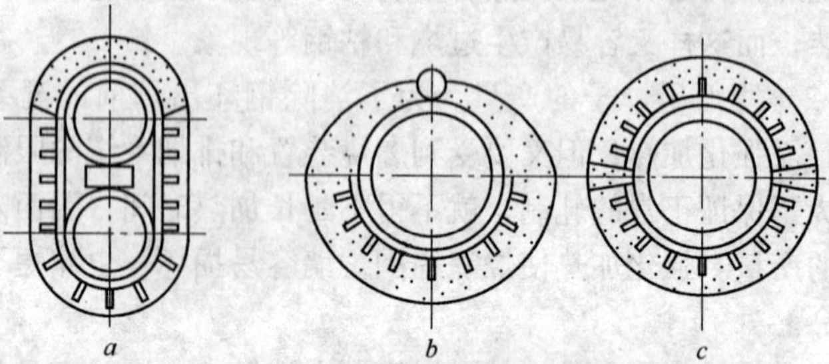

图 2-18　预制法单层包扎结构形式

a—双横管；*b*—纵管；*c*—单横管

（3）预制法双层包扎结构。这种结构形式克服了第一种方法所存在的不足，并且有较好的绝热效果，其结构如图2-19所示。

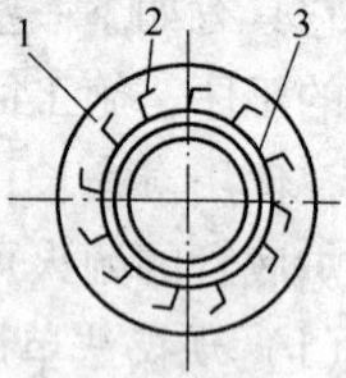

图 2-19　预制法双层包扎结构简图

1—耐火材料层；2—锚固件；3—绝热纤维层

50. 热滑轨有哪些优点？

答： 推钢式连续加热炉使用的水冷管筋管滑道是由厚壁钢管和方钢（或圆

钢）焊接而成的，因此在钢坯和炉底水管接触的地方产生了“黑印”，即使在均热段也难以消除。为此，采用了热滑轨的措施，即在纵水管上装设较厚的金属滑轨，甚至在水管与滑轨之间衬以隔热材料，使滑轨表面具有较高的温度，以减少水管对钢坯的冷却作用。轧钢加热炉采用热滑轨可以取消均热段实炉底，这样不但减少了热损失，而且由于炉底全架空，强化了下加热，使钢坯“黑印”减少。热滑轨主要由滑块、骑卡件及卡件所组成，其结构如图 2-20 所示。水管用可塑料包扎。滑块借助于焊接在矩形管上的卡件予以固定。推钢时，对滑块产生的作用力，通过滑块尾部的钩形结构传给骑卡件，同时，为了防止推钢时被加热钢坯窜动对滑块所产生的横向推力，把整个滑块的下部镶嵌在骑卡件里。为了滑块安装方便和解决材料受热膨胀问题，在前后滑块间以及骑卡件和卡件之间留有 25～35mm 间隙。

在矩形管上部安装镍铬耐热合金钢骑卡件和滑块，其间衬耐火可塑料，使之隔离，可以减少矩形管对滑块的冷却作用。由于

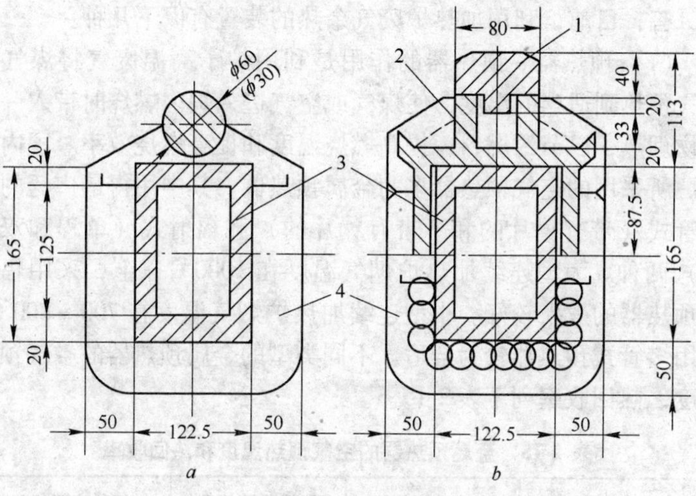

图 2-20 热滑轨结构

a—用于加热段和预热段；*b*—用于均热段

1—滑块；2—骑卡件；3—方水管；4—可塑料

骑卡件从两侧接受的热量相当于骑卡件传给炉底管的热量，钢坯下表面只受骑卡件的局部遮蔽，且骑卡件上块面较窄，所以钢坯只要经过短时间的均热，就可以从滑块两侧把热量传递到钢坯和滑块接触处，使钢坯加热温度均匀，达到消除“黑印”的目的。

热滑轨有下列优点：

(1) 基本上消除了钢坯和炉底管接触所产生的“黑印”，减小了钢坯断面上的温差，提高了产品尺寸的精确度和均匀性。

(2) 可以增加加热横水管间距，减少横水管数量，从而减少了横水管的吸热量和对被加热钢坯的遮蔽。这样，缩短了加热和均热的时间，达到了提高炉子产量和降低单位燃耗的目的。

(3) 同均热段实炉底的炉子相比，可以提高推钢长度；消除炉底积渣对钢坯表面的划伤以及繁重的清渣劳动。

51. 怎样利用加热炉废气余热?

答：目前，利用加热炉废气余热的装置有以下几种：

(1) 预热器。预热器的作用是利用炉子高温废气将煤气或空气预热到适当的温度，使煤气或空气进入炉内燃烧时带入一部分物理热，以节约燃料，提高燃烧温度和提高燃烧效率。国内加热炉所采用的空气预热器多为金属预热器，其中用得最广泛的是多管式（带有翼片的和不带有翼片的）和辐射式（单程和双程的）两种。大型连续加热炉烟气温度在1000℃以上，采用辐射式预热器的效果较好。小型连续加热炉烟气温度在700～800℃，采用多管式预热器较为合适。不同类型的金属预热器的空气预热温度、热回收率列于表2-15。

表 2-15　金属预热器的空气预热温度和热回收率

项　目	多管式预热器	套管式预热器	辐射式预热器
空气预热温度/℃	300～450	200～350	350～400
热回收率/%	25～35	20～25	20～25

（2）余热锅炉。连续加热炉排出的废气经过预热器回收一部分热量后，仍然有400～600℃。如果再增加预热器的面积，用预热器来提高废热回收效率，那就不合算了。因此在加热炉后烟道上增设余热锅炉，把废气的显热变为蒸汽。余热锅炉是锅炉的一种，一般不使用燃料，没有燃烧室。余热锅炉装置如图2-21所示。一座加热炉产量为100t/h时，可回收蒸汽量10t/h。

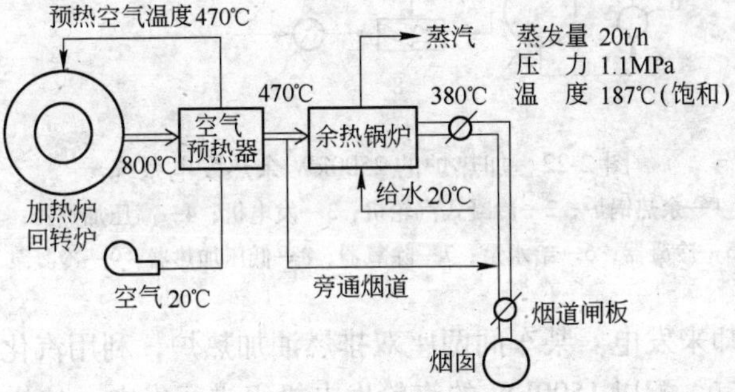

图2-21　余热锅炉的系统图

（3）余热发电。余热锅炉生产的蒸汽除了可以满足生产和生活需要外，还可以用来发电。如上海某轧钢车间加热炉烟道上安装了强制循环中压余热锅炉和2500kW冷凝式汽轮发电机组，余热发电系统如图2-22所示。加热炉热效率由原来的30%提高到60%。

余热锅炉和汽轮发电机组的主要技术性能如下：

余热锅炉出口压力为1600kN/h，过热蒸汽出口压力为3.92MPa，过热蒸汽温度为45℃，进余热锅炉的废气量为70000～80000 m^3/h，废气进口温度为600℃，余热锅炉排烟温度为250℃，余热锅炉的效率为50.5%。

冷凝式汽轮机功率为2500kW，汽压为3.43MPa，汽温为435℃，转速为3000r/min。

除了用余热锅炉产生的蒸汽进行发电外，还可以利用炉底管

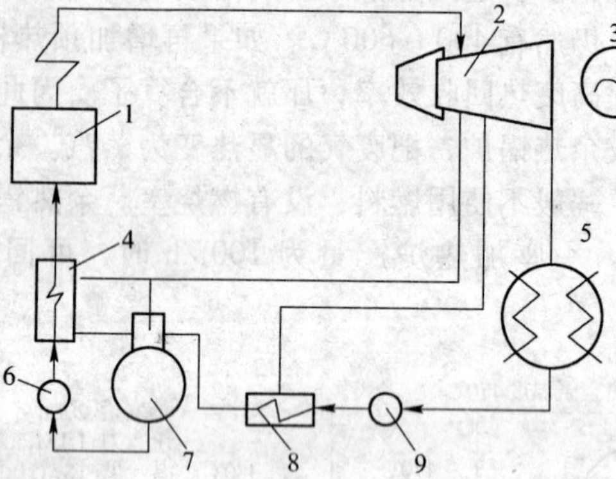

图 2-22 加热炉的 2500kW 余热发电系统

1—余热锅炉；2—冷凝式汽轮机；3—发电机；4—高压加热器；5—冷凝器；6—给水泵；7—除氧器；8—低压加热器；9—冷凝泵

汽化冷却来发电。某车间两座双排燃油加热炉，利用汽化冷却产生的蒸汽，配以 1500kW 的汽轮发电机组进行发电。这样不仅节省燃料，而且提高了汽化冷却的压力，使汽化冷却循环更加稳定。

52. 什么是喷流预热装置，其效果怎样？

答：把冷的钢坯装入加热炉的预热段，除辐射传热外还有强制对流传热，这种强制对流传热就是喷流预热。喷流预热是指把从轧钢加热炉排出的大量高温废气，返回炉尾并以高速喷射到钢坯表面，达到预热的目的，从而收到节能效果。

喷流预热装置是利用冲击喷流所具有的高传热特性，用炉内排出的高温废气有效地加热钢坯。喷流预热器的体积小、热效率高，无论是单位热量的金属消耗，还是传热系数，都要比辐射预热器好。

目前，带喷流预热装置的节能加热炉是由预热器、高温风机、废气循环管道以及喷流室等部分组成的。带组合型喷流预热装置的节能加热炉结构如图 2-23 所示。这种组合型喷流预热装置的优点是：结构简单，造价低，并便于维修，加热炉的燃料消耗量要比原来的加热炉降低约 20% ~30%，在不增加燃料消耗量的情况下，可以增大加热能力 20% ~30%，这是节约能源加大炉子能力的最有效装置；而且在操作上也是安全可靠的，如装置遇到意外情况，可以转换操作，不至于影响正常生产。

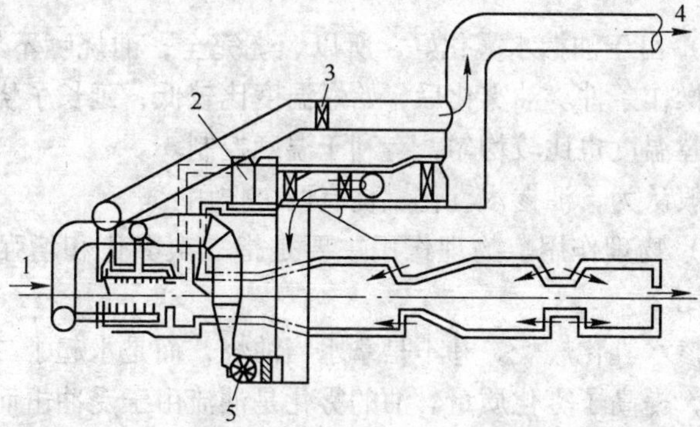

图 2-23　装有喷流预热装置的节能加热炉的纵断面

1—板坯；2—预热器；3—主闸板；4—烟囱；5—鼓风机

从加热炉炉尾排出的烟气温度一般高达 1100 ~ 1200℃，当其经过预热器时被吸收一部分热量，但是仍有 600 ~ 700℃ 的高温。如果采用喷流预热装置，可以利用废气把板坯温度预热到 180 ~ 250℃，这和余热锅炉的效果是相同的，但它的优点是减少加热炉本身的燃料消耗量。此外，炉尾排出烟气还可以用来预热空气。从烟囱排出烟气的温度大约为 300 ~ 400℃，可以减少过去排烟损失热量的一半，使炉子热效率大大提高。

53. 什么叫油掺水乳化燃烧，它的优点和作用是什么？

答：燃油掺水又称乳化燃料油，即往燃油中掺加水分，经过混合搅拌均匀后成为乳化体。油掺水乳化燃烧是一种新型的燃烧技术。目前，油掺水乳化燃烧技术已用于生产（如北京某带钢厂加热炉)。实践表明，油掺水乳化燃烧有很多优点：

(1) 可以节约燃料，这是由于油掺水可以改善油的雾化，燃烧比较完全。一般掺水在15%～20%时，可节约燃料10%左右。

(2) 油掺水乳化燃烧能减少烟尘和有害气体，减轻了对周围环境的污染。同时可减少氧化铁皮的生成量，提高钢材的加热质量。

(3) 由于油掺水雾化好，所以燃烧完全，油烧嘴不易结焦，改善了操作条件。油雾化后，始燃温度比较低，延长了烧嘴的寿命，炉膛温度也比较均匀，有利于温度控制。

一般认为，油掺水乳化燃烧有两个作用：

(1) 物理作用。物理作用主要是指二次雾化和增强传热效应的作用。

油掺水乳化燃烧，并不是拿水当油烧，而是水起了二次雾化的作用，提高了雾化质量。油的雾化是油流由于受冲击而碎裂成液滴的过程。在加热炉内，油在高温热解时产生大量的悬浮状态的碳粒，由于雾化液滴在加热炉内得到二次雾化，热分解后，形成的碳粒将会更细，故可以增加油的受热面及燃烧面，加速油的蒸发，与空气可以充分混合，从而加速了燃烧速度和实现完全燃烧。

(2) 化学作用。化学作用是指高温分解和化合作用。

在一定条件下，水的分子能分解成氢和氧，有利于燃烧。油经过高温热解和二次雾化后，产生大量很细的碳粒，与水分子接触的机会增多。在高温下，部分水分子与赤热的碳粒起水煤气反应，形成可燃气体，其反应如下：

$$C + H_2O \longrightarrow CO + H_2 \qquad > 900^\circ C$$

$$C + 2H_2O \longrightarrow CO_2 + 2H_2 \qquad < 900^\circ C$$

$$CO + H_2O \longrightarrow CO_2 + H_2$$

从上述反应中可以看出，油掺水乳化燃烧减少了火焰中碳粒的存在，改善了燃烧过程，提高了燃料油的燃烧效率。

上述的物理化学过程就是油掺水乳化燃烧的机理，也就是节约燃料油的原理。

54. 如何评定加热炉的热耗等级?

答: 加热炉的燃料消耗是评定炉子工作的重要指标，在生产中常用单位燃料消耗量表示。所谓炉子单耗，即炉子加热每吨钢坯(锭)所消耗的热量,其单位为 10^6kJ/t,其表达式为:

$$炉子单耗 = \frac{热耗量}{加热钢坯(锭)量}$$

因为燃料种类和成分不同，其发热量也不同，同时，被加热的钢种和锭坯不同，所以为了比较和评定炉子的燃料消耗，以炉子可比单耗来进行核算，计算公式如下:

$$炉子可比单耗 = \frac{炉子单耗}{燃料换算系数 \times [1 + 合金比(合金钢热耗系数 - 1)]}$$

不同燃料的换算系数如下:

原油、重油、焦油以及天然气、焦炉煤气和城市煤气	1.00
煤	1.10
煤气（标准状况下发热量为 8447 ~ 9284kJ/m^3）	1.15
煤气（标准状况下发热量为 6691 ~ 7527kJ/m^3）	1.20
煤气（标准状况下发热量为 5018 ~ 6691kJ/m^3）	1.30
煤气（标准状况下发热量为 4600 ~ 5018kJ/m^3）	1.50

燃料的发热量规定为:原油 41819kJ/kg;动力煤 20910kJ/kg。其他煤和天然气按其实际发热量计算。

炉子加热合金钢时，其热耗系数为 1.70；炉子加热锭时，热耗系数为 1.10。小型炉子加热批料尺寸大于或等于 ϕ75mm 时，热耗系数为 1.05；小于 ϕ75mm 时为 1.00（也适用于带钢加热）。

当炉子使用多种燃料时，应以燃料综合换算系数来计算：

$$\text{综合换算系数} = \sum_{n=1}^{i} \text{第} i \text{种燃料百分比} \times \text{第} i \text{种燃料换算系数}$$

目前，为了促进加热炉热工水平的提高，加热炉热耗等级的评定可参考表 2-16。

表 2-16 加热炉可比单耗等级表 (10^6kJ/t)

炉子等级	大型		中小型			中厚板连轧	线材
	开坯	成材	开坯	中型材	小型材		
特等	<1.72	<1.80	<1.51	<1.59	<1.38	<2.09	<1.34
一等	≤2.18	≤2.26	≤1.97	≤2.05	≤1.76	≤2.72	≤1.59
二等	≤2.76	≤2.93	≤2.60	≤2.72	≤2.43	≤3.56	≤2.22
三等	≤3.18	≤3.35	≤2.97	≤3.14	≤2.93	≤4.40	≤2.64
等外	>3.18	>3.35	>2.97	>3.14	>2.93	>4.40	>2.64

二、温度测量及温度控制

55. 测温仪表有哪些，其特点如何？

答： 温度测量仪表有接触式和非接触式两种。

接触式温度计有热电偶、热电阻，测温原理是被测物体和检测元件接触，温度达到相等时，检测元件温度变化引起电参数变化，以此电参数变化来推算被测物体温度。热电偶、热电阻温度计适用于对固定物体测温，被公认为有代表性或较普遍采用的热电偶有铂铑-铂热电偶、镍铬-镍铝热电偶、镍铬-镍铜热电偶。

非接触式温度计有辐射温度计、光学高温计和扫描式温度计。辐射温度计用探测元件主要有硅光电池和电堆两种，被测物体和测温计传感器之间的介质和物体黑度系数变化会影响测量精度。辐射温度计用于不适合安装热电偶进行测温的地方，尤其是对运动物体的测温，如控制轧制中钢板温度的检测，钢板测厚、测宽、测长时温度的修正。光学高温计靠人的肉眼比色测温，除了被测物体和测温计传感器之间的介质和物体黑度系数变化会影响测量精度外，还受观察者主观因素影响，测量精度低，一般仅用于临时检测钢板温度，其优点是携带方便。扫描式温度计用来测定钢板的横向温度分布。

56. 热电偶由哪几部分组成，它有哪些特性?

答: 工业用普通热电偶由热电极、绝缘管、保护管、接线盒4部分组成，如图2-24所示。

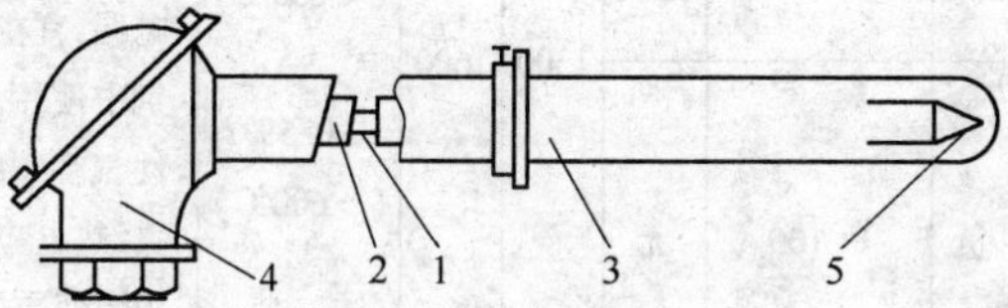

图2-24 热电偶的结构

1—热电极；2—绝缘管；3—保护管；4—接线盒；5—工作端

热电极是构成热电偶的两种金属丝，用于测量温度。根据所用金属种类和使用条件的不同，热电极直径一般为0.3~3.2mm，长度为350mm至2m。

绝缘管（又称绝缘子）用来防止两根热电极短路。它的结构形式通常有单孔管、双孔管及四孔的瓷管和四孔的氧化铝管等。

将热电极（连同绝缘管）装入保护管内。保护管的作用是减少各种有害物质的直接侵蚀，还可以避免火焰和气流的直接冲击，提高热电极的机械强度，以使热电偶得到较长的使用寿命。同时，它也可防止因导电物质的直接接触而引起的漏电现象，以保证热电偶测温的准确性。

接线盒用于连接热电偶和补偿导线，大多采用铝合金制成。

选用热电偶应根据测温范围、测温状态和测温介质，并结合热电偶的各种特性、规格和优缺点来比较确定。各种热电偶特性列于表2-17。

表 2-17　热电偶的特性

热电偶名称、型号、分度号	热电极材料			使用温度范围/℃		允许误差/℃	正负极判别及主要优缺点
	极性	化学成分（质量分数）/%	与磁作用	长期	短期		
铂铑$_{10}$-铂、WRLB、LB-2	正	Pt 90 Rh 10	无	1300	1600	±3 （≤600℃）	正极较硬，负极较软。使用温度范围广，性能稳定，精度高，可用于精密温度测量和做基准热电偶，宜在氧化、中性气氛中使用，不宜在还原性气氛中使用。价格贵，热电势较弱，长期使用会变质失去测量准确性
	负	Pt 100	无			±0.5%t （>600℃）	
镍铬-镍硅（镍铬-镍铝）、WREU、EU	正	Cr 9～10 Mn 0.3 Si 0.6 Co 0.4～0.7 Ni 余量	无	900	1200	±4 （≤400℃）	正极较硬，绿黑色，负极较软，黑褐色。化学稳定性较高，热电势大，线性关系好，精度较高，价格便宜，宜在氧化性、中性气氛中使用，不宜在还原性气氛中使用，线质较硬，线径的均匀性较差，镍硅材料已开始代替镍铝合金
	负	Mn 0.6 Si 2～3 Co 0.4～0.7 Ni 余量	有			±1%t （>400℃）	
镍铬-考铜、WREA、EA	正	Ni 90 Cr 9.7 Si 0.3	无	600	800	±4 （≤400℃）	正极色较暗，负极银白色。热电势更大，灵敏度高，价格便宜，宜在还原性、中性气氛中使用。测温范围低且窄。线质较硬，线径的均匀性较差，负极怕氧化
	负	Ni 44 Cu 56	无			±1%t （>400℃）	

续表 2-17

热电偶名称、型号、分度号	热电极材料			使用温度范围/℃		允许误差/℃	正负极判别及主要优缺点
	极性	化学成分（质量分数）/%	与磁作用	长期	短期		
铁-康铜、WRTA、TA	正	Fe 100	有	600	800	±3（≤400℃）	正极铁灰色，负极银白色。热电势大，灵敏度高，价格便宜，宜在还原性气氛中使用。测温范围低且窄，易氧化
	负	Ni 40 Cu 60	无			±0.75%t（>400℃）	
铂铑$_{30}$-铂铑$_{6}$、WRLL、LL	正	Pt 70 Rh 30	无	1600	1800	±3（≤600℃）	正极较硬，负极稍软。使用温度高、范围广，性能稳定，精度高，宜在氧化、中性气氛中使用，冷端在 40℃以下不用修正。价格贵，热电势小，不宜在还原性气氛中使用
	负	Pt 94 Rh 6	无			±0.5%t（>600℃）	

注：表中 t 为热电偶工作端温度，℃。

57. 使用热电偶应注意哪些问题？

答：使用热电偶应注意以下几点：

（1）热电偶和仪表的分度号必须一致。如仪表的分度号为 EU，必须配用分度号为 EU 的镍铬-镍硅热电偶，而不允许配用其他型号的热电偶。

（2）热电偶和电子电位差计、毫伏计不允许用铜质导线连接，而应选用与热电偶配套的补偿导线。

（3）热电偶接线盒内用于连接热电极的螺丝必须紧固，以免产生较大的接触电势而影响测温的准确性。

（4）热电偶为石英保护管特别是瓷保护管时，应特别注意避免急冷急热。

（5）使用热电偶时，一般不允许将热电偶从保护管中抽出而直接与测温介质接触。

（6）使用中的热电偶应经常检查热电极和保护管表面的情况，如发现热电极表面有麻点、泡沫、局部直径变细及保护管表面腐蚀严重等弊病时，应停止使用，进行修理或更换。

（7）为保证测试的准确性，热电偶在未使用前应先进行校验，在使用中也应定期进行校验。

58. 热电偶在使用过程中可能出现哪些故障，产生原因及其排除方法有哪些？

答：热电偶在使用过程中可能出现的故障及其产生原因、排除办法见表2-18。

表2-18 热电偶的故障、原因及排除方法

故障	原因	排除方法
热电势比实际应有的小（在仪表本身无故障的情况下，仪表指示值偏低）	（1）热电偶内部电极漏电；	（1）将热电极取出，检查漏电原因，若是因潮湿引起，应将电极烘干；若是绝缘管绝缘不良引起，则应更换；
	（2）热电偶内部潮湿；	（2）将热电极取出，把热电极和保护管分别烘干，并检查保护管是否有渗漏现象，质量不合格者，应予更换；
	（3）热电偶接线盒内接线短路；	（3）打开接线盒，清洗接线板，清除造成短路的原因；
	（4）补偿导线短路；	（4）将短路处重新绝缘或更换补偿导线；
	（5）热电偶电极变质或工作端霉坏；	（5）把变质部分剪去，重新焊接工作端或更换新电极；

续表 2-18

故　障	原　因	排除方法
热电势比实际应有的小（在仪表本身无故障的情况下，仪表指示值偏低）	（6）补偿导线和热电偶不一致； （7）补偿导线与热电偶极性接反； （8）热电偶安装位置不当； （9）热电偶与仪表分度不一致	（6）换成与热电偶配套的补偿导线； （7）重新改接； （8）选取适当的安装位置； （9）换成与仪表分度一致的热电偶
热电势比实际应有的大（在仪表本身无故障的情况下，指示值偏高）	（1）热电偶与仪表分度不一致； （2）热电偶安装位置不当； （3）补偿导线和热电偶不一致	（1）更换热电偶，使其与仪表一致； （2）选取正确的安装位置； （3）换成与热电偶配套的补偿导线
仪表指示值不稳定（在仪表本身无故障的情况下）	（1）接线盒内热电极和补偿导线接触不良； （2）补偿导线或热电极断续接地、短路或断路； （3）热电偶安装不牢而发生摆动； （4）热电偶或补偿导线受电磁场干扰	（1）打开接线盒，重新接好并紧固； （2）找出断续接地、短路的部位，并加以排除；找出断续断路的部位，重新焊接，焊好后经校验合格方可使用； （3）将热电偶牢固安装； （4）避开强电磁场或将热电偶保护管、接线盒外壳接地，或将补偿导线穿铁管
热电偶热电势误差大	（1）热电偶变质； （2）热电偶的安装位置不当； （3）热电偶感温元件保护管表面积灰	（1）更换热电偶； （2）改变安装位置； （3）清除积灰

续表 2-18

故 障	原 因	排 除 方 法
在首次使用时热电势偏低或偏高	热电极焊接后未经热处理	使用一段时间后即可稳定

59. 光学高温计的测温原理是什么？

答：光学高温计的测温原理是受热物体的温度愈高，其颜色就愈亮，单色辐射强度也就越大。受热物体的亮度大小反映了物体的温度数值。光学高温计是采用一已知温度的亮度（高温计灯泡灯丝的亮度）与被测物体的亮度进行比较来测量物体温度的。

光学高温计采用亮度均衡法进行温度测量，使被测物体成像于高温计灯泡的灯丝平面上，通过光学系统在一定波长（0. 65μm）范围内比较灯丝与被测物体的表面亮度，通过调节滑线电阻可以调整流过灯丝的电流，也就是调整灯丝的亮度（即使每一电流对应于灯丝的一定温度，因而也就对应于一定的亮度），使灯丝的亮度与被测物体的亮度相均衡，此时灯丝轮廓就隐灭于被测物体的影像中，并可由仪表指示值直接读取被测物体的亮度温度。

WGG-2 型光学高温计主要由光学系统与电测系统两部分组成，其结构如图 2-25 所示。

由放大镜 1（物镜）和 5（目镜）组成的光学系统相当于一架望远镜。移动目镜 5 可以清晰地看到光亮灯丝的影像。移动物镜 1，可以看到被测对象的影像，它和灯丝的影像处于同一平面上。这样，就可以将灯丝的亮度和被测对象的亮度相比较。当被测对象比灯丝亮时，灯丝相对地变为暗色。当被测对象比灯丝暗时，灯丝成为一条亮线。当调节滑线电阻 R 改变灯丝亮度，使其和被测对象亮度相同时，灯丝影像就消失在被测对象的影像中，这时毫伏计指示的温度即相当于被测对象的亮度温度（见图 2-26）。

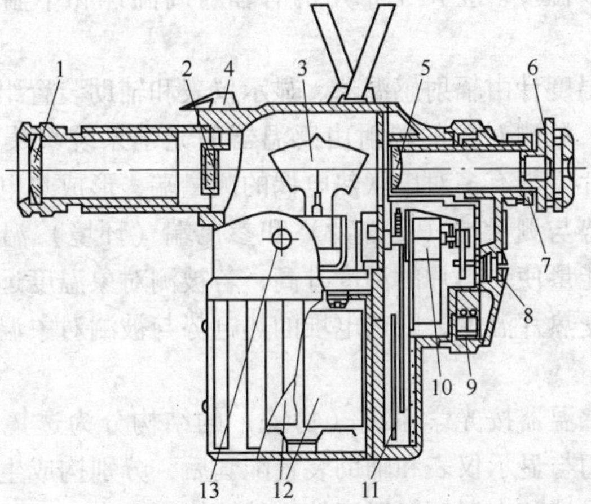

图 2-25　WGG-2 型光学高温计结构示意图

1—物镜；2—吸收玻璃；3—光度灯；4—旋钮；5—目镜；6—红色滤光片；
7—目镜定位螺母；8—零位调节器；9—滑线电阻盘；10—测温电表；
11—刻度盘；12—干电池；13—按钮开关

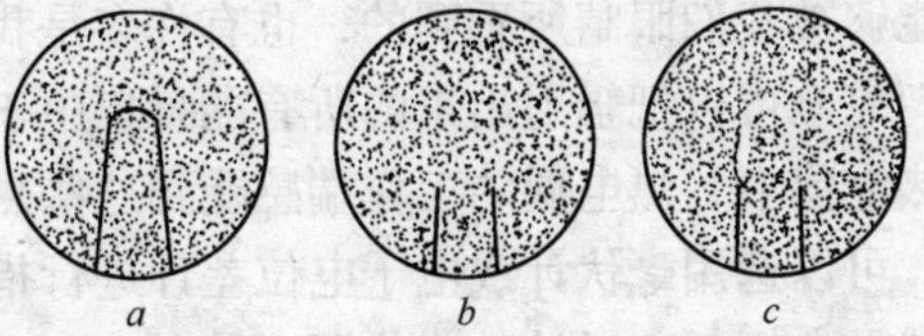

图 2-26　光学高温计的瞄准情况

a—过暗，即被测对象比灯丝亮（电流过低）；*b*—正确，即被测对象与灯丝亮度相同；*c*—过亮，即被测对象比灯丝暗（电流过高）

60. 辐射温度计的测温原理是什么，其性能怎样？

答： 辐射温度计广泛用于连续测量各种炉子的温度和一些不

适宜安装热电偶的现场指示被测对象的表面温度，以及测量热轧带钢的卷取温度。生产上常用的有辐射高温计和中温辐射温度计。

辐射温度计由辐射感温器、显示仪表和辅助装置组成，其测温原理是：被测对象的辐射由感温器的光学系统聚集在受热片上，受热片上焊有多对串联热电偶的测量端，形成热电堆。热电堆的热电势与测量端（受热片）和参比端（环境）温度差成正比。辐射能量使受热片的温度升高，若被测对象温度远远高于环境温度和受热片温度，则热电堆的热电势与被测对象温度的四次方成正比。

辐射感温器按光学系统（物镜）的结构分为透镜式和反射镜式，它们与显示仪表和辅助装置配套后，分别构成生产中常用的辐射高温计和中温辐射温度计，其性能列于表 2-19。

61. 全辐射高温计的原理及结构是怎样的?

答： 全辐射高温计是根据物体的热辐射效应来测量物体表面温度的仪器。

物体受热后就会发射出各种波长的辐射能来，其中有些波长的辐射能是能够被我们眼睛所看到的，也有许多是我们所看不见的。但是我们完全可以把辐射出来的所有能量集中于一个感温元件上，例如热电偶上，热电偶的工作端感受到这些热能后，就有热电势输出，可以选用毫伏计或电子电位差计进行指示记录和自动调节，这就是全辐射高温计的工作原理。

全辐射高温计包括辐射感温器、辅助装置和显示仪表三个部分。辐射感温器是将被测物体的辐射能转变为热电势，显示仪表可用毫伏计或电子电位差计。为防止感温器的工作温度过高及使观察通道保持清晰，必要时可装设辅助装置。

WFT-202 型辐射感温器的结构如图 2-27 所示。它具有铝合金的外壳，前部是对物透镜 1，它可将辐射热能聚集在热电堆 5 上。按照辐射高温计的起点不同，热电堆分别由16对或8对直

表 2-19 辐射高温计和中温辐射温度计性能

<table>
<tr><th>名称</th><th>特点</th><th colspan="3">测温范围/℃</th><th colspan="2">基本误差
/℃</th><th>测量距离
/mm</th><th>距离系数①</th><th>稳定时间②
/s</th></tr>
<tr><td rowspan="4">辐射高温计（透镜式感温器 WFT-202 型）</td><td rowspan="4">结构简单；
瞄准方便；
可测小目标温度；
光学系统性能稳定；
辐射能量受透镜材料透过率的限制</td><td>石英透镜</td><td colspan="2">K-9 透镜</td><td colspan="2" rowspan="4">$t \leqslant 1000$
$\Delta t = \pm 16$
$1000 < t \leqslant 2000$
$\Delta t = \pm 20$</td><td rowspan="4">1000 ~ 2000</td><td rowspan="4">20</td><td rowspan="4">不超过
4、8、20</td></tr>
<tr><td>400 ~ 1200</td><td colspan="2">700 ~ 2000</td></tr>
<tr><td>分度号 F_1</td><td colspan="2">分度号 F_2</td></tr>
<tr><td>400 ~ 1000
600 ~ 1200</td><td>900 ~ 1400
1200 ~ 1800</td><td>700 ~ 1400
900 ~ 1800
1100 ~ 2000</td></tr>
<tr><td rowspan="3">中温辐射温度计（反射镜式感温器 WFF-101 型）</td><td rowspan="3">结构简单；
下限温度低(100℃)；
辐射能量不受光学系统的限制；
若现场使用需带防尘保护窗，窗口材料的透过率影响指示值</td><td colspan="3">100 ~ 800</td><td rowspan="2">Ⅰ</td><td rowspan="2">Ⅱ</td><td rowspan="3">500 ~ 1500</td><td rowspan="3">8</td><td rowspan="3">4 ~ 5</td></tr>
<tr><td>Ⅰ</td><td colspan="2">Ⅱ</td></tr>
<tr><td>100 ~ 400</td><td colspan="2">400 ~ 800</td><td>±8</td><td>±12</td></tr>
</table>

①距离系数是指感温器前端面（即透镜式感温器的物镜）到被测对象表面的距离 L 与被测对象有效直径 D 之比 L/D，其中 L 必须大于或等于规定值，例如透镜式感温器规定的 L 值为 1000mm；

②稳定时间是指感温器输出值达到终值 99% 时所需的时间，即反映了热电堆的热惯性。

径为0.05～0.07mm的镍铬-考铜热电偶串联而成。

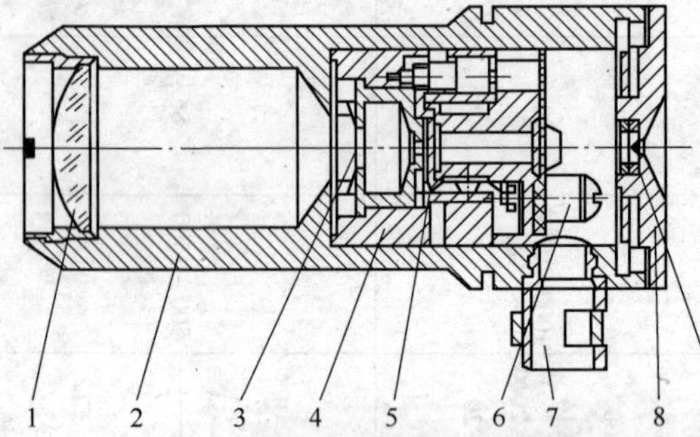

图2-27 WFT-202型辐射感温器的结构示意图

1—对物透镜；2—外壳；3—补偿光栅；4—座架；5—热电堆；6—接线柱；7—穿线套；8—盖；9—目镜

62. 全辐射高温计的故障有哪些，产生原因及修理方法是什么？

答：全辐射高温计的故障、产生原因及修理方法见表2-20。

表2-20 全辐射高温计故障、产生原因及修理方法

故障	原因	修理方法
显示仪表无指示	（1）连接导线断路或短路； （2）感温器损坏； （3）显示仪表损坏	（1）检查连接导线； （2）检查修理或更换； （3）检查修理或更换
显示仪表指针反向移动	连接导线接错	检查与重新连接
显示仪表的指示值偏大	（1）感温器透镜沾污； （2）未正确对准被测物体； （3）感温器至被测物体的距离过大，超过比例； （4）连接导线电阻值未按规定调整；	（1）清洗透镜； （2）重新瞄准被测物体； （3）重新调整距离； （4）重新调整导线电阻；

续表 2-20

故　障	原　因	修理方法
显示仪表的指示值偏大	(5) 感温器负载不正确； (6) 显示仪表零位未校正； (7) 显示仪表刻度不正确； (8) 感温器壳体温度过高； (9) 感温器灵敏度衰减； (10) 被测物体的辐射特性与黑体辐射特性差别大	(5) 按规定重新连接； (6) 重新校正仪表零位； (7) 显示仪表重新分度； (8) 配用水冷保护罩降温； (9) 感温器重新分度； (10) 采用修正系数或采用带底的窥测管装置

63. 动圈式仪表有哪些用途和型号?

答：动圈式仪表与热电偶、热电阻、压力变送器或差压计等相配合，用来指示和调节工业对象的温度、压力、流量和液位等参数。用于指示和调节温度时其应用范围如表 2-21 所示。

表 2-21　动圈式仪表指示、调节温度范围

系　列	序号	测温元件	分度号	测温范围/℃
与热电偶配合使用	1	镍铬-考铜	EA	0~300，0~400，0~600
	2	镍铬-镍硅（镍铬-镍铝）	EU	0~600，0~800，0~1100，0~1300
	3	铂铑-铂	LB-2	0~1600
与高温计配合使用	4	WFT-202 型辐射感温器	T_2	700~1400，900~1800，1100~2000

动圈式仪表统称 XC 系列仪表，有指示型和调节型之分。XCZ 为指示型，仅能测量指示温度。XCT 为调节型，除能测量指示温度外，还可以调节温度。

动圈式仪表的型号命名方法如下：

(1) 动圈式仪表型号组成如下：第一节以大写英文字母表

示，一般不超过三位；第二节以阿拉伯数字表示，一般不超过三位；尾注以大写英文字母表示，以一位为限，普通型不加尾注；第三节以一位阿拉伯数字表示统一设计的序号，第一次统一设计不加第三节。型号的组成形式如下：

第一节　　第二节　　尾注　第三节

[A] [B] [C] - [1] [2] [3]　　[D] - [1]

（2）动圈式仪表型号各节各位的代号及其所表示的意义如表2-22所示。

表2-22　动圈式仪表各节各位的代号及其意义

第一节					
第一位		第二位		第三位	
代号	意义	代号	意义	代号	意义
X	显示仪表	C	动圈式	Z	指示仪
			磁电式	T	指示调节仪

第二节					
第一位		第二位		第三位	
代号	意义	代号	意义	代号	意义
1	单标尺，表示设计序列或种类	0	表示调节方式	1	配接热电偶
1	高频振荡固定参数	0	二位调节	2	配接热电阻
2	高频振荡可变参数	1	三位调节（狭中间带）	3	配接霍尔变送器
3	时间程序式高频振荡固定参数	2	三位调节（宽中间带）	4	配接压力变送器
		3	时间比例调节（脉冲式）		
		4	时间比例加二位调节		
		5	时间比例加时间比例		
		8	比例调节（连续输出式）		
		9	比例积分微分（连续输出式）		

例如，XCZ-101 型为与热电偶（或辐射感温器）配合使用的 XCZ 型动圈式温度指示仪。配用热电偶（或辐射感温器）的 XCT 型动圈式温度指示调节仪有 XCT-101 型、XCT-111 型、XCT-121 型和 XCT-131 型。

64. 动圈式温度指示仪表的构造是怎样的，容易出现哪些故障？

答： XCZ-101 型动圈式温度指示仪又称 XCZ-101 型毫伏计，与热电偶或辐射高温计配合使用，能对 0 ~ 1800℃ 范围内的气体、液体、蒸汽和烟气温度进行测量和指示。

XCZ-101 型毫伏计主要由测量机构组成，测量机构则由表头组件、铁芯、永久磁铁、串阻及温度补偿电阻等组成，此外，还有刻度板、接线柱等。其外形与构造原理分别见图2-28和图2-29。

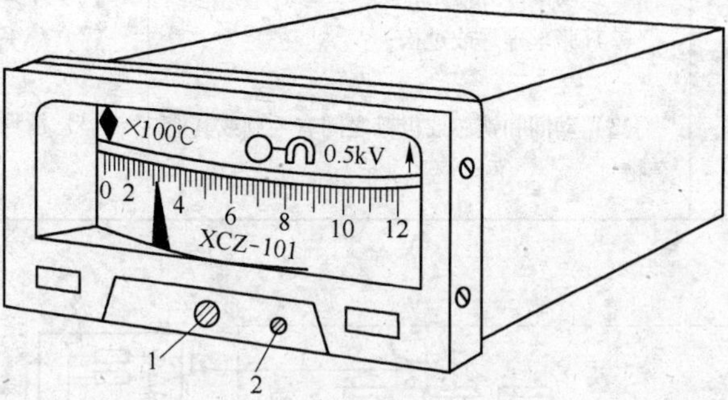

图 2-28　XCZ-101 型毫伏计外形图

1—调零螺钉；2—给定针调节杆

XCZ 型动圈式仪表的故障现象、原因及其排除方法见表2-23。

表 2-23　XCZ 型动圈式仪表的故障现象、原因及排除方法

故障现象	故障原因	排除方法
有输入信号但指针不动或不稳定	（1）串联电阻、张丝或动圈的引头脱落或虚焊； （2）串联电阻、动圈或张丝有断线现象； （3）张丝或动圈因过载或短路而烧毁	（1）焊牢； （2）焊接或调换； （3）更换

续表 2-23

故障现象	故 障 原 因	排除方法
指针呆滞或有卡针现象	（1）运输过程中张丝被振断； （2）指针位置过低碰面板，过高碰屏风板，针头伸出过短碰面板，过长碰玻璃； （3）铝旗与振荡线圈摩擦； （4）面板上有毛屑，可动部分铁芯和极靴间有毛刺、铁屑等杂物	（1）换张丝； （2）调换指针； （3）调整位置； （4）清除杂物
指示值不稳定	（1）动圈或张丝脱焊； （2）动圈上有毛丝	（1）焊牢； （2）清除毛丝
指针调不到零	调零机构有毛病，表头下簧片座位置不当	调整、修理
指针移动缓慢	（1）动圈部分短路； （2）张丝虚焊或过松； （3）动圈和铁芯或极靴之间有毛刺或其他杂物	（1）修理； （2）焊牢或调整； （3）清理干净

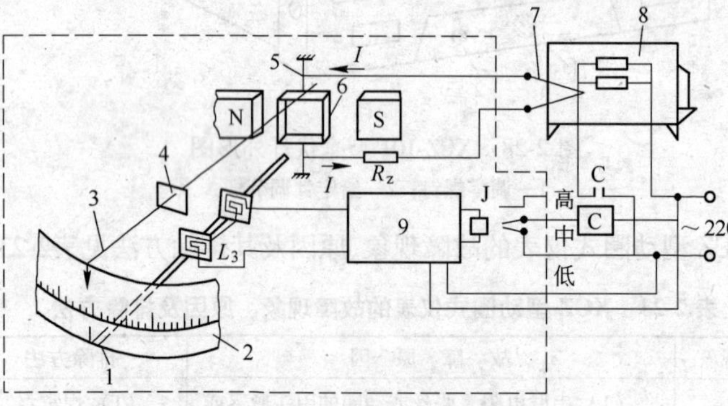

图 2-29 XCZ-101 型毫伏计构造原理示意图

1—给定指针；2—刻度盘；3—指示指针；4—铝旗；5—张丝；
6—动圈；7—热电偶；8—电阻炉；9—振荡器直流放大器

65. 动圈式仪表配热电偶的测量线路有哪些常见故障?

答: 由于动圈式仪表要求输入的信号是毫伏信号，因此，当用热电偶测温时，热电偶与动圈式仪表的测量线路可直接相连接，而不需要附加的变换装置，其测量线路如图 2-30 所示。

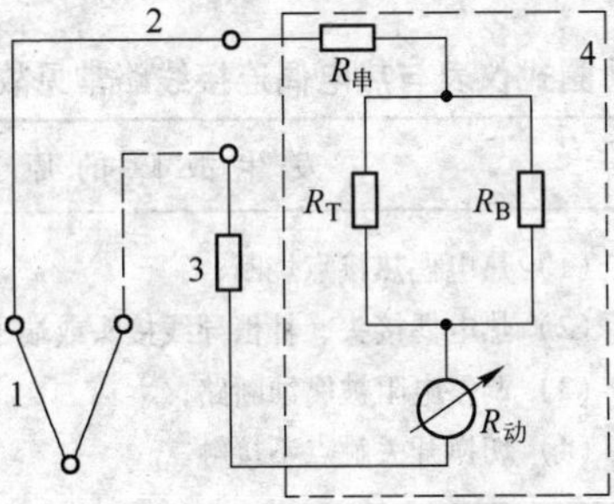

图 2-30　动圈式仪表配热电偶的测量线路
1—热电偶；2—补偿导线和连接导线；3—外线路调整电阻；4—动圈测量机构

与热电偶配套的动圈式仪表是直接按照热电偶的分度表（热电势与被测温度的关系）进行刻度的，也就是说，动圈式仪表也是在热电偶冷端温度处于 0℃条件下刻度的。如果热电偶冷端不是 0℃，则动圈式仪表的读数便不能真实地反映被测温度值，并产生一个随冷端温度变化而变化的误差。因此，为保证测量的准确性，配热电偶的动圈式仪表在使用过程中必须考虑冷端温度补偿。一般配热电偶的动圈式仪表在使用时有两种情况：一种是配用冷端补偿电桥和补偿导线；另一种是只用补偿导线。

一个正常使用的动圈式仪表，如果本身的密封性良好，则不管处于什么样的环境中，仪表本身发生故障的情况是不多的。从毫伏计上显示出来的故障，如无指示、指示偏低、指示摆动等大多是因热电偶及其线路不正常所引起的。对于多点测量仪表，如每一点的指示都同样不正常，可以确定是仪表不好。如果只有一点或两点不正常，则可以确定是该点的连接线路或热电偶不好，可用万用表测量热电偶和线路的通断情况，或用便携式电位差计从开关、接线端子排等处逐段测量热电偶的热电势，确定故障发生的部位，以便修理。动圈式仪表与热电偶相连接的线路常见故障列于表 2-24。

表 2-24　动圈式仪表与热电偶连接线路常见故障及其原因

故障现象	发生故障的原因
无指示	（1）热电偶热接点烧断； （2）热电偶接头、补偿导线接头或端子排接线松脱； （3）调整电阻被腐蚀断路； （4）切换开关触点不接触
指示偏低	（1）补偿导线绝缘不好； （2）热电偶接头或热电偶保护管内有水； （3）热电偶变质； （4）补偿导线与热电偶极性接反； （5）冷端温度补偿误差大； （6）切换开关接触电阻大； （7）热电偶接地，线路绝缘不好，毫伏计被分流； （8）热电偶、补偿导线与表头的分度号不符
指示偏高	（1）酸、碱、盐类滴在调整电阻上，造成短路； （2）热电偶、补偿导线与表头的分度号不符
指示摆动	（1）热电偶接头、补偿导线接头或端子排接线松弛； （2）调整电阻焊接处断裂、振动后断续接通

66. 怎样组成温度自动控制系统，其适用范围如何？

答：温度自动控制系统一般由同时具有几种功能的仪表组成，通常是以指示或记录仪表为主体，另外附带调节机构，具有调节的功能。炉温自动控制系统的组成如方框图 2-31 所示。

感温元件把温度信号传递给显示调节仪表，当温度测定值偏离给定温度时，仪表的调节机构能对执行器发出某一调节信号，执行器根据这一信号，又按某一规律来改变热源的功率，以实现温度的自动调节。温度自动控制的分类及其适用范围如表2-25所示。

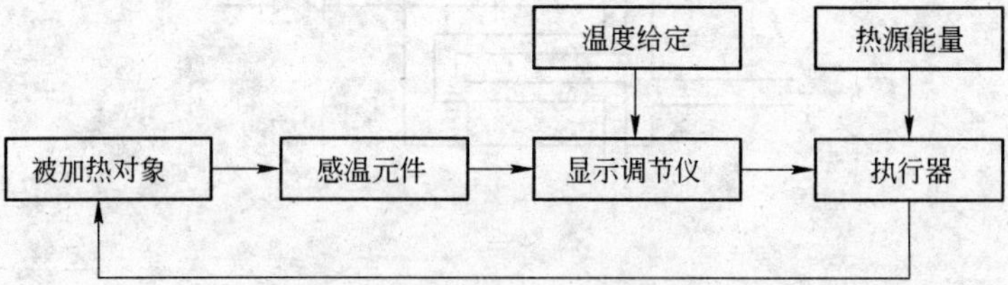

图 2-31　炉温自动控制系统方框图

表 2-25　温度自动控制的分类及其适用范围

温度自动控制分类	适用对象
位式	容量大，滞后小，负荷变化小，调节精度要求不高
比例（P）	滞后小，负荷变化较小，允许有静差
比例积分（PI）	滞后较小，负荷变化不很大且慢，不允许有静差
比例积分微分(PID)	滞后较大，负荷变化大而快，不允许有静差

67. 什么叫电动 PID 调节器?

答：所谓 PID 调节，就是比例调节（P）、积分调节（I）和微分调节（D）的综合调节作用的简称。它是目前炉温自动控制中控制质量最高的一种调节方式。

现在，以简单的热交换器装置为例，我们用人工进行手动操作来说明 PID 的调节作用（图 2-32）。当由于冷水供给量增加，或是由于蒸汽温度降低而导致热水温度低于设定值时，按下述的某种方式或几种方式综合使用，来调节供给蒸汽的阀门：

（1）偏差值大的时候，把调节阀开大（或关小）一些，偏

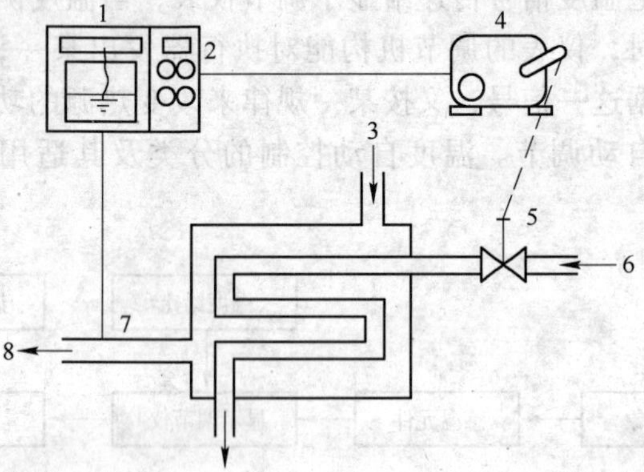

图 2-32　热交换器

1—显示仪表；2—调节器；3—冷水；4—电动执行机构；
5—调节阀；6—蒸汽入口；7—热电阻；8—热水

差小则把调节阀略开大（或略关小）一些，使阀门的开度与偏差大小保持一定的比例关系，这就是比例调节作用（用 P 来表示）。

（2）按一定的速度打开（或关闭）阀门，而这一速度又与偏差成比例，直到偏差消除为止，这就是积分调节作用（用 I 来表示）。

（3）在被调节参数变化速度很大时，提前打开（或关闭）调节阀，以克服这个将要出现的偏差。参数变化越剧烈，阀门开得越大，参数不变化时，阀门不动，这就是微分调节作用（用 D 来表示）。

在炉温自动控制系统中，采用比例调节能够产生强有力的稳定作用，炉温如有突然波动，它能较快地去校正。比例调节的缺点是往往产生静差的调节结果。积分调节能消除静差，但有滞后作用。因其输出是慢慢增大的，所以对偏差的校正作用也是慢慢增强的。在炉温自动控制中，由于慢而校正不及时，有时温度达到稳定的时间（即调节时间）比较长，调节过程中温度的波动也会较大（超调现象）。由于某种原因，炉温发生激烈变动时，微分调节作用可以阻止炉温的变化，使其较迅速地趋于稳定。

比例积分微分（PID）调节就是上述的比例调节、积分调节、微分调节三者结合。它的比例调节作用能使偏差较快地得到校正，积分调节作用能最终消除静差，而微分调节作用，在有偏差出现时，能立即产生大幅度的校正偏差的动作，从而缩短调节时间。所以，PID 调节是一种比较理想的调节方式。

68. 怎样使用电动 PID 调节器？

答： 以 XWD1-400 型电动 PID 调节器为例，说明其使用方法。XWD1-400 型仪表面板各开关和调节旋钮的作用见图 2-33 和表 2-26。

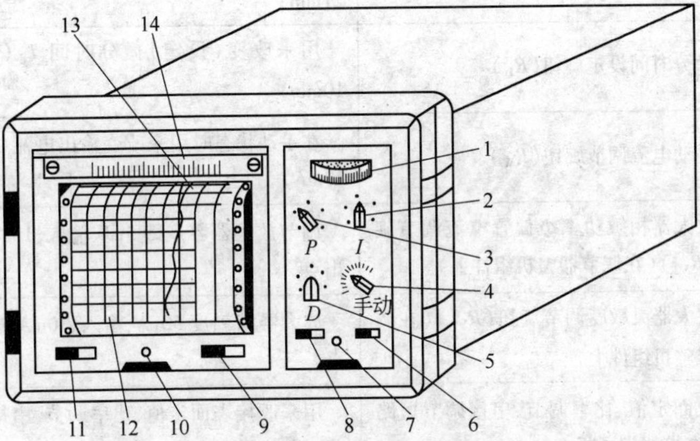

图 2-33　XWD1-400 型仪表面板示意图

1—调节器输出电流指示；2—积分时间设定旋钮；3—比例带设定旋钮；4—手动输出旋钮；5—微分时间设定旋钮；6—手动-自动转换开关；7—调节器指示灯；8—调节器开关 K_2；9—电子电位差计开关 K_1；10—电子电位差计指示灯；11—记录走纸开关；12—记录纸；13—指示指针与记录指针；14—给定指针

表 2-26 仪表各开关和调节旋钮的作用

名　称	作　用
电源开关 K_1	开启电子电位差计总电源
电源开关 K_2	开启 PID 调节器总电源
定值旋钮(在电子电位差计整机组件上)	用来设定被调参数值(炉温)
正反向转换开关(在调节器整机组件上)	正向时为正作用调节器,反向时为反作用调节器
手动-自动转换开关	手动时输出电流为手动调整,自动时为 PID 正常运行
比例带调节旋钮(R_P)	用来改变比例带 δ_p,XWD1-400 型为 3% ~200%
积分时间设定旋钮(R_I)	用来改变(设定)积分时间 T_i(0.1 ~ 21min)
微分时间设定旋钮(R_D)	用来改变(设定)微分时间 T_d(0 ~ 10min)
手动电流调节旋钮(R_W)	在手动状态时用来改变输出电流(0 ~ 10mA)
放大器相敏功率级偏置电流调节旋钮(R_{V2})(在调节器整机组件上)	调节放大器零点即 5μV 输入、1mA 输出点
放大器灵敏度调节旋钮(R_{V1})(在调节器整机组件上)	放大器满刻度 50μV 输入、10mA 输出点
表面定值、比率调节、串接调节短路片(在接线端子板上)	用来改接表面定值、比率调节、串接调节三种使用方式
开闭环转换开关(在调节器整机组件上)	闭环时 PID 正常运行,开环时调节器不加反馈,调试时用来测试开环特性

电动 PID 调节器的使用步骤如下:

(1) 运行前的准备工作。先接好感温元件(热电偶)和电源线,将调节器各开关置于表 2-27 所要求的位置。接好执行器,并注意阻抗匹配，该调节器仅在负载阻抗等于(1200 ± 50)Ω 的范围内，才能保证输出为 0 ~ 10mA。若负载阻抗小（或大）于 1200Ω，可以串（并）联一电阻 R，使总负载电阻符合要求，并将给定指针调至所要求的位置。

表 2-27　调节器各开关位置

定值、比率、串接工作方式	正反向转换开关	开环闭环转换开关	手动-自动转换开关	P	I	D
根据要求确定	根据执行器确定	闭　环	手　动	最　大	最　大	最　小

(2) 投入运行的步骤。首先接通电子电位差计电源开关，使其开始工作。再接通 PID 调节器开关，调节手动输出电流旋钮，使炉子加热，一般可使调节器输出电流接近 10mA 或 0mA (根据正反作用决定)。当记录笔与给定指针基本重合时，将手动-自动转换开关切换到“自动”，然后进行参数整定（切换前，宜将手动输出电流调到 4 ~ 6mA)。

(3) 调节器的参数设定。根据经验方法，首先将 PID 各参数置于影响最小的位置（即比例带 δ_p 最大、积分时间 T_i 最大、微分时间 T_d 最小)。然后逐渐减小比例带 δ_p，反复调整，直到得到满意的曲线，此时记录笔与给定指针表现出有一定的“静差”。然后再加入积分作用，这时记录笔应能慢慢跟上给定指针，使“静差”逐渐减小。若系统发生振荡，则说明积分时间 T_i 太小；若跟踪速度过慢，则说明 T_i 过大。因此可根据记录曲线情况，选择比较合适的积分时间 T_i，此时系统应振荡 1 ~ 2 次，然后再根据系统情况决定微分作用，一般对惯性较大的调节系统，需加入微分作用。微分时间 T_d 同样应根据记录曲线进行选择。通常 T_d 为积分时间 T_i 的 1/4 左右。

69. 电动伺服放大器的用途和工作原理是什么?

答: 电动伺服放大器是 XCT-191 型动圈式电流输出 PID 温

度调节仪的配套仪表。它的作用是将调节仪表输出的调节信号加以放大，推动电动阀工作（如 ZDA 型简易式直行程电动执行器）。电动阀由电机、减速齿轮、阀位反馈电位器及阀门本体等组成，它的作用是开动管道阀门，从而控制管道中气体（如煤气）或液体（如重油）的流量。炉温调节系统见图2-34。该系统具有结构简单、调节精度高和响应速度较快的特点。

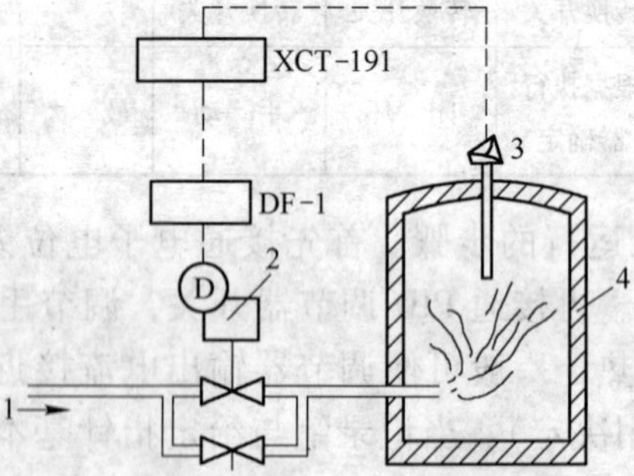

图 2-34　炉温调节系统

1—煤气；2—电动执行器；3—热电偶；4—加热炉

电动伺服放大器主要由直流放大器、相敏继电器和反馈机构所组成。它是一种功率放大器，能将直流信号放大并转变为继电器开关信号。根据输入偏差信号的大小和变化方向（信号极性），使两只继电器按一定规律动作。其动作原理如图 2-35 所示。

调节仪表由于温度发生变化而引起其输出信号电流的变化，此电流在电动伺服放大器输入电阻 R 上产生了相应的电压变化，这一电压输入到直流放大器而使相敏继电器动作。由于两只继电器触点分别接在执行器电机的正反转电路中，当其中一只继电器动作时，就能使电机转动，在转动时一方面带动电动调节阀转动（开大或关小），一方面带动反馈电位器中间触头移动，从而改变反馈电压。由于反馈电压的极性与输入信号的极性相反，因此当输入电流在电阻 R 上产生的电压信号大于反馈电压信号时，

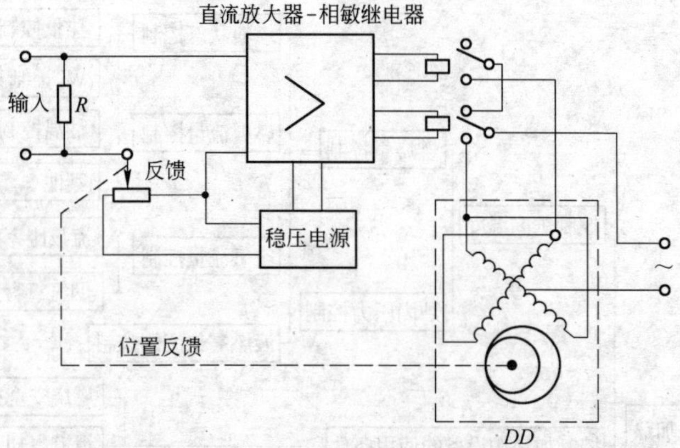

图 2-35　电动伺服放大器的动作原理

其中一只继电器吸合而使电机正转，使反馈电压增大，从而抵消输入信号。等到在电阻 R 上的电压等于反馈电压时，输入到直流放大器的偏差信号为零，继电器放开，电机停转，调节阀开度停止在某一位置。相反，如果输入电压信号小于反馈电压，那么，另一只继电器就吸合，使电机反转，直到反馈电压等于输入电压时，电机停转，调节阀开在另一位置。因此，电机转动与否及其转动方向，完全伺服于输入信号的变化。

70. 加热炉控制系统是怎样的？

答：加热炉控制系统如图 2-36 所示，其功能主要有炉温燃烧控制、炉压控制及预热器保护控制等。其中，燃烧控制多数是通过计算机进行自动控制。

控制系统的功能主要有以下三个部分：

（1）炉温燃烧控制。炉温燃烧控制包括炉内温度控制、燃料流量控制、上下部炉膛串级控制、空气燃料比例控制和燃烧烧嘴选择控制等。燃烧控制指的是通过燃料、空气量的调节使之进行最佳燃烧。最近，为了适应燃料组成的变化以及装出料炉门侵

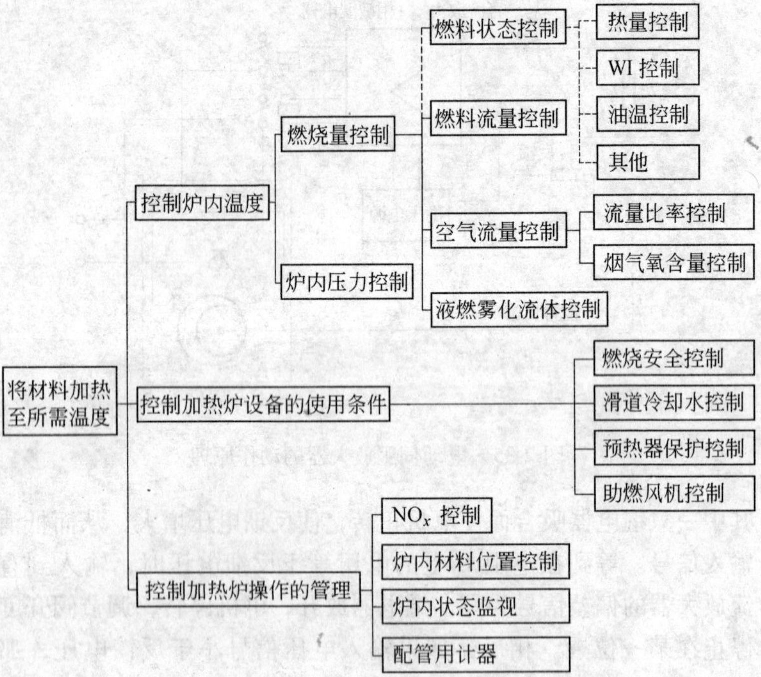

图 2-36 加热炉控制系统按其目的分类

入空气量的变化，在加热炉内部适当位置设置氧含量分析仪或者一氧化碳含量分析仪，在线或离线通过调节燃料和空气的配比，将炉内气氛中氧浓度控制在最佳范围，进而提高加热炉的热效率，有效地减少氧化铁皮的生成量和烟气中 NO_2 含量。

（2）炉压控制。炉压对加热炉的热效率、板坯的氧化烧损和轧制节奏变化时保持第一块待出炉板坯的温度等都有着非常大的影响。炉压高，则由板坯装入口、出炉口及其他开口处向外喷火，增加热量损失；炉压低，则炉外的空气通过上述开口侵入炉内，使炉温和板坯温度下降，氧化铁皮生成量增加。加热炉的炉压控制是通过炉压计取出信号，调节设置在烟道上的闸板的开口度来实现的。

（3）预热器保护控制。预热器保护控制包括通过调节设置在预热器前烟道上的稀释冷风的流量，控制进入预热器的废气温度；通过调节热风放散量控制热风温度，防止因预热器壁温度过高而损坏预热器。

71. 板坯连续式加热炉计算机控制有哪些功能？

答：板坯连续式加热炉计算机控制主要有以下几个方面的功能：

（1）装入钢坯位置控制。在加热炉前的辊道上，长钢坯排单行，短钢坯排双行，正确定位。计算机根据钢坯宽度来确定推程。

（2）钢坯跟踪。每根钢坯装进加热炉后，在计算机存贮器上有相应的位置，记录每根钢坯的若干数据，包括钢种、尺寸、钢号、炉号、成品规格以及终轧温度等，对钢坯在加热炉内的位置进行跟踪。

（3）温度控制。这是用控制加热炉各段炉温的方法来间接控制钢坯的温度。计算机按照设定和测定的钢坯数据、当时轧制节奏所需要的推钢速度、加热炉的最大生产率和节能的要求给定炉子各段的温度，并且计算机实行直接数字控制（DDC），通过调节燃料供给量，保证实现各控制段的给定温度。

（4）燃烧比例调节。由计算机在加热炉的各控制段做 DDC 燃料和空气比例调节，要保证达到一定的空气过剩系数。

（5）出钢节奏控制。计算机综合考虑轧机到带钢卷取各工序的情况和炉子的最大产量，自动出钢，启动输送辊道。

（6）生产管理。生产管理包括：操作情况监测、各数据的处理和管理以及用微型计算机进行日常业务的计算等。

72. 加热区自动化过程是怎样的？

答：板坯在 A 辊道上，受到冷金属检测器的跟踪，并由冷金属检测器控制辊道的运转和板坯在辊道上的位置。为了避免计算机误动作，上料时不论是长板坯还是短板坯，一组辊道上只能放一块板坯，不能跨组放，也不能在同一组辊道上放两块板坯。

板坯上了 A 辊道后，要测量长度和质量，测量装置自动完成测量后，把实测数据传给计算机，计算机对数据进行检查，发现异常时输出报警信息，请求操作人员进行相应处理。计算机把 PDA 中的板坯号和由操作人员通过人机接口 MMI 装置输入的标在实际板坯上的号码比较，进行板坯确认或板坯识别。如果发现异常，要进行重新排序，做“缺号处理”或将板坯吊销。

对已经测量和确认过的板坯按照规定的炉号、炉列进行板坯移动和炉前定位控制，控制板坯在炉前对中停止，这一过程由 B 辊道的自动位置控制系统 APC 程序完成。

板坯要推入加热炉时，计算机确定推钢机的移动行程，并且对这一设定计算值进行合理性检查，在满足装钢条件时，通过 APC 程序控制推钢机把板坯装入加热炉内预定位置。

板坯在炉内移动的位置用冷金属检测器 31、32、33 作为跟踪的起始点。板坯在加热炉中由步进梁一步一步地将它移向出料端，步进梁正常向前一步的行程为 600mm。为了防止炉内最前面的板坯越位而碰到出料炉门上，甚至掉下去，所以在距出料端墙 1450mm 处的侧墙上设有 γ 射线检测器，用来控制步进梁停止前进。为了保证抽出机的正常操作，当 γ 射线检测出故障时，步进梁可由计算机控制其停止前进。步进梁进行上升、前进、下降、后退的反复循环动作，以及当出钢时间大于规定时间时，步进梁进行上升、下降的踏步动作，均由计算机控制。加热炉的燃烧控制，由计算机进行设定和计算，而用相应的温度和流量调节器来执行其控制功能。

计算机根据轧件的尺寸和轧件的“运动方程”预测轧件在粗轧区、精轧区、卷取区的运行时间，并根据轧线上的生产状况和加热炉烧钢状况，决定板坯从加热炉抽出的时间，进行轧制节奏（Mill Pacing）控制，除了全自动抽钢方式外，还有定时抽钢和强制抽钢方式。

当有抽钢请求时，计算机首先检查抽钢的各种条件是否满足，然后进行抽钢机行程设定值计算，并通过 APC 程序控制抽钢机前进和后退，把加热好的板坯放在出炉辊道中心线上，根据前进方向是否有钢坯来决定出炉辊道的速度，移动板坯进入粗轧区。

第三章 粗 轧

第一节 粗轧工艺

73. 影响压下量的因素有哪些?

答：影响压下量的因素主要有咬入条件、轧辊强度和电机功率三个因素。

由咬入条件所决定的最大允许压下量 Δh_{max} 为：

$$\Delta h_{max} = D(1 - \cos\alpha_{max})$$

式中 α_{max}——最大允许咬入角，$\alpha_{max} = \arctan \mu$；

μ——轧件与轧辊的摩擦系数；

D——工作辊直径，mm。

摩擦系数 μ 随轧制速度的提高而降低。当 $t > 700$℃ 及 $v < 5$m/s 时，摩擦系数与轧制速度的关系为：

钢轧辊

$$\mu = 1.05 - 0.0005t - 0.056v$$

冷硬铸铁辊

$$\mu = 0.94 - 0.0005t - 0.056v$$

式中 v——轧辊圆周速度，m/s。

热轧板实际采用的最大允许咬入角 α_{max} 约为 18°～22°。

为满足轧辊的强度条件，金属对轧辊的总轧制力必须小于由轧辊强度所决定的最大允许轧制力，即：

$$P = pb\sqrt{R\Delta h} \leqslant P_{max}$$

式中 p——平均单位压力；

b——带钢宽度；

P_{max}——由轧辊强度所决定的最大允许轧制力。

由轧辊强度所决定的最大允许压下量为：

$$\Delta h_{max} = \frac{1}{R}\left(\frac{P_{max}}{pb}\right)^2$$

实际计算时，可以参考实际资料，先给定 Δh 的数值，再按上述方法校验。

对于现有轧机，电机功率已定，应按压下规程校验电机的过载和发热。

74. 怎样确定热轧时金属的变形抗力？

答：金属对塑性变形的抵抗能力，叫做金属的变形抗力（也称为金属变形阻力）。它的大小不仅与金属材料的化学成分有关，而且还取决于变形温度、变形速度和变形程度。

由于金属变形抗力是轧制力计算公式中的一个极为重要的物理参数，因此必须首先确定。

金属变形抗力与变形温度、变形程度和变形速度的关系由实验确定。必须指出，由于实验条件不同，各种实验曲线的数值是有差别的。图 3-1 是在变形程度 $\varepsilon = 30\%$ 时得出的。横坐标为变形速度，纵坐标为金属变形抗力 σ_s，不同温度有不同的曲线。变形程度不同时，σ_s 由下式决定：

$$\sigma_s = k_e \sigma_{s30}$$

式中 σ_{s30}——由图中基本曲线查得的数值；

k_e——考虑变形程度的修正系数，由图左上角的辅助曲线查得。

钢种不同，则变形抗力曲线不同。

举例：带坯轧前厚度为 90mm，轧后厚度为 65mm，轧制温度为 1190℃，工作辊直径为 980mm，轧辊转速为 20r/min，钢种为 Q235F，求该道的变形抗力。

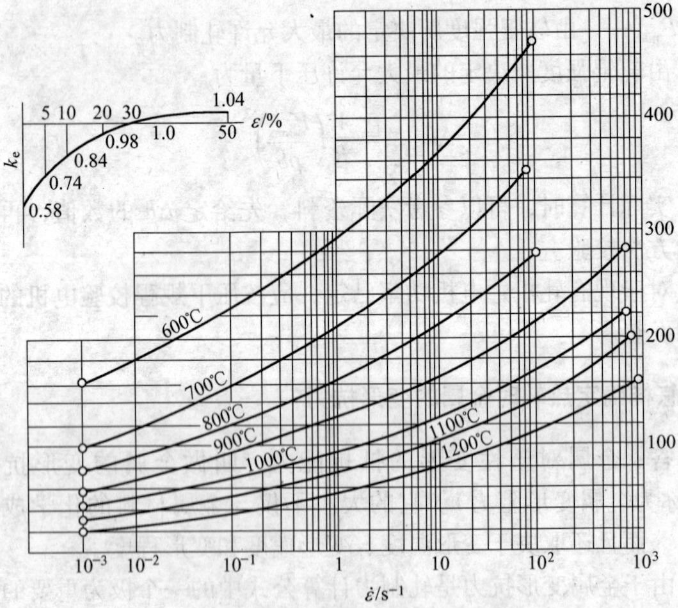

图 3-1　Q235F 钢的变形抗力曲线

计算平均变形速度 $\overline{\dot{\varepsilon}}$ 为：

$$\overline{\dot{\varepsilon}} = \frac{2v\sqrt{\dfrac{\Delta h}{R}}}{H + h}$$

轧制速度 v 为：

$$v = \frac{\pi D n}{60} = \frac{\pi}{60} \times 980 \times 20 = 1000\text{mm/s}$$

则平均变形速度为：

$$\overline{\dot{\varepsilon}} = \frac{2 \times 10^3}{90 + 65} \times \sqrt{\frac{25}{490}} \approx 3\text{s}^{-1}$$

按图 3-1，由该道的变形速度和轧制温度，查找 Q235F 钢在 30% 压下率时的变形抗力，再换算成该道实际压下率时的变形抗力。变形速度 $3s^{-1}$ 和轧制温度 1190℃时查出 30%压下率时的变形抗力为 82MPa，再由图 3-1 左上角的辅助曲线查得该道压下率为 28%时的变形程度修正系数 $k_e \approx 1$，故求出该道的变形抗力 $\sigma_s = k_e \sigma_{s30} = 1 \times 82 = 82\text{MPa}$。

75. 计算金属变形抗力的经验公式是怎样的?

答： 由于实验曲线很多，因此，根据实验曲线的数值，可以近似地得出下面的经验公式：

$$\sigma_s = \sigma_0 \bar{\dot{\varepsilon}}^a (10\varepsilon)^b \left(\frac{t}{1000}\right)^{-c}$$

式中，σ_0、a、b 和 c 对每种钢均为常数，其数值列于表 3-1。

表 3-1　各种钢 σ_0、a、b 和 c 的数值

钢　号	σ_0/MPa	a	b	c
Q235F	69	0.135	0.164	2.8
Q235	87	0.124	0.167	2.54
Q275	82	0.144	0.208	3.35
15Mn	86.7	0.126	0.188	2.74
23Mn2A	84.8	0.123	0.229	3.23
35MnSi	87.4	0.136	0.187	2.79
A35Mn2	78.5	0.151	0.122	3.66
30CrMnSiA	92	0.134	0.25	3.34
15CrSiNiCu	82	0.122	0.226	2.9
20CrMn2Zr	96.8	0.125	0.213	3.65
30CrMnSiNiA	102.5	0.116	0.14	3.42
15CrMnNiTiA	100.7	0.108	0.257	3.25
45	87.4	0.143	0.173	3.05
40Cr	85.5	0.13	0.17	3.62
40CrNi	82.7	0.134	0.234	3.47
40CrMnNiMo	89.6	0.173	0.144	2.64

续表 3-1

钢　号	σ_0/MPa	a	b	c
38CrMoAlA	101.6	0.114	0.273	3.72
40CrNiMoA	89.5	0.125	0.175	3.4
65Mn	73.2	0.166	0.222	3.02
T7A	74.2	0.159	0.197	2.87
T10A	80.1	0.163	0.194	3.57
T12A	74	0.173	0.18	3.26
60Si2	96.7	0.153	0.197	3.46
60Si2CrA	95.5	0.139	0.115	3.84
GCr15	80.4	0.137	0.22	4.07
12Cr2Ni4A	94.2	0.1	0.226	3.2
18Cr2Ni4WA	104	0.117	0.165	2.73
30Cr5MoWNiVSiA	155.5	0.124	0.15	4.61
3Cr2W8V	145	0.113	0.113	3.54
W18Cr4V	185	0.136	0.1	3.01
1Cr13	138	0.102	0.125	3.5
2Cr13	122.4	0.132	0.21	3.26
Cr12Mo	182.3	0.127	0.067	3.12
Cr17Ni2	109	0.13	0.063	4.72
Cr17Ni10Ti	183	0.112	0.088	4.35
Cr23Ni18	179	0.093	0.105	3.18

举例：已知钢种 Q235F，轧前厚度为 25mm，轧后厚度为 12.5mm，轧制温度为 892℃，工作辊直径为 730mm，轧制速度为 2.16m/s，求该道变形抗力。

首先，计算平均变形程度 $\overline{\varepsilon}$：

$$\overline{\varepsilon} = \frac{2}{3} \times \frac{\Delta h}{H} = \frac{2}{3} \times \frac{12.5}{25} = 0.333$$

不考虑弹性压扁的变形区长度 l_0 为：

$$l_0 = \sqrt{R\Delta h} = \sqrt{365 \times 12.5} = 67.5\text{mm}$$

平均变形速度 $\bar{\dot{\varepsilon}}$ 为：

$$\bar{\dot{\varepsilon}} = \frac{v}{l_0} \times \frac{\Delta h}{H} = \frac{2160}{67.5} \times \frac{12.5}{25} = 16\text{s}^{-1}$$

采用上述经验公式计算金属变形抗力，对 Q235F 钢，由表 3-1 查得 $\sigma_0 = 69\text{MPa}$、$a = 0.135$、$b = 0.164$、$c = 2.8$，得：

$$\sigma_s = 69\bar{\dot{\varepsilon}}^{0.135}(10\bar{\varepsilon})^{0.164}\left(\frac{892}{1000}\right)^{-2.8}$$

$$= 69 \times \frac{16^{0.135} \times 3.33^{0.164}}{0.892^{2.8}} = 168\text{MPa}$$

76. 怎样用西姆斯公式计算轧制力？

答：西姆斯公式是以奥罗万理论为基础的，并假设热轧时在整个变形区轧辊和轧件接触表面上都不产生相对滑动（全黏着），从而求得热轧时轧制力计算公式。西姆斯的简化公式为：

$$P = k\sqrt{R\Delta h}BQ_p$$

式中 k——轧制时，金属的强制屈服极限，$k = 1.15\sigma_s$，而 σ_s 为高温高速下金属的变形抗力，MPa；

B——轧件在轧制前后的平均宽度（板带轧制可认为轧件宽度不变），mm；

Q_p——外摩擦（应力状态）影响系数；

R——工作辊半径，mm；

Δh——压下量，mm。

外摩擦影响系数为：

$$Q_p = \sqrt{\frac{1-\varepsilon}{\varepsilon}}\left(\frac{1}{2}\sqrt{\frac{R}{h}}\ln\frac{1}{1-\varepsilon} - \sqrt{\frac{R}{h}}\ln\frac{h_\gamma}{h} + \frac{\pi}{2}\tan^{-1}\sqrt{\frac{\varepsilon}{1-\varepsilon}}\right) - \frac{\pi}{4}$$

其中：

$$\frac{h_{\gamma}}{h} = 1 + \frac{R}{h}r^2$$

$$r = \sqrt{\frac{h}{R}}\tan\left[\frac{1}{2}\tan^{-1}\sqrt{\frac{\varepsilon}{1-\varepsilon}} + \frac{\pi}{8}\ln(1-\varepsilon)\sqrt{\frac{h}{R}}\right]$$

式中 h——轧制后的带材厚度，mm；

ε——变形程度，$\varepsilon = \Delta h/H$，H 为轧制前带材厚度；

h_{γ}——轧件在中性面处的厚度，mm。

为了便于使用西姆斯公式计算轧制力，我们可以查表 3-2 和图 3-2 得到 Q_p的数值。

表 3-2　根据西姆斯公式计算的 Q_p 值

R/h	$\Delta h/H$						
	0.05	0.10	0.20	0.30	0.40	0.50	0.60
2	0.85686	0.88061	0.90476	0.91156	0.90416	0.88135	0.83874
5	0.90355	0.94777	1.0032	1.0367	1.0547	1.0570	1.0402
10	0.95589	1.0226	1.1115	1.1727	1.2158	1.2422	1.2489
20	1.0297	1.1280	1.2632	1.3620	1.4387	1.4965	1.5330
30	1.0864	1.2087	1.3791	1.5063	1.6082	1.6891	1.7474
40	1.1341	1.2766	1.4767	1.6277	1.7505	1.8507	1.9270
60	1.2141	1.3906	1.6402	1.8309	1.9886	2.1207	2.2267
80	1.2815	1.4866	1.7779	2.0019	2.1889	2.3477	2.4784
100	1.3409	1.5712	1.8991	2.1525	2.3652	2.5475	2.6998
125	1.4073	1.6657	2.0347	2.3208	2.5621	2.7705	2.9470
150	1.4674	1.7512	2.1572	2.4728	2.7401	2.9721	3.1702
200	1.5740	1.9030	2.3746	2.7427	3.0559	3.3296	3.5662
250	1.6679	2.0366	2.5662	2.9805	3.3340	3.6445	3.9148
300	1.7528	2.1575	2.7394	3.1954	3.5854	3.9290	4.2299
350	1.8309	2.2686	2.8986	3.3929	3.8165	4.1906	4.5194

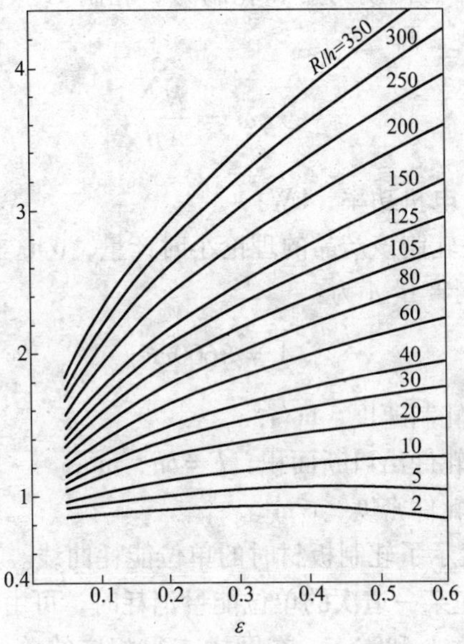

图 3-2 西姆斯公式 $Q_p = f(R/h, \varepsilon)$ 曲线

举例:已知钢种 Q235F,轧前厚度 25mm,轧后厚度 12.5mm,工作辊直径 730mm,轧制温度 892℃,轧制速度 2.16m/s,求该道平均单位压力和总轧制力(带钢宽度 1000mm)。

由上问例题已计算出金属变形抗力 σ_s 为 168MPa。变形程度 $\varepsilon = \frac{\Delta h}{H} = \frac{12.5}{25} = 0.5$;$\frac{R}{h} = \frac{730}{2} \times 12.5 = 29.2$。查表3-2 得出 $Q_p = 1.68$,则平均单位压力 p 为:

$$p = 1.15\sigma_s Q_p = 1.15 \times 168 \times 1.68 = 324\text{MPa}$$

总轧制力 P 为:

$$P = p\sqrt{R\Delta h}B = 324 \times \sqrt{365 \times 12.5} \times 1000 = 21880\text{kN}$$

77. 怎样用能耗法计算电机功率、传动力矩和轧制力?

答: 当有同类轧制条件下的能耗曲线时,可以采用能耗法来确定电机功率、传动力矩和轧制力。轧制 1t 板材所消耗的能量称为单位能耗，即：

$$\omega = \frac{N}{A}$$

式中　N——电机功率，kW；

　　A——轧制该产品的理论小时产量，t/h。

理论小时产量 A 为：

$$A = 3600vF\gamma$$

式中　v——轧制速度，m/s；

　　F——轧件出口断面积，$F = bh$，m^2；

　　γ——轧件密度，t/m^3。

图 3-3 表示了轧制板材时的单位能耗曲线。其横坐标为板材厚度。当确定某一道次的单位能量消耗时，可由该道次轧制前和轧制后的厚度 h_i 和 h_{i+1}，在图中查得相应的单位能量消耗 ω_i 和 ω_{i+1}。然后得出轧制这一道次的单位能量消耗（$\omega_{i+1} - \omega_i$）。该道次所需功率为：

$$N = 3600vF\gamma(\omega_{i+1} - \omega_i)$$

式中　ω_{i+1}——从原始厚度轧至 h_{i+1} 的总能耗，即能耗曲线上对应 h_{i+1} 的数值，kW · h/t；

　　ω_i——从原始厚度轧至厚度 h_i 的总能耗，kW · h/t。

因为轧制时的能量消耗一般是以电机负荷大小测量的，故在这种曲线中还包括有轧机传动机构中的附加摩擦消耗，但除去了轧机的空转消耗。这样，按能耗曲线确定的力矩（kN · m）将为轧制力矩 M 和附加摩擦力矩 M_f 之和，即：

$$\frac{M + M_f}{i} = 14040(\omega_{i+1} - \omega_i)FD_1$$

式中　D_1——轧辊工作直径，m。

若忽略工作辊轴承的摩擦和工作辊与支撑辊间的滚动摩擦，

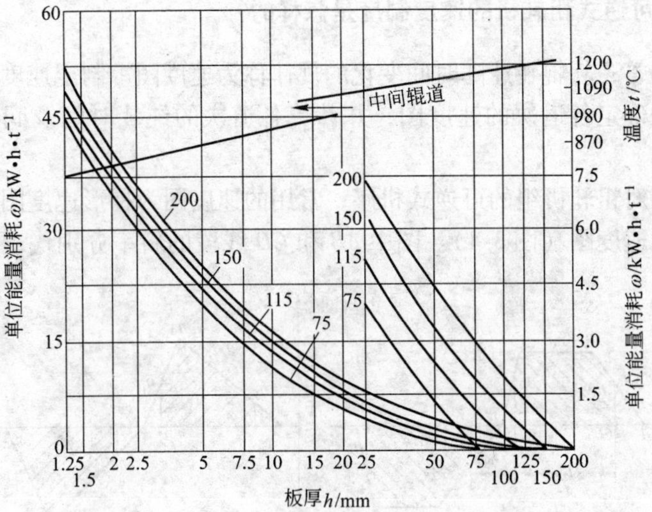

图 3-3 在连轧机上热轧厚度为75mm、115mm、150mm、200mm 低碳钢扁坯时(1150～1200℃)能量消耗与 h 之间的关系(出口速度 8.1m/s)

则按能耗法计算轧制力 P（kN）的公式为：

$$P = \frac{14040 D_1 F(\omega_{i+1} - \omega_i)}{2\psi l_0 + \mu_2 d_2 \dfrac{R_1}{R_2}} \times \eta$$

式中 R_1、R_2——分别为工作辊和支撑辊的半径，mm；

ψ——合力作用点位置系数，一般在 0.3～0.5 之间，粗轧头几道取大值，精轧后几道取小值；

μ_2——支撑辊轴承的摩擦系数，对液体摩擦轴承，取 $\mu_2 = 0.003$，对滚动轴承，取 $\mu_2 = 0.005$；

η——主电机到轧辊之间的传动效率，可取 $\eta = 0.95 \sim 0.98$；

l_0——不考虑弹性压扁的变形区长度，$l_0 = \sqrt{R\Delta h}$。

78. 可逆式粗轧机的速度制度是怎样的？

答：轧辊转速随时间变化的规律称为速度图。制定速度制度就是确定各道次的速度图，并计算各道次的纯轧时间及间隙时间。

对粗轧机组的可逆式机座，常用的速度图为梯形速度图或三角形速度图（图3-4）。图中 *AB* 和 *CD* 线段的斜率分别代表电机

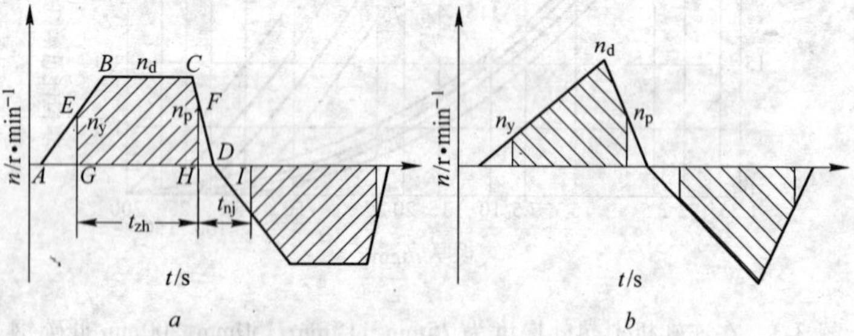

图 3-4 可逆式机座的速度图

a—梯形速度图；*b*—三角形速度图

的加速度 *a* 和减速度 *b*(r/(min · s))。在梯形速度图中，轧辊转速从零空载加速至咬入转速 n_y，开始咬入轧件，然后带钢加速到最大转速 n_d 并保持一段时间，随之带钢减速至抛出转速 n_p 抛出轧件，并继续空载减速至零，然后轧辊反转进行下一道轧制，再重复上述过程。自咬入至抛出轧件的总时间（*GH*）为本道次的纯轧时间 t_{zh}。自轧件抛出至下一道次咬入的总时间（*HI*）为轧辊逆转所需的间隙时间 t_{nj}。三角形速度图的特点是没有等速轧制阶段。采用三角形速度图时，若转速高于额定转速 n_e，则允许的力矩要降低（因为高于额定转速时为恒功率调速），这可能引起电机的过载或发热。此外，当轧件较长时，还可能超过轧机的最高转速。

采用三角形速度图时，纯轧时间 t_{zh} 为：

$$t_{zh}=\frac{n_d-n_g}{a}+\frac{n_d-n_p}{b}$$

采用梯形速度图时，纯轧时间 t_{zh} 为：

$$t_{zh}=\frac{n_d-n_y}{a}+\frac{n_d-n_p}{b}+\frac{1}{n_d}\left(\frac{60L}{\pi D}-\frac{n_d^2-n_y^2}{2a}-\frac{n_d^2-n_p^2}{2b}\right)$$

式中 n_y、n_p、n_d——分别为咬入转速、抛出转速和最大转速；

L——该道轧后轧件长度；

D——工作辊直径。

确定咬入转速 n_y 时，应该考虑咬入条件。如改善咬入条件，可以降低咬入速度。当咬入条件不限制压下量时，咬入转速根据间隙时间确定，如第一道待钢，可以高速咬入。

抛出转速 n_p 根据该道后的间隙时间确定。如第一道后，由调整压下螺丝所决定的间隙时间 t_0 较小（约为1.5～2.5s），若抛出转速过高，则由辊道制动和返回的时间可能超过调整压下螺丝所需时间，而使间隙时间延伸，生产率下降，因此，应采用低的抛出速度。第二道后，若需要立辊侧压，可用较高的抛出速度。第三道后，若轧件进入下一个机座轧制，则可用最高的轧制速度抛出。

举例：可逆式粗轧机座的速度制度采用梯形速度图。为了有利于咬入，各道的咬入转速 $n_y=20$r/min，最高速度 n_d 等于额定速度，即 $n_d=n_e=40$r/min，抛出转速 n_p 也为20r/min，轧件轧后长度 L 为11.8m，工作辊直径为1150mm，加速度 $a=15$ r/(min·s)，减速度 $b=30$r/(min·s)，求该道纯轧时间 t_{zh}。

该道纯轧时间为：

$$t_{zh}=\frac{n_d-n_y}{a}+\frac{n_d-n_p}{b}+\frac{1}{n_d}\left(\frac{60L}{\pi D}-\frac{n_d^2-n_y^2}{2a}-\frac{n_d^2-n_y^2}{2b}\right)$$

$$=\frac{40-20}{15}+\frac{40-20}{30}+\frac{1}{40}\left(\frac{60\times1180}{\pi\times1150}-\frac{40^2-20^2}{2\times15}-\frac{40^2-20^2}{2\times30}\right)$$

$$=5.4\text{s}$$

间隙时间可选取如下：

第一道次间隙时间为1.5~2.5s；第二道后，若需要立辊侧压，间隙时间取为6s。

两相邻粗轧机座之间的间隙时间为：

$$t_0 = \frac{S - L}{v_g}$$

式中 S——相邻两个机座之间的距离；

v_g——相邻两个机座之间的辊道速度；

L——该道轧后轧件长度。

79. 怎样计算各道次轧件的轧制温度？

答：为了确定各道次轧件的轧制温度，必须求出逐道的轧件温度降。高温时轧件温度降可以按辐射散热计算，而认为对流和传导所散失的热量大致可与变形功所转化的热量相抵消。辐射散热所引起的温度降为：

$$\Delta t = T_1 - \frac{T_1}{\sqrt[3]{1 + 30z\frac{Fc}{Gp}\left(\frac{T_1}{1000}\right)^3}}$$

式中 T_1——前一道的绝对温度，K；

z——辐射时间，即该道的轧制延续时间，h；

c——辐射常数，对钢轧件 $c \approx 16.75\text{kJ/(m}^2 \cdot \text{h} \cdot \text{K}^4)$；

G——轧件质量，kg，$G = bhl\gamma$，其中 γ 为钢的密度；

F、p——分别为散热面积（m^2）、比热容，对碳钢 $p = 0.7\text{kJ/(kg} \cdot \text{K)}$。

热轧钢板时，辐射面积可表示为 $F = k_1 bl$，k_1 为考虑散热条件的系数。粗轧时，板坯下表面同辊道接触，辐射条件不如上表面，计算散热面积时，可近似取 $k_1 = 1.5$。对精轧机组，考虑到带钢被活套支承器托起，可取 $k_1 = 2.0$。

当轧制延续时间不太长，并且 z 以秒为单位、h 以毫米为单位时，为了简化计算，温度降的近似计算公式为：

对粗轧各道 $$\Delta t = 12.9\frac{z}{h}\left(\frac{T_1}{1000}\right)^4$$

对精轧各道 $$\Delta t = 17.2\frac{z}{h}\left(\frac{T_1}{1000}\right)^4$$

每道轧制延续时间为：

$$z = t_{纯} + t_{间}$$

轧件各个部位（如头部和尾部）温度降不同，考虑到计算轧制力时偏于安全方面，确定各道温度降时应以尾部为准。

80. 怎样制定粗轧机组的压下规程？

答：带钢热连轧机的粗轧机组一般不采用多机连续轧制，其轧制的特点和压下规程的制定方法基本上与中厚板轧制相似。由于粗轧机组的主要任务只是开坯压缩，将板坯轧成带坯，故对质量要求不高。

粗轧机组的压下规程必须满足以下要求：

（1）为保证精轧机组的终轧温度，应尽可能提高粗轧机组轧出的带坯温度。因此，一方面应尽可能提高开轧温度，另一方面应尽可能减少粗轧道次和提高粗轧速度，以缩短延续时间，减小带坯的温降。

（2）为简化精轧机组的调整，粗轧机组轧出的带坯厚度范围应尽可能缩小，并且带坯不同厚度的数目也应尽可能减少。根据不同的带钢厚度和精轧机组的设备能力，一般粗轧机组轧出的带坯厚度为20～40mm（对6机架精轧机组，约为20～32mm；对7机架精轧机组，约为25～40mm）。许多热带钢连轧机，不论板坯及带钢厚度如何，粗轧机轧出的带坯厚度是固定的，当板坯厚度改变时，则改变粗轧机组的压下量，带钢厚度改变时，则改变精轧机组的压下量。

粗轧机组压下规程制定的步骤如下：

（1）在咬入角允许的条件下，按照经验或参考现有资料预先分配压下量。粗轧机组轧制5道或6道时各道压下量分配如表3-3所示。粗轧机组的立辊，除立辊破鳞机（或称大立辊）考虑到破鳞和调节板坯宽度给予较大的压下量（50～100mm）外，其他立辊一般给予的侧压量不大，约等于宽展变形量。粗轧各道板坯宽展变形量与板坯厚度、宽度、压下量和摩擦系数等因素有关，约为4～32mm，头一两道取大值，后一两道取小值。

表3-3　粗轧机组各道相对压下量分配

机架号或道次		1	2	3	4	5	6
相对压下量/%	轧5道时	20	30	35～40	40～50	30～50	
	轧6道时	15～23	22～30	26～35	27～40	30～50	33～35

（2）确定速度制度，计算轧制延续时间（即每道纯轧时间加上间隙时间），确定各道温降。

（3）求各道的变形抗力、单位压力和轧制力，计算轧制力矩和总传动力矩。

（4）校验轧辊强度和电机功率。

（5）列表，如表3-4所示。

表3-4　1700mm热连轧机粗轧机组压下规程

轧制道次	原料	立	1	2	3	4	5
入口厚度 H/mm	250	250	250	200	140	85	45
出口厚度 h/mm		250	200	140	85	45	25
压下量 Δh/mm		(50)	50	60	55	40	20
相对压下量 ε/%		4.76	20	30	39.3	47	44.5
宽度 B/mm	1050	1000	1000	1000	1000	1000	1000
长度 l/m	9	9.45	11.8	16.9	27.8	52.5	94.5
咬入速度 v_y/m·s^{-1}		0.96	1.2	1.2	1.2	2.5	3.0
最大速度 v_d/m·s^{-1}		1.92	2.4	2.4	2.4	2.5	3.0

续表 3-4

轧制道次	原料	立	1	2	3	4	5
工作辊直径 D/mm		1000	1150	1150	1150	1150	950
尾部轧制温度 t/℃		1200	1179	1176	1168	1150	1109
金属变形抗力 σ_s/MPa		31.9	52.4	59	66.2	74	87.5
平均单位压力 p/MPa		76.3	62.3	72.5	89	106.2	131.0
轧制力 P/kN		3010	10600	13500	15800	16100	12750

81. 粗轧阶段的宽度控制手段是怎样的?

答:（1）实际宽度与目标宽度差的控制。热轧宽带钢轧机的成品宽度，完全由粗轧机组的立辊轧机控制，通过调整立辊轧机的侧压量来实现。宽度压下量（总侧压量）按下式计算：

$$\Delta B_T = (C_2 B_S - B_R) + \Sigma\Delta B_{Rij}$$

$$B_R = B_C(1 + C_1 T_{F7}) + \beta + B_{FB}$$

式中 B_S——板坯宽度；

C_1——线膨胀系数（$C_1 = 1.43 \times 10^{-5}℃^{-1}$）；

C_2——系数；

B_C——出口宽度；

T_{F7}——精轧出口目标温度；

β——宽度边缘余量；

B_{FB}——宽度反馈项；

$\Sigma\Delta B_{Rij}$——各机架轧制的宽展量。

热轧带钢的宽度公差，均为正偏差，没有负偏差。按照技术标准的规定，厚度为 1.2 ~ 12.7mm 时宽度公差为 0 ~ 25mm。

武钢对宽度公差进行统计，得出各卷平均宽度减去目标宽度的偏差均在 10mm 以下，说明立辊宽度控制模型精度较高。

沿一个钢卷长度方向上的宽度变化很小，头尾的宽度变化可控制在 3mm 以内，见图 3-5。

钢卷实际宽度与目标差的控制精度，取决于宽度控制模型的

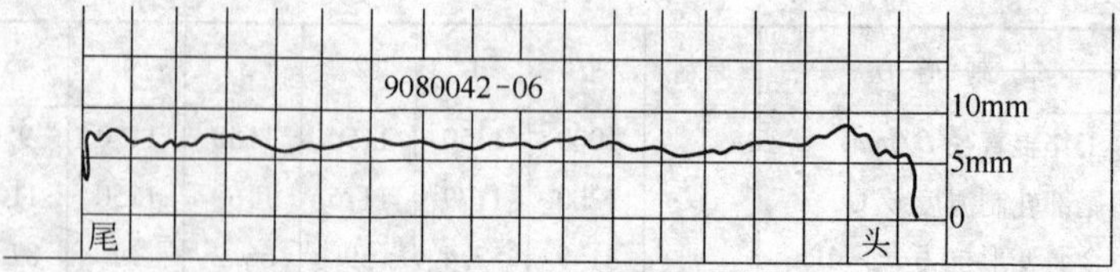

图 3-5 宽度实际记录曲线

准确程度。沿带钢长度方向上的宽度变化，取决于沿带钢长度方向温度、压下量的变化。

（2）沿带钢长度方向上宽度差的控制。热轧带钢沿长度方向上的宽度不均，一般有头、尾宽度比中间窄（头、尾失宽）和除头、尾外长度方向上的宽度不均。头、尾失宽发生在板坯大侧压时，板坯头、尾端金属不是均匀延伸，而是沿 45°方向滑移，这样头、尾有较长一段失宽，在其后的轧制过程中，也难以修正。

沿长度方向上的宽度波动，一般是由于板坯原始宽度不均，如缺陷清理或连铸在线调宽的过渡坯等，沿长度方向上的温度不均，造成轧后宽度不均。通常温度不均是由于加热炉滑轨黑印造成的，加热、轧制过程中的意外事故有时也造成温度不均。目前，解决上述问题的方法主要有两个：一是从防止产生宽度不均的原因入手，如不使用宽度大侧压工艺，如果采用宽度大侧压工艺需配液压短行程控制系统，采用原始宽度均匀的板坯，采用双层隔热，滑轨交错布置步进式加热炉，使板坯沿长度方向温度均匀；二是对已出现的宽度不均，轧制过程中予以纠正，最终使带钢宽度均匀。具体方法是：

1）液压短行程装置控制，主要为避免板坯大侧压时头、尾失宽现象产生。为了避免大侧压时板坯产生头、尾失宽，轧制头、尾段时，立辊侧压量应是变化的，即头部开始侧压量小些，随头部进入轧机的长度增加侧压量相应增加，直到中间段设定侧压量为止。尾端距离减小，侧压量也减小。这样立辊辊缝调整以反对数函数进行，板坯头、尾修正按线性函数进行。

2）PWC 连续宽度控制，主要用来对火焰清理点和滑轨水印造成的宽度差进行修正。板坯接触滑轨处温度变低，经宽度侧压后虽达到均匀宽度，但水平轧制后会出现宽度不均。为防止此现象产生，侧压时温度低处比温度高处侧压量要稍大。而火焰清理造成的宽度不均，一直要保留到成品带钢上。

出炉后将沿长度方向板坯各段的宽度和温度测量值存入计算机，当板坯进入立辊辊缝时，即按各段的宽度、温度计算值操作。该装置要配备板坯实际跟踪测量辊、光电管和一个使用逻辑估算轧制力信号的辊缝间轧件探测器。

3）AWC 宽度自动控制，该功能用轧制力变化来修正宽度差。利用水平轧机 AGC 的原理，当轧制力变化时，立辊辊缝也会随之变化。AWC 即为抵消这一变化，以保证宽度波动在要求范围内。

82. 怎样选择立辊侧压量?

答：采用立辊轧制，板坯侧边受到压缩，同时在板面宽度上产生分布极不均匀的变形，沿宽度方向产生边部大、中间小的延伸，使板坯尾部有不规则的收缩现象。这种收缩现象是由于不完全渗透性压缩变形与轧件中间塑性拉伸引起的。

从立辊轧制侧边的金属变形情况看出，如果板坯宽度大，立辊侧边轧制的压下量相对来说就很小，所以变形区也较短，塑性变形没有完全穿透变形区的金属层，只靠近立辊的一定区域内产生塑性变形。试验证明：当压下量为 20～30mm 时，距板坯边缘 100mm 的地方产生塑性变形，当压下量增加到 30～60mm 时，距边缘 300mm 的地方产生塑性变形。从疏松氧化铁皮的要求来看，希望侧压量越大越好，但这样会造成严重的不均匀变形，引起边部翘曲，所以对立辊轧机的压下率一般推荐为 5% 左右。生产实践表明，用立辊破鳞时的压下量约为 50mm。万能轧机的立辊侧压量主要取决于水平辊轧制的宽展量，且与板坯厚度、宽度、压下量和摩擦系数等因素有关，一般为 4～32mm。当多道次立辊侧边轧制时，始轧道次压下量取大值，终轧道次取小值，具体数值应根据轧制宽展公式计算确定。

立辊的辊身形状都带有上大下小的锥形，锥度一般为5%，在立辊下部带有凸台。其目的是为了保证侧压时的稳定，防止板坯向上抬起或弯曲。

第二节 粗轧机及其操作

83. 粗轧机形式及其前后设备是怎样的？

答： 粗轧机的水平轧机结构形式通常为二辊式或四辊式。粗轧机组布置中，二辊式粗轧机布置在机组的前面部分，四辊式粗轧机布置在机组的后面部分。热轧带钢生产中，粗轧机的水平轧机是把热板坯减薄成适合于精轧机轧制的中间带坯。板坯在粗轧机上前几道次的轧制，因温度较高，有利于实现大压下，就需要轧辊具有较大的咬入角；后几道次的轧制，需要为精轧机输送厚薄均匀的中间坯。二辊式粗轧机与四辊式粗轧机相比，二辊式的工作辊直径大，具有大的咬入角，可实现大的压下量；四辊式的工作辊直径小，有利于带坯的厚度控制，又因有支撑辊，减小了工作辊的挠度，可轧制较薄的、厚度均匀的中间坯。

粗轧机的工作方式分为可逆式和不可逆式两种。可逆式粗轧机的开口度较大，板坯在轧机上进行往复轧制，总的厚度压下量大。不可逆式粗轧机往一个方向对板坯进行一道次轧制。

粗轧机前后的设备主要有立辊、除鳞集管、护板、机架辊、出入口导板等。粗轧机前后设备的组成如图3-6所示。

84. 除鳞设备有哪些，其工作原理如何？

答： 粗轧除鳞设备用于清除板坯表面的一次氧化铁皮，其主要形式有辊式除鳞机和高压水除鳞装置。

辊式除鳞机分为二辊水平机架除鳞机（RSB）和立辊式除鳞

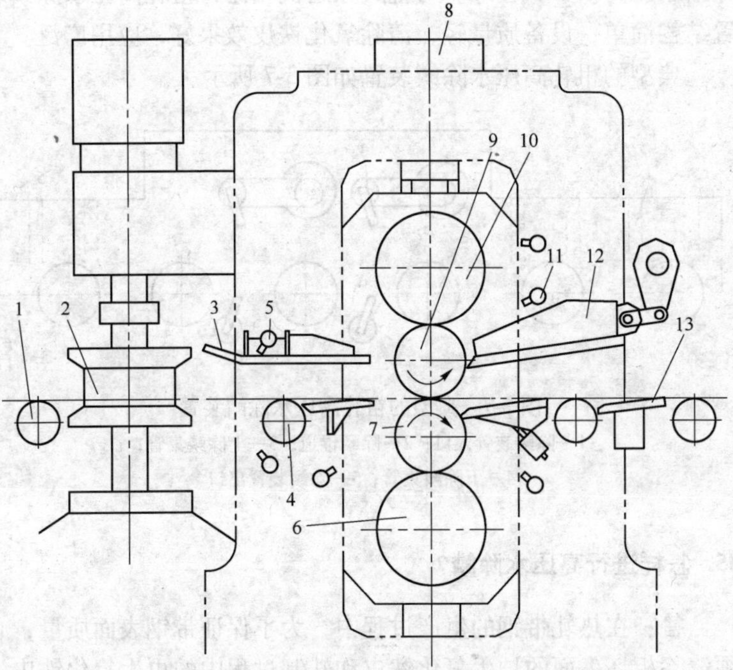

图 3-6 粗轧机及其前后设备

1—辊道；2—立辊；3—入口导板；4—机架辊；5—除鳞集管；6—下支撑辊；7—下工作辊；8—压下装置；9—上工作辊；10—上支撑辊；11—轧辊冷却集管；12—出口导板；13—护板

机（VSB）。二辊水平机架除鳞机在作为粗轧机水平轧机使用的同时，通过对板坯的压下压碎板坯表面的氧化铁皮，并用高压水将氧化铁皮清除。立辊式除鳞机在对板坯宽度进行侧压的同时，通过侧压力的作用而使板坯表面的氧化铁皮破碎，再用高压水将氧化铁皮清除。

高压水除鳞装置不用机械设备对板坯进行压下，只用高压水清除板坯表面的氧化铁皮。

粗轧高压水除鳞装置位于加热炉和第1架粗轧机之间。常用除鳞水压为15～22MPa。与辊式除鳞机相比，粗轧高压水除鳞装置结构简单，设备质量轻，清除氧化铁皮效果好，应用广泛。

典型的粗轧高压水除鳞装置如图3-7所示。

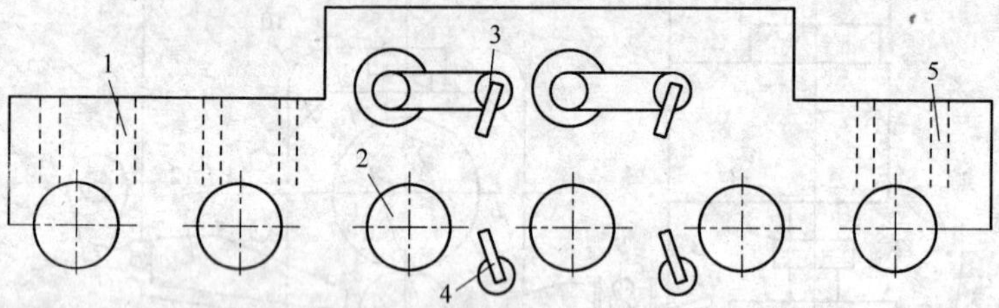

图3-7　典型的粗轧高压水除鳞装置
1—除鳞装置入口；2—除鳞辊道；3—上除鳞集管；
4—下除鳞集管；5—除鳞装置出口

85. 怎样进行高压水除鳞？

答： 在热轧带钢的生产过程中，为了保证带钢表面质量，必须清除板坯表面的炉生氧化铁皮和轧制过程中的再生氧化铁皮。

清除氧化铁皮有三种方法：一是机械的方法，用破鳞机压碎氧化铁皮；二是爆破的方法，将食盐、柳条、竹枝等撒在板坯表面上，轧制时爆破，将氧化铁皮崩掉；三是用高压水清除氧化铁皮，目前国内外都广泛采用这种方法，它非常有效而且经济。

图3-8是1700mm热连轧机高压水除鳞装置系统。高压水除鳞设备主要由高压水泵站、车间管路、除鳞点三部分组成。

由高压离心泵供应水罐和各除鳞点所需的高压水。高压离心泵10的出口处，装有立式排水止回阀11，除鳞点喷水和水罐需要充水时，阀的主通路靠高压水的推动力自动打开，旁通阀自动关闭，向系统供水。当除鳞点和水罐不需要水时，管路内压力变为恒值，阀芯靠自重下落，主通路关阀，旁通阀自动打开。泵站内设有三个高压蓄势罐。蓄势罐的作用是：使高压水的压力保持稳定；缓冲高压水系统在开启或关闭时产生的水力冲击；补充除

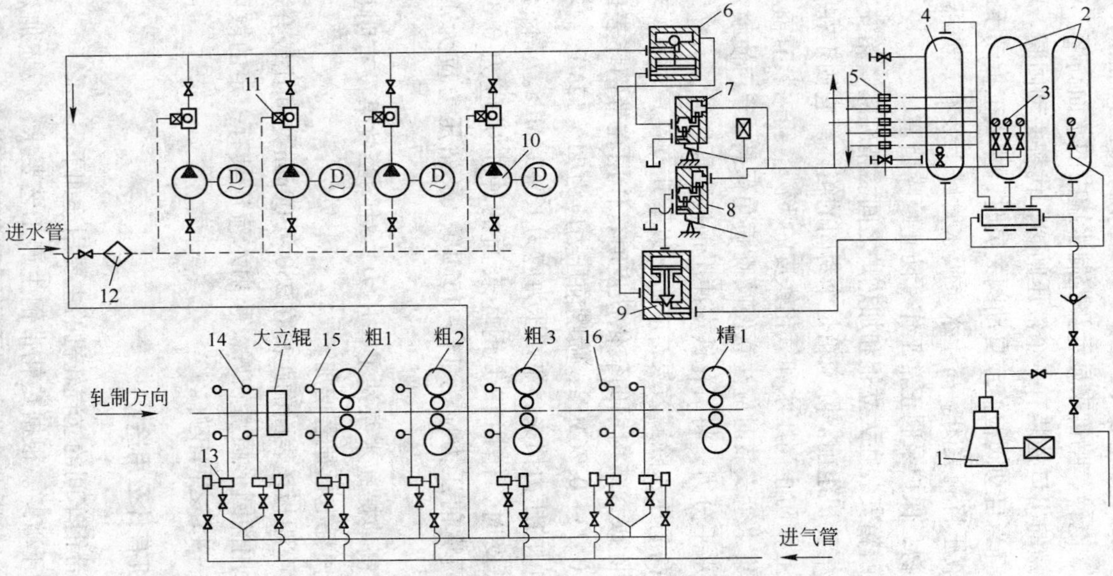

图 3-8　1700mm 热连轧机高压水除鳞装置系统

1—空气压缩机；2—气罐；3—电接点压力表；4—水罐；5—水位指示器；6—自动阀；7—电磁分配阀；8—手动分配阀；9—液压闸阀；10—高压离心泵；11—立式排水止回阀；12—过滤器；13—气动开闭阀；14—粗轧除鳞箱；15—粗轧机除鳞点；16—精轧除鳞箱

鳞点超过工作泵供水量时的高峰耗水量。由泵打出的高压水经过自动阀6、液压闸阀9充入水罐中。水罐外侧装有水位指示器5，通过讯号灯、电铃、鸣笛来显示及控制水罐中的水面高度。

高压水罐的出口处装有一个液压闸阀，代替手动闸阀。它是常开的，只有当自动阀检修或自动阀失灵时，才人工扳动手动分配阀8，靠液压将阀关闭。高压水泵吸水管路上装有过滤器12，滤掉水中杂物，保护泵阀正常工作，防止喷嘴堵塞。

粗轧除鳞箱安装在大立辊和加热炉之间。精轧除鳞箱安装在切头飞剪后精轧机组前。除鳞箱是个封闭的箱体。它固定在输入辊道的架体上，防止高压水和氧化铁皮的飞溅。箱内装有前后两排集水管。集水管安装时应注意使喷嘴喷角保持15°，使喷射水流产生一个水平分力，将氧化铁皮冲出钢板表面以外。

为了提高高压水除鳞效果，应做到以下几点：

（1）清除碳素结构钢的氧化铁皮时，作用在带钢坯表面的冲击力应为0.23～0.26MPa；喷嘴前压力应为11～12MPa；考虑到管路及阀门的压力损失，泵站压力应为13～14MPa。清除合金钢的氧化铁皮时，作用在带钢坯表面的冲击力应为0.31～0.33MPa；喷嘴前压力应为14～15MPa；泵站压力应为16～17MPa。

（2）过高地提高水泵站工作压力，对除鳞效果没有明显的改善，反而使耗电量显著增加。

（3）喷嘴距板坯表面的距离在250～300mm之间比较合适。

（4）采用椭圆形喷嘴较好。喷射水流应具有一定的散射角α，α在20°～45°之间较好。

86. 立辊轧机有什么用途？

答：热带钢车间的立辊轧机的主要用途如下：

（1）用于破鳞。根据热轧带钢生产工艺要求，板坯加热温度可达1250℃，因此在板坯表面不可避免地要产生大量的氧化铁皮。如果不清除氧化铁皮，经水平辊多道次轧制，氧化铁皮轧入表面，不但难以清除，而且要大大增加板材精整修磨量，甚至造成次品或废品，同时会使轧辊磨损严重，增加轧辊重磨次数和缩短轧辊寿命。在轧制过程中，大立辊能起疏松板坯表面氧化铁皮的作用。再用高压水冲击，可以取得较好的除鳞效果。

（2）用于侧边轧制。板坯经侧边轧制后，可以防止轧件边缘产生鼓形和裂边；并能调节带材的宽度规格，获得宽度均匀、边缘整齐的带材，因而可降低金属消耗系数。万能轧机的立辊，除起上述作用外，还可使板坯对准轧制线。

87. 框架式下传动立辊轧机有何特点？

答： 图 3-9 为某厂 1700mm 热带钢连轧机框架式下传动立辊轧机传动简图。主电机 8 通过主减速器 7、万向接轴 6 和立辊箱 2 传动立辊 1。立辊轧机的主传动装置安装在地基上，侧压机构 3 和立辊箱安装在水平机架的底座上，5 为侧压平衡缸。

这种立辊轧机的特点是：主传动用两台主减速器分别传动立辊，将主传动方轴的滑套从立辊箱圆锥齿轮移至主减速器的空套

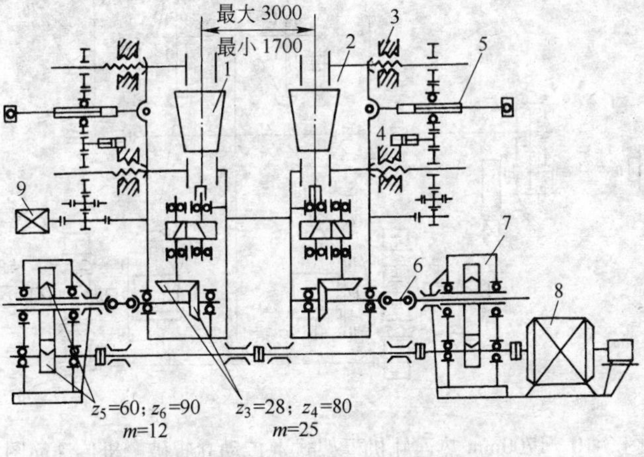

图 3-9 1700mm 热连轧框架式下传动立辊轧机传动简图

1—立辊；2—立辊箱；3—侧压机构；4—离合器用液压缸；5—侧压平衡缸；6—万向接轴；7—主减速器；8—主电机；9—侧压电机

齿轮轴内，使大部分氧化铁皮、水和油污不能进入立辊箱，改善了立辊箱中的齿轮和轴承的工作条件。立辊两端有支承设备，不但改善了立辊的受力条件，而且在侧压时，消除了立辊箱对机架滑道的附加压力，减少了滑道的磨损，也消除了卡住现象。在换辊后为了校正立辊的垂直度，每侧的侧压机构装有液压驱动的离合齿轮。

88. 框架式上传动立辊轧机有何特点？

答：图 3-10 为某厂 1700mm 热连轧机框架式上传动立辊轧机传动简图。交流主电机 1 通过主减速器 2、固定式齿轮箱 3 及万向接轴 5 传动立辊 6。两台直流侧压电机 11 通过机械联锁传动侧压机构 12 以调整立辊开口度。侧压平衡采用液压缸 7。当更换立辊时，首先通过微调装置电机 10、差动减速器 9 和气动离合器 8 传动固定式齿轮箱，调整万向接轴使立辊定位，在脱开万向接轴后，用 C 形钩换辊。

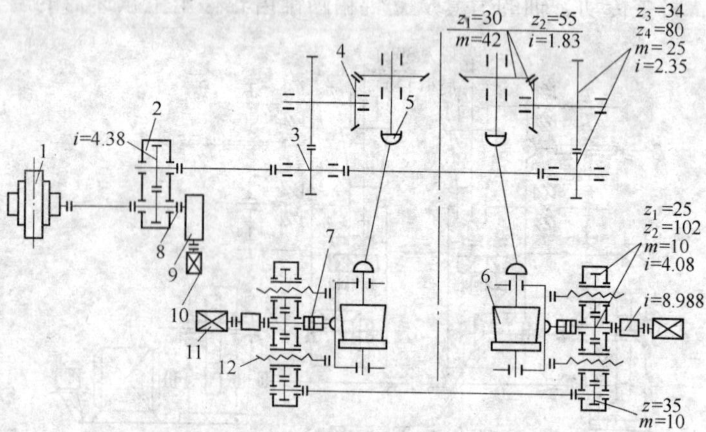

图 3-10　1700mm 热连轧机框架式上传动立辊破鳞机传动简图

1—主电机；2—主减速器；3—固定式齿轮箱；4—圆锥齿轮；5—万向接轴；6—立辊；7—液压缸；8—气动离合器；9—差动减速器；10—微调装置电机；11—侧压电机；12—侧压机构

这种立辊轧机的特点是：基本上消除了氧化铁皮、水和油污对立辊传动装置的影响；采用固定式齿轮箱，使侧压装置的移动方便可靠；立辊箱没有齿轮传动装置，大大减轻了移动部件的质量，减少了滑道的磨损，降低了侧压传动所需的功率。

万能轧机的立辊机座与水平辊机座组装在一起，一般都采用上传动的结构形式。

89. 什么是定宽压力机，其工作原理是怎样的?

答： 定宽压力机位于粗轧高压水除鳞装置之后，粗轧机之前，用于对板坯进行全长连续的宽度侧压。与立辊轧机相比，定宽压力机每道次侧压量大，最大可达350mm，从而可大大减少板坯宽度规格，有利于提高连铸机的产量，还可降低板坯库存量，简化板坯库管理。立辊轧机和定宽压力机轧制的带坯还有以下不同点：立辊轧机轧出的带坯边部凸出量大（俗称狗骨形），经水平轧机轧制易产生较大的鱼尾；而定宽压力机侧压的带坯边部凸出量较小，经水平轧机轧制后产生的鱼尾也较小，有时甚至没有鱼尾，因此可减少切损，提高热轧成材率。显而易见，定宽压力机有利于提高连铸和热轧的综合经济效益。

定宽压力机主要有两种形式，即长锤头定宽压力机和短锤头定宽压力机。

长锤头定宽压力机的锤头长度略长于板坯长度，在一个侧压行程中板坯全长边部同时受到挤压。与立辊轧机相比，长锤头定宽压力机可以改善带坯头尾及边部形状，避免头尾失宽，但其调宽量较小，且设备结构庞大，投资大，安装维护也不方便。

短锤头定宽压力机的锤头长度远小于板坯长度，侧压行程中锤头从板坯头部至尾部依次快速进行挤压，以实现大侧压调宽。短锤头定宽压力机有两种形式，即间断式和连续式。

间断式短锤头定宽压力机的工作过程是锤头与板坯分别动作，即锤头打开，板坯行进一个侧压位置，锤头侧压到设定宽度，然后锤头打开，板坯又行进一个侧压位置，这样重复运动，直至板坯全长侧压完毕。间断式短锤头定宽压力机的工作过程如图 3-11 所示。

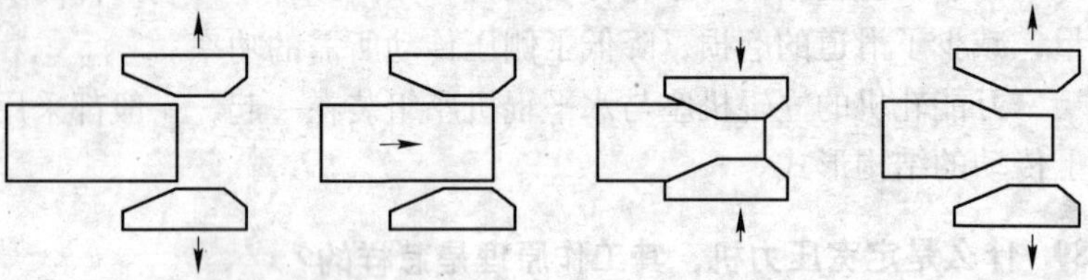

图 3-11　间断式短锤头定宽压力机工作过程示意图

连续式短锤头定宽压力机的工作过程是板坯以一定的速度匀速连续行进，锤头的动作与板坯的行进同步，板坯在行进中进行侧压。锤头在板坯行进过程中完成打开、行进、侧压、再打开，这样连续地往复运动，实现板坯的连续侧压。连续式短锤头定宽压力机锤头侧压过程和板坯行进过程同步，作业周期时间短，工作效率高。

宝钢 1580mm、鞍钢 1780mm 热轧带钢轧机均采用连续式短锤头定宽压力机。连续式短锤头定宽压力机的传动原理如图 3-12 所示。

90. 对热轧工作辊材质有什么要求?

答: 热轧工作辊在轧制时，轧辊表面温度很高，轧辊又受水激冷，表面温度迅速降低，并且轧辊热冷反复循环的次数极其频繁，所产生的工作应力、热应力和热疲劳应力可使轧辊表面形成网状裂纹，并逐步发展成沿辊面一周的环状裂纹，环状裂纹不断加深会导致最后断辊。

热带钢轧机的四辊机架中，除少数粗轧机架的工作辊受轧辊强度和咬入条件限制，采用铸钢轧辊外，其他各架轧机的工作辊主要是承受扭矩和压力，弯曲应力较小，轧制速度较高，辊面要求光滑以保证带钢表面质量，为此，选择工作辊材料时以辊面硬

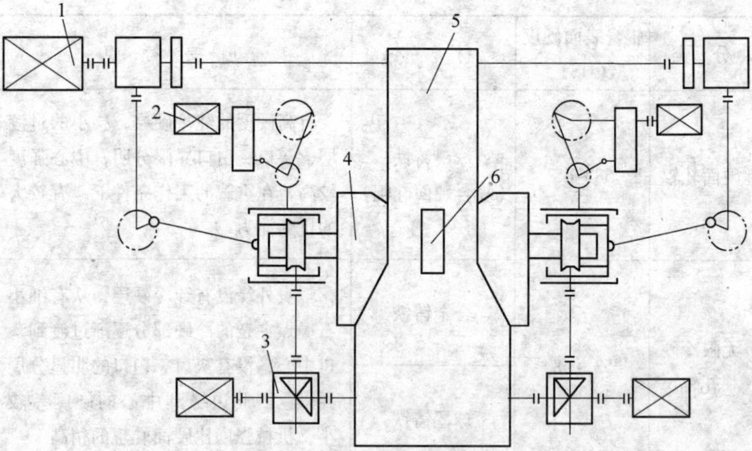

图 3-12 连续式短锤头定宽压力机传动示意图

1—主传动系统；2—同步系统；3—调整机构；

4—锤头；5—板坯；6—控制辊

度要求为主，多采用铸铁轧辊。

冷硬铸铁轧辊的断面由白口的外层（冷硬层）、麻口的中间层（过渡层）和灰口的内层所组成。如果从坚硬的白口表面层直到辊心部分的灰口层，其整个过渡区无明显而严格的分界线，则称为无限冷硬铸铁轧辊。无限冷硬铸铁轧辊既有表面耐磨性能好的冷硬层，又具有较高的抗热裂性和硬度，因而获得了广泛应用。冷硬铸铁轧辊的特点见表 3-5。冷硬层的深度选择，一方面要考虑重车次数，另一方面还要保证轧辊强度。一般，热轧辊的工作层厚度为 8 ~30mm。

表 3-5 冷硬铸铁轧辊的特点

分 类	辊身表面硬度（HS）	材 料	主 要 特 点
硬面轧辊	60 ~ 75	普通铸铁或合金铸铁	有高硬度的纯冷硬层，适当的麻口层，耐磨性很好，机械强度较差

续表 3-5

分　类	辊身表面硬度（HS）	材　　料	主　要　特　点
硬面轧辊	58～68	球墨铸铁（复合硬面轧辊）	有高硬度的纯冷硬层，狭小的过渡层，灰口、白口界限分明，中心强度较高，在重载的工作条件下，有较大的抗断能力
无限冷硬轧辊	53～68	合金铸铁	辊身外缘没有纯冷硬层，从有细小石墨点夹杂的冷硬部分逐渐过渡到灰口中心，没有灰口、白口的明显分层界限，因此边缘到中心的硬度差较小，机械强度比硬面轧辊的稍高
		球墨铸铁	
半硬面轧辊	35～48	普通铸铁或合金铸铁	高强度，能承受较大的轧制负荷，但轧件表面质量不及硬面轧辊，耐磨性能优于一般铸钢轧辊，能有效地代替铸钢或锻钢轧辊

91. 对热轧支撑辊材质有什么要求？

答： 金属对热轧工作辊的巨大压力，大部分传递到支撑辊上。支撑辊要能承受很大的弯曲应力，还应具有很大的刚性来限制工作辊的弹性变形，以保证钢板厚度均匀。支撑辊常用钢号有 9Cr2Mo、9Cr2W、9CrV 及 60CrMnMo 等，化学成分见表 3-6。支撑辊采用正火和回火处理，轧辊表面硬度一般不大于 HS45，要求硬度大于 HS45 的支撑辊，可采用调质或调质后加表面淬火处理。表面淬火后根据回火温度的不同，表面硬度可控制在 HS65～85 之间，见表 3-7。

考虑到大钢锭内部缺陷很难避免，支撑辊除采用整锻式外，还采用镶套支撑辊。国产 1700mm 热连轧机的镶套支撑辊，辊心用 37SiMn2MoV 锻钢，辊套用 8CrMoV 或 8Mn2MoV 锻钢。

表 3-6 热轧支撑辊用钢的化学成分（质量分数/%）

钢 号	碳	硅	锰	磷	硫
9Cr2Mo	0.85~0.95	0.25~0.45	0.20~0.35	≤0.03	≤0.03
9Cr2W	0.85~0.95	0.25~0.45	0.20~0.35	≤0.03	≤0.03
9CrV	0.85~0.95	0.25~0.45	0.20~0.45	≤0.03	≤0.03
60CrMnMo	0.55~0.65	0.25~0.40	0.70~1.00	≤0.04	≤0.04
钢 号	铬	镍	钼	钒	钨
9Cr2Mo	1.70~2.10	≤0.30	0.20~0.40		
9Cr2W	1.70~2.10	≤0.30			0.30~0.60
9CrV	1.40~1.70	≤0.30		0.10~0.25	
60CrMnMo	0.80~1.20		0.20~0.30		

表 3-7 支撑辊中温回火温度与硬度的关系

钢 号	硬 度（HS）				
	80~90	70~80	65~75	60~70	55~65
	回火温度（±5℃）/℃				
9Cr2Mo 9Cr2W 9CrV	300	340	370	420	450
60CrMnMo	300	330	360	390	420

92. 对轧辊的制造加工有哪些技术要求?

答: 为了保证轧辊的机械强度、轧材的表面质量和轧辊的安装精度，对轧辊的制造加工提出以下技术要求:

（1）保证轧辊机械强度。在轧制过程中，轧辊要承受很大的作用力，因此应首先保证轧辊具有所要求的强度。在技术要求中规定有：保证材料的化学成分及力学性能；不允许有铸造缺陷，如气孔、砂眼、裂纹、夹渣及偏析等；锻造辊的坯料必须经多方向均匀锻压，锻压比不得小于3；热处理后的残余应力应最小；保证轧辊接触强度所需的表面硬度。

（2）保证轧材表面质量。在轧制过程中，轧辊表面与轧材直接接触，因此必须保证轧辊表面具有较高的耐磨性能，以保证轧材的表面质量。轧辊的耐磨性取决于轧辊的表面硬度。对于热轧机，工作辊辊身表面的平均硬度可取 HS65～85，支撑辊辊身表面的平均硬度可取 HS45～50。

为了保证轧材表面质量，对轧辊辊身表面粗糙度也必须有一定的要求，一般热轧辊 R_a 为 1.25～2.5μm。

（3）保证轧辊安装精度和轧制精度。为保证轧辊的安装和使用精度，除规定的轧辊尺寸精度外，在技术要求中还规定了轧辊的配合尺寸和形位公差精度。

在四辊轧机上，轧辊的下列尺寸（图 3-13）是有配合精度

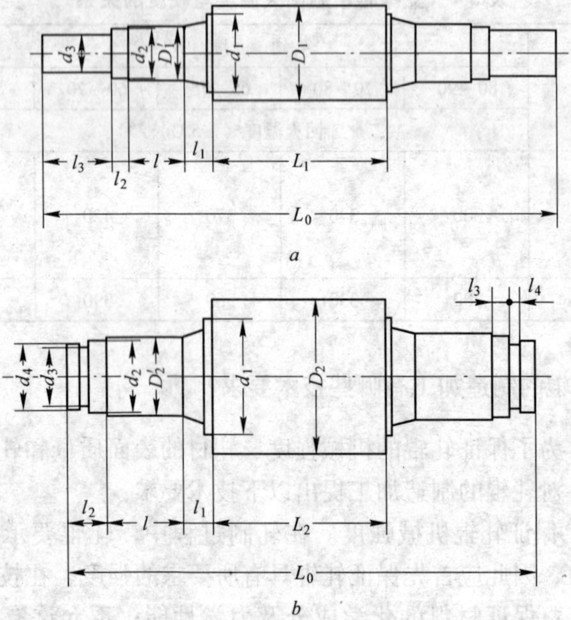

图 3-13 轧辊的尺寸

a—工作辊；*b*—支撑辊

要求的：辊颈直径 D'_1、D'_2，为了便于拆卸滚动轴承，它们的制造公差为 dd 或 dc4；尺寸 d_2 是安装轴承的定位套筒用的，制造公差为 dc4；图 3-13*b* 上的尺寸 d_3 及 l_4 是安装轴承紧固螺丝用的，d_3 的公差为 d4 或 dc4，l_4 的公差为 D4；图 3-13*a* 上的尺寸 d_3 是工作辊与联轴器的配合尺寸，公差为 gc 或 dc4；工作辊传动扁头厚度尺寸的公差为 dc4。

轧辊的形位公差精度包括：辊颈的椭圆度和柱度公差；辊身相对于辊颈的同轴度应尽量缩小，尤其是支撑辊，因为同轴度误差直接影响轧制精度（板、带的纵向厚度差）；两辊颈相互间的同轴度也应控制；各端面相对于轧辊轴心线的垂直度；工作辊传动扁头的两平行平面相对于工作辊轴心线的对称度；轧辊辊颈上各台阶相对于辊颈的径向跳动；各键槽表面相对于轧辊轴心线的对称度等。

93. 1700mm 轧机粗轧机座上轧辊是怎样平衡的?

答：上轧辊平衡装置的作用是：消除空载时的各种间隙（压下螺丝螺纹之间、压下螺丝与支撑辊轴承座之间和支撑辊轴承之间等间隙），避免轧制时产生冲击；同时使工作辊与支撑辊之间在空载时保持一定压力，防止轧辊之间产生打滑，保证工作辊与支撑辊之间的摩擦传动。

由于工作辊和支撑辊的换辊周期不同，故需分别平衡。而且工作辊换辊频繁，平衡装置必须使换辊方便，因此采用液压平衡。

图 3-14 为 1700mm 轧机粗轧机组的 5 缸平衡装置。在机架顶上装有一个液压缸（直径 380mm、行程 560mm、工作压力 11.77MPa），通过上横梁 1、连杆 2 和下横梁 3，用以平衡上支撑辊、轴承座、压下螺丝及平衡机构本身构件的质量。更换工作辊时，上液压缸应能提起上支撑辊。

工作辊平衡是由 4 个液压缸承担的，即上工作辊及其轴承座和上支撑辊的质量由装在下工作辊轴承座上的 4 个直径为

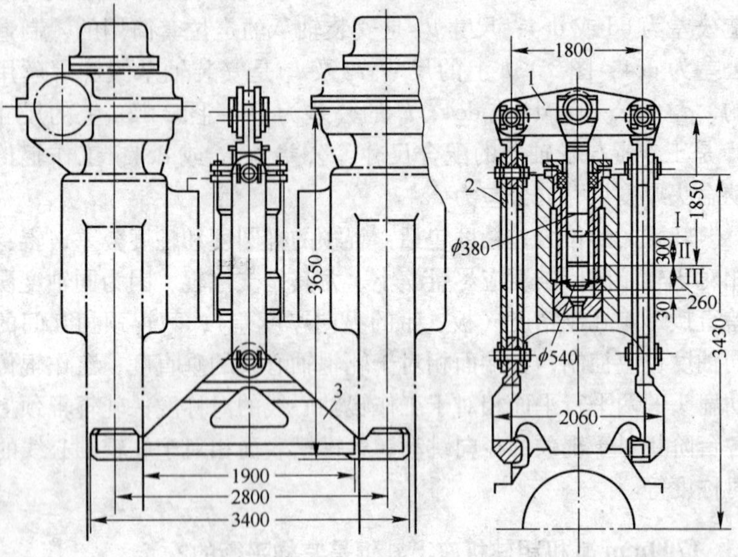

图 3-14 国产 1700mm 轧机粗轧机座支撑辊平衡装置简图

1—上横梁；2—连杆；3—下横梁

Ⅰ—上轧辊在最高位置；Ⅱ—使用新辊时的位置；

Ⅲ—上轧辊的最低位置

160mm、行程为 300mm 的液压缸来平衡。

粗轧机上轧辊的 5 缸平衡装置的优点是：液压缸数目少，简化了下支撑辊的轴承座结构；换辊时上缸固定不动，不必拆除液压管路；液压缸在机架顶部，可防止热轧时氧化铁皮浸入；上缸行程大，适用于上轧辊调整距离较大的机座。

94. 热连轧机组粗轧机怎样更换支撑辊？

答：热连轧机组粗轧机支撑辊的换辊装置为液压缸拉出式，由换辊缸、摆动轨道、挂钩装置和支撑拖板等组成。摆动轨道由液压缸传动摆开，以便为拉出或推入支撑辊让出位置。

更换支撑辊的操作顺序如图 3-15 所示。用吊车把换辊托架吊到横移平台放置新辊组的位置上，拉出旧辊组，把换辊托架推到机座内。然后返回小车，升降轨道下降，换辊托架落到下支撑辊轴承座上，上支撑辊平衡缸下降，上支撑辊落到换辊托架上，右横移平台向右移动，摆动轨道摆开，让出换支撑辊的位置。将上、下支撑辊轴向锁板打开，拆除油管接头，换辊缸前进，活动滑板上升，让锁钩钩住过桥铺板（支撑拖板），则换辊缸动作拉出旧支撑辊。吊车吊车旧支撑辊，装上新的支撑辊。摆动轨道摆回原位，上、下支撑辊轴承座轴向锁板关闭，右横移平台左移，换工作辊用的活动轨道上升，拉出换辊托架，吊车吊走换辊托架，完成换辊操作。

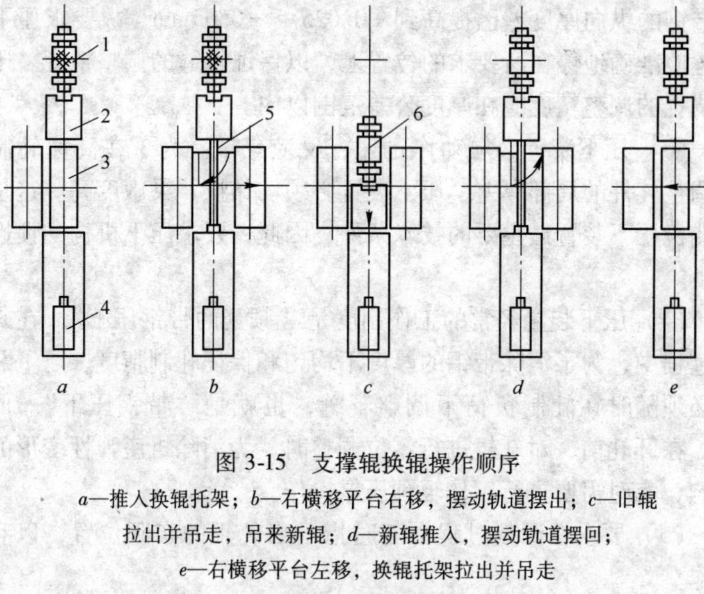

图 3-15　支撑辊换辊操作顺序

a—推入换辊托架；*b*—右横移平台右移，摆动轨道摆出；*c*—旧辊拉出并吊走，吊来新辊；*d*—新辊推入，摆动轨道摆回；*e*—右横移平台左移，换辊托架拉出并吊走

1—旧辊；2—过桥铺板；3—横移平台；4—电动小车；5—摆动轨道；6—新辊

95. 热带钢轧机电动压下装置的要求是什么？

答： 热带钢轧机的轧件既薄又宽又长，并且轧制速度大，轧制精度要求高，这些轧制工艺特点要求轧机压下装置应满足以下几点：

（1）能单独和同时传动两个压下螺丝，以满足辊缝调整的要求。轧辊平行度的调整要求非常严格。由于带材的宽厚比很大（热轧带钢的 b/h 可达 1000 以上），因此，上、下轧辊应严格保持平行。

（2）轧辊调整量较小，但调整精度高。上轧辊提升高度一般为 100 ~ 200mm，在换辊操作时，最大行程也只有 200 ~ 300mm。在轧制过程中，轧辊的调整行程更小，最大为 10 ~ 25mm，最小时只有几个微米。但是，调整精度高。目前，热轧宽带钢的纵向厚度差已提高到 ±0.025 ~ ±0.05mm，故要求压下螺丝应准确地停在所要求的位置上，以保证辊缝的调整精度。压下装置的调整精度应在厚度公差范围以内。

（3）压下装置必须动作迅速、反应灵敏。为了在高速轧制下调整轧件的局部厚差，压下装置必须动作快、灵敏度高。这是该轧机压下装置最主要的技术条件，因此，要求压下机构的惯性要小。

（4）压下装置经常的工作制度是“频繁的带钢压下”。在轧制过程中，为了消除带钢的厚度不均匀和保证轧制精度，压下装置必须随时在轧制负荷下调整辊缝，也就是“带钢压下”。此外，在开轧前，对轧辊进行零位调整时，为消除机座弹性变形的影响，有时需要进行工作辊预压靠操作。

（5）要求在调整过程中随时指示出轧辊的实际位置，以利操作。

图 3-16 为 1700mm 热连轧机粗轧机的压下装置传动图，它是采用圆柱齿轮-蜗轮减速的电动压下装置。系统中有脉冲发生器和自整角机，用来控制压下螺丝的行程，并在操作台上显示，极限开关用作极限位置控制。此外，在压下螺丝上端，还有安全保护用的极限开关。

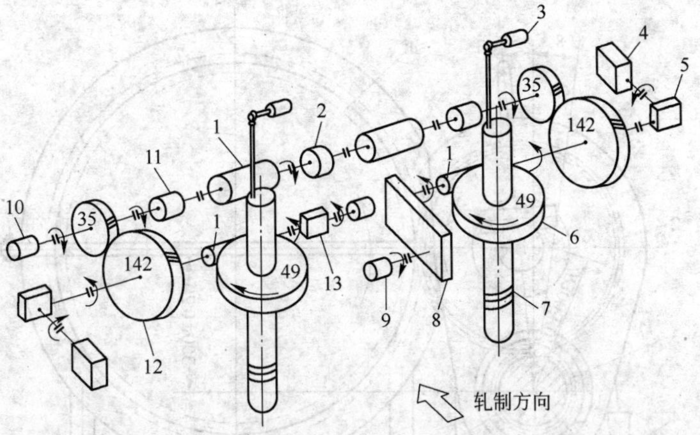

图 3-16 1700mm 热连轧机粗轧机压下装置传动示意图

1—电机；2—电磁离合器；3—LSH 极限开关；4—LSC 极限开关；5、8、13—减速器；6—蜗杆传动；7—压下螺丝；9—自整角机；10—PG 脉冲发生器；11—制动器；12—圆柱齿轮传动

96. 为什么需要爬行传动装置？

答：为了便于更换轧辊和装卸万向接轴，对于采用交流同步电机拖动的、不可逆式粗轧机座的主传动中，配置有爬行传动装置。这种装置通常由电机、联轴节、减速器和齿轮离合机构等所组成。齿轮离合机构如图 3-17 所示。传动装置的工作过程如下：

首先使离合齿轮 2 与主电机轴上的大齿轮 1 处于啮合状态。这时若启动爬行传动电机，它的旋转运动经离合齿轮传递给大齿轮。此时，离合齿轮相对于大齿轮 1 为主动，相对于小齿轮为被动。作用于离合齿轮的力对小齿轮轴的力矩 M 使离合齿轮靠向大齿轮而处于正常啮合状态。因此，爬行传动电机通过离合齿轮传动主电机低速爬行。

接着，若启动主电机，则当它的转速高于爬行传动的转速以

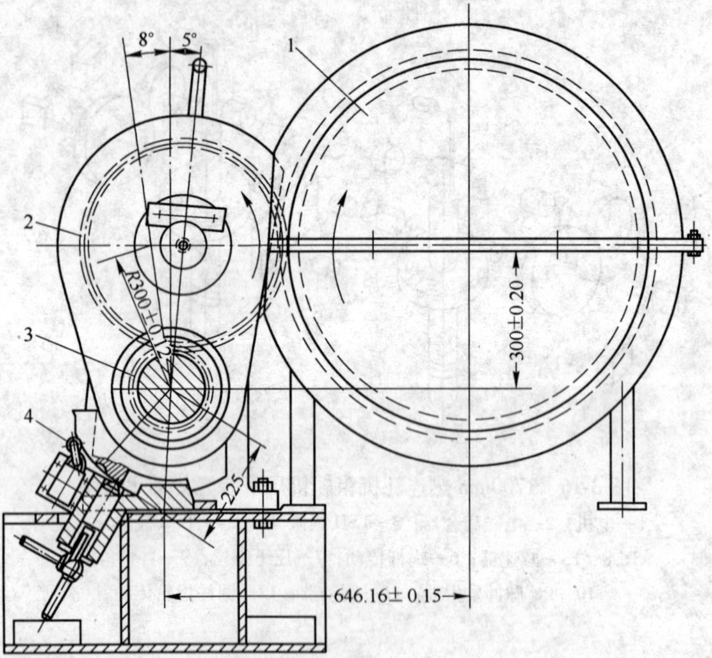

图 3-17　齿轮离合机构

1—大齿轮；2—离合齿轮；3—小齿轮；4—行程开关

后，主电机轴上的大齿轮变为主动。此时，离合齿轮相对于大齿轮为被动，而相对于小齿轮为主动，则力矩 M 使离合齿轮脱开大齿轮。因此，离合齿轮自动脱开啮合状态，并平稳地落在挡块上。此时，行程开关控制爬行传动电机断电而停止工作，偏心手柄将齿轮箱锁紧不动。

当主电机停止工作以后，应将离合齿轮与主电机轴上的大齿轮处于啮合状态，以便下次低速爬行和主电机启动。为了避免事故的发生，当离合齿轮在脱开位置时，严禁启动爬行电机。反之，若离合齿轮与大齿轮处于啮合状态，而爬行传动电机未启动时，不得启动主电机。

97. 怎样调整带坯头部上翘或下弯?

答: 带坯头部上翘或下弯产生的原因是轧件上下表面温度差、氧化铁皮残留、轧辊表面粗糙和轧制线不水平等。

(1) 加热的温度差使带坯头部上翘或下弯。这种弯曲只能在断面较大的轧件上见到，随着轧件的延伸，轧件断面上的温度差逐渐趋于平均，弯曲即可能消失。

调整处理方法：加强联络，要求改善加热操作，消除温差；在可逆式粗轧机上轧制时，因可逆式轧机轧辊可以变速，所以可采用调整上下轧辊速度差的方法，减轻或消除上翘下弯现象；采用延迟除鳞的方法消除头部的上翘。

(2) 轧件在轧制线上停留时间过长造成轧件的上翘或下弯。轧件在轧制线上停留时间过长引起轧件上下表面散热不均匀。这种情况主要是轧制线上产生故障暂停轧制而造成的。

调整处理方法：当轧件在轧制线上停留待轧时，除鳞水、轧辊冷却水、辊道冷却水应及时关闭或减少，不要浇到轧件上。同时轧件在辊道上，不要固定停留位置，而应使其前后移动，防止轧件局部温度降低。

(3) 轧辊粗糙造成轧件的上翘或下弯。一般来说，轧件弯曲发生在辊子粗糙面一侧。处理方法是：可通过调节速度来消除；发生严重的上翘或下弯时，可改变压下负荷分配量或增加轧制道次；如采用上述措施还不能克服时，停机进行检查或换辊。

(4) 轧制线过高或过低引起轧件形状变化。轧制线过高引起轧件下弯，轧制线过低造成轧件上翘，此时必须进行轧制线的调整。

支撑辊与工作辊配辊不当，使辊缝超出轧制线过高或过低。造成原因是支撑辊更换时，支撑辊下部调整垫块厚度计算或使用错误。为了防止上述问题的发生，换辊时必须根据支撑辊直径和工作辊直径进行选择和配辊。在更换支撑辊时，应根据操作规程选择所使用的调整垫块。轧制线过高，轧制时轧件对导卫板、辊道衬垫板、机架辊等会给以压力，并使电机负荷增大，更易使上述设备损坏。轧制线过低，轧制时轧件同样要碰损导卫板、上部防护板和除鳞罩等设备，造成设备故障和轧件下表面因擦伤而产生裂纹。轧制线的设定高度约为该轧机压下量的一半为好，同时还必须适应或基本适应轧制道次的变更范围。

（5）由于氧化铁皮的残留而产生带坯头部上翘或下弯。在有氧化铁皮残留的板面上，板面向有铁皮侧弯曲，这是因为有氧化铁皮残留部分，轧件温度低或延伸打滑所致。防止措施是：通过速度调节来处理。同时分析氧化铁皮残留原因时，必须观察除鳞效果。加热温度不当、侧压量分配不当等都易产生铁皮的残留。检查除鳞水喷嘴的角度和堵塞情况，以提高除鳞效果。

（6）使用中的轧辊，由于油滴影响而造成板形变化。使用中的轧辊受到油滴的影响，轧辊表面粗糙程度就不同，轧制时产生打滑，使板形变化。防止措施是：在更换轧辊时，必须检查辊面是否有油，如有油需用碱和破布进行清除。轧制过程中，要检查轧机上部或轧辊轴承是否漏油，如漏油应采取措施加以排除。

98. 中间辊道的节能技术有哪些？

答：热轧宽带钢轧机的中间辊道较长，为 50 ~ 156m，而粗轧机末架出口速度一般为 4m/s 左右，到切头飞剪处的速度为 0.3 ~ 2m/s，而精轧机 F1 入口速度为 0.95 ~ 3.56m/s，轧制周期为 72 ~ 216s，所以，带坯在中间辊道上停留约 2 ~ 3min。

带坯在中间辊道上的温度下降，对厚度为 38.1mm 的带坯，温降速度约为 66.7℃/min，而对于 25.4mm 厚的带坯则为 94.5℃/min。所以带坯在中间辊道上的温降是可观的，为了保证终轧温度必须提高板坯出炉温度，从而增加能耗。解决的主要方法有：

（1）升速轧制。这是第二、三代轧机的常规办法。但升速轧制的主传动电气及自动控制系统复杂，投资昂贵。目前发达国家钢材日趋饱和，故热轧带钢轧机正从连续化、高速化、大型化向紧凑、节能综合效益型转化。速度、加速度均向合理经济型变化。

(2) 中间辊道上安装钢卷箱。目前已有10多套热带钢轧机采用此装置。轧件离开粗轧机后，被引入钢卷箱进口滑槽，并通过弯曲辊在1号支架上形成一个钢卷。尾端进入钢卷箱后，钢卷停下来，支架辊反转开卷将头部送入切头剪和精轧机，精轧机咬入带坯的同时，钢卷被移送到2号支架辊，从而允许第2块带坯在1号支架辊卷取。该装置可减小设备功率，减小高峰负荷，缩短轧线长度，扩大产品品种，增大卷重，减小带坯中间温降。

钢卷箱允许精轧机列恒速轧制，比常规升速轧制功率减小40%以上。钢卷箱使带坯温降减小，使精轧机列高峰负荷值减小。

由于带坯粗轧后卷成钢卷，中间辊道的长度仅为粗轧后带坯长度的1/3，精轧机恒速轧制比升速轧制速度低，热输出辊道长度可大大缩短，整个轧制线长度也缩短。

如下一工序故障耽误1min，轧制仍能按常规轧制，耽误8～9min，切去外圈带坯后仍能按常规轧制，因此可减少废品，提高收得率。

钢卷箱不仅适于新建热轧带钢轧机，更适于现有带钢轧机的改造，若精轧机组功率小，要提高单位卷重、扩大产量则更可显示其优越性。

中间辊道上安装钢卷箱是发展方向，我国攀钢1450mm机组和鞍钢1700mm机组采用了这种装置。

(3) 中间辊道上安装反射装置。该技术开始于20世纪60年代初，在热轧带钢轧机中间辊道上安置不绝热的铝反射罩。英国钢铁公司肖顿厂热带钢轧机曾安装了椭圆形铝反射装置，而且温度分布较好。但该反射装置很难保持罩子光亮，后已拆除。

(4) 中间辊道上安装绝热系统。在中间辊道上安装采用绝热材料制成的密封罩，分边部加热、加热和无热源三种。该系统可提高精轧机组温度的均匀性；减少废品，提高成材率；减少温降；扩大产品范围，减少热耗。

（5）增加进精轧的中间坯厚度。带坯在中间辊道上的温降除与停留时间、环境状况有关外，带坯散热面积也有很大影响，为减小温降只有增加中间带坯厚度。

增加进精轧机中间带坯厚度有两种方法：第一，如有能剪切厚度为 50 ~ 65mm 的中间带坯的切头飞剪，精轧机有足够大的传动功率，传动系统有足够强度，则可将进精轧机中间带坯厚度由 2.5 ~ 30mm 增加到 50 ~ 55mm；第二，增设大压下量的中间机架（M 机架），即在切头飞剪前，靠近精轧机安装一架大压下量轧机，称为中间机架或称 M 机架，其作用是使出粗轧机的中间带坯厚度从 25 ~ 30mm 增至 60mm 左右（进精轧机的带坯厚度仍为 25 ~ 30mm），可减少中间辊道上的热损失，降低板坯出炉温度约 60℃。一般，在中间辊道上带坯厚度每增加 10mm，则加热板坯出炉温度可降低 20℃。

增设大压下量中间机架投资较高，适宜在特定条件下为提高单位卷重时采用。

第四章　精　　轧

第一节　精 轧 工 艺

一、热轧钢带技术要求

99. 碳素结构钢热轧钢带的技术要求是什么?

答: 宽度为50～300mm、厚度为2～6mm的碳素结构钢热轧钢带产品的技术条件应符合GB3524—92标准的规定。生产钢带的力学性能和化学成分应符合GB700—88《碳素结构钢》的规定。钢带应折平或成卷、直条交货。

钢带尺寸及表面应符合下列要求:

(1) 钢带厚度和宽度允许偏差应符合表4-1的规定。

表4-1　钢带厚度和宽度允许偏差（mm）

钢带宽度	宽度允许偏差	厚度 2.0～4.0	厚度 4.0～6.0
		厚度允许偏差	
≤100	±1.00	±0.15	±0.20
100～150	±1.20	±0.20	±0.25
150～200	±1.50	+0.20 −0.30	±0.30
200～300	±1.80	+0.25 −0.35	±0.35

(2) 钢带厚度应该均匀。在同一截面的中间部分和两边部分测量三点厚度，其最大差值(三点差)应符合表4-2的规定。钢带的镰刀弯，每米不大于6mm，总镰刀弯不大于总长度的0.6%。供作冷轧坯料的钢带，沿轧制方向的厚度应均匀，在同一直线上任意测定两点厚度，其最大差值(同条差)应为:

表 4-2 钢带三点差（mm）

钢带宽度	三点差（不大于）	钢带宽度	三点差（不大于）
≤100	0.10	150 ~ 200	0.14
100 ~ 150	0.12	200 ~ 300	0.15

钢带宽度 ≤150mm 同条差不大于 0.20mm

>150mm 同条差不大于 0.25mm

（3）厚度为 2.0 ~ 4.0mm 的钢带，其长度不应小于 6m。允许交付长度不小于 4m 的钢带，但其数量不得大于该批交货总质量的 8%。厚度大于 4.0 ~ 6.0mm 的钢带，其长度不应小于 4m。允许交付长度不小于 3m 的钢带，但其数量不得大于该批交货总质量的 8%。

（4）钢带表面应光洁，不得有裂纹、折叠、分层、气孔、非金属夹杂、粗毛刺和鳞层，允许有深度或高度不大于厚度允许偏差之半的（高度指正偏差，深度指负偏差）局部细小的凹坑、划痕、麻点、凸块和深度不大于 0.08mm 的红斑。钢带的表面和侧面缺陷允许清除，同一截面清除深度不大于厚度和宽度允许的负偏差。钢带侧面不得有裂边，允许有轻微的毛边，其深度不大于宽度允许负偏差的 1/5。

100. 一般结构用热连轧钢板和钢带的技术要求是什么？

答： 建筑、桥梁、车辆等一般结构用热连轧钢板和钢带是由牌号 RJ 216、RJ 235、RJ 255、RJ 294、RJ 343、RJ 392 等钢生产的，其化学成分应符合表 4-3 的规定。一般结构用热连轧钢板和钢带的技术要求应符合 GB2517—81 和 GB2519—81 国家标准的规定，具体要求如下：

表 4-3 钢板和钢带的牌号及化学成分

牌 号	化学成分（质量分数）/%			
	碳	锰	磷	硫
	不 大 于			
RJ 216	0.20	0.70	0.045	0.050
RJ 235	0.20	0.70	0.045	0.050

续表 4-3

牌　号	化学成分（质量分数）/%			
	碳	锰	磷	硫
	不　大　于			
RJ 255	0.20	0.70	0.045	0.050
RJ 294	0.20	1.50	0.045	0.050
RJ 343	0.20	1.60	0.045	0.050
RJ 392	0.20	1.70	0.040	0.040

（1）钢板和钢带的交货状态应符合表 4-4 的规定。

表 4-4　钢板和钢带的交货状态

类　别	宽度/mm	厚度/mm	交货状态
钢　板	700 ~ 1550	1.2 ~ 6.35 6.35 ~ 13.0	热轧或冷平整 热　轧
钢　带	700 ~ 1550	1.2 ~ 8.6 8.6 ~ 13.0	热轧或冷平整 热　轧
	<700	1.2 ~ 8.6	热　轧

注：1. 宽度为 700 ~ 1550mm 的钢带为轧制边供应；
　　2. 冷平整量不大于 4%。

（2）钢板和钢带的厚度允许偏差应符合表 4-5 的规定。

表 4-5　钢板和钢带的厚度允许偏差（mm）

厚　度	允　许　偏　差		
	宽　度		
	<1000	1000 ~ 1200	1200 ~ 1550
1.2 ~ 1.25	±0.13	±0.13	
1.4	±0.15	±0.15	
1.5	±0.15	±0.15	±0.15
1.6 ~ 1.8	±0.16	±0.16	±0.16
2.0	+0.15 −0.18	±0.18	±0.18

续表 4-5

厚 度	允许偏差		
	宽 度		
	<1000	1000 ~ 1200	1200 ~ 1550
2.2	+0.15 -0.19	±0.19	±0.19
2.5	+0.16 -0.20	±0.20	±0.20
2.8 ~ 3.0	+0.17 -0.22	±0.22	±0.22
3.2 ~ 3.5	+0.18 -0.25	±0.25	±0.25
3.8 ~ 4.0	+0.20 -0.30	±0.30	±0.30
4.5 ~ 5.5	+0.30 -0.50	+0.40 -0.50	±0.50
6.0 ~ 7.0	+0.30 -0.60	+0.40 -0.60	+0.40 -0.60
8.0 ~ 10.0	+0.20 -0.80	+0.30 -0.80	+0.30 -0.80
11.0 ~ 13.0	+0.20 -0.80	+0.30 -0.80	+0.30 -0.80

(3) 钢板、钢带和纵切钢带的宽度允许偏差应符合表 4-6 和表 4-7 的规定。

表 4-6 钢板和钢带的宽度允许偏差（mm）

宽 度	允许偏差			
	厚 度			
	≤6.0		>6.0	
	轧制边	切 边	轧制边	切 边
700 ~ 1000	+25	+10	+25	+10
1000 ~ 1250	+30	+10	+30	+10
1250 ~ 1550	+35	+10	+35	+15

表 4-7 纵切钢带的宽度允许偏差（mm）

宽 度	允许偏差		
	厚 度		
	≤4.0	4.0~6.0	>6.0
<160	±0.5	±0.8	±1.0
160~250	±0.8	±1.0	±1.2
250~700	±1.0	±1.0	±1.2

（4）钢板和钢带的镰刀弯和瓢曲度应符合表 4-8 和表 4-9 的规定。

表 4-8 钢板的镰刀弯（mm）

长 度	镰刀弯最大值	
	宽 度	
	700~1000	≥1000
<2500	4	3
2500~4000	6	5
4000~6000	8	7
6000~8000	10	9
8000~10000	16	12
≥10000	任意位置每 10000 为 16	任意位置每 10000 为 12

注：钢带镰刀弯最大值：当宽度小于 250mm 时，任意位置每 2m 为 8mm；
当宽度不小于 250mm 时，任意位置每 2m 为 5mm。

表 4-9 钢板的瓢曲度（或波浪度）（mm）

宽 度	瓢曲度（或波浪度）最大值				
	厚 度				
	1.2~1.5	1.5~4.0	4.0~7.0	7.0~10.0	10.0~13.0
<1250	18	16	14	12	10
≥1250	20	18	16	14	12

（5）钢板和钢带表面（肉眼检查）不得有气泡、裂缝、结疤、折叠和夹杂，端面不得有分层，不得有大于厚度公差之半的个别麻点、凹坑、压痕、发纹、划伤、辊印和压入的氧化铁皮，且应保证最小厚度。钢板表面缺陷允许用修磨方法清理，但应保证最小厚度。

（6）钢带应盘卷牢固，卷的塔形要符合表4-10的规定。

表4-10 钢带卷的塔形（mm）

宽 度	切 边	轧制边	
		厚 度	
		≥6.0	<6.0
≤1000	<20	<80	<50
>1000	<30	<80	<50

（7）钢板和钢带的力学性能和工艺性能应符合表4-11的规定。

表4-11 钢板和钢带的力学性能和冷弯试验

牌 号	力学性能			180°冷弯试验（d为弯曲直径，a为试样厚度）
	屈服极限σ_s/MPa	抗拉强度σ_b/MPa	伸长率δ_5/%（不小于）	
RJ 216	220	340～420	31	$d=a$
RJ 235	240	380～460	27	$d=1.5a$
RJ 255	260	420～520	25	$d=2a$
RJ 294	300	450～550	22	$d=2a$
RJ 343	350	500～620	22	$d=2a$
RJ 392	400	550～670	20	$d=3a$

101. 影响热轧钢板冲压性能的因素有哪些?

答：钢号16MnL中的字母“L”是“梁”的代号，表示适于冲压汽车的纵梁和横梁，并在化学成分和性能指标上反映了冲压性能的要求。

影响热轧钢板冲压性能的因素有：

（1）钢板的化学成分。对热轧钢板冲压性能影响最大的元素是碳。对于冲压用的热轧钢板，一般不宜以增加碳含量的办法来提高强度，应采用合金元素强化的方法，因而形成以铁素体为主的成系列的低合金高强度钢。

影响性能的另一个重要元素是硫。硫在钢中形成硫化物夹杂，这种硫化物夹杂在轧制中被拉长，分割金属基体，降低钢材的塑性。

（2）钢板的轧制方法。同一钢号甚至同一炉号的钢，由于轧制方法不同，冲压性能有很大区别。各轧制方法的主要特点和用途列于表4-12。连轧时钢板的纵向和横向性能差别较大，冲压零件时，当变形部位与轧制方向平行时，钢板容易开裂。单张往复轧制时，钢板各向均有变形，钢板的纵横向力学性能差别小，冲压性能好。

表 4-12　热轧冲压钢板的生产方法、特点及用途

生产方法	主 要 特 点	用 途 举 例
连续轧制	厚度约在 1.2 ~ 10mm 范围内，生产效率高，但方向性较显著，横向塑性差，加入钛、锆、稀土等元素可以改善	碳素钢板用于冲制形状复杂零件，如汽车刹车盘；普通低合金钢板用于冲制受力较大零件，如汽车车架横梁、焊管坯
往复式轧制	厚度在 4mm 以上，生产效率低，但横向、纵向性能比较接近	普通低合金钢板用于冲制形状复杂且受力大的零件，如汽车大梁
叠　轧	几张板坯叠在一起热轧，轧后再分开，厚度在 0.35 ~ 2.0mm 范围内，表面质量差，冲压性能也较差，属已淘汰工艺	用于一般用途的冲压件

（3）热轧钢板的厚度公差。冲压用热轧钢板的厚度公差比一般用途钢板的严格，允许的公差范围小。

厚度公差范围过宽会给冲压工艺带来困难。钢板厚度偏薄超差将增加零件冲压时的回弹，影响零件的几何形状，增加装配的困难，降低产品的质量。钢板偏厚超差，超差较小则拉伤模具，超差较多将挤碎模子或损坏设备。

（4）钢板的表面质量。钢板经常出现的缺陷有裂缝、气泡、结疤、折叠、热划痕和侧面分层等。对冲压性能影响最大的是热划痕，产生的原因是轧机、辊道失修，卷板机运行状态不良或操作不当。如钢板表面划痕处于零件变形部位的受拉一面，则在划痕部位会引起开裂。

（5）夹杂物的形态。连轧钢板的方向性，主要是由于钢中夹杂物，特别是硫化锰沿轧制方向伸长成细长条状分布引起的。硫化锰在轧制温度下有良好的塑性，连轧时，硫化锰只沿一个方向变形而形成细长条状分布。

钢板冲压变形时，夹杂物与基体金属交界面发生分离，在周围逐渐形成显微孔洞，随变形过程不断聚集，最后形成大的裂纹，导致材料的最终破断。夹杂物越长，冲压变形时开裂的可能性越大。

在钢中加入铌、钛、锆和稀土等元素改变硫化物的分布形态，使之成棒状、圆球状、点状或不规则状分布，减弱夹杂物分割金属基体的作用，也可以显著地提高钢板的横向塑性。

102. 冲压用热轧钢板的技术条件是什么？

答：冲压用优质碳素结构钢板和普通低合金钢板常用钢号的化学成分列于表 4-13，其力学性能如表 4-14 所示。

汽车大梁用及汽车制造用优质碳素结构钢板的厚度允许偏差（由半连轧生产）如表 4-15 所示。钢板宽度及长度允许偏差应符合表 4-16 的规定。

半连轧机生产的汽车大梁板的波浪度为：

厚度≤3mm　　不大于 25mm/m

厚度＞3mm　　不大于 20mm/m

表 4-13 冲压用热轧钢板的化学成分

钢 号	化学成分（质量分数）/%							
	碳	硅	锰	磷	硫	铝	钛	稀 土
08Al	0.05～0.12	≤0.03	0.25～0.65	≤0.035	≤0.040	0.02～0.07		
15Al	0.12～0.19	≤0.03	0.35～0.65	≤0.04	≤0.040	0.02～0.07		
09MnREL	≤0.12	0.2～0.6	0.7～1.0	≤0.04	≤0.045			加入量≤0.20
12MnL	≤0.16	0.20～0.60	1.10～1.50	≤0.04	≤0.045			
16MnL	0.12～0.20	0.20～0.60	1.20～1.60	≤0.04	≤0.045			
13MnTiL	0.09～0.15	0.10～0.40	1.0～1.40	≤0.04	≤0.040		0.13～0.22	

表 4-14 冲压用热轧钢板的力学性能

钢 号	钢板厚度 /mm	抗拉强度 /MPa	屈服强度 /MPa	伸长率 δ_5 /%	硬 度 HB	冷 弯 试 验	
						试样宽度	冷弯 180°
08Al		280～420		≥27①	≤108		
15Al		350～500		≥24	≤127		
09MnREL	2.5～10	≥380	≥250	≥32		$B=3a$②	$d=2a$②
						$B=2a$	$d=a$
12MnL	2.5～10	≥450	≥300	≥21		$B=2a$	$d=a$
16MnL	2.5～7	≥520	≥360	≥24			$d=a$
	8～10		≥350	≥21		$B=2a$	$d=2a$
13MnTiL	2.5～7.0	500～620	360～520	≥22		$B=3a$	$d=a$

注：d 为弯曲直径，a 为板厚。①为 δ_{10}；②连轧钢板。

表 4-15 由半连轧机生产时钢板厚度的允许偏差（mm）

宽 度	厚 度			
	2.5	3~4	4.5	5~7
≤1000	±0.20	±0.25	±0.30	±0.40
>1000	±0.25	±0.30	±0.35	±0.45

表 4-16 钢板宽度及长度的允许偏差（mm）

钢板宽度	宽度偏差	长度偏差	钢板宽度	宽度偏差	长度偏差
≤800	+10	+30	>800	+20	+30

103. 优质碳素结构钢及合金钢热轧钢带的技术要求是什么？

答：采用优质碳素结构钢、合金结构钢、碳素工具钢、合金工具钢、弹簧钢、滚珠钢轧成的热轧钢带应按 GB8749—88 等标准进行生产、检验和交货。热轧钢带的厚度为 2.75~6.5mm，宽度为 60~200mm。

钢带尺寸偏差、表面质量等要求如下：

（1）钢带厚度允许偏差应符合表 4-17 的规定。钢带厚度均匀，同一横截面厚度差其最大差值不大于 0.10mm；纵向同一直线上厚度差，当宽度不大于 150mm 时，其最大差值应不大于 0.20mm，当宽度大于 150mm 时，其最大差值应不大于 0.25mm。

表 4-17 钢带厚度允许偏差（mm）

钢带厚度	钢带宽度	厚度允许偏差	
		60 钢以下碳结钢	60 钢以上（包括 60 钢）碳结钢、合结钢、碳工钢、合工钢、弹簧钢、滚珠钢
≤4	≤100	+0.15 -0.20	+0.20 -0.25
	100~150	+0.20 -0.25	+0.25 -0.30
	>150	+0.25 -0.30	+0.30 -0.35

续表 4-17

钢带厚度	钢带宽度	厚度允许偏差	
		60 钢以下碳结钢	60 钢以上(包括 60 钢)碳结钢、合结钢、碳工钢、合工钢、弹簧钢、滚珠钢
>4	≤100	+0.25 -0.30	+0.30 -0.35
	100~150	+0.30 -0.35	+0.35 -0.40
	>150	+0.35 -0.40	+0.40 -0.45

钢带镰刀弯及钢带"S"弯的两边弯度之和每米均不大于 6mm，总弯度不大于总长度的 0.6%。

(2) 钢带宽度允许偏差应符合表 4-18 的规定。

表 4-18　钢带宽度允许偏差 (mm)

钢带宽度	宽度允许偏差	钢带宽度	宽度允许偏差
≤100	±1.2	>150	±1.8
100~150	±1.5		

(3) 钢带长度：厚度为不大于 4mm 的钢带，其长度不短于 6m，大于 3m 的短尺钢带可占总交货质量的 8%；厚度大于 4mm 的钢带，其长度不短于 4m，不小于 3m 的短尺钢带可占总交货质量的 8%。

钢带应打折后供应，也可成卷或直条交货。

(4) 钢带表面不得有裂边、裂缝、折叠、夹杂、粗毛刺和鳞层等缺陷，允许有厚度或高度不超过 0.10mm 的个别凹坑、轻微的划痕、麻面、结疤及深度不超过 0.08mm 的红斑夹杂缺陷。钢带表面的局部缺陷允许清除，其清除后的深度不超过 0.15mm。钢带的侧面缺陷允许用砂轮清除，但清理后钢带宽度不应超出其负偏差极限。清理处应平坦，不得发蓝。

（5）钢带的低倍组织不应有肉眼可见的缩孔残余、气孔、裂纹、分层、非金属夹杂及白点，50Az 钢的一般疏松、中心疏松和偏析均不应大于 2 级。

碳工钢、弹簧钢、合工钢、滚珠钢的一边脱碳层（铁素体 + 过渡区）深度，当钢带厚度大于 3mm 时为厚度的 3%，钢带厚度不大于 3mm 时为 0.09mm。

合工钢及滚珠钢的网状碳化物按相应标准中的级别图评定，其级别不应大于 3 级。碳工钢网状碳化物不应大于 2 级。50Az 钢应检验非金属夹杂，氧化物不大于 2.5 级，硫化物（包括硅酸盐）不大于 2.5 级，氧化物 + 硫化物不大于 4.5 级。

104. 怎样评定金属的塑性?

答： 塑性是金属材料在外力的作用下，发生永久变形而不破坏的最大能力。金属材料塑性的高低是用两种指标来表示的，即伸长率（δ）和断面收缩率（也叫面缩率 ψ）。

（1）伸长率。材料受到拉力作用断裂时，伸长的长度与原有长度之比的百分数叫伸长率，即：

$$\delta = \frac{L_1 - L_0}{L_0} \times 100\%$$

式中　L_1——材料拉断时的长度；

　　　L_0——材料原来长度。

δ_5、δ_{10} 分别表示材料试样的长度等于该材料直径的 5 倍、10 倍时的伸长率。

（2）断面收缩率。材料受拉力作用断裂时，断面缩小的面积与原有断面积之比的百分数叫断面收缩率，即：

$$\psi = \frac{F_0 - F_1}{F_0} \times 100\%$$

式中　F_0——拉伸试样原来的断面积；

　　　F_1——拉伸试样断裂处的面积。

伸长率与断面收缩率的数值愈大，反映出材料的塑性愈好。

105. 金属有几种表示强度的方法？

答： 材料抵抗外力破坏的最大能力叫做极限强度。金属强度可以分别由抗拉强度、抗压强度、抗弯强度和屈服强度来表示。

抗拉强度：外力是拉力时的极限强度，用符号 σ_b 表示，单位为 MPa。公式表示为：

$$\sigma_b = \frac{P}{F}$$

式中 P——拉断时的最大拉力，N；

F——试样原始断面积，mm^2。

抗压强度：外力是压力时的极限强度，用符号 σ_{bc} 表示，单位为 MPa。

抗弯强度：外力与材料轴线垂直，并在外力作用后材料弯曲，这时的极限强度为抗弯强度，用符号 σ_{bb} 表示，单位为 MPa。

屈服强度：材料受外力作用，其负荷增大到某一数值时，试样发生连续伸长的现象叫做屈服现象。这时材料抵抗这种外力的能力叫做屈服强度。在材料拉伸试验曲线上，屈服强度的这点称为屈服点。超过这一点时，材料就产生明显的塑性变形。屈服强度也叫屈服极限，用符号 σ_s 表示。一般规定数值为拉伸试样原标距长度的 0.2%，故屈服强度也常用 $\sigma_{0.2}$ 表示。

抗拉强度和屈服强度是金属材料重要的强度指标。

106. 怎样表示金属的硬度，硬度和强度有什么关系？

答： 硬度是材料抵抗硬的物体压入它的表面的能力。它反映了材料局部塑性变形的抵抗能力。测定硬度的主要方法有以下 4 种：

（1）布氏硬度（HB）。布氏硬度测定是将一定的载荷（通常用30000N）把一定大小（直径一般用10mm，也有用5mm和2.5mm）的淬硬钢球压入材料的表面，然后以材料表面上凹坑的表面积来除载荷，其商即为硬度值，单位为Pa。

（2）洛氏硬度（HR）。洛氏硬度测定是用一个顶角为120°的金刚石圆锥体或直径为1.59mm或3.18mm的钢球，在一定的负荷下压入试件表面，由压坑的深度求出材料的硬度。采用不同的压头和负荷所测得的硬度值分别由HRA、HRB、HRC来表示。洛氏硬度不标出单位。

HRA：采用600N负荷的钻石锥压入器所求得的硬度。它用于测量硬度高的渗碳钢、碳化物及硬质合金等。

HRB：采用1000N负荷、直径为1.59mm的淬硬钢球测得的硬度。此方法适于测量硬度较低的材料，如有色金属、退火钢等。

HRC：采用1500N负荷的钻石锥压入器求得的硬度值。此方法用于测量硬度较高的材料，如淬火钢。

（3）维氏硬度（HV）。维氏硬度测定是以1200N载荷，把顶角为136°的方锥形金刚石压入器压入材料表面，然后以材料表面上凹坑的表面积来除载荷，其商即为硬度值，单位为Pa。此方法用于测定硬度较高而薄的材料。

（4）肖氏硬度（HS）。肖氏硬度又名回跳硬度。肖氏硬度测定以一定质量的冲头（底端镶有金刚石锥体或钢球）从一定的高度自由地落于试样表面上，以冲头的回跳高度作为硬度的度量。肖氏硬度值以HS表示，可在硬度计上直接读取。

钢的硬度和抗拉强度之间存在一定的关系，即：

$$\sigma_b = (0.33 \sim 0.36)\mathrm{HB}$$

一般钢的硬度越高，其强度也越高。所以可通过测定钢的硬度粗略地换算出钢的抗拉强度。表4-19列出洛氏硬度、布氏硬度和肖氏硬度的换算对照。

表 4-19　硬度换算表

洛氏硬度		布氏硬度 HB		肖氏硬度
HRC	HRA	压痕直径/mm	硬　度	HS
72	89	2.20	782	107
69	87	2.25	744	100
67	85	2.30	713	96
65	84	2.35	683	92
63	83	2.40	652	88
61	82	2.45	627	85
59	81	2.50	600	81
58	80	2.55	578	78
56	79	2.60	555	75
52	77	2.70	512	70
49	76	2.80	477	66
47	74	2.90	444	61
45	73	2.95	430	59
43	72	3.05	402	55
41	71	3.10	387	53
39	70	3.20	364	50
37	69	3.30	340	47
35	68	3.40	321	45
33	67	3.50	302	42
31	66	3.55	293	41
29	65	3.65	277	39
27	64	3.75	262	37
25	63	3.85	248	36

107. 怎样评定板带材的冷弯性能？

答：钢板和带钢常需承受剧烈的弯曲和冲压等冷变形加工，故对钢板和带钢的表面质量及塑性的要求较严。弯曲试验的目的是在一定的弯曲条件下比较材料的塑性。室温时的试验常称为冷弯试验。

试验时，试样在规定的条件下被弯至规定角度，根据试样弯曲表面有无裂纹等破损情况来判定材质。冷弯条件依材料及试样厚度的不同而异，具体要求应根据有关材料的技术条件而定。试验结果的评定如下：试样冷弯后，在产生剧烈塑性变形的弯曲表面和侧面上检查是否出现裂纹、分层或其他缺陷。评定时可参考表4-20。

表4-20　冷弯试验结果的评定等级

等　级	结　果	评　定　依　据
1	无裂纹	在10倍放大镜下不能发现裂纹
2	微裂纹	在10倍放大镜下能清楚地看到裂纹，而肉眼仔细观察也能找到长 $l<2\mathrm{mm}$、宽 $b<0.2\mathrm{mm}$ 的裂纹
3	小裂纹	肉眼能明显地看出 $l=2\sim10\mathrm{mm}$、$b=0.1\sim1\mathrm{mm}$ 的裂纹
4	大裂纹	有 $l>10\mathrm{mm}$、$b>1\mathrm{mm}$ 的裂纹
5	断　裂	断成某断裂角的两块（如断口有分层、夹杂、气孔等缺陷应一并注明）

108. 什么叫弹性和刚性？

答： 弹性是材料受外力作用发生变形，当外力消除后，材料恢复到原状的能力。各种弹簧钢板做成的弹簧就是利用了这种性能。

材料所抵抗的最大外力而不致发生塑性变形的极限称为弹性极限，用符号 σ_e 表示，单位为Pa。

金属材料抵抗弹性变形的能力称为刚性。很多场合要求钢材有好的刚性，如轧辊、钢架、钢梁以及轧机机座等。

109. 什么叫冲击韧性，什么叫脆性转变温度？

答： 冲击韧性也是衡量金属材料力学性能的一个重要指标。金属材料抵抗冲击载荷的能力叫做冲击韧性。它以把一定形状的试样，用拉、扭或弯曲的方法使之迅速裂断所耗用的功来表示，称之为冲击功，以 A_K 表示，单位为 J。

在常温下进行冲击试验获得的冲击韧性叫常温冲击韧性。在低温下进行冲击试验获得的冲击韧性叫低温冲击韧性。因大部分冲击弯曲试验是在室温下进行的，所以对于有些材料，特别是在低温下使用的材料，需要进行一系列试验，找到材料在低温下的冲击功。

图 4-1 为典型的冲击功与温度的关系曲线。曲线可由三部分组成，即随温度变化不大的低冲击功部分和高冲击功部分以及随温度降低冲击功急剧下降的中间部分。高冲击功部分的试样断口一般为韧性断口（即断面附近有明显的塑性变形，断口为纤维状）；低冲击功部分的试样断口则为脆性断口（即材料突然断裂，断裂时无明显塑性变形，断口为晶粒状）；冲击功变化极大的中间部分的试样断口，则部分为脆性的，部分为韧性的。因此，这一部分的温度叫做脆性转变温度，确切地说，应叫做脆性转变温度范围。

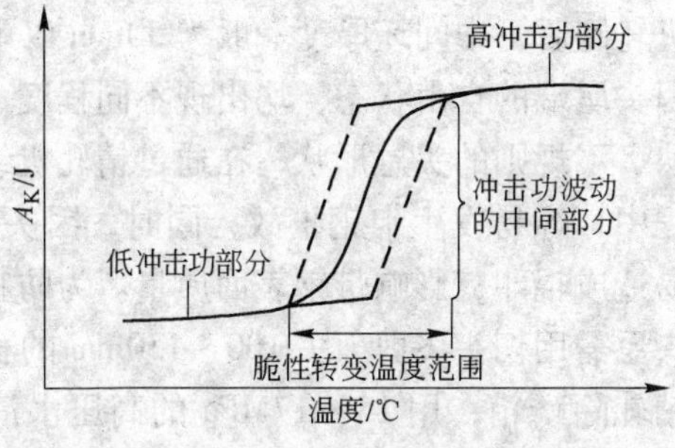

图 4-1 冲击功与温度的关系曲线

因脆性转变温度范围的宽窄不同，为了便于比较，以冲击试样断口上开始出现脆性特征或断口上出现 50% 脆断面积时的温度作为脆性转变温度，或者以冲击功降到完全韧性断裂和完全脆性断裂试样冲击功的平均值时的温度为脆性转变温度。

钢的脆性转变温度越低，则钢的低温冲击韧性越好。

二、精轧工艺

110. 精轧工艺和装备是如何影响板带质量的?

答: 精轧机组是决定产品质量的主要工序，轧制产品的质量水平主要取决于精轧机组的技术装备水平和控制水平。

精轧机组布置在中间辊道或热卷取箱之后，它的设备组成包括切头飞剪前辊道、切头飞剪侧导板、切头飞剪测速装置、边部加热器、切头飞剪及切头收集装置、精轧除鳞箱、精轧机的立辊轧机（FIE）、精轧机、活套装置、精轧机进出口导板、精轧机除尘装置、精轧机换辊装置等。

为了获得高质量的优良产品，在精轧机组大量地采用了许多新设备、新技术、新工艺以及高精度的检测仪表，例如热轧带钢板形控制设备、全液压压下装置、最佳化剪切装置、热轧油润滑工艺等。另外，为了保护设备和操作环境不受污染，在精轧机组中设置了防尘装置。

经粗轧机轧制后，中间坯厚度一般为50mm以下。中间坯的头尾部分，因头尾端的自由状态，均出现不同程度、不规则的鱼尾或舌头形状。不规则的头尾形状，在通过精轧机组或进入卷取机的穿带过程中，容易发生卡钢事故，同时，因头尾温度偏低，在轧辊表面易造成辊印，影响带钢表面质量。为防止上述问题的发生，带坯头尾需用切头飞剪剪去100～150mm的长度。剪切后的带坯经过精轧除鳞箱，用15～17MPa的高压水清除带坯表面的氧化铁皮，然后进入精轧机组。对于一些特殊品种，例如硅钢、不锈钢、冷轧深冲钢等，中间坯在进入精轧机组前，一般对带坯边部进行加热，使带坯在横断面上中部和边部温度均匀一致，从而获得金相组织和性能完全一致的带钢。

带钢的厚度精度取决于精轧机压下系统和AGC系统的设备形式。

板形质量取决于该轧机是否有板形控制手段和板形控制手段

的能力。老轧机是通过调节精轧机各架的负荷分配及多种轧辊辊型来获得较好的板形，新轧机是通过控制板形的机构，在轧制过程中适时控制板形变化，获得好的板形，如PC轧机、CVC轧机、WRB轧机等。

带钢的宽度精度主要取决于粗轧机，但最终还要通过精轧机前立辊的AWC和精轧机间低惯量活套装置予以保持。

带钢平整光洁的表面是通过精轧除鳞箱,F1与F2轧机前除鳞高压水彻底清除二次氧化铁皮以及通过在线磨辊装置(ORG)或工作辊轴移(WRS),消除轧辊表面不均匀磨损和粗糙表面而获得的。

带钢的力学性能主要取决于精轧机的终轧温度和卷取温度。随着对带钢性能要求的多样化、高层次化,不仅从材料成分方面考虑,同时还从轧制温度着手进行控制,使带钢的终轧温度和卷取温度始终保持在要求的一定范围内。终轧温度要保持在单相奥氏体或铁素体内,避免产生混合晶粒,导致硬度、伸长率等性能不合要求。卷取温度也一样,应根据钢种和用途不同,控制在400~750℃之间的某一温度。为使终轧温度保持在固定范围内,精轧机采用了升速轧制工艺或者带热卷取箱恒速轧制工艺,它们均能使终轧温度变化保持在±20℃以内,从而获得均匀一致的力学性能。

111. 为什么带坯在精轧前要切除头尾？

答：由粗轧机组轧出的带坯，其头部和尾部常形成舌形及鱼尾的形状。舌形及鱼尾的长度因宽度方向上压缩量的大小和轧制送料中轧件与轧制中心线偏移程度等不同而异，当轧件的总压下量增加时，它们会相应增大。

带坯舌形和鱼尾造成的不良后果主要是：

（1）舌形和鱼尾部分的温度比带坯温度低，在精轧机组轧制时常使工作辊产生压痕（如凹穴形），使带钢卷表面产生辊印缺陷，影响带钢质量。

（2）舌形及鱼尾轧件，在精轧机组轧制时，易产生轧件跑偏，在甩尾、运送和卷取过程中，钻进设备部件的缝里，造成卡钢事故，使设备损坏或停车，影响轧机作业率。

（3）有鱼尾的带钢，打捆困难，且捆扎不紧，易造成散卷，在钢卷运输和堆放时产生故障，危害人身及设备安全。

为防止上述现象的发生，带坯的舌形和鱼尾应在进入精轧机组前用飞剪切除。

112. 怎样用能耗法推算各架轧机的压下量？

答：精轧机组压下规程的设定方法最常用的是能耗法，就是从电机功率合理消耗的观点出发，按经验资料推算出各架轧机的压下量。为了便于按能耗资料推算出各架轧机的压下量，必须找出能量消耗（或功率消耗）与压下量或轧件厚度之间的定量关系，这就是单位能耗曲线（见图4-2）。

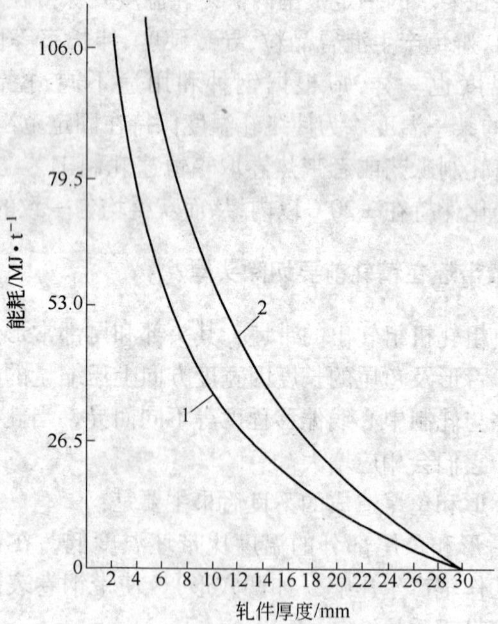

图4-2 精轧机组能耗曲线

1—低碳钢，$h=2.7$mm；2—低合金钢，$h=4.5$mm

生产中经常采用按负荷分配比的方法，求出各架轧机轧后厚度和压下量。在带钢热连轧机上，按各类规格品种的带钢制订有标准负荷分配比表。例如，表4-21为某厂轧制厚度为1.8～2.3mm、宽度为900～1200mm的碳素带钢的标准负荷分配比。根据这些负荷分配比，即可求出各架轧机的轧后厚度和压下量。

表4-21 标准负荷分配比表

机 架 号	1	2	3	4	5	6	7
各架轧机负荷分配比 $\alpha_i/\%$	14	14	18	18	14	12	10
累积负荷分配比 $\Sigma\alpha_i/\%$	14	28	46	64	78	90	100

确定各架轧机的轧出厚度的步骤如下：

（1）确定轧制总能耗。当精轧温度和钢种已知时，可利用能耗曲线确定由带坯轧成成品所需的轧制总能耗。如图4-2所示，当精轧第一架轧机F1入口带坯厚度为30mm、精轧最终机架F7出口成品厚度为2.7mm时，由能耗曲线便可查得所需总能耗为106MJ/t。

（2）各架轧机负荷分配。采用标准负荷分配比进行各机架的负荷分配（见表4-21）。计算公式为：

$$\alpha_i = \frac{\omega_i}{\omega_{总}}$$

式中 α_i——i架负荷分配比；

ω_i——i架累积能耗；

$\omega_{总}$——总能耗。

（3）确定各机架出口厚度。根据负荷分配比表计算各架轧机的累积能耗，以此由图4-2查出对应的各架轧机的轧出厚度（表4-22）。

表4-22 各机架轧出厚度

机 架 号	1	2	3	4	5	6	7
各机架负荷分配比 $\alpha_i/\%$	14	14	18	17	14	13	10
累积负荷分配比 $\Sigma\alpha_i/\%$	14	28	46	63	77	90	100

续表 4-22

机架号	1	2	3	4	5	6	7
累积能耗 ω_i/MJ · t^{-1}	5.6	11.2	18.4	25.2	30.8	36	40
轧出厚度 h_i/mm	18.5	12.0	7.5	5.2	3.8	3	2.7
压下量 Δh_i/mm	11.5	6.5	4.5	2.3	1.4	0.8	0.3
压下率 ε/%	38.5	35.5	37.5	31	27	21	10

注：带坯 $H=30$mm，$h=2.7$mm，$B=1000$mm，低碳钢。

113. 精轧机组机架间带钢张力选择的原则是什么？

答：为了防止带钢张力过大而产生拉伸变形，使带钢宽度变窄，张力值不宜选择过大。通常，选取带钢单位张力的原则是：

（1）最大单位张力 σ_{max} 不得超过轧制温度下带钢的屈服极限 σ_s 的 35%，以保证不产生拉伸变形。

（2）随着轧制温度的逐架降低，允许单位张力值逐渐加大。

（3）为了缩小气动活套支持器工作缸压力的调整范围，对不同规格的轧件，其单位张力值可在一个小范围内波动。

通常认为，单位张力值大致在 2~5MPa 左右。表 4-23 列出了几台热连轧机精轧机组各机座间带钢单位张力值。

表 4-23 热连轧机各机座间带钢单位张力值

轧机名称	成品厚度/mm	单位张力值/MPa					
		F1~F2	F2~F3	F3~F4	F4~F5	F5~F6	F6~F7
引进 1700mm 热连轧机	$1.2 \leq h \leq 7.0$	3	3	4.8	5.5	7	7
	$7.0 < h \leq 10.0$	3	2.5	4	5	6	6
	$10 < h \leq 12.7$	3	2.5	3	3	6	6
450mm 热连轧机		1.7~2.8	2.6~3.7	3.5~5	4~5.6	5.2~7.7	
国产 1700mm 热连轧机		2.1	2.6	3.2	4	4.9	

114. 为什么精轧机组采用升速轧制?

答: 为了安全生产防止事故，精轧机组穿带速度不能太高，并且在带钢轧出最终机架之后，进入卷取机之前，带钢运送速度也不能太高，以免带钢在辊道上产生飘浮。因此，采取低速穿带然后与卷取机同步升速进行高速轧制的办法，可使轧制速度大幅度提高。

现在，一般的精轧速度图如图 4-3 所示。图中(*A*)段从带钢进入 F1 ~ F7 机架，直至带钢头部到达计时器设定值 P 点(0 ~ 50m)为止，保持恒定的穿带速度；(*B*)段为带钢前端从 P 点到进入卷取机为止，进行较低的加速轧制；(*C*)段从带钢前端进入卷取机卷上后开始到预先给定的最高速度为止，进行较高的加速轧制；(*D*)段从轧制速度达到最高速度后，至带钢尾部离开开始减速的机架(F*i*)为止，维持最高速度；(*E*)段从带钢尾部离开最终机架后，到达卷取机之前要使带钢停住，但若减速过急，则在输出辊道上会使带钢堆叠，因此，当尾部尚未出精轧机组之前，就应提前减速到规定的速度；(*F*)段带钢离开最终机架(F7)以后，立即将轧机转速降至后续带钢的穿带速度。

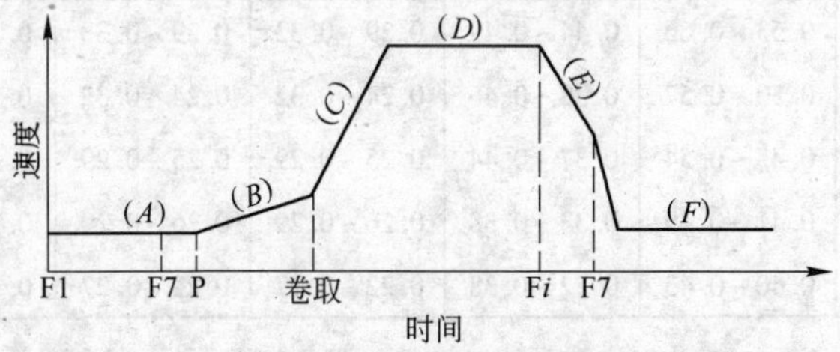

图 4-3 一般精轧速度图

采用升速轧制，可使带钢终轧温度控制得更加精确和使轧制速度大为提高，减小了带钢头尾温度差，从而为轧制更薄的带钢创造了条件。

115. 怎样确定精轧机组各架轧机的速度?

答: 确定精轧机组各架轧机的速度，首先确定精轧机组最后一架轧机的速度。在保证电机能力允许的条件下，尽可能采用大的数值。我们可以利用经验统计公式由所需终轧温度和成品厚度去确定终轧速度。至于终轧温度和卷取温度要求不严的钢种，应尽可能选取最高的终轧速度，以达到最大的产量。

其他各架轧机轧制速度的确定方法是：在最后一架轧机轧制速度确定之后，在满足金属秒流量相等的条件下，即：

$$h_1v_1(1 + S_1) = h_2v_2(1 + S_2) = \cdots = h_7v_7 = \text{常数}$$

根据各架轧机的轧出厚度($h_{1\sim7}$)和前滑值($S_{1\sim7}$)求出各架轧机的轧辊速度($v_{1\sim7}$)。任一架轧机的前滑值可由下式计算：

$$S = \left(1 - \frac{h}{2R_1}\right)\frac{\Delta h}{4h}\left(1 - \frac{1}{2\mu}\sqrt{\frac{\Delta h}{R_1}}\right)^2$$

按上式计算前滑时，摩擦系数 μ 的数值列于表 4-24。

表 4-24　根据前滑测定的摩擦系数

温度/℃	轧制速度/m · s^{-1}				
	0.2	0.3~0.5	0.5~1.0	1.0~1.5	1.5~2.5
800	0.53~0.66	0.44~0.49	0.29~0.33	0.29~0.33	0.17~0.20
900	0.50~0.57	0.38~0.46	0.24~0.32	0.24~0.32	0.17~0.24
1000	0.45~0.54	0.37~0.44	0.25~0.29	0.25~0.29	0.17~0.23
1100	0.41~0.49	0.33~0.38	0.26~0.29	0.26~0.29	0.18~0.23
1200	0.40~0.43	0.32~0.38	0.22~0.27	0.22~0.27	0.18~0.21

精轧机组各架轧机轧制速度应有较大的调整范围，以保证满足不同品种的要求。假设第一架的相对压下量为 30% ~40%，则精轧机组的速度范围应该为最大总延伸的 60% ~70%，即 $v_7/v_1 = (0.6 \sim 0.7)\mu_{总}$。如图 4-4 所示，$c$、$d$ 线为总延伸最大和最小的产品所需各架轧机的速度，a、b 线为轧机应具有的最大

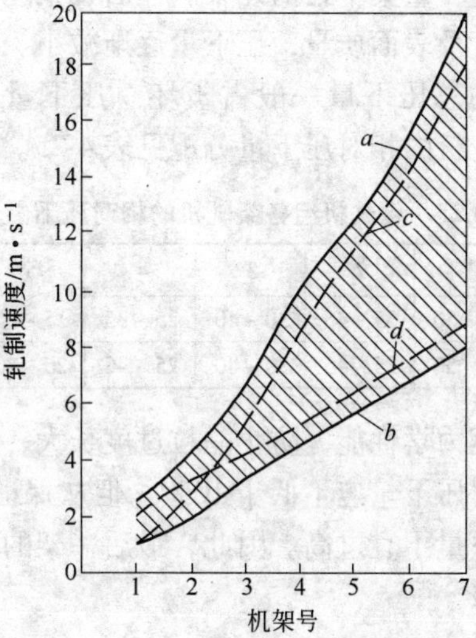

图 4-4 精轧机组各架轧机速度范围

速度和最小速度，阴影部分为轧机应具有的速度调节范围。由于其形状为锥形，故称为速度锥。轧制所要求的总延伸及速度范围必须落入此速度锥范围之内，否则连轧过程将无法实现。为了便于调整并考虑最小工作辊径的使用，a、b 线的范围应比 c、d 线的范围大些，即轧机速度锥范围要比工作速度范围增大约 8% ~10%。

116. 精轧机组轧制规程的内容及制定原则是什么？

答：精轧机组轧制规程的主要内容是，根据带坯情况及成品带钢的要求确定各架轧机的空载辊缝和空载速度，也就是确定各架轧机的压下制度、速度制度和温度制度，其中主要是各架轧机压下量或轧出厚度的确定。厚度确定以后，才能确定各架轧机的轧制速度。由于各架轧机的轧出厚度实际上等于空载辊缝加上轧机的弹跳值，故欲确定各架轧机的空载辊缝值，就必须由实际轧出厚度减去轧机弹跳值。

制定精轧机组压下规程的原则，一般是充分利用高温的有利条件，把压下量尽量集中在前几架。在后几架轧机上，为了保证板形、厚度精度及表面质量，压下量逐渐减小。

精轧机组的总压下量一般占板坯总压下量的10%～25%。精轧机组各架轧机的相对压下量分配见表4-25。

表4-25 精轧机组各架轧机的相对压下量分配

机架号		1	2	3	4	5	6	7
$\varepsilon/\%$	6机架	40～50	35～45	30～40	25～35	15～25	10～15	
	7机架	40～50	35～45	30～40	25～40	25～40	20～28	10～15

为保证带钢力学性能，防止晶粒过度长大，终轧变形程度即最后一架的相对压下量应不低于10%。但从保证带钢精度出发，最后一架的压下量不宜过高。因此，最后一架的相对压下量一般取为10%～15%。

117. 怎样制定精轧机组的轧制规程？

答：精轧机组轧制规程的制定步骤如下：

（1）确定精轧机组各架轧机的相对压下量。根据前一问精轧机组各架轧机的相对压下量分配比例来进行各架轧机压下量的分配；也可以从电机功率合理消耗的观点出发，按经验能耗资料推算出各架轧机的压下量。1700mm精轧机组各架轧机的压下量分配如表4-26所示。

表4-26 1700mm精轧机组的轧制规程

机　架	1	2	3	4	5	6	7
工作辊径 D_1/mm	730	730	730	730	730	730	730
入口厚度 h_0/mm	25	12.5	7	4.4	3	2.22	1.75
出口厚度 h_1/mm	12.5	7	4.4	3	2.22	1.75	1.5
压下量 Δh/mm	12.5	5.5	2.6	1.4	0.78	0.47	0.25
相对压下量 $\varepsilon/\%$	50	44	37.1	31.8	26	21.2	14.3
尾部轧制温度 t/℃	892	885	878	871	864	857	850
咬入速度 v_y/m·s^{-1}	1.2	2.14	3.41	5	6.75	8.57	10
最大速度 v_z/m·s^{-1}	2.16	3.86	6.14	9.0	12.15	15.43	18

（2）计算各架轧机的轧制温度。进入精轧机组的带坯温度，一般低于1100℃，约为950～1050℃。精轧各道的温度降可用下式计算：

$$\Delta t = 17.2 \frac{z}{h}\left(\frac{T_1}{1000}\right)^4$$

对于精轧机组，轧件任一部位通过各架轧机的延续时间 z 与轧件厚度 h 的比值为一常数，即：

$$\frac{z}{h} = \frac{S_0}{v_1 h_1} = \frac{S_0}{v_2 h_2} = \cdots = \frac{S_0}{v_{n-1} h_{n-1}} = \text{常数}$$

所以，精轧机组的总温度降 $\Sigma\Delta t$ 为：

$$\Sigma\Delta t = 17.2 \times \frac{S_0(n-1)}{v_n h_n}$$

式中 S_0——相邻两个机架之间的距离。

若精轧机组各架轧机间距为6m，终轧速度 v_n 为18m/s，成品厚度 h_n 为1.5mm（带坯尾部进入精轧第一架的温度为892℃），则有：

$$\Sigma\Delta t = 17.2 \frac{6 \times 6}{18 \times 1.5}\left(\frac{892 + 273}{1000}\right)^4 = 42℃$$

即每架轧机的温度降为 $\Delta t = \frac{42}{6} = 7℃$，故尾部终轧温度为892－42＝850℃。

（3）确定精轧机组各架轧机的速度。首先，确定精轧机组最后一架轧机的速度，然后，根据金属秒流量一定的原则，计算出其他各架轧机的轧制速度。

精轧机组各架轧机的轧制速度应保证有较大的调整范围。

1700mm精轧机组的轧制规程列于表4-26。

（4）计算各道平均单位压力。计算各道平均单位压力可采用西姆斯公式，或采用由平面问题滑移线解法所得的公式：

$$p_{平均} = 1.15\sigma_z\left(0.785 + 0.25\frac{l}{h_{平}}\right)$$

式中 σ_z——热轧变形抗力；

l——变形区长度；

$h_{平}$——平均厚度。

（5）功率校核。计算各架轧机所需功率来校验各架轧机的电机能力是否充分利用和超过负荷。计算的各架轧机所需功率 N_i 应小于电机额定功率。

轧制功率通过计算轧制力矩、附加摩擦力矩、轧机空转力矩和动力矩来求得。各架轧机所需功率 N_i 也可用能耗曲线进行计算，即：

$$N_i = (\omega_i - \omega_{i-1})V$$

式中 $\omega_i - \omega_{i-1}$——单位能耗，J/t；

V——金属秒流量，$V = Bh_7v_7\gamma$（γ 为钢的密度），t/s。

118. 什么叫层流冷却？

答： 带钢头部从精轧机组轧出后，大约以 10m/s 的速度经过输送辊道输送至卷取机。待头部卷上数圈后，精轧机组、辊道、卷取机同步加速到轧制速度。输送辊道长达 100～150m，其中相当长一段辊道上设有轧件冷却装置，使带钢从轧出时的 850℃迅速降到 570～650℃，以保证卷取质量。如卷取温度过高（在相变区），则会使带钢的晶粒粗大，影响力学性能；温度过低，则会加大卷取功率且不易卷紧。

热轧带钢的冷却方式是采用冷却水强制冷却。过去多用喷水冷却法，将水喷射成雾状，落在带钢表面上，由于雾状水粒的动能小，不能冲破热带钢表面形成的蒸汽膜，因而不能有效地带走带钢的热量，冷却效果不好。有的采用高压水冷却（压力达到 1.76MPa）。这样高压水动能虽然增大，但水和带钢接触时间极短（飞溅严重），水的利用率低，也不能显著提高冷却效果。

为了克服上述缺点，采用低压层流冷却的方法取得了良好的效果。虹吸冷却原理是利用低压虹吸管造成稳定下落的水柱，水柱具有较高的动能，安装高度恰当时，水柱接触带钢后，既不反跳也不散溅，而是从冲击点向四周流散，扩大冷却面积。因为水柱呈层流，且具有一定的动能，所以它能冲破热带钢表面的蒸汽膜，使水流得到充分利用，冷却效果显著提高。

低压层流冷却装置有如图 4-5 所示的两种形式。图中 *a* 为箱式结构，这种结构比较笨重、复杂。图中 *b* 所示为无惯性的管式结构。管式结构是用压力控制的，管内的水压保持在 3 ~ 30kPa。在进水管上装有减压阀，泵站的供水经减压阀减压到所需要的压力，并能保持压力恒定而不受供水压力波动的影响。管式结构的虹吸装置，当开闭阀开启或关闭时，能立即开始或停止喷水，属于无惯性虹吸装置，操纵控制比较方便。下部采用喷水冷却，喷嘴出口压力为 3kPa。

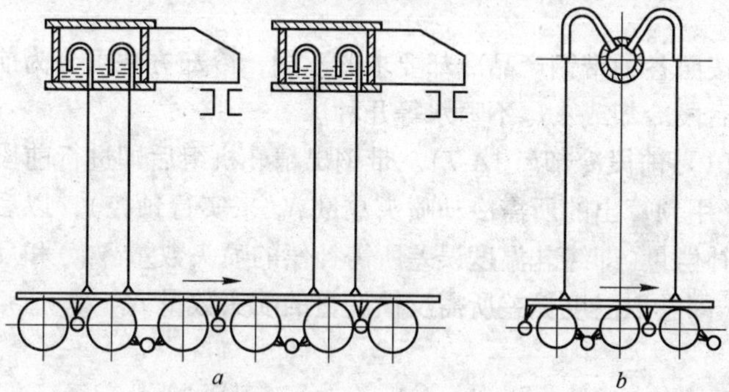

图 4-5　层流冷却装置

a—箱式层流冷却装置（有惯性）；*b*—管式层流冷却装置（无惯性）

119. 带钢层流冷却有哪几种冷却方式？

答：由精轧机组轧出的带钢在进入卷取机之前，由于对带钢组织和性能等方面的要求，必须使带钢迅速冷却到所需要的温度。现代热连轧机出口速度达到 20 ~ 30m/s，而由精轧机组到卷取机之间的输出辊道长度一般只有一百多米。为了在 5 ~ 15s 内将带钢由 850℃迅速冷至 600℃左右，热连轧机输出辊道上冷却系统一般采用层流冷却方式，如图 4-6 所示。沿层流冷却区域装有多组多段（例如 6 组 60 段）喷头，上下可同时喷水。冷却速度或卷取温度就是根据计算的喷头数量，即冷却水量或冷却段长度来进行控制的。

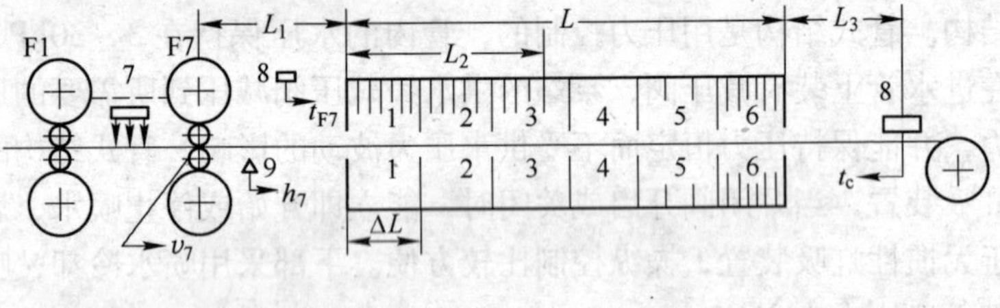

图 4-6　带钢热连轧机冷却控制示意图

1~6—层流冷却段；7—机架间喷水；8—测温仪；9—测厚仪

按照各种带钢产品冷却要求的不同，冷却方法可分为前段冷却、后段冷却或头尾不喷水等几种。

（1）前段冷却（图 4-7）。带钢出精轧机组后即进行前段喷水冷却（用预算出的所需冷却喷头数量 N_F 来实行预控），以后再加温度补偿量（即终轧温度误差所需补偿的喷头数量 N_{FC}）和反馈控制量（即卷取温度偏差所需反馈调整的喷头数量 N_{CB}）。

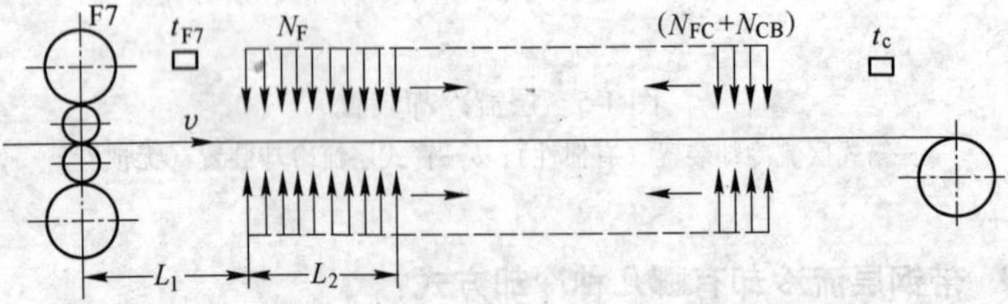

图 4-7　层流冷却系统（前段冷却）

这种冷却方法主要适用于厚度在 1.7mm 以上的普通钢带，或者有急冷要求的高级电工钢带的冷却。

（2）后段冷却（图 4-8）。在冷却区域仅进行上部的后段喷

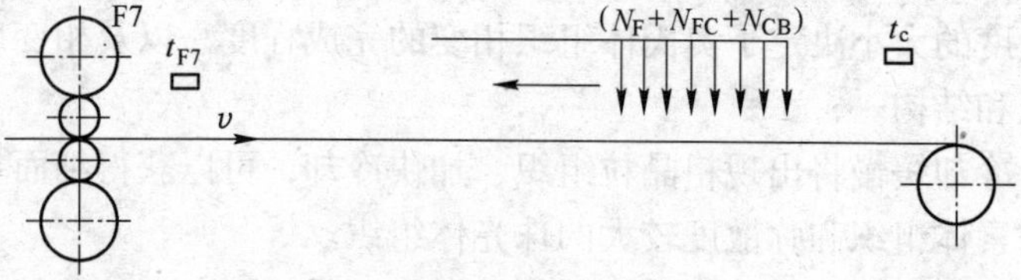

图 4-8 层流冷却系统（后段冷却）

水冷却。将预控喷头数量 N_F、温度补偿的喷头数量 N_{FC} 和反馈控制的喷头数量 N_{CB} 放在一起都从卷取机侧喷水。当升速轧制时，按箭头方向增加喷头。

这种冷却方法适用于厚度在 1.7mm 以下的薄钢带和低级电工钢带的冷却。它主要考虑薄钢带在输出辊道上的穿带性及薄钢带用不着太强的冷却。

（3）带钢头、尾部不喷水。为使硬质带钢及厚度在 8mm 以上的厚带钢便于卷取，带钢头部和尾部约 10m 长度内不喷水冷却。

120. 终轧温度和冷却速度对带钢性能有什么影响？

答：终轧温度对带钢质量有直接影响。终轧温度的高低，在很大程度上决定了轧后钢材内部的金相组织和力学性能。为了得到细小而均匀的铁素体晶粒，亚共析钢的终轧温度应略高于 Ar_3 相变点(冷却时由奥氏体中开始析出先共析铁素体的温度)，此时为单相奥氏体晶粒，组织均匀，轧后带钢具有良好的力学性能。若终轧温度在 Ar_3 相变点以下，不仅在两相(奥氏体和铁素体)区中金属塑性不好，还会产生带状组织，并且由于卷取后的退火作用，完成相变部分的晶粒因承受压力加工而粗大，结果会得到不均匀的混合晶粒组织，在力学性能方面使屈服极限稍微降低，延伸率减小，深冲性能急剧恶化，加工性变坏。一般终轧温度在 850℃左右，约为 800 ~ 900℃。

带钢的冷却速度对金相组织和力学性能的影响很大。轧后冷却速度的大小决定了奥氏体组织相变的完成程度，以及相变后的组织和结构。

冷却缓慢将出现粗晶粒组织，加快冷却，可以获得细而均匀的铁素体组织和弥散度较大的珠光体组织。

当轧制厚带钢时，为控制终轧温度，带坯可在精轧前的中间辊道上停留进行冷却，或采用降低轧制速度和喷水冷却的方法；当轧制薄带钢时，为保证终轧温度，应提高进入精轧的带坯温度和提高精轧的轧制速度。为保证带钢头尾温度一致，采用加速轧制可以提高带钢尾部的终轧温度，从而改善带钢头尾温度差。通常为使带钢头尾温度一致，使用的加速度较小，约为 0.025 ~ $0.125 m/s^2$。

121. 卷取温度对带钢性能有什么影响，它与终轧温度如何配合？

答： 卷取温度应在680℃以下，约为500 ~ 650℃。在此温度阶段，带钢的金相组织已定形，可以缓慢冷却，而且缓慢冷却对减小带钢的内应力也是有利的。过高的卷取温度，将会因卷取后的再结晶和缓慢冷却而产生粗晶组织及碳化物的积聚。卷取温度过高还容易产生坚实的氧化铁皮，使酸洗困难。实验表明，在轧制低碳钢时，终轧温度应在 Ar_3 以上，卷取温度应在 Ar_1（冷却时奥氏体向珠光体转变的温度）以下。这样可以得到均匀而等轴的细晶粒组织和弥散度较高的碳化物相，这相当于图 4-9 中的 1 区。若卷取温度较高，将生成均匀的粗晶粒组织，对钢板性能不利，这相当于图中的 4 区。图中 2 区为 Ar_3 以下终轧及低温卷取时，铁素体经受了加工变形，使表面层出现铁素体粗晶，因而形成不均匀的晶粒组织。若在此条件下进行高温卷取，便会生成很不均匀的粗晶组织，表层晶粒极为粗大（图中的 5 区）。终轧温度再低，将出现被延伸的铁素体晶粒，在低温卷取后仍保留于钢中（图中 3 区），或者在高温卷取时，由于自身回火产生再结晶而形成粗晶组织（图中 6 区）。实践表明，对于低合金结构钢

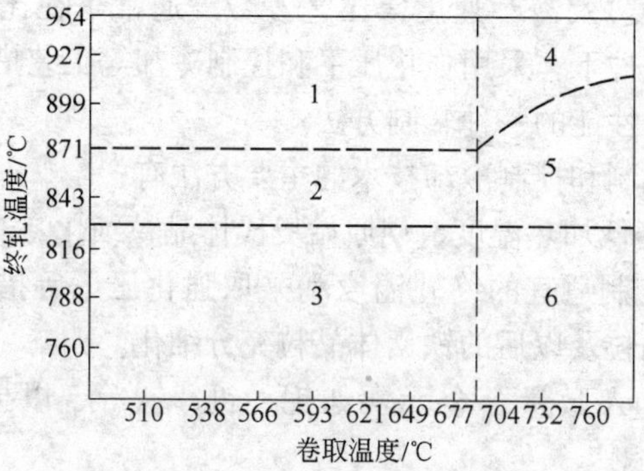

图 4-9　终轧温度与卷取温度的配合

1—均匀细晶粒，碳化物很细；2—表层粗的不均匀晶粒；3—出现由冷加工引起的细长晶粒；4—均匀粗晶；5—不均匀的粗晶；6—晶粒很粗

(16Mn)钢板，随卷取温度降低，屈服极限迅速提高，而对冲击韧性和脆性转变温度来说，卷取温度为600℃左右最为有利。这是因为卷取温度降低，虽然能使晶粒细化及韧性改善，但也使氮化铝析出量减少，即使固溶于铁素体中的氮含量增加，却又使韧性变坏。综合这两方面的影响，可以说600℃是有利的卷取温度。

为加快轧后带钢的冷却速度，保证卷取温度，在精轧后的输出辊道下面有冷却水装置，上面有低压层流冷却装置。加速冷却可以细化铁素体晶粒，提高带钢的强度。如对低碳沸腾钢，可提高强度30～50MPa；对低合金钢，可提高强度100MPa。采用层流冷却还可以使带钢表面生成的氧化铁皮呈粉末层状，有利于酸洗时清除。冷却速度必须根据带钢厚度、终轧温度和钢种进行调节。

122. 什么叫控制轧制和控制冷却技术？

答：控制轧制和控制冷却技术就是适当控制钢的化学成分、加热温度、变形温度、变形条件（包括每道次的变形量、总变形量、变形速度)及冷却速度等工艺参数，通常是在比常规轧制温度稍低的条件下，采用强化压下和控制冷却等工艺措施来提高热轧钢材综合性能的一种轧制方法。

控制轧制和控制冷却技术的主要方法有：

(1) 降低加热温度，使原始奥氏体晶粒细化。

(2) 控制适宜的终轧温度和采取强化压下等措施，使奥氏体再结晶晶粒及以后的铁素体晶粒充分细化。

(3) 加入微量合金元素如铌、钒、钛等，以抑制再结晶，使晶粒细化。

(4) 控制冷却速度，以增多和细化铁素体晶粒。当终轧温度高于 Ar_3 线时，带钢轧后缓慢冷却会产生粗大的铁素体晶粒，使强度降低，脆性转变温度提高，韧性下降。

实际生产中根据产品技术要求及钢种特性，可以采用各种方法来控制板带钢所需要的组织和性能。由于低温轧制，轧制压力和力矩都大为增加，故控制轧制时必须考虑到轧机最大允许压力和力矩的限制、生产能力和操作安全。

控制轧制和控制冷却技术的主要优点是：

(1) 提高钢材的综合力学性能。控制轧制和控制冷却技术可使铁素体晶粒细化，从而使钢材的强度提高，韧性得到改善。

(2) 简化生产工艺过程。控制轧制和控制冷却技术可以取消常化等热处理工序。采用控制轧制和控制冷却技术生产的钢材的性能可以达到甚至超过现有热处理钢材的性能。

(3) 降低钢材生产成本。

控制轧制和控制冷却技术因为具有上述优点，所以得到广泛的应用。

123. 控制轧制分哪几个阶段?

答： 控制轧制主要是通过细化晶粒来提高钢材的强度和韧性。在钢板、带钢连续冷却的实际轧制条件下，奥氏体再结晶的过程对获得细小晶粒组织起决定性的作用。影响奥氏体再结晶过程的最重要因素是轧制温度、变形量、奥氏体原始晶粒尺寸、引起抑制再结晶的弥散质点析出状态。

根据奥氏体变形温度和变形过程中钢所进行的再结晶过程的特征，可将控制轧制分为三个阶段：

(1) 高温控制轧制阶段(高于1000℃)，即第一阶段，变形和再结晶同时进行的阶段。将钢加热到奥氏体化温度以上，然后进行轧制变形，在每道次的变形过程中或者在两道次之间发生动态再结晶或静态再结晶，并完成奥氏体再结晶过程。经过反复轧制和再结晶，奥氏体晶粒得到细化，这为相变后生成细小的铁素体晶粒提供了先决条件。在高温奥氏体区进行轧制时，尽管轧制温度很高，但要引起奥氏体再结晶，还必须施加一定的压下量才行，尤其是铌钢，由于再结晶缓慢，更需要较大的压下量。因此，在控制轧制的高温阶段，应该尽量避免小的道次压下率，以免由于压下率小而只能产生回复，引起晶粒的局部长大，形成粗大晶粒。

(2) 中温控制轧制阶段(950℃ ~ Ar_3 温度范围)，即第二阶段。在低温奥氏体区(即在奥氏体再结晶温度以下)轧制时，奥氏体变形后再结晶比较困难或不发生再结晶。因此，变形后的奥氏体晶粒被拉长，晶粒内产生大量变形带，奥氏体晶粒实质上被变形带分割成细粒，使相变过程中形核处增多，相变后铁素体晶粒细化。在此阶段中，再结晶很不完全，若采用的道次压下率又较小，使变形不均匀，则再结晶后也容易产生混合晶粒组织。为了得到更好的力学性能，就应该在低温奥氏体区采用较大的道次压下率和较大的总累积压下率(大于30% ~50%)。

(3) 两相区控制轧制阶段,即第三阶段。在 Ar_3 以下的两相区进行轧制时,铁素体晶粒受到加工变形,在晶粒内形成亚结构,使位错密度增高,钢的强度提高,脆性转变温度降低。但在此阶段中过大的压下率会有害于钢的韧性,所以压下率一般在10%以下。在两相区轧制时,只要温度和压下率控制适当,就可以得到细小的铁素体、珠光体混合组织,从而提高钢材的强度和韧性。

在实际轧钢生产中，由于钢种、设备能力等不同，控制轧制工艺可以是单独一个阶段，也可以为两个或三个阶段。

图4-10为在各温度范围轧制时,奥氏体及铁素体的组织变化示意图。当普通轧制温度在领域Ⅰ时,由于奥氏体晶粒不细,转变后易得到魏氏组织,所以性能不好。当采用控制轧制使终轧温度下降到领域Ⅱ～Ⅲ时,奥氏体晶粒逐渐细化,使转变后的组织也逐渐变细。为了使铁素体晶粒更充分细化,在领域Ⅱ和Ⅲ必须施以有效的压下,并要考虑领域Ⅱ和Ⅲ的道次压下量的累积效果。

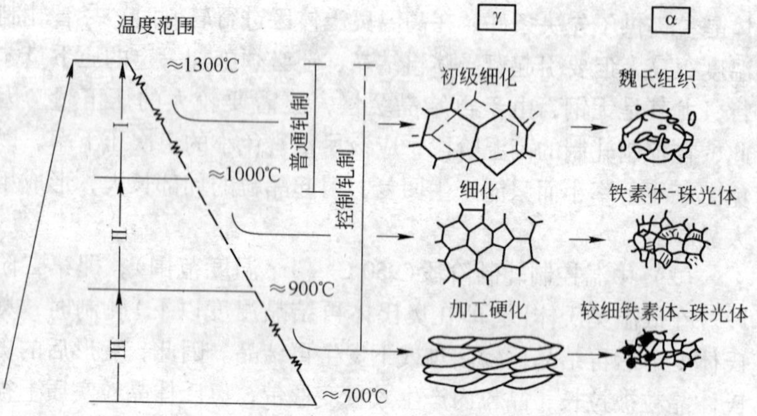

图4-10　轧制中奥氏体和铁素体组织变化示意图（16Mn，20mm厚）

124. 为什么控制轧制和控制冷却技术能提高钢材的强韧性?

答：控制轧制和控制冷却技术使钢材强韧化的机理是：通过控制各轧制工艺参数（如加热温度、变形量、终轧温度、轧后冷却速度等），从而控制钢在整个轧制过程中的冶金学过程（奥氏体的再结晶、相变、微量合金元素及其碳、氮化物的固溶和析出、加工硬化、织构等），最后达到控制和提高钢材组织和性能的目的。

控制轧制和控制冷却技术提高钢材强度及韧性的三个主要机

理是:

(1) 晶粒细化。钢的强度与晶粒直径的关系如下:

$$\sigma_s = \sigma_0 + k_1 d^{-\frac{1}{2}}$$

式中 σ_0——铁素体单晶体的屈服强度(抵抗晶格位错运动的应力);

d——晶粒直径;

k_1——晶格强度常数。

对于低合金钢来说,$k_1 d^{-\frac{1}{2}}$项对强度起主要作用。也就是说,铁素体晶粒越细,钢材的强度越高,韧性也越好。相变前的奥氏体晶粒越小,相变后的铁素体晶粒也越小。

控制轧制和控制冷却技术的主要目的之一是成品轧件获得细晶粒铁素体组织。控制轧制可以通过两种方法使奥氏体晶粒细化:一种是钢材在轧制过程中奥氏体变形和奥氏体再结晶交替进行,使晶粒细化;另一种是在奥氏体未再结晶区轧制,使晶粒内有大量变形带,相变时形核处多,相变后铁素体晶粒细化。

降低钢坯加热温度使原始奥氏体晶粒较小,加大道次变形量,降低终轧温度,都有利于奥氏体再结晶晶粒的细化。

为了实现在奥氏体再结晶区轧制,需要提高奥氏体的再结晶温度。钢中含有铌、钒、钛等微量合金元素时,就具有提高奥氏体再结晶温度和延迟奥氏体再结晶的效果,从而使轧制过程能在未再结晶区域进行。

(2) 微量元素的碳、氮化物促使强化。铌、钒、钛是比铁强得多的碳化物或氮化物形成元素。在形成碳、氮化物元素的质点和轧制工艺的影响下,铁素体晶粒得到细化,其作用如下:

1) 在加热时抑制奥氏体晶粒长大;

2) 在道次之间和终轧之后冷却时阻止再结晶;

3) 降低奥氏体→铁素体相变的临界点;

4) 在铁素体区域上部分阻止铁素体晶粒长大。

碳化物和氮化物在高温时溶解于奥氏体以及相变后析出,对钢直接起弥散强化的作用。

（3）珠光体量的减少。在热轧时随着钢中碳含量的增加，组织中的珠光体数量增加。珠光体是由片状铁素体和渗碳体共析混合组成的，它对钢的韧性不利。因此，希望钢在一定碳含量下尽可能减少珠光体的数量。

在控制轧制时，因钢在低温奥氏体区加大变形，所以，钢的晶粒比普通轧制时钢的晶粒细得多。细的奥氏体晶粒促使奥氏体稳定性减小，使相变温度提高。由于铁素体是先析相，所以碳在残存下来的奥氏体区中被浓缩，而形成一部分粒状渗碳体存在于晶界上。这样，由于铁素体大量析出和生成渗碳体粒子而造成珠光体量减少。

综上所述，细化晶粒既可提高强度，又可提高钢材韧性。

125. 窄带钢有哪些主要缺陷，产生原因是什么？

答：窄带钢的主要缺陷及其产生原因是：

（1）带钢厚度超差。带钢横截面三点差，即带钢任一横截面两边与中间三点的厚度之差。造成超差的原因是：轧辊车削精度差，轧辊磨损严重，压下量过大。

带钢同条差，即整根带钢任意两点的厚度之差。造成带钢同条差超差的原因是：轧件温度不均匀，轧制温度过低。

（2）带钢的浪形和镰刀弯。带钢在垂直方向上呈不平直的条形，即呈波浪形。产生原因有：压下量过大或过小，坯料厚薄不均；轧辊轴承座和机架窗口间隙过大，引起轧辊横向窜动；轧辊磨损严重；轧辊冷却水分配不均。

带钢在水平方向呈不平直的条形，即呈镰刀弯。产生原因有：调整不当，使轧件两侧压下量不均，或坯料两侧厚度不均；轧件两侧温度不均；轧辊轴承磨损情况不同，又没有及时调整；进口导卫间隙过大。

（3）夹杂与红斑。夹杂是在带钢表面的红色、黄色疤状物。产生原因是：加热制度不当，烧急火，炉温过高，炉底、炉顶积灰和氧化铁皮粘附于带钢表面。

红斑是带钢上一条条或一片片的红色氧化物夹杂。产生原因是：加热制度不当，炉内燃料燃烧不完全，生成大量氧化铁皮轧入带钢表面。

（4）氧化铁皮压入。氧化铁皮压入的原因是：高压水除鳞效果差(水压太低,水量不足)和低温轧制。

（5）折叠。折叠一般为周期性的，表面呈指状。产生原因是：坯料表面结疤，钢坯精整时宽深比不当；立辊孔型或侧槽错位严重；轧辊龟裂严重或爆辊后继续使用。

（6）划伤。带钢表面呈纵横不一的条状缺陷。这是在导卫、扭转导卫、辊道、夹送辊等处造成的带钢表面划伤。

（7）外形不正。带钢成卷后呈塔形或松卷、扁卷。塔形是带钢镰刀弯或卷取机故障造成的。松卷主要是低温卷取造成的。扁卷是吊装和运输过程中处理不当造成的。

（8）带钢宽度超差。带钢宽度超差的主要原因是连轧机组中的拉钢操作(因活套支持器调整不当或失灵)。

126. 怎样计算热带钢轧机的生产能力?

答: 轧机单位时间内的产量称为轧机的生产率。按成品计算，轧机小时生产率(t/h)为：

$$A = \frac{3600}{T} Q K_1 K_2$$

式中 Q——板坯质量，t；

K_1——考虑烧损、切损和轧废的成品率，一般 $K_1 = 0.91 \sim 0.95$，也可参考表4-27；

K_2——轧机利用系数，即理论上可能的轧制周期与实际的轧制周期时间的比值，它与技术水平及操作熟练程度有关，对热带钢连轧机，$K_2 = 0.90 \sim 0.95$；

T——轧制周期时间，s。

表 4-27 1700mm 热连轧机成品率

产品名称	规格/mm × mm	烧损率/%	切损及废品率/%	成品率/%
冷轧用钢卷	(1.2 ~ 4.5) × (750 ~ 1550)	2	6.5	91.5
热轧钢板	(1.2 ~ 10) × (700 ~ 1500) × (2000 ~ 10000)	2	6.9	91.1
切边热轧钢卷	(2.5 ~ 10) × (120 ~ 1550)	2	7	91.0
不切边热轧钢卷	(4.0 ~ 20) × (700 ~ 1550)	2	3.9	94.1

前一块钢开始轧制至后一块钢开始轧制之间的延续时间称为轧制周期。对于连续式粗轧机组和精轧机组，轧制周期为：

$$T = t_{纯} + t_{间}$$

式中 $t_{纯}$——纯轧时间，s；

$t_{间}$——前后两轧件之间的间隙时间，s。

对半连续式和四分之三连续式的可逆式粗轧机组，轧制周期为：

$$T = \Sigma t_{纯} + \Sigma t_{间}$$

式中 $\Sigma t_{纯}$——各道纯轧时间的总和，s；

$\Sigma t_{间}$——各道之间的间隙时间和前后两轧件之间的间隙时间的总和，s。

由于不同产品的轧制周期和卷重不同，故小时生产率也不同。为计算轧机的综合年产量，必须计算轧机的平均小时生产率，即：

$$A_{综} = \frac{1}{\frac{a_1}{A_1} + \frac{a_2}{A_2} + \cdots + \frac{a_n}{A_n}}$$

式中 a_1、a_2、…、a_n——各种规格产品的产量与总产量的比值；

A_1、A_2、…、A_n——各种规格产品的小时生产率。

现代热带钢连轧机平均小时生产率一般为 500t/h，最高达 700 ~ 800t/h。

轧机综合年产量为：

$$G = A_{综} T_n K_s$$

式中 T_n——全年工作小时数，即全年小时数8700h减去大修、定期检修、交接班、换辊等时间，约为7000h；

K_s——轧机实际工作时间利用系数，表示可能的工作时间的利用程度，因为除上述的检修、换辊等时间外，还会有机械、电气、操作、加热等故障时间，一般 $K_s = 0.90 \sim 0.95$。

127. 热带钢连轧机的主要技术经济指标如何?

答：热带钢连轧机的技术经济指标可参考表4-28。

表4-28 热带钢连轧机的技术经济指标

名 称	1700mm热带钢连轧机	400mm合金窄带钢轧机
年产量/万t	300	8
成品率/%	约92	95
金属消耗系数	1.085	1.09
电能消耗/$kW \cdot h \cdot t^{-1}$	60	0.2
水/$m^3 \cdot h^{-1}$	30000	28
蒸汽/$kg \cdot t^{-1}$	5.5	
压缩空气/$m^3 \cdot t^{-1}$	4.5	0.14
轧辊/$kg \cdot t^{-1}$	1.5	2
润滑油/$kg \cdot t^{-1}$	0.27	0.4

三、热轧带钢厚度调整

128. 热带钢产生厚度差的原因是什么，怎样消除厚度差?

答：热带钢厚度的波动主要是由于轧制压力波动而引起的。而影响轧制压力波动的原因又是多方面的，如坯料厚度变化、轧件温度波动、轧件成分和组织不均匀、金属变形抗力和轧制时张力变化、轧制速度变化等。为了更好地消除热带钢厚度偏差，需分析其产生原因，以便针对不同的原因采用不同的消除方法。

产生厚度差的原因主要有以下几种：

（1）坯料厚度、温度、宽度偏差。坯料参数有波动，将引起轧制压力和轧机弹跳的变化，而精轧机组未能相应地调整辊缝，或者精轧机组空载辊缝设置不当。这种板厚偏差也叫做头部厚度偏差。

（2）带钢头尾温差和加热温度不均匀是产生带钢同板厚差（带卷纵向厚差）的主要原因。热轧中带材温度变化对厚度影响的规律如图4-11所示。由图可以清楚地看出，热轧带钢厚度变化的趋势是由头部至尾部逐渐加厚，中间还出现4个厚度增大的

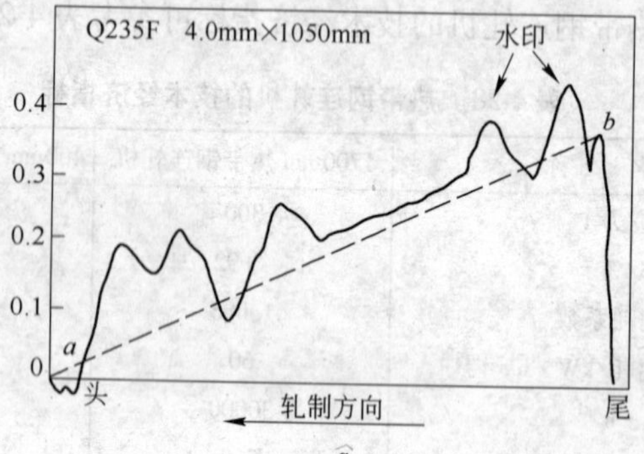

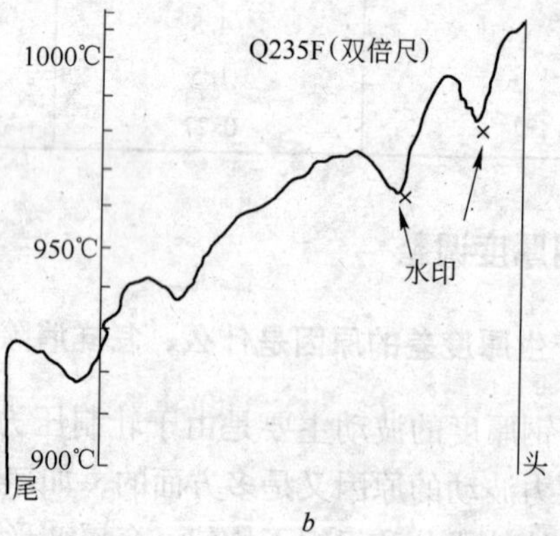

图4-11　1700mm热连轧机坯料温度对板厚偏差的影响

a—坯料温度对厚度的影响；*b*—坯料温度连续测定曲线（头尾温差70℃）

峰值。对照坯料温度实测曲线(图4-11*b*)，可以看出这种厚度波动主要是由于坯料温度变化造成的。坯料尾部温度比头部温度要低70℃，因而轧制压力也相应地由头至尾逐渐增大，使轧机弹跳值和带钢厚度也逐渐增加。由图还可看出，厚度的4个峰值正好对应着板坯在加热时炉底水管引起的板坯"水印"，这也是由于"水印"处温度较低使轧制压力增大所造成的。

(3) 当带钢尾部离开各架轧机时，张力消失，使轧制压力突然增加，造成台阶形厚差。在热连轧过程中，为了防止堆钢和减少带钢在精轧机组中跑偏，通常都采用不大的张力轧制。但在穿带和抛钢时，带钢头部和尾部所受张力的作用是逐渐加大和减小的，因此，张力变化也将引起厚度（甚至宽度）的变化。

(4) 热带钢连轧机都采用低速穿带，待卷取机卷入带钢后再同步加速至高速，进行升速轧制。在轧辊转速变化较大时，将使油膜轴承的油膜厚度发生变化，速度增大使油膜增厚，实际辊缝则变小，从而使带钢变薄。

(5) 轧辊偏心(椭圆度)将直接使实际辊缝产生高频周期性变化。

消除带钢同板厚差是厚度自动控制系统(AGC)的主要任务。热轧带钢成品厚差的具体消除方法见表4-29。

表4-29 热轧带钢成品厚差产生原因及消除方法

厚差产生原因	消除方法
坯料厚度发生变化	采用压力反馈控制①和前馈控制②
坯料温度、硬度发生变化	采用穿带"自适应"③修正
坯料水印温差（坯料接触炉底滑轨引起）	采用压力反馈方式解决
带钢头尾温差	采用升速轧制克服
轧辊轴承油膜厚度变化（约200~600μm）	采用油膜补偿
轧辊热变形和轧辊磨损（缓慢变化）	采用"自学习"④程序修正

续表 4-29

厚差产生原因	消　除　方　法
轧辊偏心（约 25 ~ 50μm）	采用在调节系统设置 ±20μm 的死区
张力变化	采用活套控制系统以保持恒张力轧制
带尾失张（带钢离开轧机时）	在厚度控制系统中设置尾部补偿

①压力反馈控制是由本机座间接地测得的厚度变化来控制本机座的压下。

②前馈控制是由前面机座测得的厚度来控制本机座的压下。

③当带钢进入 F1 和 F2 时，立即测出轧制力、压下位置等，并与预设定值比较，得出偏差，立即对后面各机座（F3 ~ F7）的设定值进行修正。这种修正叫做计算机的“自适应”修正。

④利用已经轧过去的一批料的实测值来修正下一块板坯的设定值，这种修正叫做“自学习”修正。

129. 什么叫轧机刚度？

答： 在轧制时，由于轧制力的作用，轧机工作机座产生一定的弹性变形，如图 4-12 所示。机座的弹性变形对轧机调整和带钢尺寸精度有很大影响。由图可看出，轧件进入轧辊前，轧辊的原始辊缝设为 S_0，当轧制轧件时，在轧制力 P 作用下，机座在

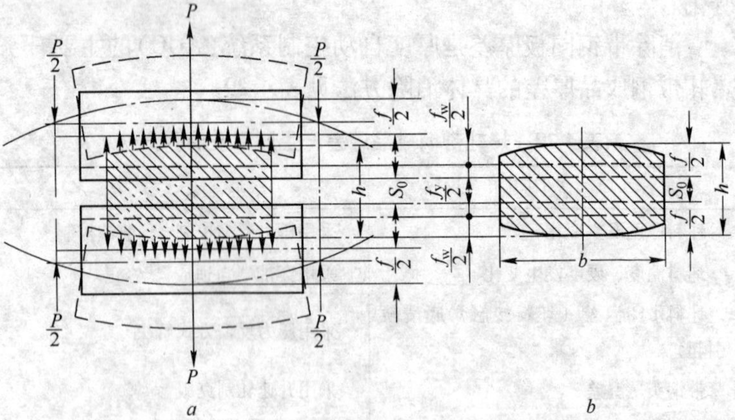

图 4-12　机座弹性变形示意图

a—轧制轧件时机座的弹性变形；*b*—轧出的轧件断面图

轧辊辊身中部处产生的弹性变形为 f。如果轧辊原始辊型为圆柱形，则轧出的轧件断面将呈腰鼓形（图 4-12b），轧件厚度也大于原始辊缝 S_0，即：

$$h = S_0 + f$$

式中 h——轧件厚度；

S_0——轧辊原始辊缝；

f——机座弹性变形（机座在轧辊辊身中部处的弹性变形）。

由此可见，机座弹性变形 f 与轧件厚度和轧辊原始辊缝的调整密切相关。要想得到厚度为 h 的轧件，轧辊的原始辊缝 S_0 应调整到比轧件 h 小一个机座弹性变形量 f 的数值。

机座弹性变形可分为两大部分。一部分是轧辊的弯曲变形 f_w，另一部分是除轧辊弯曲变形外的各受力零件的弹性变形 f_y。轧辊弯曲变形 f_w 使轧辊轴线挠曲，除了加大轧辊原始辊缝外，还使辊缝在宽度方向产生不均匀变化。各受力零件的弹性变形 f_y 是由轧辊轴承座、垫板、压下螺丝等零件产生的压缩变形、轧辊的弹性压扁、机架的拉伸变形等造成的。这些变形使轧辊原始辊缝均匀增加。

表示机座弹性变形与轧制力之间关系的曲线称为轧机的弹性曲线，如图 4-13 所示。由图可见，轧机的弹性曲线并不完全是一条直线，在弹性曲线的起始段不是直线，而是一小段曲线，这是轧机各部件之间存在着一定的间隙和接触不均匀的缘故。随着轧制力的增大，弹性曲线的斜率逐渐增大。当轧制力增大到一定数值后，弹性曲线近似地看成一条直线。实际生产中，轧机工作在弹性曲线的直线段范围内。因此，通常将直线部分的斜率称为轧机的刚度系数 C，或称为轧机模数。轧机刚度系

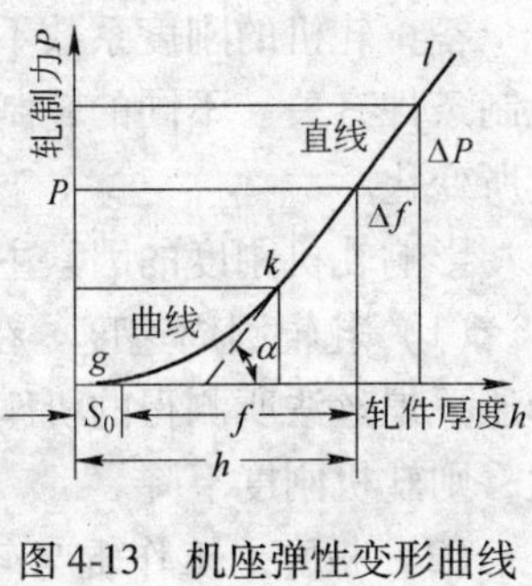

图 4-13 机座弹性变形曲线

数 C 可用下式表示：

$$C = \frac{\Delta P}{\Delta f}$$

式中 C——轧机刚度系数，kN/mm；

ΔP——弹性曲线直线部分的轧制力变化，kN；

Δf——弹性曲线直线部分的机座弹性变形的变化，mm。

轧机刚度系数的物理意义是指轧机工作机座抵抗弹性变形的能力大小，即机座产生单位（1mm）弹性变形时所需要的轧制力大小。所需轧制力越大，则刚度系数越大（即弹性曲线越陡），表明轧机刚性越大而轧机弹性变形越小。通俗地说，轧机刚度系数 C 即表示轧机工作机座的软硬程度。

机座弹性变形的结果使两轧辊轴线产生相对平移，使实际压下量减小，带钢出口厚度大于原始辊缝值，影响带钢纵向厚度。轧机工作机座抵抗纵向弹性变形的能力称为轧机纵向刚度，简称轧机刚度。

在轧制力作用下，轧辊产生挠曲变形，轧辊呈凹形（假设轧辊为平辊）。由于轧辊弯曲变形，沿带钢宽度方向出现厚度不均，即出现横向厚差。轧机抵抗横向弹性变形的能力称为轧机横向刚度。带钢沿宽度方向产生的横向厚度偏差，一般通过合理的辊型设计、辊型调整装置等措施来控制。

130. 影响轧机刚度的因素有哪些？

答：轧机的刚度系数不仅是轧机结构所固有的特性，而且和轧制条件有关。不同的轧制速度和轧件宽度，均使轧机刚度系数有所变化。

影响轧机刚度的因素主要有：

（1）轧辊圆周速度。在不同的轧辊圆周速度条件下，用调节压下螺丝法所测得的机座弹性曲线是不同的。轧辊圆周速度增大，则轧机刚度下降。

（2）板宽。工作辊与轧件之间产生的接触变形决定于单位板宽上的轧制力。另外，轧件宽度改变，从工作辊传给支撑辊的轧制力沿宽度的分布发生变化，因而接触变形量也发生变化，引起轧辊弯曲变形也将发生变化。因此，轧件宽度会影响轧机的刚度系数。板宽越窄，轧机刚度系数越小。板宽 b 对刚度系数的影响一般可写成：

$$C_b = C_L - \beta(L - b)$$

式中　L——轧辊辊身长度；

b——轧件宽度；

C_L——用预压靠法得到的刚度系数，即 $b = L$ 时的刚度系数；

C_b——宽度为 b 时的刚度系数；

β——宽度对刚度系数的影响系数。

131. 怎样测定轧机刚度？

答：轧机刚度是可以通过公式计算求得的，但是，由于轧机中各部件的形状和受力情况比较复杂，再加上各部件的接触面间存在着间隙，因此，刚度计算也是近似的。最可靠的方法是通过对现有轧机的实测求得其刚度。

轧机刚度的实测方法主要是轧板法和调节压下螺丝法两种。

(1) 轧板法。此法又可分为固定辊缝和改变辊缝两种。

固定辊缝轧板法：预先固定轧辊辊缝，然后将不同厚度而宽度相同的轧件依次送入轧辊中轧制，同时测出每一道次的轧制力和轧出的轧件厚度，求出该道次的轧机弹跳值。以轧制力 P 为纵坐标，以轧后带钢厚度 h 与原始辊缝 S_0 之差（轧机弹跳值）为横坐标，绘出轧机的弹性曲线，曲线的斜率即为轧机的刚度系数 C。

改变辊缝轧板法：固定轧件厚度和宽度，改变辊缝，以轧出不同厚度的轧件，同样测出每一道次的轧制力和轧出的轧件厚度，求出该道次的轧机弹跳值，绘出轧机弹性曲线，求得轧机的刚度系数。

用轧板法测定轧机刚度，可得到与轧制条件相符合的轧机刚度系数。此方法最简单，适合于各种轧机，特别是窄带钢轧机。在采用轧板法测定刚度时，应正确确定原始辊缝，因为工作机座各零件之间存在间隙，而这种间隙随条件的不同会有所变化。当直接测定辊缝时，要注意消除间隙的影响，可采用压铝方法来测量辊缝。铝是很软的金属，压出的铝块厚度即为原始辊缝。当采用压下装置的压下电子显示辊缝时，要以一个适当小的预压紧力，达到消除间隙的位置为零位的目的。

（2）调节压下螺丝法。该方法不进行轧制，用工作辊直接压靠，一面旋转轧辊，一面调节压下螺丝，同时记录压下调节量和相对应的压力。轧辊接触压靠后，压下螺丝仍继续下降，使轧机工作机座产生弹性变形。显然，由轧辊压靠开始点至轧制力为 P 时的压下螺丝行程，即为在此轧制力 P 作用下的机座弹性变形。根据所测数据，可绘制出轧机弹性曲线，如图 4-14 所示。

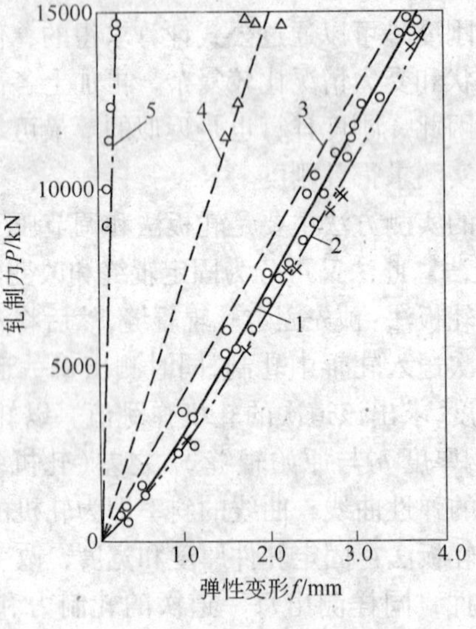

图 4-14　某厂半连轧 1700mm 精轧机座的弹性曲线

1—轧辊压靠时机座的弹跳曲线；2—轧制宽度为 1500mm 时机座的弹跳曲线；3—机座弹跳的计算曲线；4—轧辊辊系的弹跳曲线；5—机架的弹跳曲线

为了使调节压下螺丝法与轧制情况更接近，也可不转动轧辊，而在工作辊之间夹入一块冷态钢板或铝板，板宽与轧件宽相对应，不断调节压下螺丝，求出压下调节量与轧制力之间的关系，作出弹性曲线。注意压下调节量要减去所夹板的压下量。

表 4-30 列出各种热带轧机精轧机座的刚度系数。

表 4-30 热带钢精轧机的刚度

轧 机	轧辊尺寸/mm × mm	轧 材	刚度系数 C/kN · mm^{-1}
1700mm 半连轧机精轧机	1700 × 650/1250	带 钢	4250
1700mm 热连轧机精轧机	1700 × 760/1570	带 钢	5000
450mm 窄带精轧机	450 × 280/450	带 钢	1060
400mm 窄带精轧机	400 × 280/400	带 钢	1100

132. 什么叫辊缝的人工零位？

答： 机座各零件间存在的间隙和接触不均匀是不稳定的，机座弹性曲线的非直线部分经常是变化的。在现场操作时，为了消除非直线段的影响，往往采用人工零位法进行轧制，即在轧制前，先以一定的轧制力 P_0 对轧辊进行预压靠，并将此时的轧辊辊缝指示器读数设为零，称为人工零位。图 4-15 中的弹跳曲线 $ok'l'$ 就是预压靠曲线。在 o 点处轧辊开始接触，当压靠力为 P_0

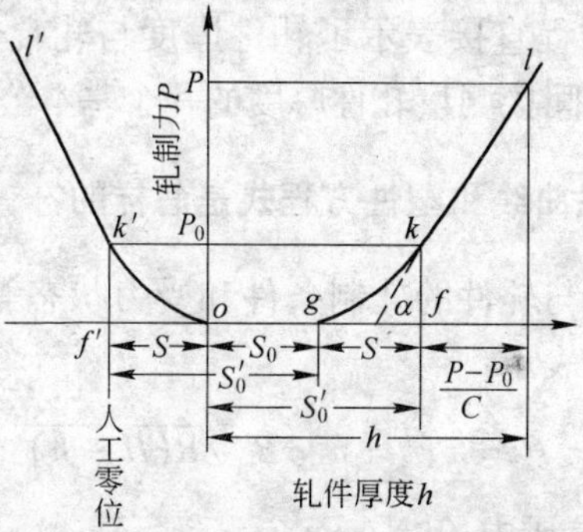

图 4-15 人工零位时的机座弹跳曲线

时，轧辊原始辊缝为 of'，是一个负值。以 f'点作为人工零位，即将压靠力 P_0 时的轧辊辊缝指示器读数设为零(或称为清零)。显然，当压靠力 P 等于零时，实际的原始辊缝为零，而辊缝指示器读数则为 $f'o=S$。如果轧辊继续上升，当实际的原始辊缝为 $og=S_0$ 时，辊缝指示器读数应为 $f'g=S+S_0=S'_0$。曲线 gkl 为在此辊缝下的机座弹跳曲线，它与压靠曲线 $ok'l'$完全对称。当轧制力为 P_0 时，机座弹性变形 $gf=f'o=S$，故线段 of可代表轧制力为 P_0 时人工零位的轧辊辊缝指示器读数 S'_0。如果轧制力为 P 时，则轧出的轧件厚度 h 可用以下公式表示：

$$h = S'_0 + \frac{P - P_0}{C}$$

式中　S'_0——人工零位的轧辊辊缝指示器读数；

P_0——轧辊预压靠轧制力。

上述公式为采用人工零位时的弹跳方程式。采用人工零位操作，可以消除压靠曲线非直线段零位的不稳定性，使弹跳方程便于应用。

所述的弹跳方程对于轧机的调整具有重要的意义：

(1) 在实际操作时，要应用弹跳曲线或弹跳方程来确定轧辊原始辊缝。

(2) 弹跳方程是轧机厚度自动控制的一个有力工具。

(3) 弹跳方程直接表示了轧件厚度与轧辊辊缝和轧制力的关系，可以用作间接测量轧件厚度的一个基本公式。

133. 轧件的塑性曲线和塑性方程式是怎样的?

答：轧制力与轧件的轧制条件和受力状态等各种因素有关。轧制力可用下式表示：

$$P = pF = n_\sigma \sigma B \sqrt{R(H - h)}$$

式中　p——单位压力，kN/mm^2；

F——接触面积，mm^2；

B——轧件宽度，mm；

R——轧辊半径，mm；

H、h——分别为轧件轧前和轧后的厚度，mm；

n_{σ}——应力状态系数，与摩擦系数及变形速度有关；

σ——变形阻力，与化学成分、变形程度、张力等有关。

当上式中除轧件轧后厚度 h 外的所有参数都不变时，那么，轧制力的变化量 δP 可用下式表示：

$$\delta P = -M\delta h$$

式中 δP——轧制力的变化量；

δh——轧件轧后厚度的变化量；

M——轧件塑性系数，$M = -\frac{\delta P}{\delta h} = \tan\beta$。

上式即为轧件的塑性方程式，M 称为轧件的塑性系数。它反映了轧件变形的难易程度。在不同轧制条件下，M 值可以通过试验求得。

在一定的坯料厚度 H 的情况下，轧制力与压下量之间的关系，即轧件的塑性变形曲线如图 4-16 所示。轧件塑性系数 M 实际是近似直线的斜率，$M = \tan\beta$。一般说来，坯料厚度 H 和张力

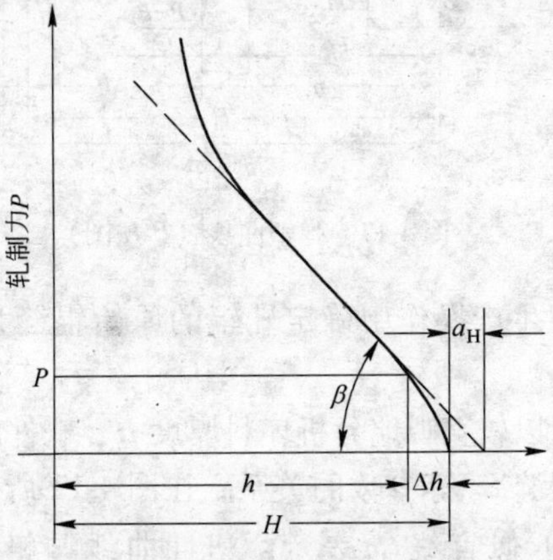

图 4-16 轧件塑性变形曲线

T 愈小，塑性系数 M 愈大；变形阻力 σ 和摩擦系数愈大，塑性系数 M 亦愈大。

134. 什么叫轧机弹塑曲线（P-H 图），它有何用途？

答：轧制过程是轧件和轧机（轧辊）相互作用的过程。相互作用产生了轧制力，轧件受轧制力的作用产生塑性变形，而轧机工作机座则产生弹性变形。所谓轧机的弹塑曲线，是轧机的弹跳曲线与轧件的塑性变形曲线的总称。由于轧机弹跳曲线和轧件塑性曲线的纵坐标都是轧制力 P，而横坐标都与轧件厚度 $H(h)$ 有关，因此，将弹跳曲线和塑性曲线绘制在同一图上，就得到弹塑曲线（图 4-17）。

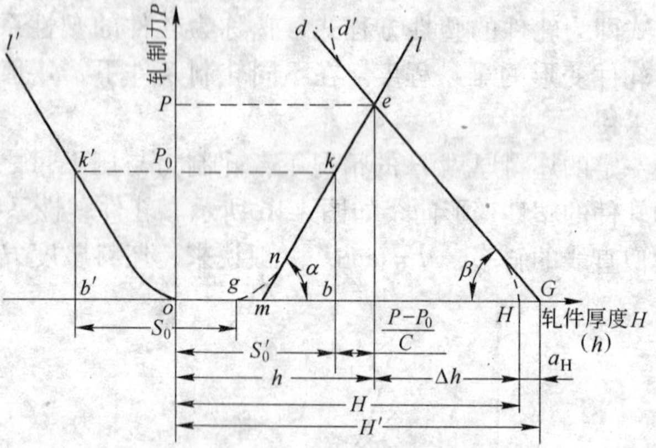

图 4-17　弹塑曲线（P-H 图）

现在，以生产操作中确定轧辊的原始辊缝为例，说明 P-H 图的用途。

P-H 图可以较直观地分析坯料厚度 H、轧件厚度 h、轧制力 P 以及轧辊辊缝 S_0 等参数的关系。在图 4-17 所示的 P-H 图上，塑性曲线用近似直线 $\overline{Gd}$ 表示，塑性曲线与横坐标的交点为 $(H+a_H)$，可用坯料相当厚度 H' 表示。如果采用人工零位操作，

轧辊预压靠力为 P_0，轧机弹性变形预压靠曲线为 $ok'l'$。要得到的轧件厚度为 h，相应的轧制力为 P，则在塑性曲线上的相应点为 e。过 e 作弹跳曲线 gel（或近似直线 $\overline{mel}$）。然后，通过预压靠力 P_0 作水平线，此水平线与弹跳曲线的交点 k 的横坐标 S'_0，即为轧辊辊缝指示盘应表示的原始辊缝值。

同样，当已知轧辊辊缝指示盘表示的原始辊缝值为 S'_0 时，则弹性曲线与塑性曲线交点 e 的横坐标 h，就表示轧出的轧件厚度。在该操作点 e 下，从 P-H 图上还可清楚地知道压下量 Δh 和轧机弹跳值 $\dfrac{P-P_0}{C}$ 等数值。

由上可知，弹塑曲线（P-H 图）是弹跳方程与塑性方程联立求解的一种图解形式。P-H 图能直观地表示出各种轧制条件和轧机刚度对轧件厚度的影响，并能对轧机的操作调整进行分析。

P-H 图是目前讨论板厚差和板厚控制问题的一个重要工具。利用 P-H 图可以形象地分析造成厚度差的各种原因及轧机的调整过程。

135. 什么是压下效率？

答： 轧机弹塑曲线（P-H 图）与板厚差和板厚控制的定量关系是这样的，如图 4-18 所示，当压下移动 δS 时（即轧机的弹性曲线由 1 变到 2），轧件实际增加压下量为 δh，δh 与 δS 的比值

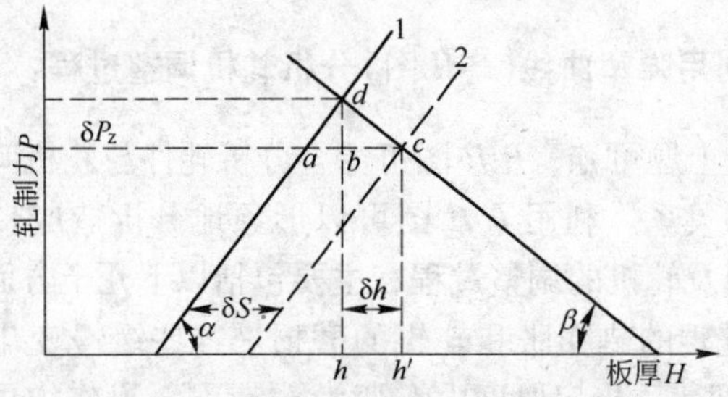

图 4-18 压下效率

称为压下效率 k_s，也称为辊缝传递函数或机座转换系数。

由图 4-18 可知：

$$\delta S = ac,\ \delta h = bc,\ \delta P_z = bd$$

而且：

$$\tan\alpha = C,\ \tan\beta = M$$

$$\delta h = bc = \frac{bd}{\tan\beta} = \frac{\delta P_z}{M}$$

$$\delta S = ac = ab + bc = \frac{bd}{\tan\alpha} + \frac{bd}{\tan\beta} = \frac{\delta P_z}{C} + \frac{\delta P_z}{M} = \left(\frac{C+M}{CM}\right)\delta P_z$$

所以，压下效率 k_s 为：

$$k_s = \frac{\delta h}{\delta S} = \frac{\frac{\delta P_z}{M}}{\frac{C+M}{CM} \times \delta P_z} = \frac{C}{C+M}$$

$$\delta h = \frac{C}{C+M}\delta S = k_s \delta S$$

从上式可知，如果压下效率 $k_s = 0.5$，即 $\delta S = 2\delta h$，压下螺丝调整值 δS 应为所需压下厚度 δh 的两倍。k_s 值决定于轧机刚度系数 C 和轧件塑性系数 M。从上式可知，轧机刚性越好，压下效率 k_s 越大，即在相同的厚度偏差 δh 下，可减少压下螺丝调节量 δS。知道 C 和 M 值后，就可求得压下效率 k_s。

在厚度控制系统中，轧件厚度偏差信号 δh 通过比例放大器放大 $1/k_s$ 倍，使输入控制压下信号为 δS。

136. 怎样利用弹塑曲线（*P-H* 图）分析轧机调整过程？

答： 由上题可知，*P-H* 图可综合分析轧件与轧机间相互作用力和变形的关系。利用 *P-H* 图可以形象地分析造成带钢厚度差的各种原因及轧机的调整过程，主要包括以下几个方面的内容：

（1）轧辊的热膨胀和轧辊的磨损。这些缓慢变化量都使辊缝 S_0 发生变化，出口厚度由 h 变为 h' 或 h''，操作中可移动压下 δS 来补偿实际辊缝 S_0 的变化（图 4-19a）。

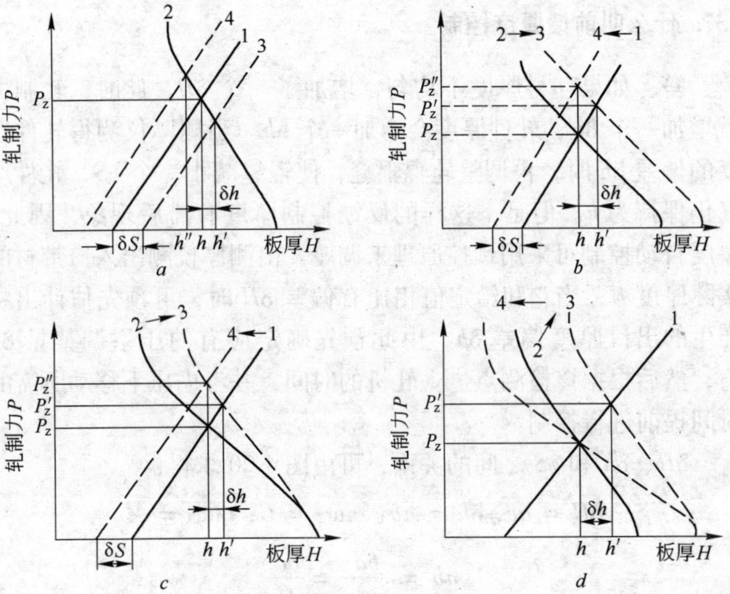

图 4-19 P-H 图的应用

a—辊缝波动调压下 δ*S*；*b*—δ*H* 波动调压下 δ*S*；

c—变形抗力波动调压下；*d*—变形抗力波动调张力

（2）来料厚度增加 δH（图 4-19*b*）。原来轧制力为 P_z，轧出厚度为 h。当来料厚度增加 δH 时，塑性曲线由 2 变到 3，轧制力变为 P_z'，轧后厚度变为 h'。为了消除厚度差 δh，需移动压下 δS，弹性曲线由 1 变到 4，轧制力变为 P_z''，使轧后厚度仍保持 h 不变。

（3）轧件变形抗力的波动。轧件变形抗力增高（如温度降低）时，塑性曲线由 2 变到 3（图 4-19*c*），轧制力 P_z 变成了 P_z'，轧后厚度变为 h'。为了消除厚度差 δh，调节压下 δS，使弹性曲线由 1 变到 4，轧制力变为 P_z''（图 4-19*c*）。

（4）当来料厚度增加 δH 时，塑性曲线由 2 变到 3，我们可以不调节压下，而改变张力使塑性曲线由 3 变到 4，轧后厚度仍保持 h 不变（图 4-19*d*）。

137. 什么叫前馈厚度控制?

答: 如果坯料厚度不均匀，增加了一个 δH，此时，轧制力就增加一个 δP，轧件厚度会增加一个 δh。当测厚仪测得轧件厚度的偏差 δh 时，再调整轧辊辊缝，使辊缝减小一个 δS，轧件厚度仍保持为 h。但是，这样的反馈控制厚度有滞后现象，因此，厚度自动控制可采用预控原理来调厚。由测厚仪测出入口带材的实际厚度 H，当它和给定值相比有偏差 δH 时，可预先估计出将产生的出口厚度偏差 δh，由此预先确定应有的压下调整量 δS 值；然后根据该检测点进入轧机的时间，并考虑压下移动所需的时间提前进行控制。

δH、δh 和 δS 之间的关系，可由图 4-20 求得：

$$\delta H = ac,\ \delta h = ab,\ \tan\alpha = C,\ \tan\beta = M$$

$$ab = \frac{bd}{\tan\alpha} = \frac{bd}{C}$$

$$bc = \frac{bd}{\tan\beta} = \frac{bd}{M}$$

$$ac = ab + bc = \frac{bd}{C} + \frac{bd}{M} = bd\left(\frac{1}{C} + \frac{1}{M}\right)$$

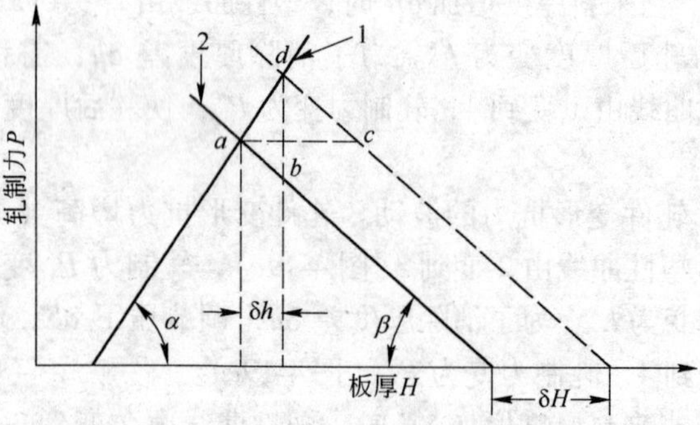

图 4-20　坯料厚度偏差 δH 与轧出厚度偏差 δh 的关系

1—原始状态弹性曲线；2—原始状态塑性曲线

所以
$$\frac{\delta h}{\delta H}=\frac{ab}{ac}=\frac{\frac{bd}{C}}{bd\left(\frac{1}{C}+\frac{1}{M}\right)}=\frac{M}{C+M}$$

而
$$\frac{\delta S}{\delta h}=\frac{C+M}{C}$$

所以
$$\frac{\delta S}{\delta H}=\frac{\delta h}{\delta H}\times\frac{\delta S}{\delta h}=\frac{M}{C+M}\times\frac{C+M}{C}=\frac{M}{C}$$

即：
$$\delta S=\frac{M}{C}\delta H$$

由上式可知，若坯料塑性系数 M 大，轧机刚性系数 C 较小，则要调整的压下量就大；反之，坯料塑性系数小，轧机刚性系数大，则轧机要调整的压下量就小。根据轧机的刚性系数 C 和塑性系数 M，如果测到入口厚度偏差 δH，便可由上式求得预控压下调整量 δS。

138. 怎样用压力信号调节板厚？

答：利用轧制力 P 来间接测量轧件厚度，然后调节辊缝进行厚度控制，此方法称为压力-厚度自动控制（P-AGC），是目前应用较广的一种自动控制形式。这种方法是应用测压仪测出轧件的轧制力后，通过弹跳方程间接得出轧件的厚度或厚度偏差。然后根据计算得到的轧件厚度偏差来调节辊缝，控制板厚。间接测厚法得到的轧件厚度是处在轧辊辊缝中轧制的轧件厚度，避免了测厚仪测厚时的时滞问题，同时测量装置简单，便于维护。这种方法的缺点是轧件厚度的测量精度较低，但是，可以用轧机出口处测厚仪测得的厚度信号来修正间接测厚的测量精度。P-AGC 的原理是为了达到出口厚度不变，必须在轧制力 P 发生变化时，能自动快速调整轧辊辊缝 S_0。压力 P 的变化量 δP 与轧辊辊缝调整量 δS 之间的定量关系可由图 4-21 求得。由图 4-21 可知：

$$ab=\delta S, fh=\delta P$$

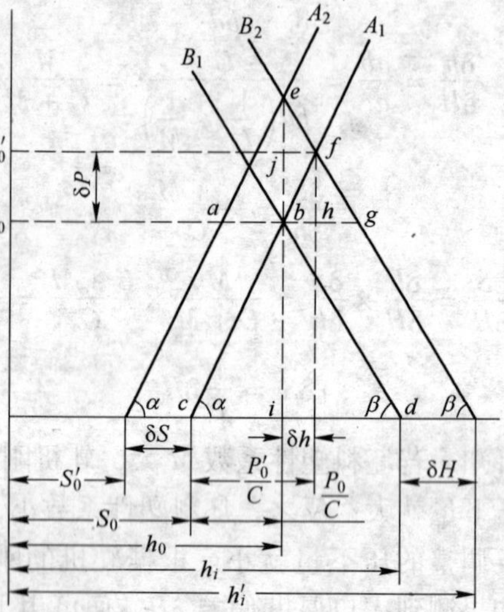

图 4-21　δS 与 δP 的关系

则：
$$\frac{\delta S}{\delta P} = \frac{ab}{fh}$$

由 Δabe 有：
$$ab = \frac{eb}{C} = \frac{ej + fh}{C}$$

由 Δejf 有：
$$ej = Mjf = Mbh$$

由 Δbhf 有：
$$bh = \frac{fh}{C}$$

代入整理则得：
$$\frac{\delta S}{\delta P} = -\frac{1}{C}\left(1 + \frac{M}{C}\right)$$

由于轧制力 P 增加时，辊缝 S_0 应减小，即 δP 为正时，δS 为负，故符号相反。

139. 液压压下系统怎样调厚？

答：液压压下系统的基本组成如图 4-22 所示。其工作过程如下：

（1）首先由给定电位器（即位置信号给定装置）预给定初

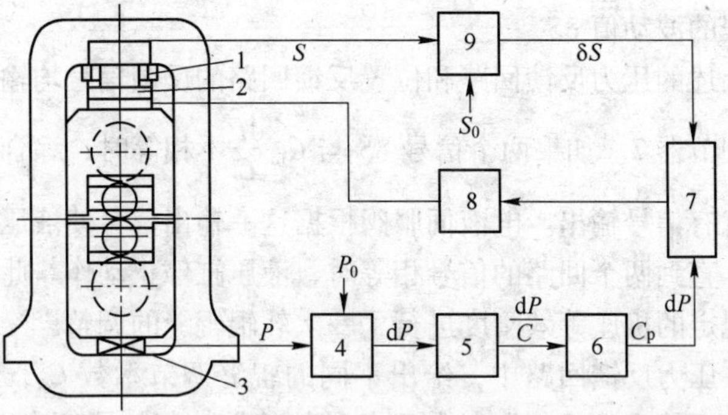

图 4-22 液压压下控制系统

1—位置传感器；2—液压缸；3—测压仪；4—压力比较器；5—压力和位置转换器；6—调节系数装置；7—综合比例调节器；8—电液伺服阀；9—位置比较器

始辊缝调整信号 S_0。此信号经放大器输入电液伺服阀 8，电液伺服阀推动压下柱塞液压缸 2 使轧辊压下。与此同时，位置传感器 1 将柱塞的位移变成电信号反馈到位置比较器 9，与给定位置信号相比较。当压下柱塞位移达到给定值 S_0 时，位置传感器发回的反馈信号与输入信号 S_0 相等。两信号比较后输入电液伺服阀的输入信号为零，压下柱塞停止动作。此时，初始辊缝即调整完毕，可以开始轧钢。

（2）根据轧件的给定厚度 h_0，预先输入与给定厚度 h_0 相应的轧制力 P_0。在轧制过程中，轧制力发生变化，当测压仪 3 测出轧件的轧制力 P，输入压力比较器 4 与给定的轧制力 P_0 比较后，输出轧制力波动值 $\mathrm{d}P$，经过压力和位置转换器 5 转换成机座的弹性变形波动量$\frac{\mathrm{d}P}{C}$。调节系数装置 6 将调节系数 C_p 与$\frac{\mathrm{d}P}{C}$相乘后，即可输出根据规定的机座等效刚度应该补偿的轧辊辊缝调整量 $C_p\frac{\mathrm{d}P}{C}$。

同时，当位置传感器 1 在轧制时测出液压缸柱塞行程 S 时，输入位置比较器 9 与给定的初始辊缝 S_0 比较后，输出液压缸柱塞行程的波动值 δS。

上述的压力反馈回路和位置反馈回路的反馈信号均输入综合比例调节器 7。如果两个信号 δS 与 $C_p \frac{dP}{C}$ 不相等时，综合比例调节器就有信号输出。电液伺服阀根据这一输出信号使液压缸柱塞动作，直到两个回路的信号相等时，液压缸停止动作。此时，轧机按规定的机座等效刚度进行了一次轧辊辊缝的调整。

在压力反馈回路中，给出不同的辊缝调节系数 C_p，就能使轧机实现从“恒辊缝”控制到各种软特性控制的厚度自动控制。如果将位置反馈回路断开，只是使轧制力 P 与给定的轧制力 P_0 相比较，使系统保持 $P = P_0$，这就是恒压力控制系统。

140. 什么是 AGC 系统，其基本形式和主要技术参数是怎样的?

答： AGC 系统即轧件厚度自动控制系统。

AGC 从动力源上分为电动 AGC 和液压 AGC 两种，目前世界上热轧带钢轧机大部分采用电动 AGC，20 世纪 80 年代以来新建的和一些改造的热轧带钢轧机采用了液压 AGC。二者主要参数比较见表 4-31，速度比较见图 4-23。

表 4-31　电动 AGC 和液压 AGC 主要参数比较

项目名称	液压 AGC	电动 AGC	项目名称	液压 AGC	电动 AGC
惯性及反应速度	小、快	大、慢	压下速度/$mm \cdot s^{-1}$	>4	1
响应频率/Hz	10 ~ 20		延迟时间/ms	<10	
克服支撑辊偏心	能	不 能	调节时间/ms	<50	458
压下加速度/$mm \cdot s^{-2}$	>500	2	最小压下量/mm	0.01	

从以上比较可以看出，液压 AGC 优于电动 AGC，但液压 AGC 和电动 AGC 均能满足目前生产的要求，所以在选择时要根据各厂具体情况综合优选。

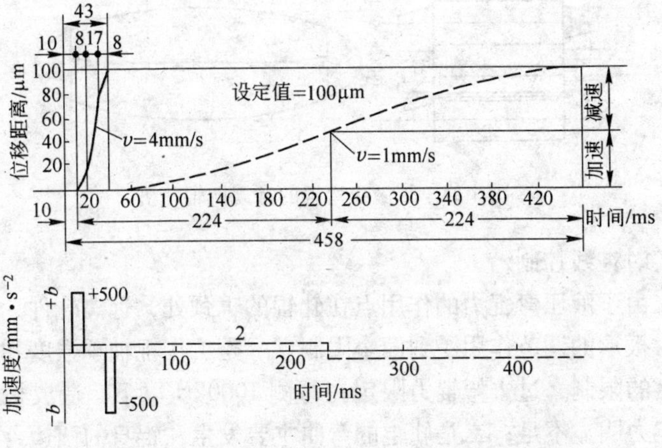

图 4-23 液压 AGC 与电动 AGC 速度比较

——液压辊缝调节，$b=500\text{mm/s}^2$，$V=4\text{mm/s}$；———电动机械压下，

$b=\pm2\text{mm/s}^2$，$V=1\text{mm/s}$；总位移时间之比 $f=\frac{458}{43}=10.65$

四、热轧带钢板形调整

141. 板形控制的主要手段有哪些，其工作原理是怎样的？

答： 四辊轧机是带钢热连轧机的主要机型。CVC 轧机、WSR 轧机和 PC 轧机等机型国内都已经引进，而且国内在轧辊辊型和板形控制模型与工艺的研究及应用方面取得了重要进展。目前，板形控制所采用的主要方法有：

（1）常规四辊轧机与液压弯辊。常规四辊轧机的工作辊与支撑辊辊身长度相同，且都采用近似抛物线的常规凸度辊和工作辊液压弯辊（见图 4-24）。在轧制过程中，通过弯辊力调节工作辊的弯曲变形，实现板形快速、有效的控制。因此，液压弯辊在现代板带轧机中得到了广泛的采用。由于液压弯辊可以实时进行在线板形控制，所以是一种最基本的板形控制手段。

无论采用何种板形控制手段，都必须配备液压弯辊，用以进

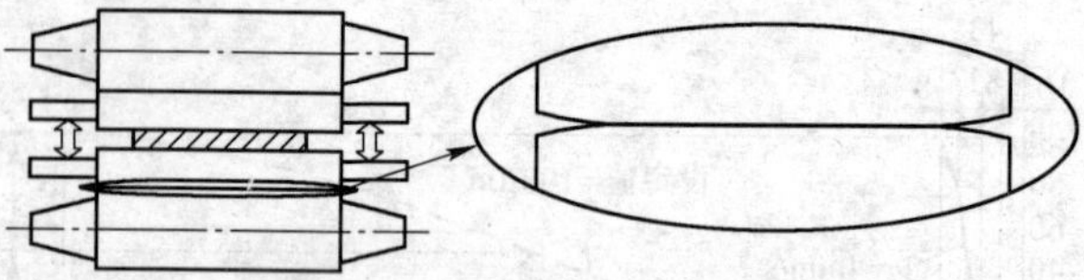

图4-24 带液压弯辊的常规四辊轧机

行实时在线控制。

由于液压弯辊力的作用点在轧辊的辊颈处，远离轧件，所以它对板形的调节作用受到两个限制：一是工作辊轴承强度和辊颈强度的限制，过去弯辊力限定在每侧1000kN以下，造成板形控制能力明显不足；二是轧辊的弯曲主要发生在辊身的两边，对辊身中部的控制能力不足。现代轧机通过改进轧辊和轴承的材料、结构和润滑，可以将弯辊力提高到每侧2000kN以上，实现了强力弯辊（Heavy Bending），有效地克服了前一个限制；第二个限制则可以通过采用具有特殊辊型的支撑辊来解决。

（2）VCR变接触支撑辊(Varying Contact Rolls,简称VCR)。常规四辊轧机的工作辊与支撑辊沿辊身全长接触，超出轧件宽度部分的有害接触区对板形十分不利：一是使工作辊产生有害的弯曲，且变形随轧制力的波动而变化；二是限制了弯辊力对工作辊的弯曲效果。而后者又包括两个方面，一是减小了弯曲变形量；二是使变形局限在靠近轧件边部的辊身两边，降低了对整个宽度的控制效果。

变接触支撑辊是通过特殊的辊廓曲线（见图4-25），依据辊系弹性变形的特性，使工作辊与支撑辊间的接触线长度与轧件宽度自动适应，从而消除或减小了有害接触区，降低了轧制力对工作辊弯曲变形的作用，提高了辊缝刚度，同时加强了弯辊力的作用（变形增大，且可深入到辊缝中部），加大了辊缝的可调幅度。因此，使用VCR变接触支撑辊能使轧机兼有“刚性辊缝”（对轧制力波动）和“柔性辊缝”（对于弯辊力）的双重特点。

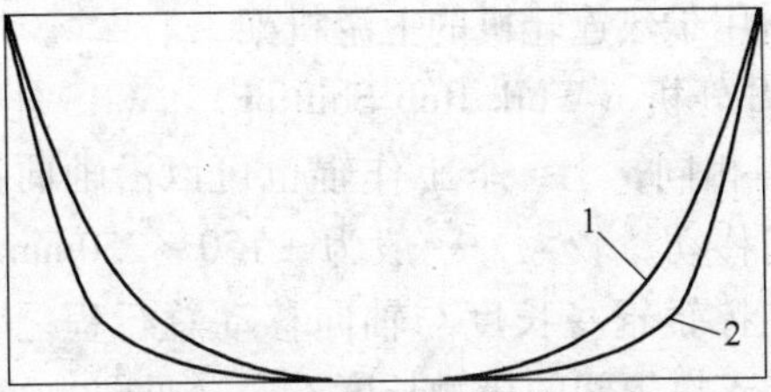

图 4-25　热连轧精轧机组 VCR 变接触支撑辊辊廓曲线
1—用于上游机架；2—用于下游机架

工业应用的实践表明，VCR 变接触支撑辊在增强板形控制性能的同时，还能有效地改善支撑辊的磨损，较好地保持辊廓形状；同时消除由于不均匀磨损在辊身两边区域出现的辊间接触压力尖峰，显著降低辊身局部剥落造成的轧辊损失。因此，VCR 变接触支撑辊不仅适用于常规四辊轧机和 WRS 轧机，对诸如 CVC 轧机、PC 轧机等也具有同样的效果。

（3）CVC 轧机(Continuous Variable Crown)。CVC 轧机分四辊和六辊两种机型,热轧普遍采用的是四辊。CVC 轧机在保留常规轧机液压弯辊的基础上,其上、下工作辊可以沿轴向按相反的方向轴向移动,轴向移动量较小,一般为 ±100mm 左右。因工作辊的辊身比支撑辊长 200mm,所以在轴向移动时,工作辊与支撑辊间的接触长度可以保持不变。CVC 轧机的突出特点是工作辊采用 S 形辊型,当轴向移动时,可以连续改变辊缝凸度,相当于改变了轧辊的凸度(见图 4-26)。轧件越宽,对应的凸度量越大。

CVC 轧辊的辊型曲线需要用特殊磨床或数控磨床加工。工作辊的热变形和不均匀磨损使 CVC 辊型曲线难以保持，可能导致实际的凸度调节特性偏离设定值。CVC 轧机具有较大的凸度

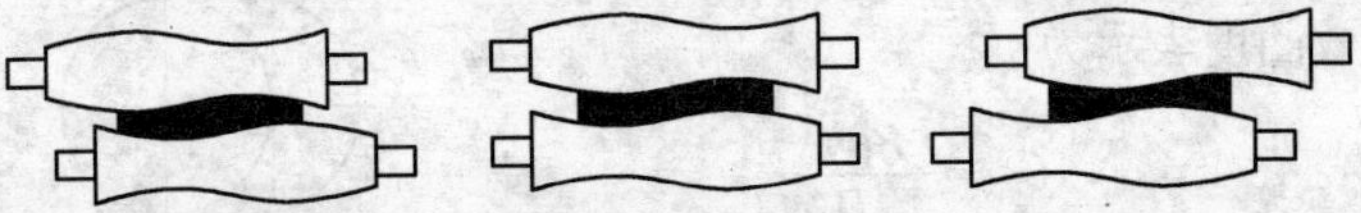

图 4-26　CVC 轧辊

调节范围，适用于热连轧机的上游机架。

（4）WRS 轧机（Work Roll Shifting）。WRS 轧机结构与四辊 CVC 轧机基本相同，上、下工作辊也可以沿轴向按相反的方向移动，但轴向移动量较大，一般为 ±150～250mm。工作辊的辊身长度等于支撑辊辊身长度与轴向移动总行程之和，轴向移动时，工作辊与支撑辊间的接触长度不变（见图 4-27）。WRS 轧机

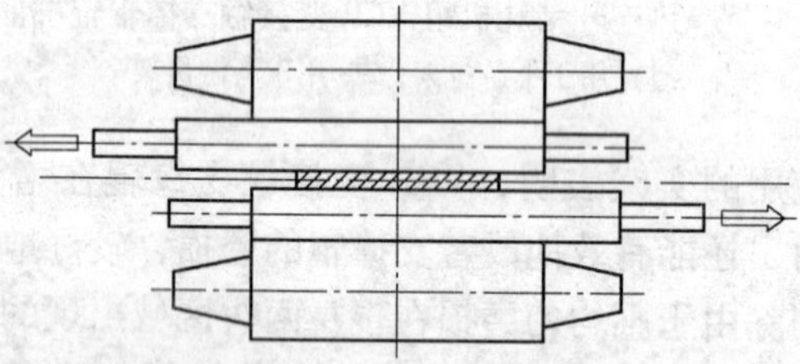

图 4-27　WRS 轧机

的工作辊采用平辊或常规凸度辊型，其长行程、有规律的轴向移动具有使热凸度、磨损分散和平缓化的功能，能为自由程序轧制提供条件。与 CVC 轧机不同，WRS 轧机轴向移动的目的不是直接改变辊缝的凸度，凸度控制要靠其他手段来完成，如液压弯辊等。WRS 轧机适合用在需要重点控制磨损的下游机架。

（5）轧辊成对交叉 PC 轧机（Pair Cross）。PC 轧机结构与常规的四辊轧机基本相同，在保持弯辊装置的基础上，其上辊系（包括上工作辊和上支撑辊）与下辊系（包括下工作辊和下支撑辊）可以成对地相对交叉，达到改变辊缝凸度的目的，如图4-28所示。改变交叉角可以获得与改变轧辊凸度等效的结果。等效凸度表示为：

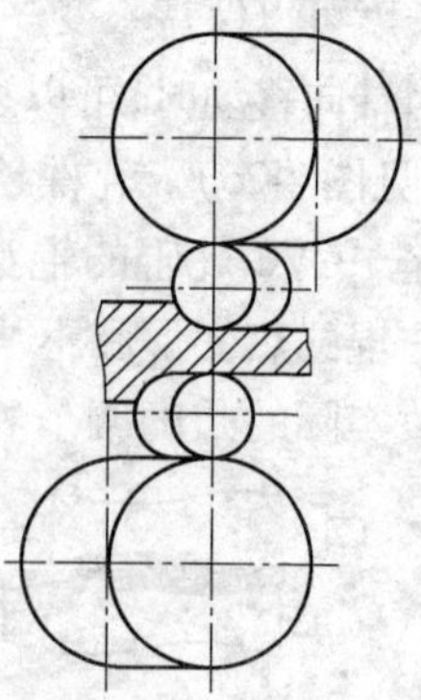

图 4-28　PC 轧机

$$C \approx \frac{(B\theta)^2}{2D}$$

式中　C——等效凸度；

θ——交叉角；

B——轧件宽度；

D——工作辊直径。

PC轧机的工作辊一般采用常规的平辊辊型，磨辊简单。它的突出特点是有很强的（轧辊等效）正凸度调节能力，但不能形成负凸度。该轧机的机械结构较为复杂，轧辊要承受交叉引起的较大的轴向力，为了防止交叉引起轧件跑偏，交叉点必须保持在轧件的中心线上。

PC轧机凸度控制能力强，适合用于上游机架。当用于下游机架时，需要解决工作辊的磨损问题，为此PC轧机采用了在线磨辊装置（ORG）。

142. 板材的横向厚差与板形有何区别？

答： 在轧制过程中，由于种种原因（如轧辊受力弯曲、沿辊身长度方向的温度分布不均等），辊型（辊缝）也将发生变化，导致板材横向厚差的变化，或由于板材在轧辊辊身边部和中部变形不均而出现波浪。

板带材沿宽度方向的厚度偏差（即带钢中部与边部厚度之差）称为横向厚差（或称为同板差或三点差）。它决定了板材横截面的形状（图4-29）。

矩形截面的横向厚差为零，属于理想的情况。楔形截面的横向厚差是因左右压下装置调整不当引起的。对称的凸形或凹形截

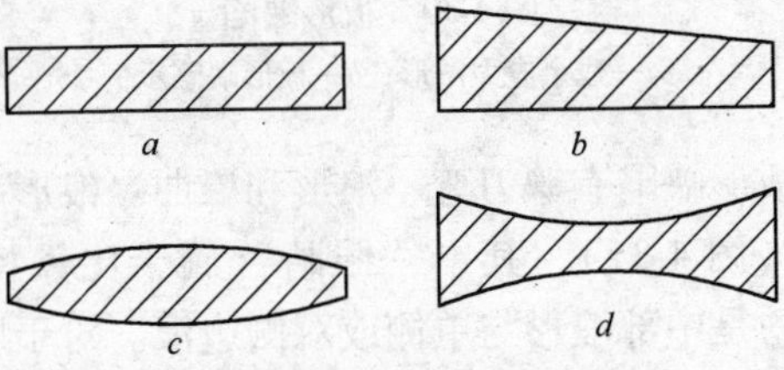

图4-29 板带材的横截面形状

a—矩形（理想形状）；*b*—楔形；*c*—凸形；*d*—凹形

面的横向厚差是由于轧制时实际辊缝形状所造成的，它决定于辊型的设计和调整以及坯料等因素。在产品标准中，对横向厚差都做了规定。

减少板带材的横向厚差首先有利于保证产品的厚度均匀性，另外也提高了成材率，特别是按板带长度交货时，可带来一定的经济收益。

板形是板带材平直度的简称。板形的好坏是指板、带材横向各部位是否产生波浪或折皱，它决定于板带材沿宽度方向的延伸是否相等。如图 4-30 所示，如果轧制时的辊缝不良，两边的延伸大于中部，则产生对称的双边波浪；反之，如果中部延伸大于边部延伸，则产生中间波浪（瓢曲）。如果两边的压下不当，使一边的延伸大于另一边，则产生单边波浪或镰刀弯。

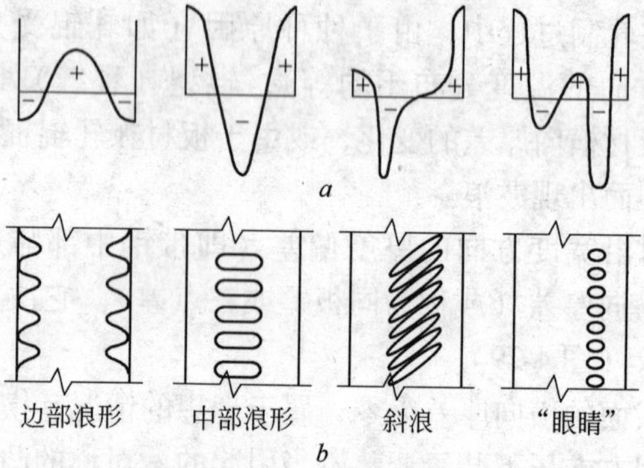

图 4-30　板形缺陷

a—残余应力图形；*b*—板形缺陷示例

常见的板形缺陷有镰刀弯、浪形和瓢曲。浪形和瓢曲缺陷尚有几种形式（图 4-31），其中“眼睛”属于比较特殊的浪形缺陷；较常见的是中部浪形与单侧或双侧边浪。对于所有板带钢产品来说，都不允许有明显的浪形与瓢曲，在产品技术标准中有具体规定。

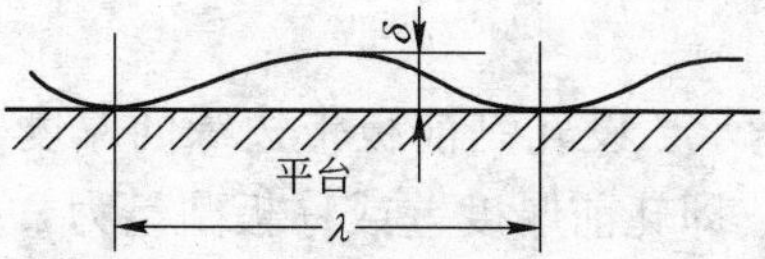

图 4-31　板带材的波浪度

衡量板形好坏的标准是波形度（平直度）。图 4-32 所示为板带材在有波浪处的纵向截面图。一般板带材的波形度可表示为：

$$\alpha = \frac{\delta}{\lambda} \times 100\%$$

式中　δ——波浪高度；

　　　λ——波浪长度。

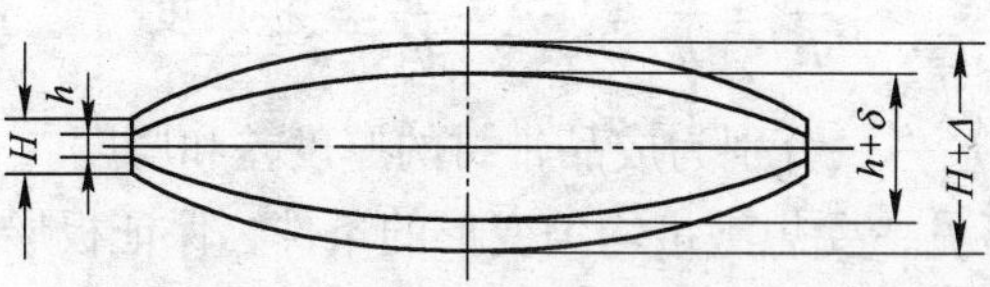

图 4-32　轧制前后带材厚度变化

由上可知，板形决定于带材纵向延伸差。因此，横向厚差与板形是两个不同的概念，但是，横向厚差与板形又有着内在的关系。通过调节辊缝形状，可以达到减小带钢横向厚差和改善板形质量（即消除边浪和中间波浪）的目的。

143. 保证板形良好的条件是什么？

答：我们知道，板形好坏是指带材横向各部位是否产生波浪或折皱，它决定于带材沿宽度方向的延伸是否一致。带材厚度越小，即使绝对压下量的微小差异也可能导致伸长率的显著不均，从而会引起板形变坏，出现浪形或瓢曲。

为了保证板形良好，必须遵守均匀延伸或所谓“板凸度一定”的原则，即必须使带材沿宽度方向上各点的伸长率或压下率基本相等。

如图 4-32 所示，设轧制前板带边缘的厚度等于 H，而中间厚度等于 $H+\Delta$，即轧前厚度差或称板凸量为 Δ；轧制后相应横截面上的厚度分别为 h 和 $h+\delta$，即轧后厚度差或板凸量为 δ。把 Δ/H 与 δ/h 称为板凸度。带材沿宽度上压下率相等的条件，可以写成带材边部和中部伸长率 λ 相等的条件，即：

$$\frac{H+\Delta}{h+\delta}=\frac{H}{h}=\lambda$$

由此可得：

$$\frac{\Delta}{\delta}=\frac{H}{h}=\lambda$$

$$\frac{\Delta}{H}=\frac{\delta}{h}=\cdots=\frac{\delta_n}{h_n}=\text{板凸度}$$

式中　δ_n、h_n——分别为成品带材的厚度差和厚度。

由此可见，要想满足均匀变形的条件，保证板形良好，则必须使带材轧前的厚度差 Δ 与轧后的厚度差 δ 之比等于伸长率 λ，或者轧前板凸度(Δ/H)等于轧后板凸度(δ/h)，即板凸度保持一定。

本道次轧前的板厚也就是前一道次轧后的板厚，亦即前一道次轧制时辊缝的实际形状。因此，在均匀变形的原则下，后一道次的板厚差 δ 要比前一道次的板厚差 Δ 小，其差值为：

$$\Delta-\delta=(\lambda-1)\delta$$

由于轧辊的原始辊型及因辊温差所产生的热凸度在前后道次中几乎是不变的，故此差值主要取决于轧辊因承受压力所产生的挠度值。这就是说，要保证均匀变形的条件，就必须在后一道次轧制时轧辊挠度小于前一道次的轧辊挠度；也就是在轧辊刚度相同的情况下，后一道次的轧制力 $P_{后}$ 必须小于前一道次的轧制力 $P_{前}$，其差值可由挠度计算公式反推求出，即有：

$$\Delta - \delta = \frac{P_{前}}{K_{辊}} - \frac{P_{后}}{K_{辊}} = \frac{1}{K_{辊}}(P_{前} - P_{后})$$

故得：

$$P_{前} - P_{后} = K_{辊}(\Delta - \delta) = K_{辊}(\lambda - 1)\delta$$

式中　$K_{辊}$——轧辊刚度系数，kN/mm。

由此可见，为了保证良好的板形，满足均匀变形的条件，在设备强度一定的情况下，使轧制力逐道减小是压下规程制定和生产操作的理论基础。

144. 影响轧辊辊缝形状的因素有哪些？

答： 带钢的横向厚度差（断面形状的变化）和板形的变化是由轧辊辊缝形状变化引起的。影响辊缝形状的因素有：

（1）轧辊的弹性弯曲变形。它使辊缝中部尺寸大于边部尺寸，带钢中部产生凸度，而边部减薄。轧制力越大，轧辊的弹性弯曲变形越大；轧辊直径越大，刚性就越好，则轧辊的弹性弯曲变形越小。

（2）轧辊的热膨胀。轧制时轧件变形所产生的热量和轧件与轧辊的摩擦所产生的热量都会使轧辊受热。而冷却润滑液又会使轧辊冷却。沿辊身长度上其受热和冷却情况是不一致的，在各种因素的影响下，轧辊中部比两端部的热膨胀大，从而使轧辊产生热凸度，影响辊缝形状。

（3）轧辊的磨损。工作辊与带钢之间、工作辊与支撑辊之间的摩擦会使轧辊磨损。影响轧辊磨损的因素也是多方面的，例如，轧辊与带钢的材质、轧辊表面硬度和粗糙度、轧制力和轧制速度、前滑和后滑的大小以及支撑辊与工作辊之间的滑动速度等都会影响轧辊磨损的快慢。另外，沿辊身长度方向轧辊磨损是不均匀的，这些都会影响辊缝的形状。

（4）轧辊的弹性压扁。轧制时，由于轧制力的作用，带钢与工作辊之间、工作辊与支撑辊之间均会产生弹性压扁。影响辊缝形状的不是轧辊弹性压扁的数值，而是压扁值沿辊身长度方向的不同大小。对于工作辊来说，如果轧制力沿带钢宽度方向是均匀分布的，则工作辊的弹性压扁也是均匀分布的。由于工作辊与支撑辊之间的接触长度大于带钢与工作辊的接触长度，因而，接触长度上各点的压力是不相同的，这就使辊与辊之间弹性压扁值沿辊身长度方向也是不均匀的。工作辊与支撑辊之间的不均匀压扁引起了辊缝形状的变化。

（5）轧辊的原始辊型（凸形、凹形或圆柱形）。轧辊原始辊型不同，就可以人为地使辊缝形状不同。我们在生产中就用轧辊原始辊型来补偿上述因素对辊缝所造成的影响。

145. 什么叫辊型，辊型设计的任务是什么？

答：轧辊辊身表面的轮廓形状称为辊型，一般以辊身中部和端部的直径差 ΔD（即凸度）来表示。

在常温下，刚磨制出来的辊型称为原始辊型（ΔD_0）。轧制过程中，由于辊温和磨损的影响，辊型发生变化，这时的辊型称为工作辊型（ΔD）。工作辊型 ΔD 为：

$$\Delta D = \Delta D_0 + \Delta D_{热} - \Delta D_{磨}$$

式中 ΔD_0——原始辊型，凸形为正，凹形为负，圆柱形为零；

$\Delta D_{热}$——热凸度，凸形为正，凹形为负；

$\Delta D_{磨}$——磨损凹度。

辊型设计的任务就是在轧制时使工作辊辊型能够补偿轧制力引起的轧辊弹性变形（包括弹性弯曲和弹性压扁），以保证带钢的横向厚差（断面凸度）最小，这时，工作辊原始辊型的设计条件是：

$$\Delta D_0 = f - \Delta D_{热} + \Delta D_{磨}$$

式中 f——上、下工作辊的弹性弯曲变形（挠度）之和，$f = f_{1s} + f_{1x}$。

由于轧辊磨损值很难事先确定，所以，工作辊的原始辊型只由轧辊弹性变形（挠度）和热凸度决定。磨损的影响则靠换辊、合理安排不同产品的轧制计划、压下规程、调整辊温分布等方式来补偿。此时：

$$\Delta D_0 = f - \Delta D_{热}$$

式中的轧辊弹性弯曲变形与轧辊刚度和轧制力有关。轧辊的热凸度 $\Delta D_{热}$ 决定于轧辊的材料和辊身温度分布。由于影响轧辊温度差的因素很多，所以，轧辊温差多采用实测值，有时热凸度 $\Delta D_{热}$ 也采用实测值。

按照不同板带材轧机的轧制条件，原始辊型可以是圆柱形（$\Delta D_0 = 0$）、凸形（$\Delta D_0 > 0$）和凹形（$\Delta D_0 < 0$）。四辊轧机的支撑辊一般磨成圆柱形，而工作辊则有一个磨成凸面的，也可以两个工作辊都磨成凸面的。现场生产上一般只磨一个工作辊成凸面，另一个工作辊成圆柱形，这样磨辊比较方便。当辊型设计合理时，上述辊型的组合都能轧出横向厚度比较均匀的带材（图4-33）。

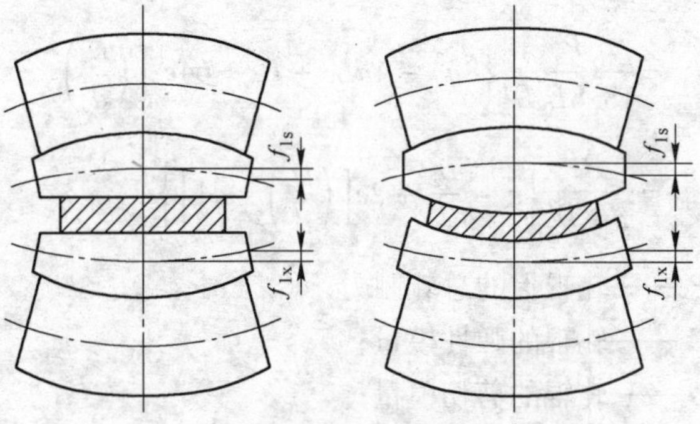

图 4-33 辊型对带材横向厚度差的影响

a—两个工作辊成凸形；*b*——个工作辊成凸形

146. 怎样计算轧辊挠度？

答： 为了简化计算，近似地认为四辊轧机支撑辊与工作辊之间的压力分布沿辊身长度方向是均匀分布的。此时，支撑辊受力简图如图 4-34 所示。

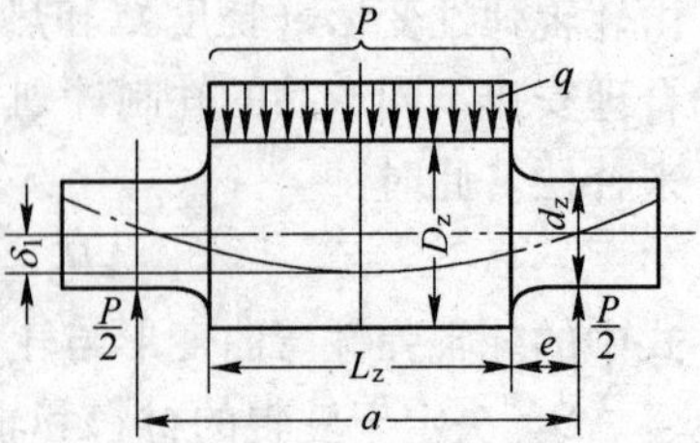

图 4-34 轧辊挠度计算简图

设每个支撑辊辊身中央的最大挠度为 f'_1，则四辊轧机轧辊的弯曲变形（挠度）f_1 为：

$$f_1 = 2f'_1$$

由于轧辊（支撑辊）直径与长度之比值较大（$D/L = 0.4 \sim 1$），则切力对挠度的影响不可忽略。因此，支撑辊最大挠度 f'_1 为：

$$f'_1 = f'_{弯} + f'_{切}$$

式中 $f'_{弯}$——支撑辊的弯曲挠度；

$f'_{切}$——支撑辊的剪切挠度。

用材料力学方法可以求出（图 4-34）：

$$f'_{弯} = \frac{P_z}{18.8E_zD_z^4}\left\{8a^3 - 4aL_z^2 + L_z^3 + 64e^3\left[\left(\frac{D_z}{d_z}\right)^4 - 1\right]\right\}$$

$$f'_{切} = \frac{P_z}{\pi G_zD_z^2}\left\{a - \frac{L_z}{2} + 2e\left[\left(\frac{D_z}{d_z}\right)^2 - 1\right]\right\}$$

式中 P_z——轧辊上的总轧制力；

E_z——轧辊的弹性模量；

G_z——轧辊的剪切模量；

D_z——支撑辊的辊身直径；

d_z——支撑辊的辊颈直径；

L_z——支撑辊辊身长度；

a——支撑辊轴承中心线间的距离；

e——支撑辊辊身边缘至轴承中心线间的距离。

举例：已知条件：400mm 窄带钢精轧机，支撑辊直径 400mm，辊颈直径 d_z 为 260mm，辊身长度 L_z 为 400mm，轧辊弹

性模量 E_z 为 22×10^4MPa，轧辊剪切模量 G_z 为 8.1×10^4MPa，支撑辊轴承中心线间的距离 a 为 956mm，支撑辊辊身边缘至轴承中心线间的距离 e 为 278mm，轧制力 P_z 为 1500kN。求支撑辊挠度。

支撑辊弯曲挠度为：

$$f'_{弯}=\frac{P_z}{18.8E_zD_z^4}\left\{8a^3-4aL_z^2+L_z^3+64e^3\left[\left(\frac{D_z}{d_z}\right)^4-1\right]\right\}$$

$$=\frac{1500000}{18.8\times22\times10^4\times400^4}\times$$

$$\left\{8\times956^3-4\times956\times400^2+400^3+64\times278^3\left[\left(\frac{400}{260}\right)^4-1\right]\right\}$$

$$=0.1809\text{mm}$$

支撑辊剪切挠度为：

$$f'_{切}=\frac{P_z}{\pi G_zD_z^2}\left\{a-\frac{L_z}{2}+2e\left[\left(\frac{D_z}{d_z}\right)^2-1\right]\right\}=0.0558\text{mm}$$

所以，支撑辊挠度为：

$$f'_1=f'_{弯}+f'_{切}=0.1809+0.0558=0.2367\text{mm}$$

147. 怎样计算轧辊的弹性压扁量？

答：假定工作辊与支撑辊之间的压力是均匀分布的，即不考虑轧辊弯曲变形的影响，并把工作辊与支撑辊间的弹性压扁看做是两个圆柱体的接触变形，如图 4-35 所示。由于接触压扁，工作辊与支撑辊中心线互相靠近的数值（即压扁值）可由下式计算：

$$\delta_2=\frac{q}{\pi}\left(\frac{1-\mu_g^2}{E_g}+\frac{1-\mu_z^2}{E_z}\right)\times\left(\frac{2}{3}+\ln\frac{4D_gD_z}{b^2}\right) \qquad (1)$$

式中 δ_2——工作辊与支撑辊间的弹性压扁值；

μ_g——工作辊的泊松比；

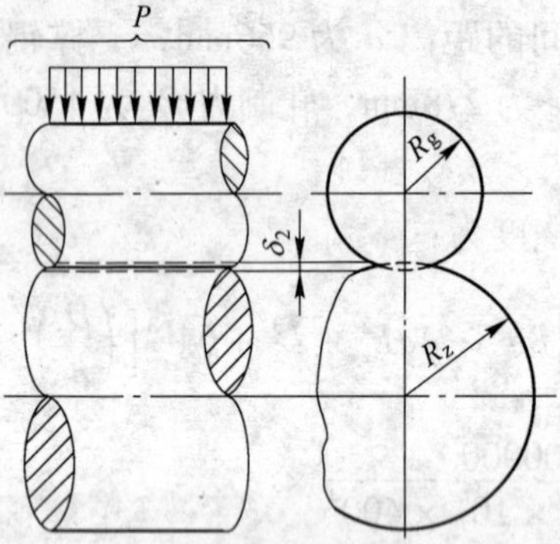

图 4-35 工作辊与支撑辊间的弹性压扁

μ_z——支撑辊的泊松比；

E_g——工作辊的弹性模数；

E_z——支撑辊的弹性模数；

q——作用在工作辊辊身上的单位负荷，$q = \dfrac{P}{L_g}$，其中，P 为轧制力，L_g 为工作辊辊身长度；

D_g——工作辊直径；

D_z——支撑辊直径；

b——工作辊与支撑辊接触宽度的一半。

b 可由以下公式计算：

$$b = 0.8\sqrt{q\frac{D_g D_z}{D_g + D_z}\left(\frac{1-\mu_g^2}{E_g} + \frac{1-\mu_z^2}{E_z}\right)} \tag{2}$$

将式 2 代入式 1，经整理后得：

$$\delta_2 = \frac{q}{\pi}\left(\frac{1-\mu_g^2}{E_g} + \frac{1-\mu_z^2}{E_z}\right)\ln\frac{3.04(D_g + D_z)}{q\left(\dfrac{1-\mu_g^2}{E_g} + \dfrac{1-\mu_z^2}{E_z}\right)}$$

设

$$\theta = \frac{1-\mu_g^2}{\pi E_g} + \frac{1-\mu_z^2}{\pi E_z}$$

则 $$\delta_2 = \theta q \ln\left(0.97\frac{D_g + D_z}{\theta q}\right) \quad (3)$$

当工作辊和支撑辊均为钢轧辊时，$\mu_g = \mu_z = 0.3$，$E_g = E_z = 22 \times 10^4 N/mm^2$，此时，系数 θ 为 $0.0263 \times 10^{-4} mm^2/N$。

举例：已知条件同上题，D_g 为 290mm。求工作辊与支撑辊的弹性压扁值。代入数据得：

$$\delta_2 = \theta q \ln\left(0.97\frac{D_g + D_z}{\theta q}\right)$$

$$= 0.263 \times 10^{-4} \times \frac{150 \times 10^3}{400} \times$$

$$\ln\left(0.97\frac{400 + 290}{0.263 \times 10^{-4} \times \frac{150 \times 10^3}{400}}\right)$$

$$= 0.1097mm$$

148. 怎样计算轧辊热凸度？

答：轧制中，由于带材变形热和摩擦热的作用，轧辊难免会有一定的温度升高。但是，轧辊受热和冷却条件沿辊身长度是不均匀的，通常靠近辊颈部分受热较少（冷却快），故轧辊中部比边部热膨胀大，导致轧辊产生热凸度 $\Delta D_{热}$。

在轧制一定数量带钢后，轧辊接近热平衡，轧辊热凸度可近似按下式计算：

$$\Delta D_{热} = k_t \alpha \Delta t D$$

式中 D——轧辊直径，mm；

Δt——轧辊辊身中部和边部表面温度差，根据实测决定（见表 4-32），℃；

α——轧辊材料的线膨胀系数，对钢轧辊来说，$\alpha = 11.9 \times 10^{-6} 1/℃$，对铸铁轧辊来说，$\alpha = 12.8 \times 10^{-6} 1/℃$；

k_t——约束系数，当轧辊横截面上温度为均匀分布时，$k_t=1$，当温度分布不均且表面温度高于心部温度时，$k_t=0.9$。

2800mm/1700mm 半连续式轧机精轧机组工作辊热凸度的实测值列于表 4-33。

表 4-32　1680mm 热带钢连轧机辊身温差的实测数值

机座序号	粗轧			精轧					
	2	3	4	1	2	3	4	5	6
工作辊温差平均值/℃	2.5~5	5~7	5.5~13	8~28	7~25	9.5~24	9~21.5	8~24	6~16
支撑辊温差平均值/℃	0.5	0.1	0.1	0.9	0.1	1.5	2.0	2.0	1.0

表 4-33　2800mm/1700mm 半连续式轧机精轧机组工作辊热凸度的实测数据

机架号	1 号	2 号	3 号	4 号	5 号	6 号
一个工作辊的热凸度/mm	0.13~0.20	0.14~0.15	0.11~0.15	0.11~0.13	0.05~0.13	0.05~0.09

149. 轧辊磨损的规律是怎样的，怎样弥补轧辊的磨损？

答： 工作辊与轧件间以及工作辊与支撑辊间的相互摩擦，都会使轧辊磨损。影响轧辊磨损的因素很多，如轧辊和轧件的材质和温度、轧制力和轧制速度、前滑和后滑值、轧辊表面硬度及粗糙度、支撑辊与工作辊间的滑动量及滑动速度等。

精轧机组工作辊的磨损，一般从第一架至最后一架逐渐减小，因为轧制温度、轧制力、压下量、接触弧长和前滑值等都逐渐减小，而轧辊表面硬度则逐渐提高（一般大直径新工作辊都放在最后一架）。另外，最后几架常常需要预压，增加了辊身边部的磨损，使磨损的深度相应减小。

工作辊传动侧的磨损比换辊侧的磨损大些，这是由于传动侧连接轴振动的结果。上辊比下辊的磨损也大些，因为上辊配有凸度，而且形成活套时，带钢对上辊包角大，增大了接触面积和压力。此外，带钢上表面的再生氧化铁皮也会增加上辊的磨损。

支撑辊的磨损，一般从第一架至最后一架逐渐增大，且传动侧大于换辊侧。

弥补轧辊磨损可采取以下措施：

（1）先轧宽的、薄的、公差要求严格的产品，然后，随着轧辊的磨损，依次改变轧制规格，向较窄和较厚的产品过渡。因此，换上新工作辊后，轧制带钢的宽度程序如图 4-36 所示。开始为了烫辊，先轧一定数量的较窄产品，以后，由轧制宽而薄的产品向窄而厚的产品过渡。

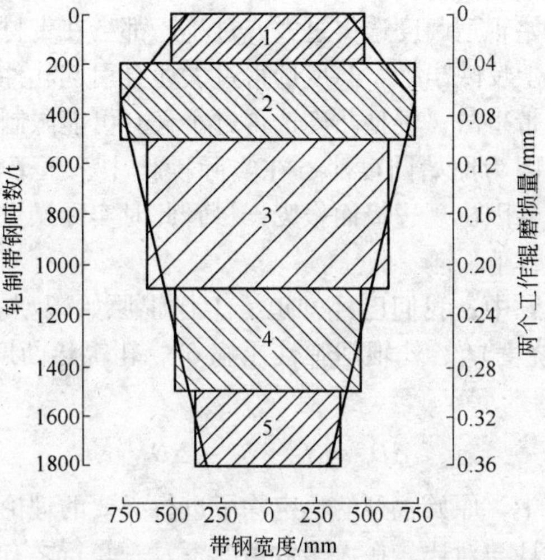

图 4-36　换新工作辊后轧制带钢的宽度程序

（2）用改变辊温分布的方法来弥补轧辊磨损的影响，即随着轧辊的磨损，中部冷却水减少，边部冷却水逐渐加大，以相应地增大轧辊的热凸度。

(3) 对终轧道次，还可以用减小压下量的方法来补偿轧辊的磨损。

150. 怎样合理选择工作辊的原始辊型？

答：工作辊原始辊型的合理选择是以正常生产条件下相对稳定的轧制力、辊温和辊身磨损特点为依据的。原始辊型 ΔD_0 本质上起到补偿各因素的平均影响的作用。生产中，对辊型的控制和调整又是在原始辊型的基础上施行的，或者说是以原始辊型为其出发点的。因此，原始辊型选择得合理与否对辊型控制的效果有直接影响。由此可见，合理的辊型设计与辊型的实际控制两者是相辅相成的。

检验原始辊型的合理性应从产品质量、设备利用情况、操作的稳定性以及是否能有效地减轻实际辊型控制与调整工作等方面来衡量。原始辊型凸度选得过大或过小，都会在带材产品的板形与横向厚差上反映出来。凸度选得过大还会引起轧件的横窜以及容易造成断带事故；辊型凸度选得过小又有可能限制轧机能力的充分发挥，因为原始凸度小，在实际操作中，压下稍微给大一些，带材就会因出现边浪而报废，尽管此时实际操作中轧制力还远未达到允许值。

前面几题中，我们已经知道，工作辊原始辊型 ΔD_0 与轧辊弹性变形(挠度) f_1、轧辊间弹性压扁 δ_2、轧辊热凸度 $\Delta D_{热}$ 的关系如下：

$$\Delta D_0 = f_1 + \delta_2 - \Delta D_{热}$$

在生产中，原始辊型的选定除了进行必要的理论计算外，还要靠经验估计与对比。在大多数情况下，一套行之有效的辊型制度都是经过一段时期的生产试轧，反复比较其实际效果之后才确定下来的，并且随着生产条件的变化还要进行适当的改变。

轧辊磨损的影响也可以通过合理选择原始辊型来补偿。对于四辊轧机来说，由于工作辊与支撑辊的换辊周期不同，因此完全有可能做到更换一次工作辊其辊型凸度将适当增加，以弥补支撑辊磨损带来的影响。表4-34为宽带钢热连轧精轧机组的工作辊原始辊型凸度配置实例。其特点是：随着支撑辊的逐渐磨损，工作辊凸度也逐渐增加。

表4-34 1700mm精轧机组工作辊的辊型配置实例

工作辊周期	机架号					
	3号	4号	5号	6号	7号	8号
	工作辊凸度/mm					
1	0.00	0.00	0.00	0.00	0.00	0.00
2	0.05	0.00	0.00	0.00	0.00	0.00
3	0.05	0.05	0.00	0.00	0.00	0.00
4	0.05	0.05	0.05	0.00	0.00	0.00
5	0.05	0.05	0.05	0.05	0.00	0.00
6	0.05	0.05	0.05	0.05	0.05	0.00
7	0.05	0.05	0.05	0.05	0.05	0.05
8	0.08	0.05	0.05	0.05	0.05	0.05
9	0.08	0.08	0.05	0.05	0.05	0.05

151. 怎样调整轧辊辊型？

答：为了改善带材板形和缩小横向厚度差，就要控制工作辊的实际凸度和实际挠度，以满足一定的横向厚差的要求。在轧制过程中，有很多因素促使工作辊的实际凸度和挠度不断变化，例如：

（1）轧制工作时间的长短、轧制速度的高低、轧制品种的不同、轧辊冷却条件的差异等都会引起轧辊温度分布状况的改变，导致轧辊热凸度的变化，从而引起工作辊实际凸度的改变。

（2）在轧制过程中轧辊的磨损不断增大，这也会引起轧辊实际凸度的变化。

（3）轧件厚度、宽度、张力等的变化及轧件力学性能不均等的影响，均会引起轧制力大小及分布规律的变化，从而使工作辊实际挠度改变。

在辊型设计中选定的一个原始辊型凸度 ΔD_0 是固定的，显然这不能保持良好的板形，这就要求在轧制过程中对轧辊实际凸度和实际挠度不断进行调整（即辊型调节）。目前，在生产实践中采用的辊型调节方法有：

（1）按合理的辊型设计，根据经验或计算，对给定的带材规格求出工作辊原始凸度 ΔD_0，使其保持带材所需的板形及横向厚度差。生产中，用不同的工作辊原始辊型凸度来适应各种规格的带材。

（2）调节轧辊温度沿辊身长度的分布，即改变 $\Delta D_{热}$。通过控制轧辊温度分布，如用辊身长度方向上分段冷却轧辊，改变各段冷却液的流量和温度，便可改变轧辊的热凸度 $\Delta D_{热}$，从而也改变了轧辊的实际凸度，达到调整辊型的目的。此方法的优点是采用的设备和控制方法都很简单，但它的调整速度很慢，惯性大，不能满足高速轧制的要求，且不能经常保持轧辊热凸度的对称性和稳定性。

（3）改变压下规程，调整轧制力，改变轧辊实际挠度。例如，通过减小压下量，减小轧辊本身的挠度，就可缓和或消除带钢产生对称边浪。此方法的缺点是改变压下量会影响带钢出口的厚度，可能导致轧制道次的增加，降低生产率。

（4）采用液压弯辊装置，调节轧辊挠度，改变轧辊实际挠度。当采用这种方法时，工作辊两端受一附加的弯曲力作用，可以加大或减小轧辊在轧制过程中所产生的挠度，使轧辊实际挠度自动或人工地保持在最佳数值上。液压弯辊的突出优点是快速、准确，能满足高速度、高精度轧制的要求，实现板形自动控制；能使一种辊型适应多种规格的生产，便于磨辊，减少了换辊次数，提高了作业率。但此法也有缺点，如弯辊力使轧辊和轧机有关零件的负荷增加，降低零件的使用寿命。

152. 什么叫液压弯辊，怎样使用液压弯辊？

答：液压弯辊就是用液压缸对工作辊或支撑辊施加附加弯曲

力，使轧辊产生附加挠度，补偿轧辊原始辊型凸度，以保证带材板形良好。液压弯辊装置能迅速调整轧辊辊型，且调整幅度较大。液压弯辊装置不仅可减少磨辊次数，而且还减少换辊次数，提高轧机作业率。它与计算机相结合，可以有效地控制板形。液压弯辊的缺点是给轧机、轴承和轧辊本身增加了附加载荷，因而影响了轧机能力的充分发挥。

液压弯辊有两种基本方式：弯曲工作辊和弯曲支撑辊。

(1) 弯曲工作辊。弯曲工作辊的方法有正弯辊法（简称 JWW 法）和负弯辊法（简称 JWB 法）。前者是减小工作辊挠度（图 4-37a），后者是增大工作辊挠度（图 4-37b）。弯曲工作辊较灵活，结构简单，弯辊力较小，又能达到满意的辊型控制效果。

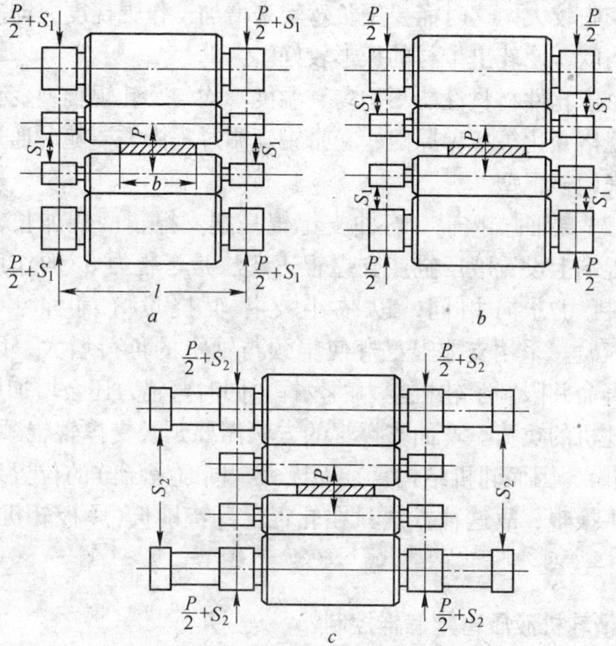

图 4-37 液压弯辊方法

a—正弯辊（JWW）；b—负弯辊（JWB）；c—弯曲支撑辊（JBB）

因此，弯曲工作辊方法在一般带材轧机上使用较广。

正弯辊是在上下工作辊轴承座之间设置液压缸或利用工作辊平衡缸对上下工作辊轴承座施加与轧制力方向相同的弯辊力 S_1（此力规定为正值，故称正弯辊）。在工作辊正弯的作用下，轧制时轧辊的挠度减小。轧辊在使用中磨损时，辊身中部磨损比边部快。为了补偿轧辊的磨损，应采用正弯辊，这样就可延长轧辊的使用周期，减少换辊和磨辊次数，并能保持所轧带材的良好板形。

负弯辊是在工作辊轴承座与支撑辊轴承座之间设置液压缸，对工作辊轴承座施加一个与轧制力方向相反的作用力 S_1（此力规定为负值，故称为负弯辊）。工作辊负弯使轧制时工作辊的挠度增加。在轧制过程中，轧辊受热膨胀，辊身中部散热较慢，使辊径膨胀较大，这时需要用负弯辊来增加工作辊挠度，即减小了轧辊凸度，使轧出带材的板形较好。

由于轧件材料性能不均匀、温度不均匀、轧辊辊型变化以及轧制规格变化等各种原因，在带钢轧制过程中需要随时通过弯辊装置来调整辊型。

（2）弯曲支撑辊。弯曲支撑辊是把支撑辊两端加长，在伸长的辊端上设置液压缸。支撑辊正弯法是弯辊力 S_2 的作用方向与轧制力方向相同，以减小支撑辊挠度（简称 JBB 法，图 4-37*c*）。采用支撑辊正弯使辊颈与轴承的负荷增大，因而降低其寿命并限制了轧机能力的发挥。同时弯辊力还会增加压下装置和轧机的负荷。弯曲支撑辊的方法需要延长支撑辊辊颈（安装液压缸），因而轧机结构复杂而庞大，同时液压缸的位置还影响工作辊换辊，故这种方法只在轧辊辊身特别长（厚板轧机）时才采用。

153. 精轧机液压弯辊怎样控制？

答： 液压弯辊（即液压辊型调节）的控制可分为手动调节系统和自动调节系统两类。当采用手动调节系统时，弯辊力的大小是操作者根据对板形的观测、计算（包括使用计算机计算）或操作经验给定的，而没有板形的反馈调节。手动调节系统的要求是给定后的弯辊力应能保持不变。目前，手动调节系统已得到广泛应用。

图 4-38 为 1700mm 热连轧机精轧机的液压弯辊系统。该系统是利用定压减压阀输出压力较为稳定的特性来控制弯辊缸的油

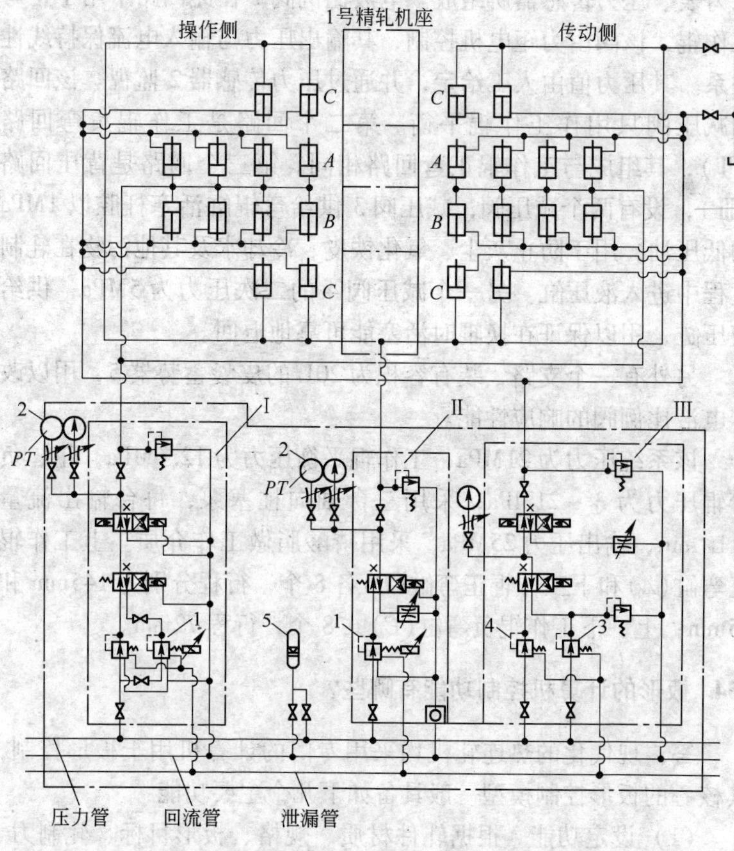

图 4-38　1700mm 热连轧机精轧机弯辊装置的液压控制系统

1—电液比例阀；2—压力传感器；3、4—减压阀；5—皮囊蓄势器

Ⅰ—工作辊正弯和平衡回路；Ⅱ—工作辊负弯回路；Ⅲ—背压回路

压。调节减压阀输出油压，就可调节弯辊力，达到改善辊型的目的。1700mm 热连轧机 1 ~ 7 精轧机均采用工作辊正、负弯曲装置。每个机座的弯辊力，均采用人工操作的减压阀控制回路，7 个机座的控制系统相同，共用一个油泵站。

该弯辊控制系统共有三个回路，第一个回路是工作辊正弯和平衡回路（Ⅰ），该回路由减压阀、电液比例减压阀、换向阀、压力表、压力传感器所组成。电液比例阀 1 在此回路中用于正弯工作辊，该阀由力矩电机控制，其输出压力与输入电流保持线性关系。其压力值由人工给定，并通过压力传感器 2 监视。该回路的减压阀只用作工作辊平衡。第二个回路是工作辊负弯回路（Ⅱ），其组成与工作辊正弯回路相同。第三个回路是背压回路（Ⅲ），设有两个减压阀，减压阀 3 供给弯辊缸活塞杆腔以 1MPa 的低压油，用于防止灰尘、氧化铁皮、冷却水及其他污物在轧制过程中进入液压缸。另一个减压阀 4 的二次压力为 5MPa，供给液压缸，用以保证在换辊时活塞能可靠地退回。

另外有一个支路，装有容积为 20L 的皮囊蓄势器 5，用以改善电液比例阀的响应性能。

该系统压力为 21MPa，工作辊平衡压力为 12.6MPa，正、负弯辊压力为 3 ~ 21MPa，采用三台轴向柱塞泵，每台输出流量 61L/min，输出压力 25MPa，采用磷酸脂做工作介质。上工作辊正弯缸（A）和下工作辊正弯缸（B）各 8 个，行程分别为 145mm 和 95mm；上、下工作辊负弯缸（C）共 8 个，行程 72mm。

154. 板形的计算机控制功能有哪些？

答：现代化的热连轧机均采用专门的计算机用于板形控制，其核心的板形控制模型一般具备如下几个主要功能：

（1）设定功能。根据轧件材质、规格、板形目标、轧制力、轧机及辊型参数等，依据一定的板形控制策略，在轧件进入轧机前计算并输出轧辊轴向移动量、轧辊交叉角、弯辊力等板形机构的调节量。

(2) 前馈功能。根据前面机架轧制力的波动、来料板形的变化(如果能够检测到)对板形机构的调节量(主要是弯辊力)进行调整。当然,当本架轧制力出现稳定的变化时,本架的板形调节机构也要做相应的调整。

(3) 反馈功能。根据板形检测结果与目标值的偏差,计算并输出板形机构的调整量。

(4) 模型修正(自学习)功能。根据板形的实际情况与模型设定计算之间的偏差,计算模型的参数修正量,以提高模型精度。

五、热轧工艺参数测量及控制

155. 热带钢连轧机轧制线上采用哪些主要检测仪表?

答: 检测仪表是工业生产自动化的主要工具之一,它对生产设备和操作过程进行测量、显示、监视和控制。用检测仪表测量生产过程中的某些参数,并按被测参数的大小成比例地转换成电(或气压)的信号,与给定信号比较后,将偏差值输送给执行机构。因此检测仪表在自动控制系统中是一个重要的环节。在计算机控制系统中,检测仪表不仅检测生产过程中各种必要的参数,供操作人员监视生产情况或提供准确的记录资料,而且还要将测得的参数送到计算机及时地进行过程控制。

根据生产需要,现代化的热带钢连轧机轧制线上一般设置测温、测厚、测宽、测压以及冷、热金属检测器等仪表。图 4-39 为某 1700mm 热带钢连轧机仪表配置情况。

各种检测仪表的原理和功能如下:

(1) 冷金属检测器(CMD)。

原理:由投光器和受光器组成,投光器以砷化镓发光二极管作为光源。

功能:跟踪板坯。

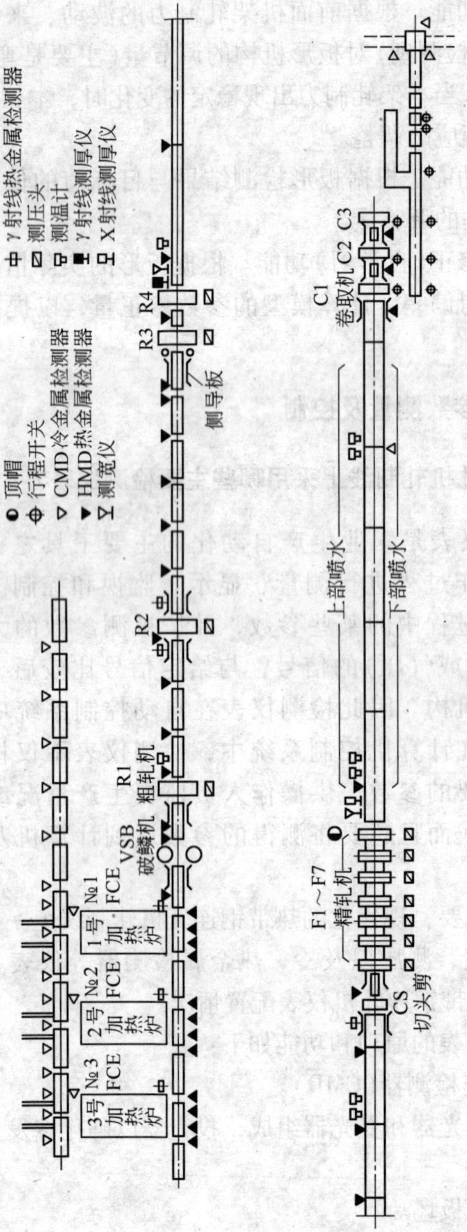

图 4-39 某 1700mm 热带钢连轧机检测仪表配置图

FCE—加热炉；VSB—破鳞机；R1、R2、R3、R4—粗轧机；CS—切头剪；F1～F7—精轧机；C1、C2、C3—卷取机

(2) 热金属检测器(HMD)。

原理：板坯放射的红外线，经聚焦、调制、检测，发送一个460Hz的AC信号，再经放大器而驱动输出继电器，输出“检有”或“检无”信号。

(3) γ射线检测器(γ-HMD)。

原理：由射源钴60发出射线，当有板坯时，将射线反射到碘化钠闪烁器上产生微弱的光，经光电倍增管放大的脉冲信号，再经前置放大、比率计比例放大、脉冲电流变换，驱动继电器接点，输出“检有”或“检无”信号。

功能：1) 检测炉内板坯，其信号可决定出钢机和步进梁是出钢还是踏步；

2) 检测粗轧机R2前后板坯位置；

3) 检测板坯是否到达飞剪前,发出切头、切尾信号。

(4) 测温计。

原理：光电式或热电堆辐射式。

功能：1) 精轧设定计算；

2) 终轧温度控制；

3) 卷取温度控制。

(5) 测厚仪。

原理：γ射线测厚原理和X射线测厚原理。

功能：1) 精轧辊缝设定计算；

2) 带钢厚度自动控制。

(6) 测宽仪。

原理：红外辐射式或照射式。

功能：带钢宽度自动控制。

(7) 测压仪 (压头)。

原理：压磁式测压。

功能：厚度自动控制。

热带钢连轧机所使用的检测仪表要求可靠性和检测精度高，反应速度要快，并且，这些检测仪表多数都在高温、蒸汽、水、油、灰尘以及振动冲击等环境下工作，因此必须对检测仪表采取相应保护措施，使其能连续可靠地工作。

156. 测厚仪有哪些种类，其特点如何？

答：测厚仪有接触式和非接触式两种。接触式测厚仪测量周期长，测量精度较低，测量范围宽，用于低速、冷轧条件下轧件厚度测量。非接触式测厚仪由于具有反应速度快、测量精度高、可实现连续检测、易于与计算机联网、易于实现厚度自动控制等特点而得到广泛应用。

非接触式测厚仪有 X 射线测厚仪、γ 射线测厚仪（主要有镅和铯两种）、超声波、红外线和激光测厚仪。前两种为放射线测厚仪，它们是根据一定能量的射线穿过钢板时，射线衰减强度与钢板厚度有一定关系的原理做成的。射线由射线源发出后，一般由下而上经钢板吸收一部分，剩下的被检测器接受。当被测空间无钢板时，使用已知厚度的基准板校正。

现代测厚仪就是一套计算机数据检测和处理系统，具有运算功能（如根据输入的目标厚度和实测厚度，计算并输出实测厚度偏差），以及自校正、自我诊断和维护等智能功能。

γ 射线比 X 射线穿透能力强，但较之 X 射线难以实现高辐射剂量。大辐射剂量可以实现低噪声和高响应速度。X 射线测厚仪适用于薄板和中板等高速生产线厚度测量，可以安装在热轧带钢轧机精轧机组出口、冷轧带钢轧机出口和机架间。镅 γ 射线测厚仪主要用于薄板的中低速生产线厚度测量，由于镅同位素辐射出来的 γ 射线能量比铯同位素辐射出来的 γ 射线能量低，遮蔽容易，可用于冷轧线的小型测厚仪。铯 γ 射线测厚仪可安装于热带钢粗轧机组出口、厚板精轧机出口及其精整线上。

157. γ 射线测厚仪的测厚原理是什么，其性能怎样？

答：γ 射线与 X 射线一样也是一种电磁波。γ 射线测厚仪的测量原理与 X 射线的基本相同，也是利用被测带材对射线的吸收作用。由于射线穿过被测带材后，强度有所减弱，其减弱的程度与带材的单位面积质量或厚度有一定的关系，因此可以测量出带材的厚度。

γ射线测厚仪由三部分组成：装有放射源和检测器的检测部分、将检测信号放大处理的电子电路部分和偏差指示器(外显示器)。

HHF-212型γ射线测厚仪的原理方框图如图4-40所示。

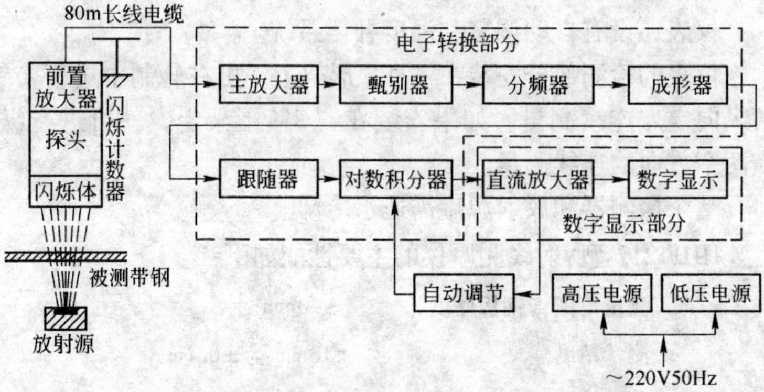

图4-40 HHF-212型γ射线测厚仪原理方框图

在铅做成的放射源容器中装有Cs^{137}，Cs^{137}发出的γ射线通过容器的细孔，以束状垂直向上辐射。经垂直定向后的窄束γ射线穿透被测带材后，部分射线进入探头（由碘化钠晶体和光电倍增管构成)，γ射线打到闪烁晶体后发出闪光，由光电倍增管转换成电流脉冲信号，经前置跟随器后由长电缆输出。

显然，与X射线测厚仪的情况一样，由探头转换成脉冲电信号的频率与被测带材的厚度成指数关系。

由于光电倍增管输出脉冲幅度较小，需经放大器放大，考虑到光电倍增管的噪声会引起不稳定，所以用甄别器将幅度低的噪声除去。通常，经甄别后的信号频率仍很高，所以脉宽也较窄，这样去积分就困难些，故先进入分频单元，再进入成形器，可以成低频率，增加脉宽，便于积分。为了把原来与带材厚度成指数关系的脉冲数转变成与厚度成线性关系的电压值，采用了对数积分法，积分后的电压数值就线性地代表了相应的钢板厚度值。为提高灵敏度，采用正负偏差显示的方法，即将积分电压与对应某一厚度的参考电压相比较，再将其偏差经直流放大后用电表显示。

另外，为便于操作人员读数，还配上数字电压表进行正负偏差的数字显示。

仪表还设有自动调零和温度补偿系统。

仪表的检测部分安装在“O”形架上，可在轧制中进行带钢的纵向定点连续测量。如果安装在“C”形架上，就可进行纵、横两个方向的连续测量。

整个探测器和放射源罐需通水冷却。

HHF-212 型γ射线测厚仪的主要性能如下：

测量范围（钢板厚度）	8～40mm
测量精度	<10mm 为 ±0.1mm
	10～30mm 为 ±1%
	30～40mm 为 ±0.3mm
稳定性	±1%/4h
反应时间	1～2s

158. 压磁式传感器怎样测量轧制力？

答： 压磁式传感器由硅钢片叠装而成，中间用环氧树脂粘结，形成牢固的铁芯结构，如图 4-41*a* 所示。压磁式传感器同其他传感器相比，具有输出功率大、抗干扰能力强、寿命长、过载能力强、维护方便、抗恶劣环境能力强等优点。因此，在轧机中，压磁式传感器广泛用来测量轧制力。

压磁式传感器的基本原理是利用“压磁效应”。某些铁磁材料(如硅钢片)受到机械力 P（压力、拉力、扭力等）作用后，

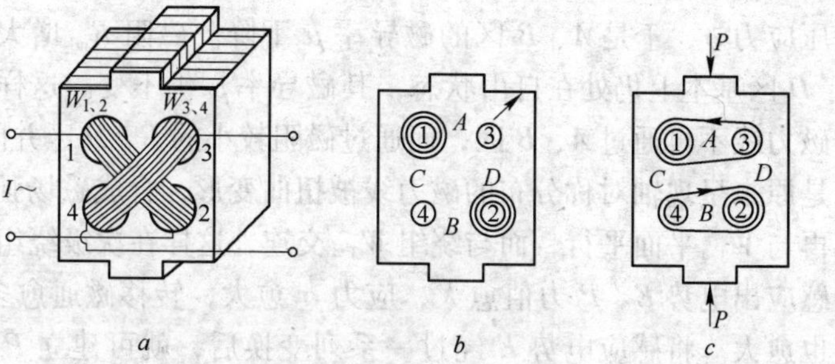

图 4-41 压磁式传感器原理示意图

a—压磁元件的安装位置；*b*—传感器不受外力作用时；*c*—传感器受到外力作用时

在其内部产生了机械应力 σ，由此引起铁磁材料的磁导率 μ 发生变化。这种由于机械力作用而引起铁磁材料的磁性质发生变化的物理效应称为压磁效应。利用压磁效应制成的传感器，叫做压磁式传感器，在轧机中常称为压磁式压头。

绕有线圈的铁芯的磁导率 μ 变化，引起磁路磁阻 R_m 变化，而磁阻的变化又引起铁芯上线圈总阻抗 Z 的变化，则感应电势 E 发生变化。将此感应电势 E 经过处理，即可得到输出电流 I（或电压 U）。

在压磁元件(图 4-41*a*)的两个对角线上，开有 4 个对称的小孔 1、2 和 3、4。在孔 1、2 和 3、4 间分别绕以绕组，其中孔 1、2间的绕组 $W_{1、2}$通以励磁电流，叫做初级绕组，孔 3、4 间的绕组 $W_{3、4}$作为产生感应电势用，叫做次级绕组。$W_{1、2}$与 $W_{3、4}$的平面互相垂直，并与外力作用方向成 45°夹角。当初级绕组 $W_{1、2}$通过一定的交流电流时，铁芯中就产生了磁场。现假设把孔间分成 *A*、*B*、*C*、*D* 4 个区域。在传感器不受外力作用(图 4-41*b*)时，由于铁芯的磁各向同性，*A*、*B*、*C*、*D* 4 个区域的磁导率 μ 是相同的，此时磁力线呈轴对称分布，合成磁场强度 H 平行于次级绕组 $W_{3、4}$的平面，磁力线不与绕组 $W_{3、4}$交连，故 $W_{3、4}$不会感应出电势。

当传感器受到外力 P 作用（图 4-41c）时，A、B 区将承受很大压应力 σ，于是 A、B 区的磁导率 μ 下降。磁阻 R_m 增大，而 C、D 区基本上仍处在自由状态，其磁导率 μ 仍不变。这样，部分磁力线不再通过 A、B 区，而通过磁阻较小的 C、D 区并闭合。于是原来呈现轴对称分布的磁力线被扭曲变形，合成磁场强度 H 不再与 $W_{3,4}$ 平面平行，而与绕组 $W_{3,4}$ 交连，这样在次级绕组 $W_{3,4}$ 中感应出电势 E。P 力值愈大，应力 σ 愈大，转移磁通愈多，E 值也愈大。将感应电势 E 经过一系列变换后，就可建立 P 与电流 I（或电压 U）的线性关系，即可由输出 I（或 U）来表示被测轧制力 P 的大小。

压磁式压头的安装要求是：

（1）载荷必须均匀分布在整个受压面上，为此压头和轴承座接触面必须平整，对接触面的机械加工表面不平度要求为小于 0.01mm，表面粗糙度 R_a 为 0.63μm。

（2）载荷为点状输入时，必须在压头和力作用点之间加传力垫块，使载荷分布均匀，传力垫块要选用硬度高的材料，并保证不小于规定的厚度。

（3）应有防止侧向力或扭力作用的机构，避免接触面滑移和防止传感器损坏。

159. 怎样测量带钢宽度？

答：热轧带钢温度高，散热面大，采用接触式人工测量宽度，测量工作十分困难，劳动条件恶劣，而且精度低。光电式测宽仪通过光学系统非接触、连续地测量运动着的带钢的宽度和带钢对于工作辊的横向位移，并指示和记录其偏差值，同时可向计算机送出测量信号。光电式测宽仪一般装在热带钢连轧机粗轧机组和精轧机组的出口侧。

光电式测宽仪的原理如图 4-42 所示。检测部分有两个扫描器，用来扫描带钢边缘部分的图像，以测定带钢宽度变化。两个扫描器的中心放在轧机的中心线上。用电机正反转动带动精密的

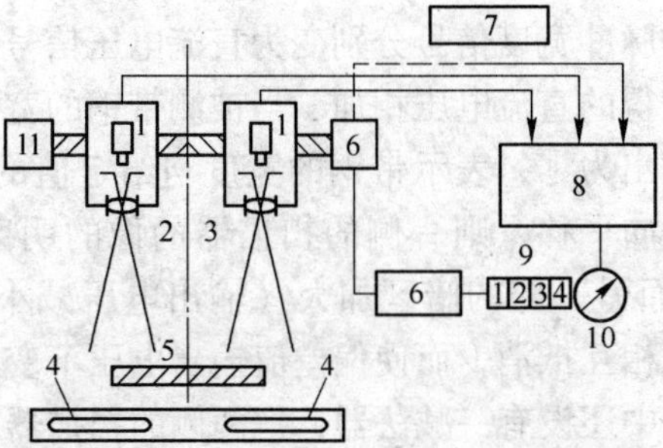

图 4-42 光电式测宽仪原理示意图

1—光电管;2、3—扫描器;4—下部光源;5—带钢;6—自整角机;7—标准宽度给定;8—测定部分(放大、检波、调制);9—宽度指示仪;10—偏差指示仪;11—电机

正反扣丝杠，使扫描器从中心向相反方向移动，以此来调整两个扫描器之间的距离。扫描器之间的距离用自整角机发出信号，宽度的给定值在指示仪上可表示出来。在扫描器中装有透镜、转动窄缝机构、光电倍增管、前置放大器、校正零点用的内部校正器。测量时先把两个扫描器之间的距离按带钢的规格来给定。把带钢边缘部分的图像，用透镜聚焦在窄缝机构的窄缝通过面上。由于精轧完了的带钢温度较低，故采用下部光源，从带钢的下面照射上来，在成像面上得到一个在光亮背景上被测物的像呈暗的影子。带钢的宽度变化，使成像面上的明暗边界要移动。在圆筒形窄缝面的周围开有很多很细的窄缝，此圆筒做匀速转动。当窄缝落在带钢像的明区时，将有光线通过窄缝到达光电倍增管，使其有一个大的光电流产生。反之，当窄缝落在带钢像的暗区时，没有光线通过窄缝，使光电倍增管输出一个极小的光电流。因此，当窄缝做匀速转动时，在光电倍增管上将获得一个矩形的脉冲波。这样，在带钢宽度变化时，明暗区的边界线要移动，即当带钢变窄时，明区变大，暗区变小。光电倍增管的输出矩形波的宽度会发生变化，这个宽度变化是比例地反映了带钢的宽度变化。

从两个扫描器获得的矩形脉冲波信号，送入控制器，首先将两侧所获得的脉冲宽度信号分别变为直流电压信号。然后，用加法器把两侧获得的直流电压相加，当被测带钢的宽度等于给定值时，加法器输出为零，表示带钢的宽度与给定值的偏差值为零。若此时发生横向平移，则一侧的扫描器的像的明区加大（输出电压加大），而另一侧的暗区加大（输出电压减小），因此，由加法器相加后相互抵消，而使偏差值输出电压不变。

在控制器中还设有一减法器，把两侧的扫描器所获得的电压相减，其差值反映了带钢中心线与轧机中心线之间横向平移量的大小。如带钢与轧机中心线是对准的，只是带钢的宽度变化时，两侧扫描器将有相等的输出电压，则相减的结果为零。由指示表来表示其输出的变化。

160. 什么叫自动控制？

答： 所谓自动控制，是指不要人参与、自动地使某物理量（或过程）保持在规定值或按指定规律变化，如温度控制、速度控制和厚度控制，等等。

实现自动控制的方法可分为两大类别：顺序控制系统和反馈控制系统。

顺序控制系统（也称为开环控制系统）是在发出工作指令后，控制系统自动地、顺序地完成一系列操作，以达到控制的目的。

根据控制指令的排列顺序不同，顺序控制系统又可分为时间顺序控制、逻辑顺序控制和条件顺序控制。

时间顺序控制：其控制指令是按时间程序排列的，且每段控制指令的执行时间是严格不变的。

逻辑顺序控制：控制指令也是按程序排列的，但不是按时间顺序排列的，而是按逻辑关系排列的，而每段控制指令的执行时间是可变的，是自动变化的。

条件顺序控制：不是按固定程序执行控制指令，而是根据一定条件选择执行。

反馈控制系统是随时测量被控制的物理量，并与给定值比较，根据比较所得的误差信号，经变换放大后驱动执行机构，以消除误差，即保持被控制量为给定值。

例如轧机主电机的转速反馈控制系统(图4-43)，被控制对象是电机4，被控制量是转速，执行机构是伺服电机2，用测速发电机测量电机的转速(因测速发电机测出的电压直接反映了电机的转速)。完成被控制量测量任务的元件或装置称为测量元件或测量装置。把测量得到的电压 U_s 与标准电压 U_0 进行比较，得到误差值 ΔU。如果 $\Delta U \neq 0$，即说明转速偏离了给定值，从而需要进行控制，以使电机的转速尽可能达到给定值，即 $\Delta U=0$。一般 ΔU 很小，需要放大。放大后的电压 U_1 控制伺服电机转动，再通过减速器移动分压器的蜗杆。由分压器上取得所需要的激磁电压、激磁电流，改变供电发电机的激磁，以使电机的转速达到要求。转速反馈控制系统方框图如图4-43所示。

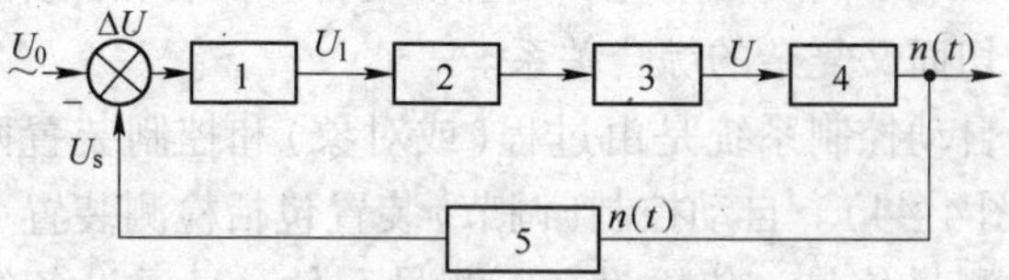

图4-43 转速反馈控制系统方框图

1—放大器；2—伺服电机；3—发电机；4—电机（被控对象）；5—测速发电机

将被控制对象的输出信号，如上述电机的转速，送到输入端，再作用到本身，这个过程叫反馈。取输出信号(全部或部分)的负值，再作用于自身时，则称为负反馈。

对于任何一个控制系统，至少有一个物理量，它的变化规律在生产过程中要求严格控制，使它保持恒定或者按预先规定的程序变化，或者跟随某个外加信号变化。这个物理量称为被控制量(有时亦称为被调节量)，被控制量有时又称为控制系统的输出信号。

具有被控制量的装置或生产过程称为控制对象。如上述的被控制量转速是在直流电机中变化的，直流电机即为控制对象。又如控制轧机的轧制厚度时，轧机压下系统便是控制对象。

用于决定被控制量变化规律的外加信号叫输入信号，有时输入信号称为控制系统的给定值或控制信号。促使被控制量产生一定偏离的外界因素称为干扰。输入信号（给定值）与输出信号（被控制量）之差为控制系统的误差信号。

相对于顺序控制系统，反馈控制系统亦可称为闭环控制系统。

161. 计算机怎样控制热带钢连轧机的生产过程？

答：工业生产过程中采用计算机控制，能取得很大的经济效果。热带钢连轧机采用电子计算机控制后，带材质量、轧制速度及轧机效率将大大提高。计算机对生产过程进行集中控制，不仅使轧制线实现了高度自动化，而且使设备、仪表和计算机之间发生非常密切而又复杂的综合关系。

一个自动控制系统是由过程（或对象）和控制装置两大部分组成的（图4-44）。自动控制（调节）装置包括检测装置（一次敏感元件、测量信号、传输设备、测量元件、显示设备等）和控制设置（调节器、控制信号、传输设备、执行元件等）。其作用是测量过程的被调量（变量）；显示被调量并与给定值作比较，当发生偏差时，用调节操作量来校正被调量。

一般的生产过程调节，是由操作人员根据测量仪表的数值和过程运行数据的判断来调整过程参数，它无法对生产过程实现最

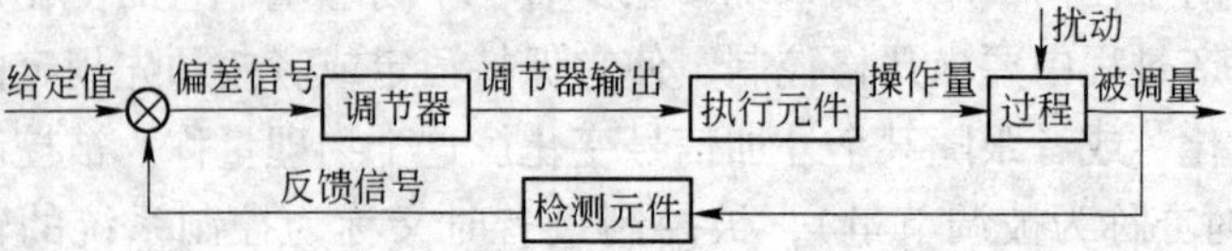

图4-44　自动控制系统方框图

有效、最经济或最佳调节。使用电子计算机控制，不仅可以大大提高控制系统的灵活性和通用性，而且能满足复杂和变化多端的自动化控制的要求。

生产过程控制用计算机是由主机(存储器、运算器、控制器)、外部设备(控制台、打字机、纸带穿孔机、打印机、外存储器)和外围设备(实时时钟、过程输入输出设备)组成的。计算机各部分的功能列于表4-35。外围设备是连接计算机与生产过程所必须的通道,它使主机与生产过程连接起来，把生产过程中用仪表检测到的信号送入计算机，或者把计算机发出的指令送给生产过程的执行装置（如传动装置、调节阀等）进行某种操作。

表4-35 计算机各部分的功能

分类	设 备	功 能	备 注
主机	存储器	保存、记录原始数据,运算步骤及中间结果	即内存
	运算器	进行运算的加法器,寄存器	有些控制机中把这两部分及数据通道、总线接口统称为中央处理机(CPU)
	控制器	使运算器自动地运算,并使各部分均能协调地、有节奏地工作,它还具有中断处理能力	
外部设备	输入设备	可以输入数据及程序,打出计算结果,也可以修改程序,供人机联系专用	这部分又称为输入输出设备
	打印机	把计算机结果或中间结果用人能识别的数字及符号按照不同的形式打印在纸上	
	外存储器	容量大。它在运算过程中,间断地把数据和指令补充给快速内存,并记录一些运算的中间结果	外存有磁鼓、磁盘或磁带
外围设备	实时时钟	用作控制计算机系统工作定时的时钟	计算机具有实时计算功能,也有实时时钟
	过程输入输出设备(PI/O)	模拟量输入输出,数字量输入输出,开关量输入设备	

一个计算机系统又可归结为两大组成部分，即硬件和软件。硬件是指机器系统，即是一个工具。软件就是计算机系统所用的全部程序，它包括系统程序和应用程序两部分。系统程序是计算机本身的基本程序，用来扩大和提高计算机的使用效率。应用程序是对生产过程进行控制的功能程序（如各种参数的计算程序等），即通常由使用者来控制的所谓应用软件。软件是很重要的，它的功能与质量在很大程度上决定了整个计算机系统的功能。

在工业控制应用中，通常需用几台计算机来控制一个生产过程。由于计算机技术飞速发展，计算机控制系统进行分级控制。

第Ⅰ级与生产过程联系最密切，通过检测仪表收集过程数据，并经数学处理后显示，操作人员据此进行人工干预，或输送至高一级的控制使用，这是最低级控制。

第Ⅱ级是直接数字控制。计算机按一定的采样时间循环地从外部过程获得有关数据，经控制计算，从计算机输出相应的信息到外部过程，控制执行相应的动作。这是目前普遍使用的一种控制方式。使用的计算机称为直接数字控制计算机，简称DDC。

第Ⅲ级是监控级。这一级计算机称为监督控制计算机或过程控制计算机，简称SCC。

第Ⅳ级是企业管理计算机。

某1700mm热带钢连轧机的计算机系统采用4台计算机，由1台监控计算机SCC为监控级，3台直接数字计算机DDC组成控制级。整个轧制线自板坯上料辊道开始，直到卷取、检查、称重、打印、输出钢卷号为止，全部由计算机控制。1700mm热带钢连轧机的计算机及外部设备见图4-45。

162. 热带钢连轧机计算机控制系统的功能有哪些？

答：某1700mm热带钢连轧机采用了厚度自动控制、宽度自

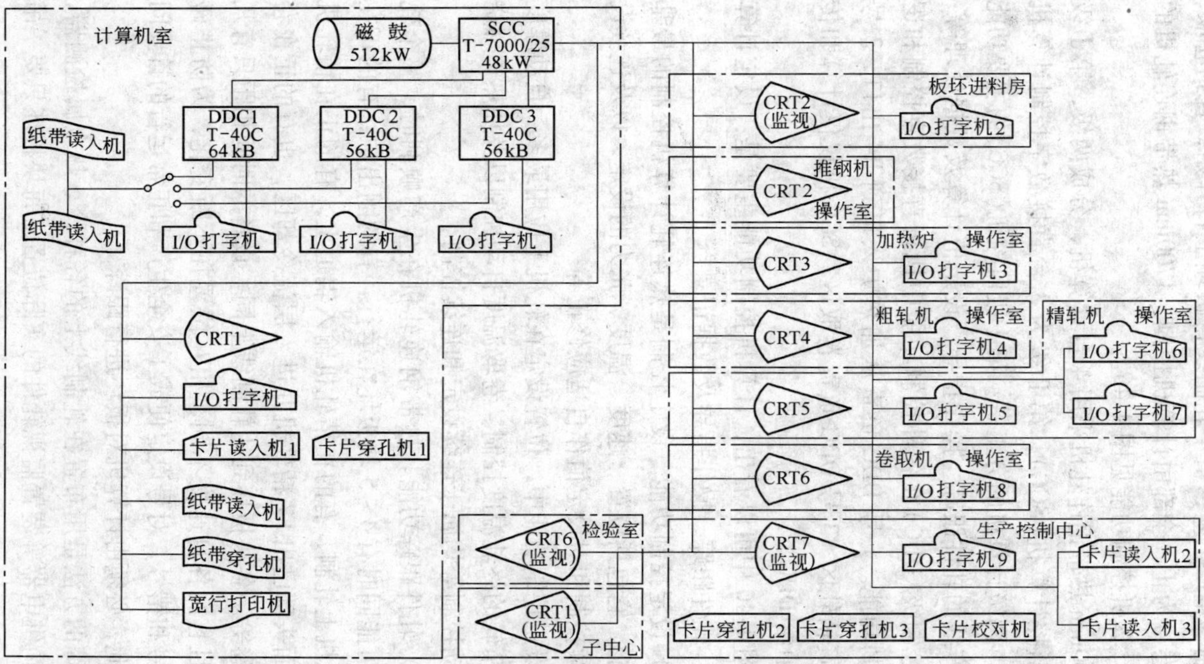

图 4-45 1700mm 热带钢连轧机的计算机及外部设备

CRT—阴极射线管；I/O—输入/输出；SCC—监控计算机（过程控制计算机）；DDC—直接数字控制计算机

动控制、终轧温度自动控制、卷取温度自动控制以及小张力电动活套控制等生产工艺，整个轧制线自板坯上料开始，直到卷取、输出钢卷号为止，全部由计算机控制。1700mm 热带钢连轧机的布置及计算机控制功能见图 4-46。

1700mm 热带钢连轧机采用 4 台计算机，分成两级，第Ⅰ级为 1 台监控计算机(SCC)，第Ⅱ级为 3 台直接数字控制计算机(DDC)。两级计算机的分工是：第Ⅰ级监控机(SCC)的主要功能是对生产线的轧件跟踪、操作指导、设定值计算及数据处理等；第Ⅱ级控制级(DDC)在各种控制功能中执行直接数字控制和逻辑的控制功能。1 号 DDC 负责从加热炉入口到 R4 出口，2 号 DDC 负责精轧区，3 号 DDC 负责卷取区。SCC 机仅仅计算和传送设定值给 DDC。

从图 4-46 中可以看出，计算机控制功能主要是：设定计算及控制、轧件跟踪、操作指导及数据记录。

(1) 设定控制功能。设定控制是热连轧计算机控制的最基本的功能，它包括位置、速度、温度、张力的设定，以及连续设定、连续控制和对设定值作自适应修正等。

在设定控制功能中，位置设定在轧机上应用最多。自动厚度控制、精轧的终轧温度控制、卷取温度自动控制以及加热炉燃烧温度自动控制等均属于连续设定和连续控制。

(2) 轧件跟踪功能。热带钢连轧机在生产顺利时，整个轧制线上可能同时有 4～5 块板坯在运行，有的刚出炉，有的正在 R2 粗轧机上轧制，有的在精轧机输入辊道上，有的正在精轧机中轧制而头部已出 F7 精轧机并进入层流冷却区，也有的正在卷取或卸卷等。各块板坯到达轧制线上同一设备的时间相距只有几秒钟，且它们各自速度不同，相互位置在不断变化，为防止碰撞、混号和错号，对号设定便成了安全生产和正常运行的首要问题。因此，必须由计算机对板坯进行跟踪。

跟踪的方法是用布置在轧制线上的各种冷、热金属检测器，轧机负荷继电器等装置监视轧件的实际位置。每块板坯只要一吊

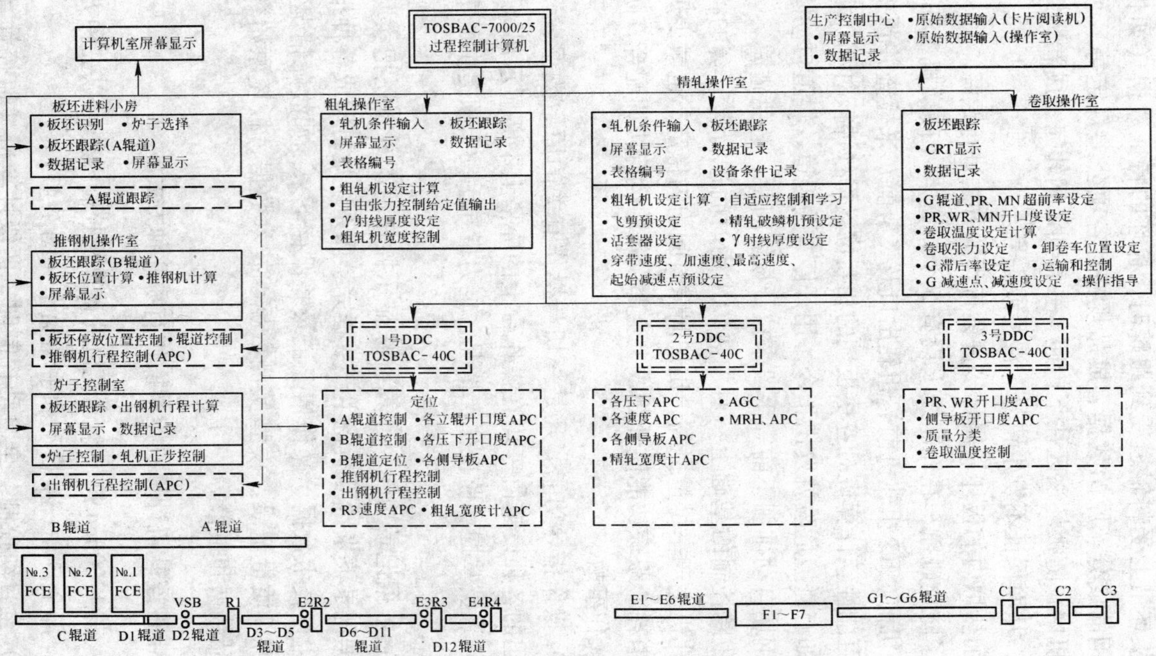

图 4-46 1700mm 热带钢连轧机计算机控制功能图

A、B、C、D、E、G—辊道；FCE—加热炉；VSB—破鳞机；R1、R2、R3、R4—粗轧机；E2、E3、E4—立辊；F1～F7—精轧机；C1、C2、C3—卷取机；MN—卷筒；MRH—速度主控器；PR—夹送辊；WR—助卷辊；CRT—阴极射线管；APC—位置设定控制

上受料辊道就被跟踪，直到卸卷、上运输链检查完毕才解除跟踪。

当板坯吊上受料辊道受到跟踪时，板坯的特征数据（如板坯号、钢的成分、原始数据、成品规格、各项公差规定等）便在计算机内跟随板坯逐区往下传递，一直到带钢轧完、成卷、卸卷运走，从而保证不发生错号、混号或丢号。

在加热炉内的板坯靠累计步进梁行程的方法进行跟踪。

为了防止碰撞，在轧制线上设有 5 个检查点（破鳞机 VSB、R2 粗轧机前、R3 粗轧机前、粗轧出口及飞剪前）来检查并预报碰撞的可能性。计算机对各块板坯的相互位置每秒钟核对和计算一次。如有碰撞危险就发出指令，用开停有关辊道、辊道自动降速、带钢坯自动徘徊不前等手段来拉开板坯间距，避免碰撞。

在跟踪控制的基础上，对加热炉出钢时间进行有节奏的控制，使轧机生产率尽量提高，出炉间隙时间均匀稳定，也减少炉子燃料消耗。跟踪功能使轧制线上全部设备的运行协调配合，防止发生操作事故。

（3）操作指导功能。凡是一切与操作有关的原始数据、计算机算出的各种设定值等均在操作台上的屏幕上不断显示出来，便于操作人员掌握和监视生产情况，也为指导手动干预提供了重要参考。

（4）数据记录功能。计算机除显示操作情况外，还把实际结果数据记录下来，不断将生产数据完整而系统地打印成各种报表，将生产技术数据、操作情况记录并保存下来，如故障情况、生产情况、质量记录、模型实测数据、技术数据、板坯原始数据、成品数据和报警等。

163. 热带钢连轧机计算机控制操作有哪几种方式？

答：某 1700mm 热带钢连轧机的计算机控制操作可以三种方式进行，即全自动、半自动和手动操作（图 4-47）。

（1）全自动控制。全自动控制时，两级计算机（监控计算机 SCC 和直接数字控制计算机 DDC）都投入工作。板坯原始数

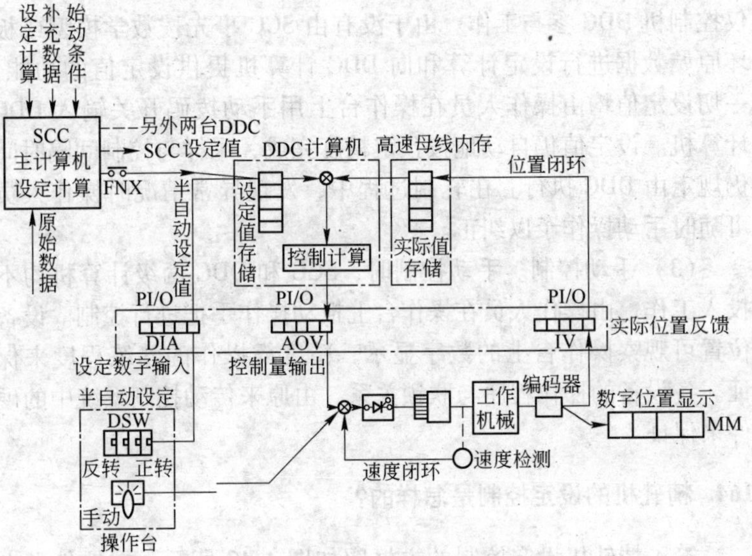

图 4-47 计算机控制的三种操作方式

据从生产控制中心（由卡片读入机）先输入 SCC。板坯库按计划逐块将板坯吊上受料辊道，由板坯进料室的操作人员负责识别与校对板坯号，与屏幕显示（1 号屏幕）校对确认。把这个确认信号输入到 SCC，于是热轧控制系统开始自动运转，即计算机按设定计算和控制、轧件跟踪、操作指导及数据记录等控制功能进行工作。如 SCC 进行轧件跟踪，利用跟踪功能掌握轧件的运行情况。在满足正确的同步条件时，根据操作人员的轧制命令进行操作指导，同时进行各类设定或控制计算，并把结果与运转指令一同输出给 DDC 或外部控制装置。DDC 或外部控制装置根据这些信息和指令，自动进行板坯的运送，决定各设备的位置以及各种控制（位置设定控制 APC、厚度自动控制 AGC）。此外，监控机 SCC 还利用各种检测仪表直接收集、处理轧件在轧制过程中产生的信息，并把这些信息输出给相应的各操作室，显示操作情况及记录实际数据结果。

（2）半自动控制。半自动控制时，监控机 SCC 不投入工作，仅控制机 DDC 参与工作。由于没有由 SCC 事先按数学模型或板坯原始数据进行设定计算和向 DDC 计算机提供设定值的功能，一切设定值均由操作人员在操作台上用手动拨码开关输入 DDC 计算机。设定值仍自动地按预定精度完成，采样与控制间隔时间仍规定由 DDC 执行。在轧制过程中，发现异常情况时操作人员可随时手动操作予以纠正。

（3）手动控制。手动控制时，SCC 和 DDC 两级计算机均不投入工作，由操作人员在操作台上扳动操作手把进行控制。设备位置可观察操作台上的数字显示，精度靠操作的熟练程度来保证。各设备的操作程序与联锁关系，由原来传动控制系统中的硬件来保证。

164. 精轧机的设定控制是怎样的？

答： 精轧机设定控制的方框图如图 4-48 所示。在轧件尚未进入精轧机 F1 之前，精轧设定模型根据来料尺寸、温度、成分及成品规格等参数，计算出空载辊缝及主电机转速的预设定值，

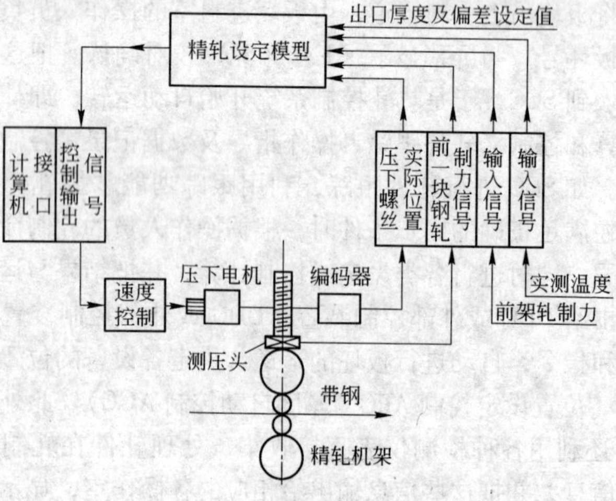

图 4-48　精轧机设定方框图

并通过自动位置控制 APC 功能设定好辊缝及速度，这就是计算机的第一次设定计算。

当轧件到达精轧机 F1 入口时，基于第一次设定后轧件的温度变化(实测温度)做修正计算，即计算机进行第二次设定计算。待轧件刚进入 F1、F2 精轧机时，用实际测得的轧制力立即修正后面 F3～F7 精轧机的轧制力预报值，即用 F1、F2 精轧机所取的轧制力实测值偏差量修正后面几个机座的空载辊缝设定值，即进行第三次设定，这种功能在计算机控制上叫做“自适应”。

轧辊磨损、热膨胀、同一批来料成分的微量变动等缓慢变化因素影响已经预设定好的辊缝时，则利用已经轧过去一批料的实测值来修正后续轧制的下一板坯的设定值，这在计算机控制上叫做“自学习”。利用自学习和自适应功能，可提高设定精度。

第二节 精 轧 设 备

一、精轧机组及其操作

165. 边部加热器的作用和特点是什么？

答：边部加热器的作用是将中间带坯的边部温度加热补偿到与中部温度一致。带坯在轧制过程中，边部温降大于中部温降，温差大约为 100℃。边部温降大，在带钢横断面上晶粒组织不均匀，性能差异大，同时，还将造成轧制中边部裂纹和对轧辊严重的不均匀磨损。

边部加热器的形式有两大类。一类是保温罩带煤气烧嘴的火焰型边部加热器，这种边部加热器在国外生产硅钢的热带轧机精轧机组前可见。比如日本的八幡厂、意大利的特尔尼厂均有这种形式的边部加热器。另一类是电磁感应型边部加热器，这种边部加热器在国外普遍采用，效果更好，因为加热温度可以调节，适用各类钢种。我国宝钢 1580mm 热带轧机精轧机组设有此类边部加热器。鞍钢1780mm和武钢2250mm精轧机组预留了边部加热器的基础。

电磁感应型边部加热器结构形式有三种：固定型、地面小车移动型、悬挂式移动型。普遍采用地面小车移动型，如宝钢1580mm，因为这种加热器维护方便。

边部加热器加热带坯厚度范围为20~60mm，带坯运行速度为20~120m/min，边部加热范围为80~150mm，边部温度增高最多可达263℃，一般在距边部25mm处增加温度80℃左右。

边部加热器的安装位置，若是火焰型则安装在飞剪前的中间辊道上；若是电磁感应型则大多安装在切头飞剪前，少数安装在切头飞剪后，极个别安装在F1和F2精轧机之间，如日本的新日铁名古屋厂。我国各热轧带钢厂的边部加热器均安装在飞剪前，原因是此处环境条件好。

边部加热器加热的钢种主要有冷轧深冲钢、硅钢、不锈钢、合金钢等。

电磁感应边部加热器是一个机电一体化设备，由一台PLC控制，与过程控制计算机相连。

166. 废品剪的作用是什么，其结构怎样？

答：废品剪设置在粗轧机组和精轧机组之间的辊道上。当精轧机组和卷取机因出事故不能继续工作时，精轧坯料必须停放在中间辊道上。在排除事故期间，轧件温度下降，当轧件温度低于精轧温度时，该轧件不能继续轧制，必须及时处理，以保证事故排除后迅速恢复生产。这时轧件长达百米，温度很高，用吊车吊走或人工切割都有困难。因此，轧制线上设置了废品剪及其辅助设备，如台架、推钢机等，将不能继续轧制的轧件切成定尺钢板，并收集到轧制线侧面的台架上。这样处理后的精轧坯料，还有当作厚板使用的可能性。

1700mm热带钢连轧机的废品剪采用液压下切式。废品剪的特点是在轧机停轧时工作。因此正常轧制时，要求它不影响轧件通过。设备中采用了上刀架摆动机构。上刀架摆动后，剪刃与辊道上表面间有 700mm 的开口度。为避免剪切过程中轧件压辊道而采用下切式，并使下剪刃在剪切前低于辊道面 100mm，从而保证轧制时正常过钢。

图 4-49 是废品剪的结构图，其性能见表 4-36。废品剪由下

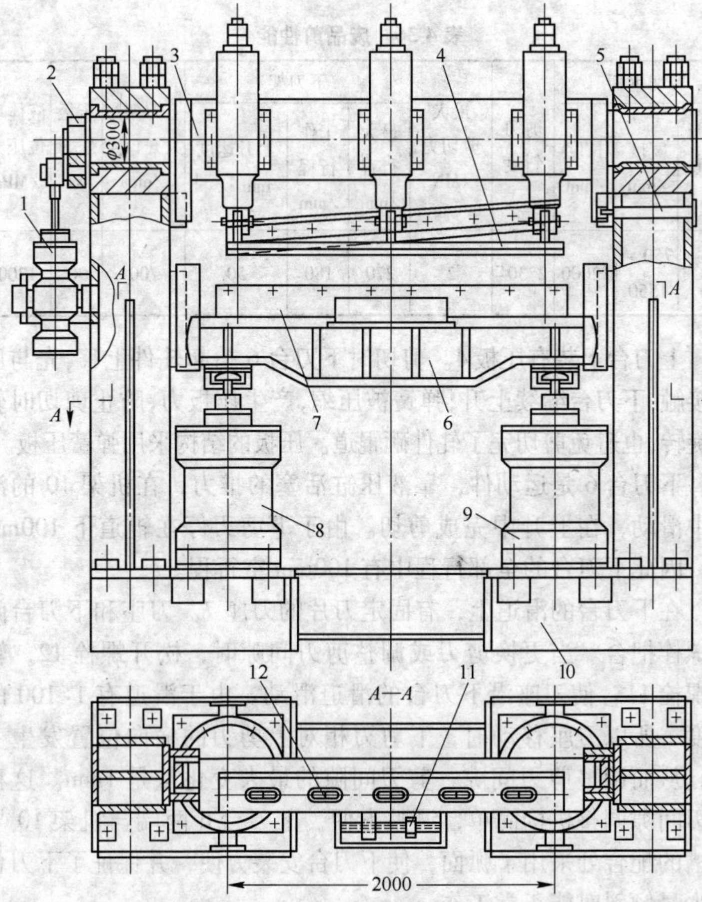

图 4-49　废品剪切机

1—摆动缸；2—曲柄；3—上刀台；4—压板；5—固定液压缸；6—下刀台；7—刀座；8—主动缸；9—从动缸；10—机架；11、12—螺栓

刀台、上刀台、液压缸和架体4部分组成。工作时由固定液压缸5将斜销插紧，固定上刀台，保证剪切时的正确位置。剪切完了固定液压缸将斜销抽回，上刀台3在摆动缸1的推动下，通过曲柄2摆动90°，达到最大开口度，从而保证正常过钢，同时也减少了辐射热对压板弹簧的影响。

表4-36　废品剪性能

剪切钢板			剪刃斜度	最大剪切力/MN	下刀架			上刀架最大开口度/mm	压板压力/kN	液体单位压力/MPa
最大厚度/mm	宽度/mm	长度/mm			最大行程/mm	工作行程/mm	上升速度/mm·s⁻¹			
14～40	750～1550	12000	2°30′	2	270	180	50	700	90	1200

上刀台上装有压板4。剪切时下刀台6抬起轧件上移,先与压板接触,下刀台继续上升,弹簧被压缩,产生压板力,防止剪切时轧件旋转,也避免剪切完了轧件砸辊道。压板的结构采用弹簧压板。

下刀台6是运动件，靠液压缸活塞的推力，在机架10的滑道中滑动，在上升中完成剪切。由于下剪刃停在辊道下100mm处，因此下刀台的全部行程中有100mm空行程。

在下刀台的滑道上，有固定刀片的刀座7。刀座和下刀台间用螺栓把合。当更换剪刃或调整剪刃间隙时，松开螺栓12，转动螺栓11，使刀座沿下刀台的滑道滑动。由于滑道有1:100的斜度，所以刀座移动时，下剪刃相对上剪刃的横向位置发生变化，从而调整剪刃间隙。剪刃间隙的最大变化量是1mm。这种剪刃间隙调整机构简单，调整方便。下刀台6两端与机架10导向槽的配合处采用了弧面，使下刀台安装方便，并保证了下刀台有少量倾斜时能正常工作。

167. 对热带钢连轧机组的飞剪有哪些要求？

答：带钢运行中进行横向剪切的剪切机称为飞剪机，简称飞剪。飞剪用于剪切带钢的头部、尾部及定尺剪切。热带钢车间的飞剪设置在连续式轧制作业线上和单独的横切机组中。

热带钢车间的飞剪按用途可分为切头飞剪和定尺飞剪两大类，按结构形式可分曲柄式、滚筒式、滑座式和滑块式等几种。

热带钢车间的生产率很高，生产工艺对带钢飞剪的要求很高，主要有以下几点：

（1）剪切时，剪刃在剪切轧件的同时还要随轧件一起运动，即剪刃在带钢运动方向上的水平速度必须与带钢的运行速度相等或大2%~3%，保证剪切时带钢不被阻挡亦不被拉断。

（2）飞剪应能按规定剪切定尺长度，且长度尺寸公差与剪切断面质量应符合国家标准有关规定。

（3）剪切时，飞剪上下剪刃宜做平面平移运动，上下剪刃垂直或近似垂直于带钢表面，并保持适当的侧间隙和重合度。

（4）飞剪的生产率必须与生产作业线的生产率相适应。

为了满足剪切多种定尺长度的要求，飞剪除了有剪切机构外，还必须设置空切机构。飞剪的匀速机构或同步机构应保证剪切瞬时剪刃速度的水平分量与带钢运行速度同步。

夹送矫正机与飞剪组成一体，可以保证带钢顺利地进入飞剪和测定带钢的运行速度。

168. 切头飞剪怎样控制切头和切尾？

答：热带钢连轧机的粗轧机组和精轧机组之间大多设置一台切头飞剪，剪切精轧带坯头部和尾部的低温及不规则部分，以利于精轧机咬入带坯，减少带坯对轧辊的冲击，防止轧制过程中发生卡钢事故。

切头飞剪区各装置的配置如图4-50所示。带坯经粗轧机轧制后，由中间辊道送到切头飞剪区，切去头部和尾部。测量装置10位于剪前辊道的辊缝中，靠轧件和辊子表面间的摩擦力带动测速发电机11，测定轧件速度。热金属探测器1位于轧件正上方，在A、B、C三处进行扫描。以A、B两处带坯宽度差选择切

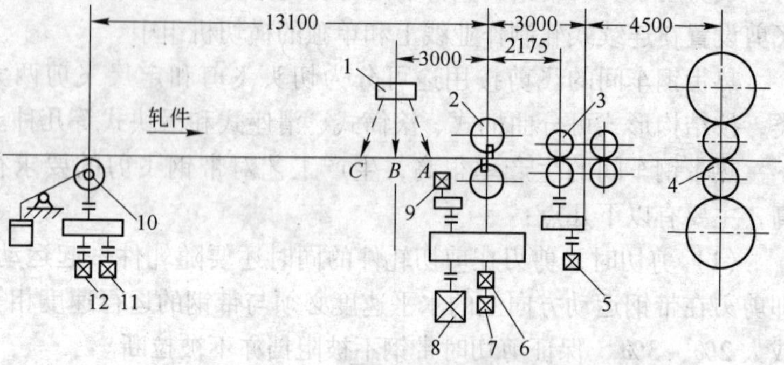

图 4-50 切头飞剪区各设备布置图

1—探测器；2—切头飞剪；3—破鳞夹送辊；4—1 号精轧机座；
5、9、11—测速发电机；6—主令控制器；7—自整角机；
8—电机；10—测量装置；12—脉冲发生器

头部位，*B*、*C* 两处带坯宽度差选择切尾部位，使剪切部位既可切掉头、尾不规则部分，不残存“铲头”和“鱼尾”，又尽可能地减少金属消耗。脉冲发生器 12 是为了防止被切掉部分过长而设置的，安装在测量装置中，用脉冲数指示带钢通过长度。当带坯从热金属探测器下通过时，探测器立刻发出信号，系统开始计算脉冲数。如果探测器用宽度比较法还没有找到合适的剪切部位，而脉冲数已达到给定数值，即带坯头部已达到了允许的最大长度，此时飞剪将以脉冲数为根据进行剪切，因为切掉的带坯长度应小于剪机到剪后第一个辊道间的距离，否则料头不能及时进入料头收集装置。

切头飞剪 2 的测速发电机 9 与测量装置的测速发电机 11 相配合，控制剪刃的切头速度；与破鳞夹送辊 3 的测速发电机 5 相配合，控制剪刃的切尾速度，使剪刃在切尾时的线速度与第一架精轧机座轧件入口速度相适应。主令控制器 6 用于控制剪刃位置。自整角机 7 把剪刃的实际位置反映给操纵台，使操作人员了解设备运输情况。

169. 切头长度最佳控制系统的特点是什么，它是如何工作的?

答：带钢头、尾外形是在带钢运行过程中由二极管扫描摄像机摄取并存贮在循环缓冲器中的。一台小型计算机按不同的标准，求出头、尾部分的最佳剪切长度，确定剪切长度传送到剪机控制系统，并相应地切除切头部分。采用此系统可减少热轧宽带钢机组的切损约0.3%～0.5%，提高收得率，提高经济效益。

以宝钢2050mm热轧带钢轧机剪切长度最佳化系统CMMS-200为例加以简要说明。图4-51为识别系统可能的切头形状。

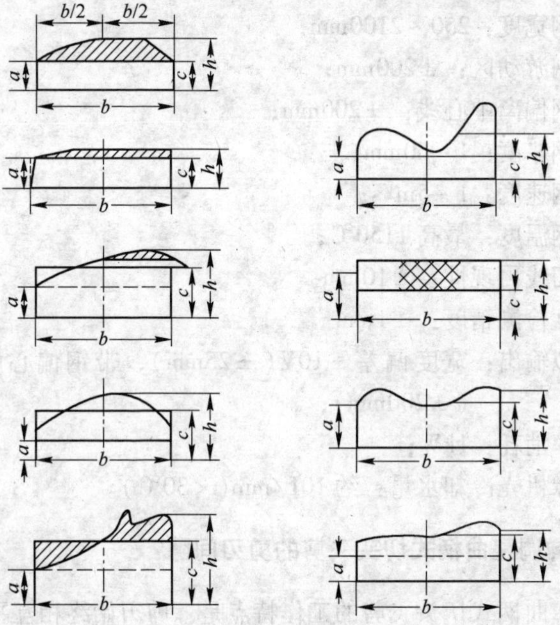

图4-51　CMMS-200切头识别系统可能的切头形状

切头的行程节拍由R4机架(粗轧机组末架)轧辊上的转速发送器转换成脉冲序列，在此考虑了“前滑”。切尾的行程节拍由一个辊道辊子上的转速发送器转换成脉冲序列。这些脉冲在分频器中再转换成毫米行程节拍。

上端头识别由辊道上方的两个二极管扫描摄像机来实现。每个摄像机提供部分图像，这些图像汇集在计算机里。切头识别器前面有一型号为 MSII 的精密光栅，此光栅与切头形状摄像机一起构成一个已知长度的测量间距，以此来检验行程记录器。另一个同样型号的精密光栅放在剪机前面，用来触发剪机启动。

该系统的性能如下：

检测精度：静止状态 ±1mm，动态(5m/s 带速下)1 ×8mm；

扫描率：660 个/s；

带钢宽度：250 ~ 2100mm；

带钢游动区： ±200mm；

带钢偏离中心线： ±200mm；

带钢厚度：1 ~ 60mm；

带钢速度：1 ~ 5m/s；

带钢温度：最高 1150℃；

剪切线再现性： ±10mm；

宽度检测精度： ±1mm；

模拟输出：宽度偏差 ±10V(±25mm)，带钢偏心度 ±10V(±200mm)；

功率消耗：1kW；

摄像机壳冷却水量：约 10L/min(<30℃)。

170. 怎样调整曲柄式切头飞剪的剪刃间隙?

答：曲柄式切头飞剪的工作特点是：剪刃始终相互平行，不受曲柄旋转角的影响，剪刃与带坯表面垂直并保持良好的侧间隙；剪切过程与斜刃剪相同。

曲柄式切头飞剪的剪切机构如图 4-52 所示。下剪刃水平地装设在下剪股 1 上。倾斜的上剪刃用螺栓固定在上剪股 2 的斜槽中，斜度通常为 1° ~ 2°。刀架轴 3 固定在偏心套 4 中，偏心量

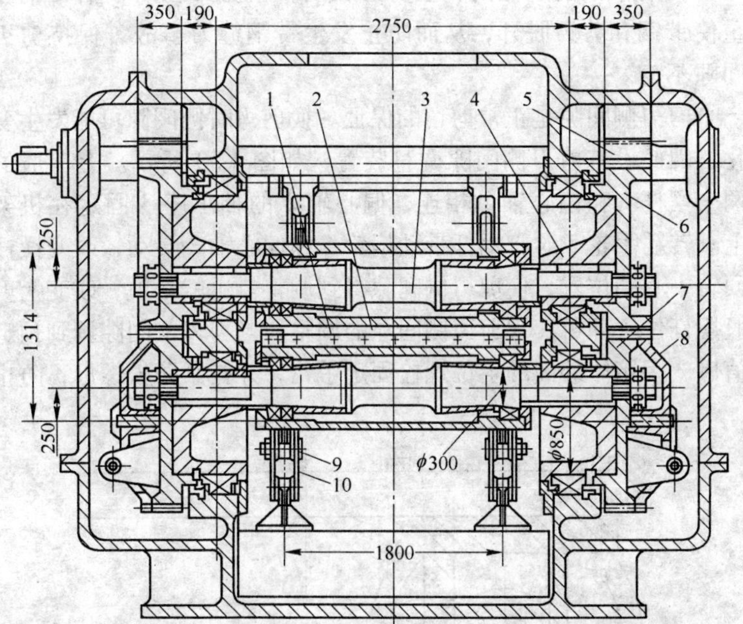

图 4-52 曲柄式切头飞剪的剪切机构

1—下剪股；2—上剪股；3—刀架轴；4—偏心套；5—小齿轮；
6—大齿轮；7—主齿轮；8—副齿轮；9—臂杆；10—摆杆

(曲柄半径)为 250mm，臂杆 9 与摆杆 10 相铰接。偏心套(曲柄)、臂杆、摆杆和机架组成四连杆机构，使剪刃在剪切时始终与带坯表面垂直。

为了保证剪刃侧间隙的稳定，减小齿轮的齿间冲击，将下剪股的大齿轮设计成由主齿轮 7 和副齿轮 8 构成的组合齿轮结构。副齿轮始终超前主齿轮一个微小角度，副齿轮有 4 个宽缺口，主齿轮的 4 个凸块从缺口中穿过。主、副齿轮间沿切向有 4 个弹簧，借助弹簧力，使齿轮 6、7、8 成为无游动间隙啮合。主、副齿轮间弹簧的作用是：克服侧向推力产生的力矩，使剪刃侧间隙恒定；消除齿间冲击。这样，在主、副齿轮机构的作用下，沿带钢前进方向，上剪刃在前，下剪刃在后，借带钢自重使带钢和剪刃脱开，从而防止发生带钢缠刀事故，保持剪刃间隙不变。

剪刃侧间隙是正常剪切的保证。换剪刃时侧间隙可能发生变化，因此设有剪刃侧间隙调整装置，如图4-53所示。上剪股的两个摆杆1和偏心轴2相连，偏心轴2的轴承座3固定在机架上。转动手轮5时，蜗杆带动蜗轮4和偏心轴2转动，改变摆杆回转中心的位置，使剪刃侧间隙得到调整。也就是说，改变上剪股摆杆位置即可实现剪刃侧间隙的调整。当剪刃侧间隙调到预定值后，用箱体外面的定位螺栓固定手轮，并拧紧防松螺母，防止

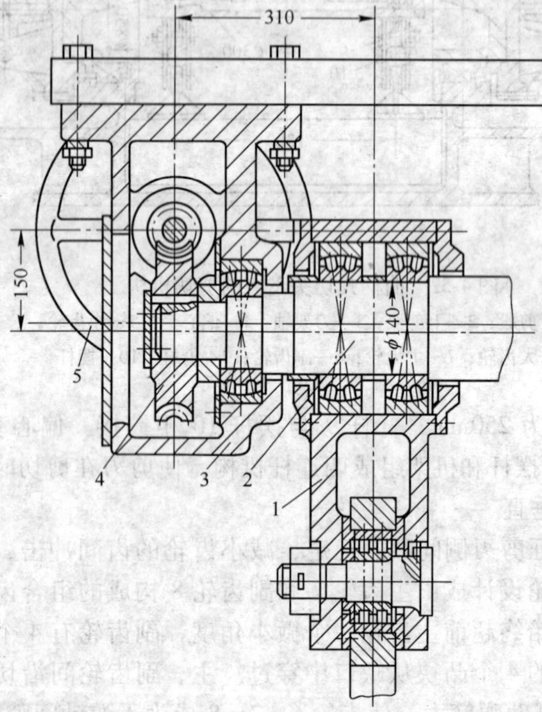

图4-53　曲柄式切头飞剪的剪刃侧间隙调整机构

1—摆杆；2—偏心轴；3—轴承座；4—蜗轮；5—手轮

工作中因振动而改变剪刃侧间隙。切头飞剪剪刃侧间隙预调值一般不大于0.5mm。

该曲柄式飞剪的剪切宽度为750~1550mm，最大剪切厚度为40mm(1000℃)，最大剪切力为2MN，剪切速度为0.4~2m/s。

171. 怎样调整双滚动式切头飞剪？

答：双滚动式切头飞剪装在热带钢连轧机精轧机组前面，用来剪切带坯的头部和尾部。

双滚动式切头飞剪的工作特点是：剪切时剪刃不平行，不适于剪切过厚的带坯；剪刃的重合度不能过大；可以装设两对不同剪刃，能分别完成切头、切尾的不同工艺要求；旋转平衡性好，剪切速度高。

双滚动式切头飞剪(图4-54)的剪切机构由装着剪刃的两个相对转动的滚筒组成，在滚筒上装有两组圆弧方向相反的弧形剪刃15。一组用来切头，使带坯端部呈圆弧状，以减少轧件咬入时的冲击负荷；另一组用来切尾，使轧件尾部亦呈圆弧状，减少带钢的鱼尾长度。

两组剪刃分别用螺栓固定在滚筒上，其位置相差180°。不剪切时，剪刃停在水平位置；切头时，剪刃行程$\alpha=90°$；切尾时，由于轧件速度比切头时要大，因而切尾时剪刃行程$\alpha>90°$，此时剪刃先反转再正转进行剪切。切头飞剪的剪切过程可分为切头启动、切头终了、剪刃冷却、切尾启动、切尾终了、复位冷却6个阶段。

上下滚筒用四列圆柱滚动轴承支承，并且在一整体轴承座14内，因而机架不承受剪切力。采用整体轴承座能够实现快速更换剪刃。当要更换剪刃时，首先松开压紧楔块8，然后通过推拉机构将轴承座与滚筒一起从机架内拉出并横移，再将另一套预先装配好的滚筒与轴承座推入机架并用压紧楔块8把轴承座压紧在机架内。

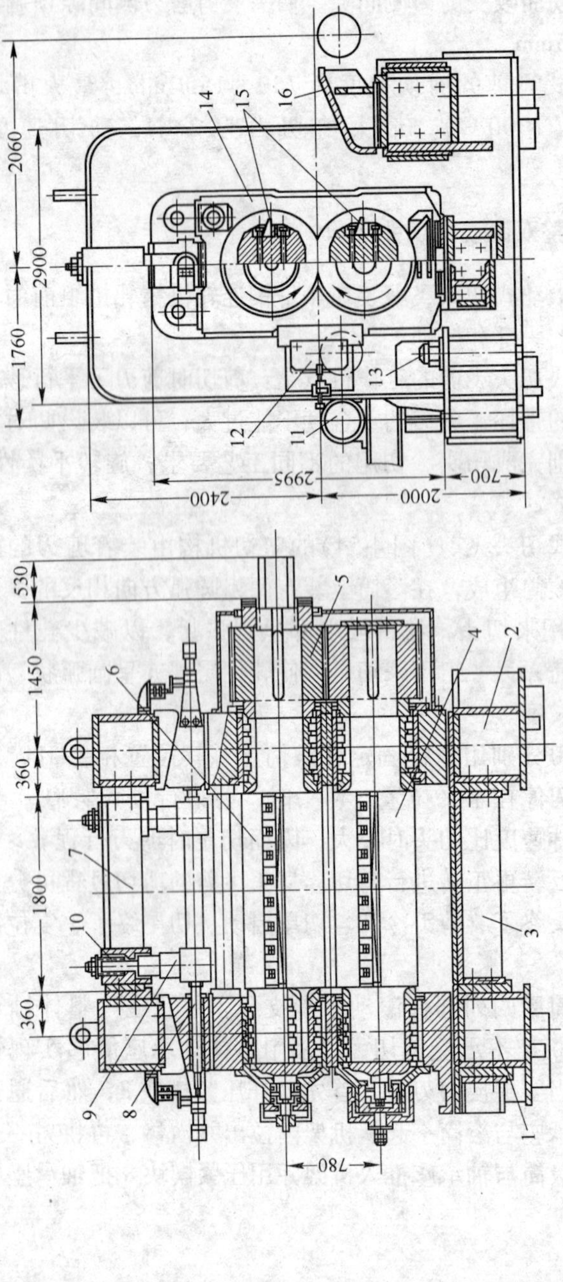

图 4-54　双滚动式切头飞剪

1、2—机架；3—下横梁；4—下滚筒；5—同步齿轮；6—上滚筒；7—上横梁；8—压紧楔块；9—平衡装置；

10—平衡弹簧；11—机架辊；12—轴向挡板；13—地脚螺丝；14—轴承座；15—剪刃；16—出口导板

剪刃侧间隙调整装置如图 4-55 所示。止推轴承内座圈通过端盖 6 与轴套固定在滚筒轴承压盖 2 的端部，外座圈则由一个带螺杆的轴承套 3 和端盖 11 固定。轴承套 3 装在夹筒 1 内，带内螺纹的轴环 4 拧在夹筒 1 的外螺纹上，并通过轴承套 3 的螺杆将其固定。为消除轴环 4 与夹筒 1 螺纹的配合间隙，在轴环的端面有 4 个锁紧螺钉 8。

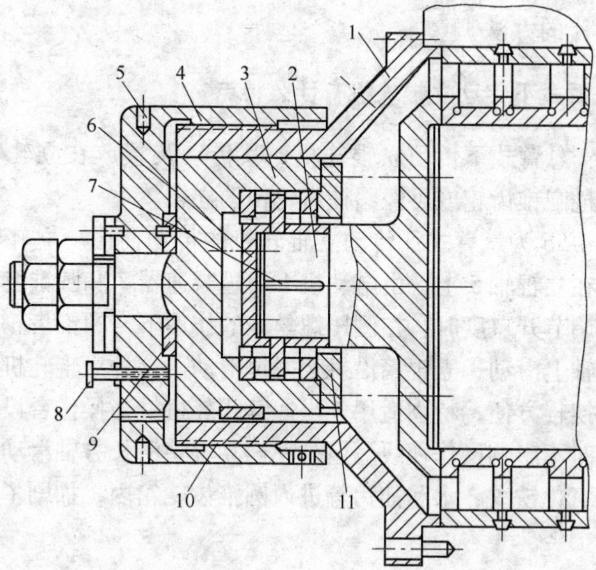

图 4-55　双滚动式切头飞剪的剪刃侧间隙调整装置

1—夹筒；2—滚筒轴承压盖；3—轴承套；4—轴环；5—孔；
6、11—端盖；7、10—键；8—锁紧螺钉；9—垫圈

当要调整剪刃侧间隙时，首先松开锁紧螺钉 8，转动轴环 4，由于夹筒 1 固定在滚筒轴承座上，因而轴环 4 就相对夹筒 1 做轴向移动，并通过轴承套 3、端盖 11 及止推轴承与滚筒轴承压盖 2 带动滚筒及其轴承内座圈一起做轴向移动。上下滚筒通过斜齿同步齿轮来传动，当一个斜齿轮做轴向移

动时，则另一斜齿轮必然做微量的角位移，从而一个滚筒相对另一个滚筒旋转一个很小的角度，以实现剪刃侧间隙的调整。下滚筒允许最大轴向移动量为 ±15mm。剪刃侧间隙调整后，将剪刃固定螺丝松开，轴向移动剪刃，使剪刃圆弧对齐。但上述方法只能调整一对剪刃的侧间隙，不能保证同时将两对剪刃侧间隙调整到要求的数值。由于一对剪刃侧间隙调好后，就不允许滚筒有轴向移动，因此另一对剪刃侧间隙只能用加垫片的办法调整。

172. 悬臂式下传动立辊轧机有什么特点？

答： 悬臂式下传动立辊轧机，其传动装置放在立轧辊的下面，通过圆锥齿轮或再经圆柱齿轮传动立辊。

图 4-56 为悬臂式下传动立辊轧机的传动简图。立轧辊 4 悬臂固定在立辊轴 5 上，由电动机 1 通过减速器 2 和圆锥齿轮 3 传动。当调节开口度时，在侧压螺丝 6 的作用下，圆锥齿轮空套在传动方轴上滑动，立辊箱沿机架滑道滑动。这种立辊轧机的结构简单，换辊方便，特别适用于半连续式轧机，当操作台设置在轧制线上时不影响操作视线。但是，当立辊箱沿长方轴滑动时，无法避免氧化铁皮、水和油污等进入圆锥齿轮箱内，加剧了传动零件的磨损。

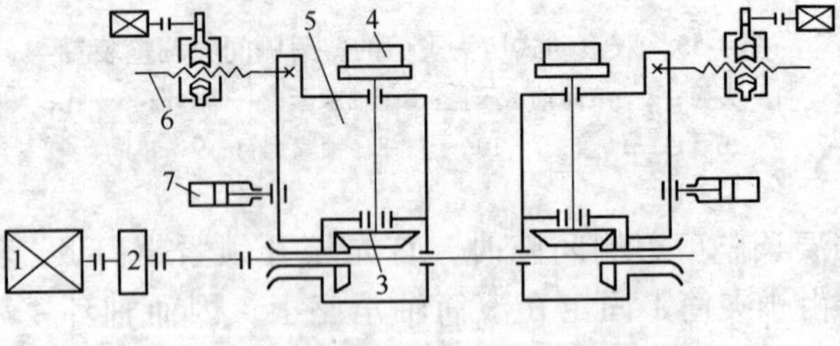

图 4-56　悬臂式下传动立辊轧机传动简图

1—电动机；2—减速器；3—圆锥齿轮；4—立轧辊；

5—立辊轴；6—侧压螺丝；7—平衡缸

173. 怎样保证工作辊的稳定性?

答: 由于四辊轧机工作辊与其轴承座间及工作辊轴承座与支撑辊轴承座间存在间隙，在轧制过程中，工作辊及其轴承座如无固定的侧向力约束，将处于不稳定状态（即工作辊在轧制冲击力作用下，时而向一侧移动，时而向另一侧移动)。工作辊的这种自由状态，会降低轧制精度，加剧轧辊的磨损，并使轴承受反复冲击而降低其寿命。因此，有必要在轧制时保证工作辊的稳定位置，即让工作辊轴承始终承受一个方向不变的水平力。

图 4-57 表示工作辊传动的四辊轧机辊系受力情况。工作辊沿轧制方向偏移(图 4-57*a*)称为正向轧制，工作辊沿逆轧制方向偏移(图 4-57*b*)称为反向轧制。

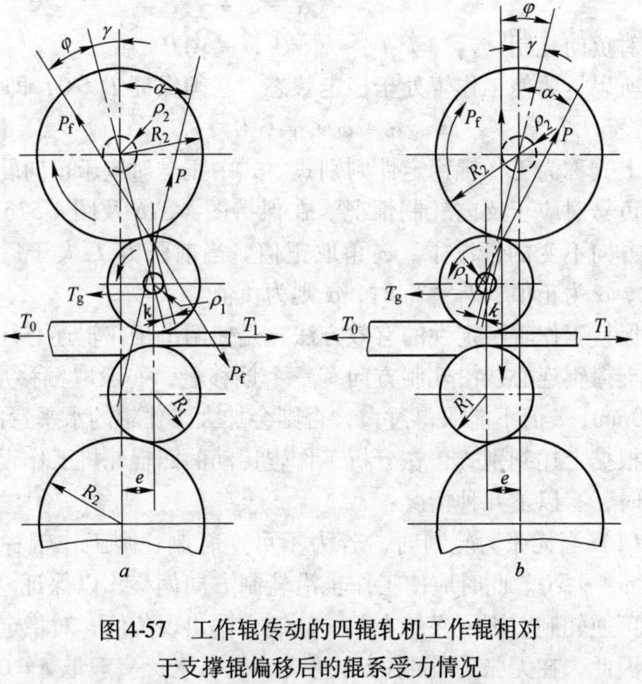

图 4-57　工作辊传动的四辊轧机工作辊相对于支撑辊偏移后的辊系受力情况

a—沿轧制方向偏移（正向轧制)；*b*—逆轧制方向偏移（反向轧制)

由于工作辊轴承座可沿支撑辊轴承座上下移动，因而工作辊轴承处只有一水平反力 T_g 作用。工作辊的力平衡条件如下：

对于正向轧制 $T_g = P\sin\alpha + P_f\sin(\varphi + \gamma)$

$$P_f\cos(\varphi + \gamma) = P\cos\alpha$$

对于反向轧制 $T_g = P\sin\alpha + P_f\sin(\varphi - \gamma)$

$$P_f\cos(\varphi - \gamma) = P\cos\alpha$$

式中 γ——工作辊、支撑辊中心连线与垂直线间的夹角；

α——轧制力与张力之合力 P 与垂直线间的夹角；

φ——辊间作用力 P_f 与工作辊、支撑辊中心连线间的夹角。

联立求解，可得：

对正向轧制 $T_g = P[\sin\alpha + \cos\alpha\tan(\varphi + \gamma)]$

$$\approx (\alpha + \varphi + \gamma)P$$

对负向轧制 $T_g \approx (\alpha + \varphi - \gamma)P$

所以，要使工作辊处于稳定状态，必须保证 $T_g > 0$，即：

$$\alpha + \varphi \pm \gamma > 0$$

上式称为工作辊稳定性判别式。式中正号对应于正向轧制情况，负号对应于反向轧制情况。在保持图 4-57*a* 及图 4-57*b* 所示轧制方向不变的情况下，φ 角取正值。当前张力 T_1 大于后张力 T_0 时，α 为正值，$T_1 < T_0$ 时，α 则为负值。

保持工作辊稳定性的有效方法，是使两个工作辊连心线相对于两支撑辊连心线沿轧制方向有一个偏移量，一般取偏移量 $e = 5 \sim 10$mm，e 值不能取得过大，否则会加大工作辊的水平弯曲。

根据上述判别式，在分析工作辊传动的四辊轧机工作辊的稳定性时，有以下几种情况：

（1）当无张力轧制时，若为不可逆轧制，则工作辊稳定条件为 $\varphi + \gamma > 0$。此时应使工作辊沿轧制方向偏移，以保证 $\gamma > 0$。若为可逆轧制，则 γ 必然在某一轧制方向出现负值，对稳定性不利。因此，在无张力轧制的可逆式热轧机上，一般取 $e = 0$，即 $\gamma = 0$，工作辊不偏移。

（2）当有张力轧制时，若为可逆轧制，在正向轧制时，$\gamma>0$，同时取前张力 T_1 大于后张力 T_0（即 $\alpha>0$），能满足 $\varphi+\gamma+\alpha>0$，工作辊处于稳定状态。当改变轧制方向时（反向轧制），则 $\gamma<0$，为保证工作辊的稳定性，应满足 $\varphi-\gamma+\alpha>0$。由此可知，为保证正向和反向轧制时的稳定性，取较小的偏移量 e 是有利的。只要保证 $T_1>T_0$，即使 $e=0$（即 $\gamma=0$），亦能满足稳定条件。

174. 1700mm 轧机精轧机座上辊是怎样平衡的？

答： 1700mm 轧机精轧机座通过液压平衡装置的液压缸的推力来平衡上辊。液压平衡装置结构紧凑，使用方便，易于操作，能改变油缸压力，而且可以使上辊不受压下螺丝的约束而上下移动。这些都有利于换辊操作。

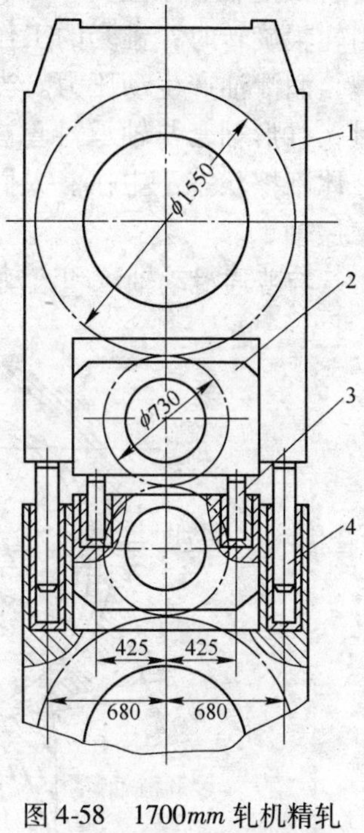

图 4-58　1700*mm* 轧机精轧机座八缸平衡装置

1—上支撑辊轴承座；2—上工作辊轴承座；3—上工作辊平衡液压缸；4—上支撑辊平衡液压缸

图 4-58 是国产 1700mm 轧机精轧机座的八缸平衡装置结构简图。由图可以看出，4 个安装在下工作辊轴承座中的上工作辊平衡液压缸 3 支撑着上工作辊轴承座，用以平衡上工作辊组件和上支撑辊的质量。平衡液压缸柱塞直径为 ϕ140mm。这 4 个平衡液压缸还同时起工作辊弯辊缸的作用，可用来调整辊型。为了获得不同的弯辊力，平衡液压缸的工作压力可在 5～21MPa范围内调节，这样，对每个轴承可产生 155～650kN 的作用力。上支撑辊平衡液压缸 4 的柱塞直径为 ϕ160mm。平时，此液压缸的工作压力为 12MPa，换工作辊

时，压力可增至 18MPa。此时，此平衡液压缸除平衡支撑辊轴承座及压下螺丝质量外，还平衡支撑辊质量。

八缸平衡装置结构比较紧凑，但油缸数目较多。此外，每次换辊都必须拆卸油管。换支撑辊时，为了将整个辊系抬起，还需在机座下部另外设置提升液压缸。

175. 什么叫动压轴承(油膜轴承)?

答： 动压轴承是液体摩擦轴承的一种，是以流体动力润滑的闭式滑动轴承。在轴承工作时，带锥形内孔的轴套与轴承衬套（固定在轴承座内）工作面之间形成油楔，如图 4-59 所示。当轧辊旋转时，锥套的工作面将具有一定黏度的润滑油带入油楔，润滑油产生动压力。当动压力与轴承上的径向载荷相平衡时，锥形轴套与轴承衬套被一层极薄的动压油膜隔开，轴承在液体摩擦状态下工作。人们习惯称动压轴承为油膜轴承或液体摩擦轴承。

与普通滑动轴承和滚动轴承比较，动压轴承的摩擦系数小，

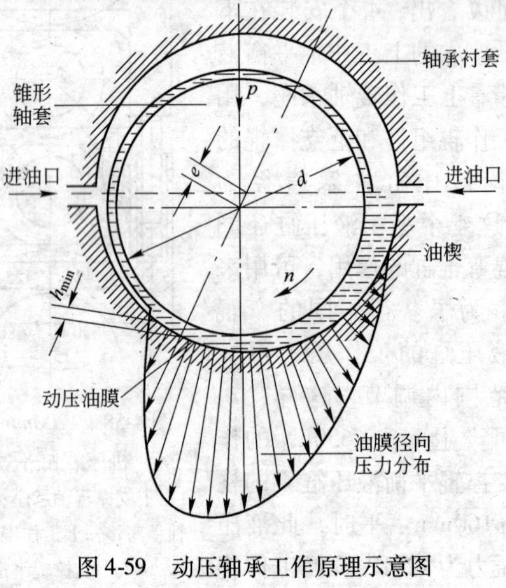

图 4-59　动压轴承工作原理示意图

承载能力高，对冲击载荷的敏感性小，适合于高速下工作。另外，动压轴承的使用寿命长，结构紧凑。

图 4-60 为国产 1700mm 热连轧精轧机支撑辊的动压轴承。在辊颈端部的止推滚动轴承 6 用来承受轴向力，辊颈套筒 5 和轴承 6 一起用半环螺丝 8 和固定螺母 7 固定在轧辊的辊颈上，其端部有密封装置，以防止水、灰尘和氧化铁皮由轧辊辊身端部进入轴承。

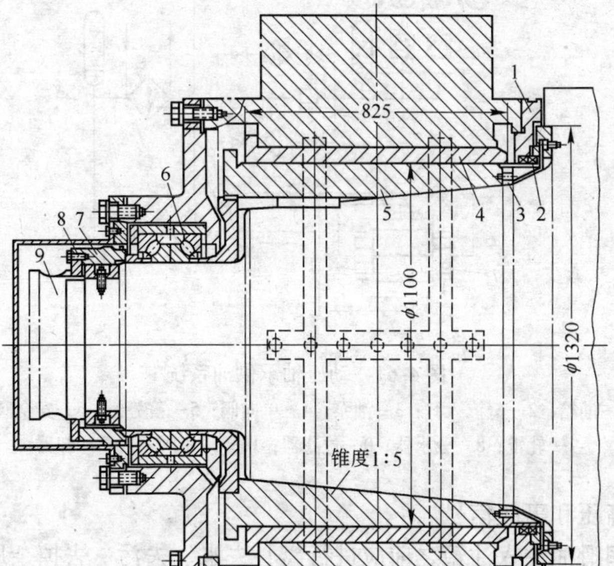

图 4-60　国产 1700mm 热连轧精轧机支撑辊的动压轴承

1—端盖；2—密封圈；3—橡胶圈；4—轴瓦套筒；5—辊颈套筒；6—止推滚动轴承；7—固定螺母；8—半环螺丝；9—轧辊

动压轴承所采用的稀油自动循环供油系统如图 4-61 所示。该系统由油箱、油泵、蓄势器、过滤器和冷却器等组成。注入轴承的油压一般为 0.08 ~ 0.15MPa，不得在低于 0.08MPa 的压力下工作。轧机与供油系统有联锁装置，供油系统未开动前，轧机不能启动，在中断供油时，轧机应立即停车。因此，系统中有低

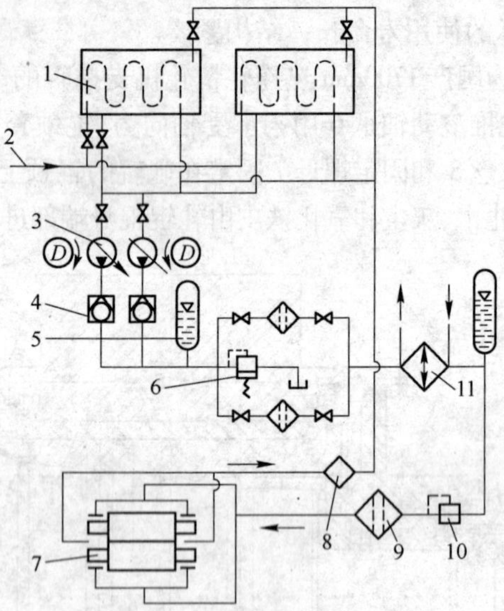

图 4-61　动压轴承供油系统

1—油箱；2—蒸汽入口；3—油泵；4—单向阀；5—蓄势器；6—安全阀；7—轧辊；8—分水器；9—过滤器；10—减压阀；11—冷却器

压、高压和事故信号。

润滑油注入油箱之前应进行离心去水、去污、去掉杂质。轴承使用的油的含水量不应大于2%，机械杂质粒度应小于0.02～0.04mm。

176. 转盘式换辊装置怎样换辊？

答：转盘式换辊装置由设在轧机操作侧的转盘、牵引小车和设在轧机传动侧的齿条推拉机构所组成。转盘是用来交换新、旧轧辊位置的装置。在转盘上有两组平行轨道，一组放新辊，另一组接受从机座中推出的旧辊。当转盘旋转180°时，就交换了新、旧工作辊的位置。在转盘传动装置的下部，装有一个由液压缸操纵的离合器，通过离合器的合上和脱开来实现转盘的旋转和停止。转盘的上平面即车间地坪。利用牵引小车把新辊从磨辊间运到转盘轨道上，把旧辊从转盘运到磨辊间。在换辊时由齿条推拉机构，将旧辊从机座中推出至转盘空轨道上，转盘回转 180°，将新辊拉入机座中。换辊操作顺序如图 4-62 所示。

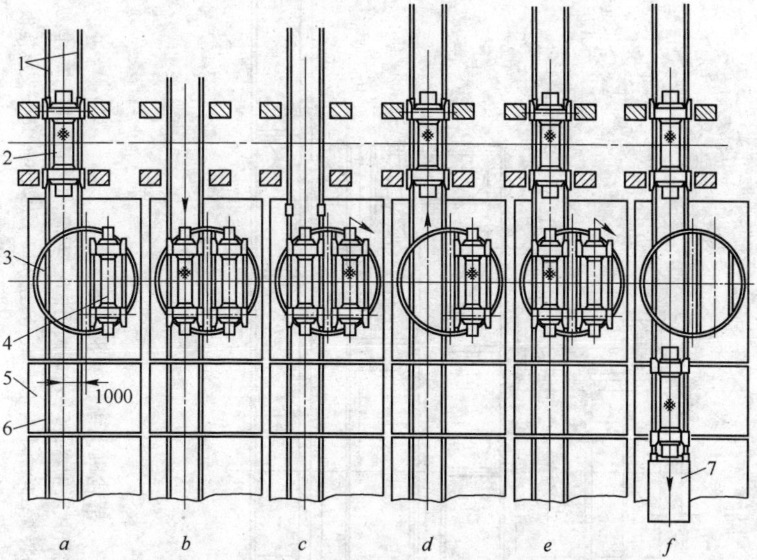

图 4-62　转盘式换辊装置换工作辊操作顺序

a—旧辊在机座中；*b*—旧辊推出；*c*—转盘回转 180°；

d—新辊拉入机座；*e*—转盘回转 180°；*f*—旧辊运走

1—齿条推拉机构;2—旧辊;3—转盘;4—新辊;5—升降铺板;6—轨道;7—牵引小车

精轧机支撑辊换辊装置(图 4-63)由移动液压缸 8、套筒 5、对开式联轴器 3、支承拖板 13 和换辊架等组成。在更换支撑辊时,为使转盘所占空间位置让给从机座拉出的支撑辊。便于拆卸支撑辊轴承座上的油管接头,在换辊结构上设置了一个转盘移动用插销液压缸 1,移动液压缸先带动转盘移动 670mm,然后利用插销液压缸 1 插入插销,在移动液压缸继续移动时,转盘与支撑辊一起移动。

升降铺板(图 4-62)在更换工作辊时不动，与地坪同一标高，

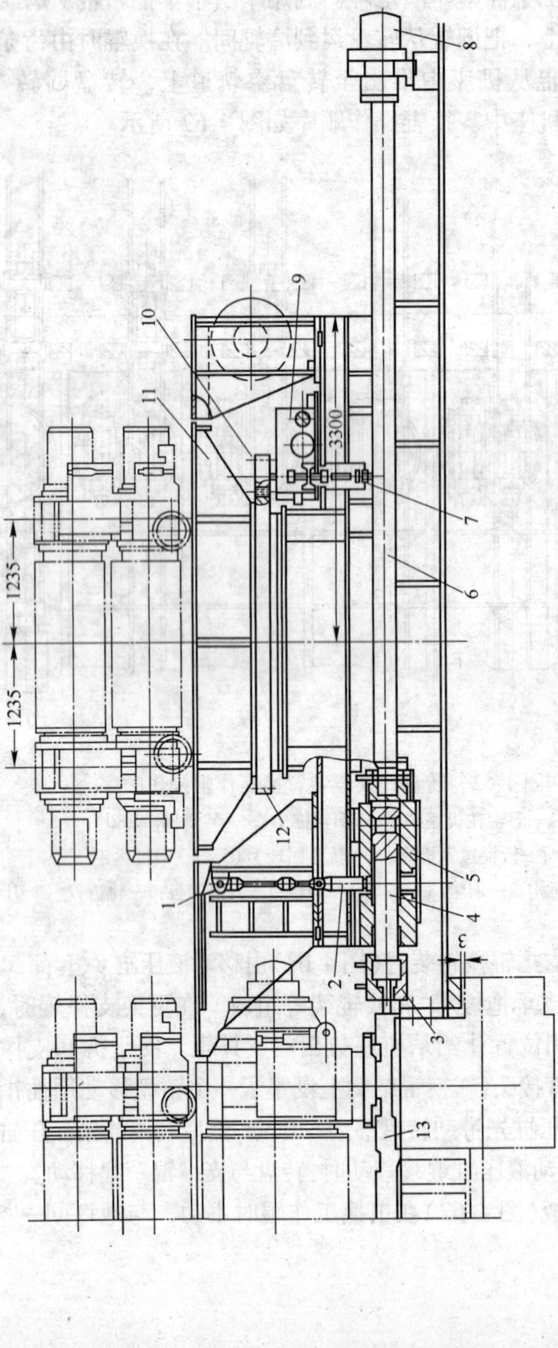

图 4-63　精轧机支撑辊换辊装置

1—转盘移动用插销液压缸；2—插销；3—对开式联轴器；4—滑动圆销；5—套筒；6—活塞杆；7—操纵离合器用液压缸；8—移动液压缸；9—传动装置；10—小齿轮；11—转盘；12—大齿轮；13—支承拖板

在更换支撑辊时提升455mm，使转盘装置潜在下面。

在更换支撑辊时，先将换辊架摆在转盘放置新工作辊的位置上，按换工作辊组的程序，将旧工作辊组推出机座，并以换辊架代替新工作辊组装入机座，用牵引小车将旧工作辊组拉入磨辊间，再升起升降铺板，转盘后退670mm，插销液压缸插入插销，人工拆除油管接头，然后打开上、下支撑辊轴承座轴向锁板，将转盘拉出5000mm，此时，转盘移到升降铺板底下，支撑辊组则自机座拉到转盘原来的位置。用吊车吊走旧的上支撑辊，把新的上支撑辊吊到换辊架上，随后将新的上支撑辊和旧的下支撑辊一起送入机座，并提升上支撑辊到最高位置。拖出旧的下支撑辊和换辊架，用吊车吊走换辊架和旧的下支撑辊。根据新辊直径，调整支承拖板上的垫板厚度。用吊车吊进新下支撑辊放在支承拖板上，将新的下支撑辊送入机座，锁住支撑辊轴向锁板。连接支撑辊上的各管路接头，拔出转盘插销，转盘前进670mm，再降下升降铺板。这样整个更换支撑辊操作结束。

177. 什么叫液压传动?

答： 目前常用的传动方式有机械传动、电力传动、液压传动和气体传动等。

机械传动是依靠机械零件实现运动和力的传递与转换，而完成做功的目的。那么，什么是液压传动呢?

图4-64所示为一台常用的起重工具——液压千斤顶的工作

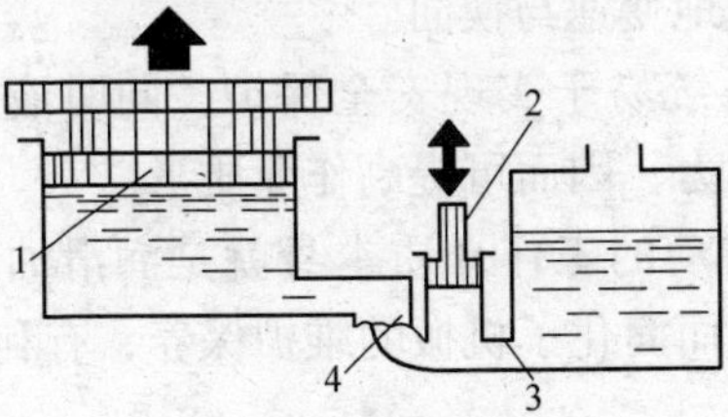

图4-64　液压传动原理图

1—大活塞；2—小活塞；3、4—单向阀

原理图。图中两个大小油缸内。均配以与油缸内壁密封良好的大小活塞1和2。当小活塞2在外力作用下向上运动时，由于小油缸内空间增大，油箱内的油液在大气压的作用下，压开单向阀3进入小油缸；当小活塞向下运动时，小油缸内几乎不可压缩的液体的静压力升高，压开单向阀4，油液被压进大油缸。小活塞2通过外力的作用，上下往复运动，在两个单向阀3和4的配合下，液体被连续不断地压进大油缸。大油缸内的大活塞1在受静压力的液体的作用下，被不断提升，推动负载完成做功的目的。

这种靠密闭容器内受静压力的液体的作用，实现运动和力的传递与转换，而完成做功目的传动方式称为液压传动。

178. 液压传动有什么优缺点，热带钢车间有哪些设备采用液压传动？

答：液压传动的主要优点是：

（1）易于减速，从而可获得较大的力和扭矩，并能实现较大范围的无级变速，使整个传动系统简化。

（2）易于实现直线往复运动。以直接驱动工作装置。各液压元件间可用管路连接，故安装位置自由度多，便于机械的总体布置。

（3）容量大，即较小质量和尺寸的液压件可传递较大的功率。由于液压元件的结构紧凑、质量轻，而且液压油具有一定的吸振能力，所以，液压系统的惯性力小、启动快、工作平衡、易于快速而无冲击地变速与换向。

（4）液压系统易于实现安全保护，同时液压传动比机械传动操作简便、省力，因而可提高作业质量。

（5）液压传动的工作介质本身就是润滑油，可使各液压元件自行润滑，因而简化了机械的维护保养，有利于延长元件的使用寿命。

（6）液压元件易于实现标准化、系列化、通用化，便于组织专业性大批量生产，从而可提高生产率、提高产品质量、降低成本。

（7）与电气、气动相配合，可设计出性能好、自动化程度高的传动及控制系统。

液压传动与其他传动方式相比也有缺点，例如：

（1）液压油的泄漏难以避免，外漏会污染环境并造成液压油的浪费；内漏会降低传动效率，并影响传动的平稳性和准确性，因而液压传动不适用于要求定比传动的场合。当前液压传动比机械传动的效率低，这是许多机械传动还不能被液压传动取代的主要原因。

（2）液压油的黏度随温度变化而变化，从而影响传动机械的工作性能，因此在低温及高温条件下，均不宜采用液压传动。

（3）由于液体流动中压力损失大，不适用于远距离传动。

（4）零件加工质量要求高，因而目前液压元件成本较高。

液压传动因其突出的优点，目前在国内外各个行业已得到广泛应用。在热带钢车间里，采用液压传动的设备和机构也特别多。例如，加热炉推钢机、加热炉活动步进梁、液压轧机、粗轧机组与精轧机组的换辊装置、活套及导卫装置、粗轧机组与精轧机组的工作辊和支撑辊、接轴等平衡装置、液压弯辊装置、卷取机卷筒胀缩机构、卸卷小车、推卷机、翻卷机、剪切机、运卷小车，等等。车间机械化和自动化程度愈高，则采用液压传动的设备和控制系统也愈多。例如，国产1700mm热带钢连轧机设置3个液压站，共有5个液压系统，各液压系统的规格、性能、服务机构如表4-37所示。

表4-37 国产1700mm热带钢连轧机液压系统

序 号	服务机构名称	工作压力/MPa	泵形式	蓄能器容积/L
1	粗轧机组、精轧机组的换辊机，活塞及导卫装置，粗轧机组的推床	12	柱塞泵	350
2	粗轧机组和精轧机组的工作辊、支撑辊，接轴平衡装置	12	柱塞泵	200

续表 4-37

序　号	服务机构名称	工作压力/MPa	泵形式	蓄能器容积/L
3	卷取机卷筒收缩机构，卸卷小车，推卷机，翻卷机托板	3.2	叶片泵	200
4	卷取机区钢卷翻倒机构，剪切机构，上导板及移出机构	6	叶片泵	400
5	运卷小车，翻卷机，磅秤升降台	10	柱塞泵	200

179. 1700mm 轧机精轧机座液压压下装置是怎样的?

答: 热连轧精轧机组通常只在最后一架轧机上装有液压压下装置，同时还配置有与前几架精轧机相同的电动压下装置。

1700mm 轧机精轧机组最后一架轧机的液压压下装置如图 4-65所示。由于机架上部有电动压下装置，这架轧机的液压缸设置在机架底部，是“压上式”。从图上看出，为了调整轧制线和减小液压缸行程，在液压缸下方装有机械推上装置（包括推上螺丝 8 和带蜗轮的螺母 7）。压上液压缸的总行程为 40mm，工作行程为 5mm（－3～＋2mm）；当油压为 21MPa 时，工作推力为 14.7MN；回程油压为 1.5MPa。

精轧机咬钢时的冲击负荷很大，在冲击负荷作用下，压上液压缸的缸体与活塞会产生径向窜动，这很容易导致油缸泄漏。为此，液压缸采用了浮动活塞环的结构，即缸体内径为 ϕ950mm，比活塞直径大 10mm。并且，活塞 6 上装有浮动活塞环 5，两者之间每边有 8mm 的径向间隙，允许活塞在缸体内径向窜动。活塞环上有两个带导套的径向密封环和 4 个端面密封环，以保证高压油不泄漏。

位置传感器 2 是差动变压器式，量程为 6mm（工作行程 5mm）。传感器铁芯由弹簧压紧在活塞中央，变压器线圈则固定在缸体上。

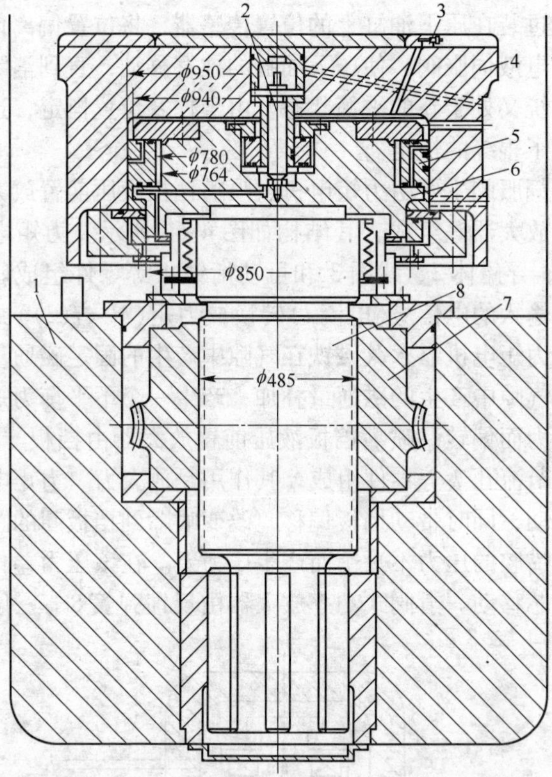

图 4-65 1700mm 轧机精轧机组最后一架的压上液压缸简图

1—机架；2—位置传感器；3—排气阀；4—缸体；5—浮动活塞环；6—活塞；7—带蜗轮的螺母；8—推上螺丝

液压压下系统采用 MOOG73 型电液流量伺服阀。测压仪装在机架上部，在压下螺丝与上支撑辊轴承座之间。

180. 液压压下系统中电液伺服阀的作用及结构是怎样的?

答：液压压下系统中电液伺服阀的作用是：将电信号进行功率放大，直接控制压下油缸柱塞上下移动，从而调整轧辊辊缝。

当轧件状态变化引起辊缝发生变化，使轧辊实际位置偏离给定位置时，通过装在压下油缸上的位置传感器，将位置偏离信号放大后输送到电液伺服阀，使压下油缸的柱塞移动，直到消除偏差为止，使系统又处于新的平衡状态。由于柱塞位置恒定，这样就间接地控制了辊缝的恒定。

电液伺服阀主要由力矩电机、喷嘴挡板液压前置放大器和滑阀式功率放大器等组成，其结构如图4-66所示。力矩电机由永久磁铁1、导磁体2、线圈3和可动衔铁4等零件组成。其作用是把外界输入的电信号（电流i）转换成力矩（$M=f(i)$）并输送到下一级。力矩电机靠永久磁铁在气隙中产生的固定磁通量和通电后线圈在气隙中产生的磁通量叠加，产生一个不平衡力矩，使可动衔铁受力而偏转。喷嘴挡板液压前置放大器由挡板5、喷嘴6以及固定节流孔7等零件组成。其作用是放大力。力矩电机使可动衔铁转动，同时带动挡板偏移，改变喷嘴到挡板间的距离，从而使两喷嘴腔的压力不平衡而产生压力差。在该压力差作用下推动滑阀阀芯移动。滑阀式功率放大器由反馈弹簧8、三位四通滑

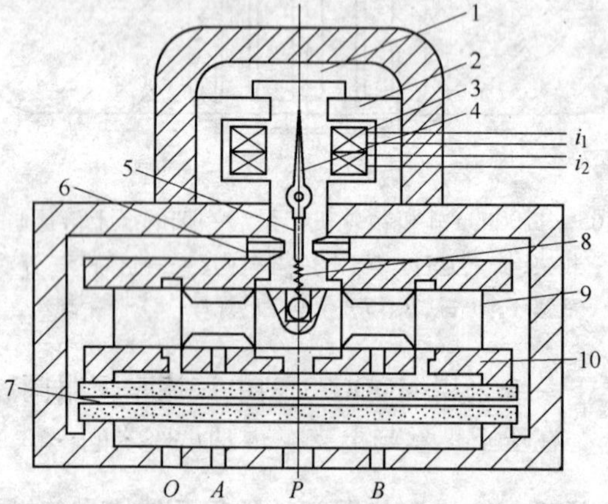

图4-66 电液伺服阀的结构

1—永久磁铁；2—导磁体；3—线圈；4—可动衔铁；5—挡板；6—喷嘴；
7—固定节流孔；8—反馈弹簧；9—三位四通滑阀阀芯；10—阀套

阀阀芯9和阀套10等零件组成。其作用是把压力和流量同时放大，达到功率放大的目的。

181. 液压压下系统中电液伺服阀是怎样工作的?

答:电液伺服阀的工作原理如图4-67所示,其工作情况如下:

(1) 零位(图4-67*a*所示位置)。没有输入微小的电流信号，Δi为零；力矩电机两个线圈的原有电流处于平衡，$i_1=i_2$；可动衔铁在正中位置时其受力平衡，即$F_1=F_2$；挡板处于两喷嘴的中间位置，$C=D$；两侧喷嘴控制腔的压力相等，$P_1=P_2$；三位四通滑阀阀芯处于中间位置，P、A、O、B油口不通。输出的油液流量Q为零。

(2) P、A油口和B、O油口接通(图4-67*b*)。当需压下时，输入微小的正向电流信号，$\Delta i>0$，则力矩电机两侧线圈的电流为$i_1+\Delta i>i_2-\Delta i$，衔铁内部产生磁通，使一侧磁通增加，另一

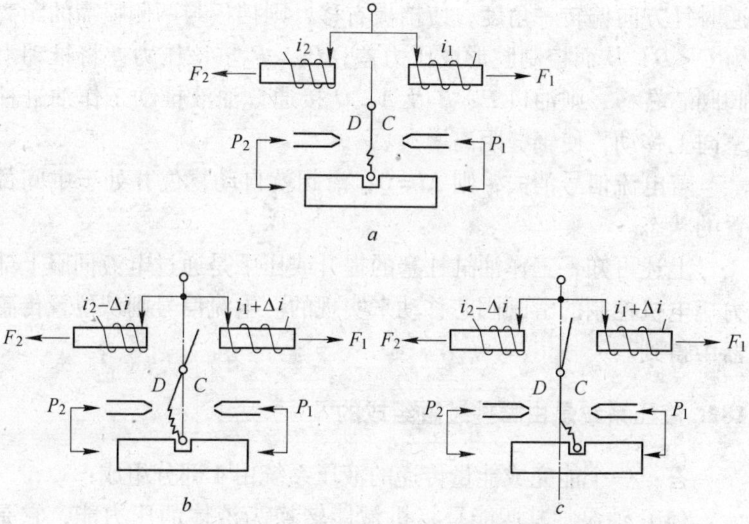

图4-67 电液伺服阀工作原理示意图

a—零位；*b*—*P*、*A*油口和*B*、*O*油口接通；*c*—挡板与两侧喷嘴的距离相等

侧磁通减少，则可动衔铁的受力为 $F_1 > F_2$，这样使可动衔铁向磁通增加的方向(顺时针方向)偏转一角度，产生与电磁力相应的力矩，从而引起挡板左移，则挡板与两侧喷嘴的距离改变，$C > D$,因而形成两侧控制腔的压力差，$P_1 < P_2$。该压力差将推动三位四通滑阀阀芯右移，其移动一定距离后，由于阀芯右移时会带动挡板右移，故又出现挡板与两侧喷嘴的距离相等，$C = D$(图4-67c)，此时阀芯不再移动。由于阀芯的移动而形成阀的开口，则油口 P、A 和 B、O 接通，油液推动工作油缸柱塞向下运动进行压下，辊缝的距离减小。

当电流信号消失时，则 $\Delta i = 0$，$i_1 = i_2$，$F_1 = F_2$。可动衔铁回复到中间位置，使 $P_1 > P_2$，则滑阀阀芯左移而自动复位，P、A、B、O 油口不通。

(3) P、B 油口和 A、O 油口接通。同理，当需抬起轧辊时，输入微小的反向电流信号 Δi，则力矩电机两侧线圈的电流为 $i_1 - \Delta i < i_2 + \Delta i$,使可动衔铁的受力为 $F_1 < F_2$。这样，可动衔铁逆时针方向偏转一角度，使挡板右移，则挡板与两侧喷嘴的距离为 $C < D$，从而控制腔形成压力差，$P_1 > P_2$。该压力差将推动滑阀阀芯右移，则油口 P、B 及 A、O 接通，油液推动工作油缸柱塞向上移动，使辊缝距离增大。

若电流信号消失，则 $\Delta i = 0$，滑阀就自动复位并处于中间位置的状态。

上述可知，工作油缸柱塞的提升或压下是通过电液伺服上部力矩电机控制的滑阀阀芯移动来实现的。电流信号则从位置传感器中得到。

182. 液压系统是由哪些装置组成的?

答: 一个能完成能量传递的液压系统由 4 部分组成:

(1) 油泵，其职能是将机械能转换为液体的压力能，它是液压系统中的动力元件。目前常用的油泵有齿轮泵、叶片泵、柱塞泵和螺杆泵等。

(2) 执行元件，其职能是将液体的压力能转换为机械能。执行元件包括油缸和油马达。

(3) 控制调节装置（各种阀类），其职能是控制和调节各部分液体的压力、流量和方向，以满足机械的工作要求。

(4) 辅助装置，包括油箱、滤油器、油管及管接头、密封件、蓄能器等。

液压系统就是根据机械的工作要求合理地选择和设计上述各液压元件,并将它们合理地组合在一起,使之完成一定的工作循环。

183. 怎样表示液压元件?

答: 要看懂液压系统图，首先要知道液压元件的符号。液压元件的图形符号是一种原理性的示意图，因此，熟悉各元件符号的最有效方法是结合各元件基本结构及工作原理，掌握示意图表示的规律性，有助于熟悉和记忆液压系统的符号。现将常用液压系统图的图形符号介绍如下:

(1) 油泵、油马达及油缸(见表4-38)。这类元件(甚至包括电机在内)的工作主体都属于回转体,所以它们的符号都有一个大圆圈。圆圈内的三角符号可看成一个箭头,尖端朝外(往外输出高压油),表示油泵,尖端朝里(往里输入高压油),表示油马达。双联泵及双级泵均为两个圆圈相切,双级泵间有一进出口互接,双联泵两个吸口相通合一。割圆有一斜箭头的,表示流量可变。

表 4-38 油泵、油马达及油缸

名 称	符 号	说 明	名 称	符 号	说 明
定量油泵		单向定量油泵	变量油泵		单向变量油泵
		双向定量油泵			双向变量油泵

续表 4-38

名 称	符 号	说 明	名 称	符 号	说 明
变量油马达		单向变量油马达	双作用油缸	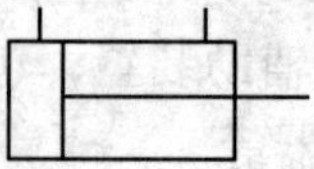	双作用单活塞杆油缸
		双向变量油马达		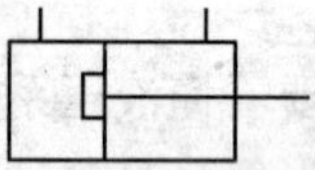	双作用带不可调缓冲器油缸
单作用油缸	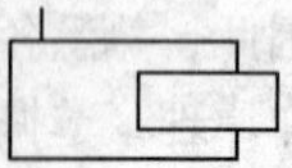	单作用柱塞油缸		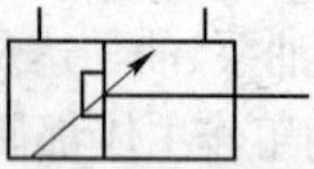	双作用带可调缓冲器油缸
	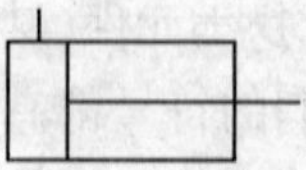	单作用单活塞杆油缸		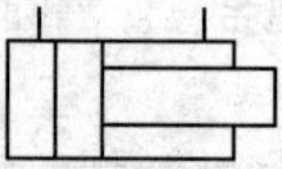	差动油缸
	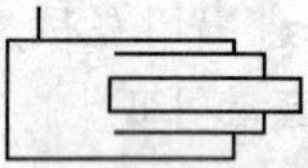	单作用伸缩式套筒油缸		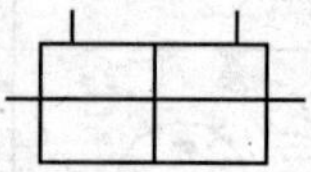	双作用双活塞杆油缸
定量油马达		单向定量油马达			
		双向定量油马达			

（2）压力及流量控制阀（见表4-39和表4-40）。这些元件都用一个方框表示阀的基体，然后根据元件的机理简化地加以表示。

表4-39 压力控制阀

名称	符号	说明	名称	符号	说明
溢流阀（定压阀、安全阀）	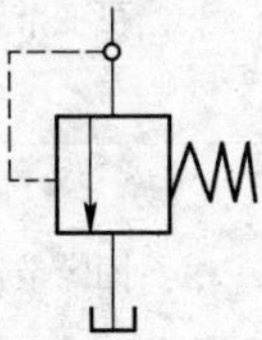	直接控制溢流阀	顺序阀	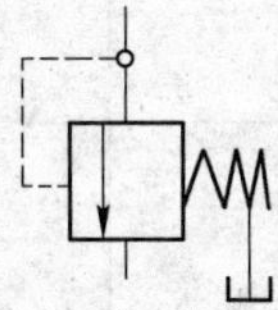	直接控制顺序阀
	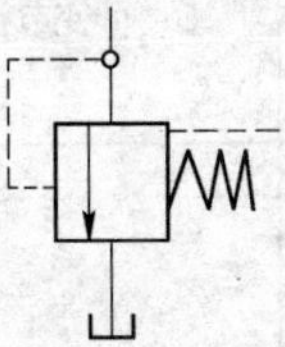	远程控制溢流阀		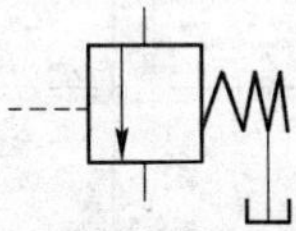	远程控制顺序阀
减压阀	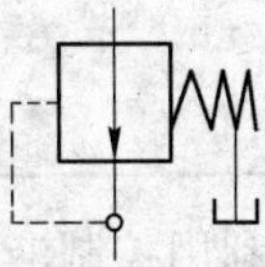	定压减压阀	卸荷阀	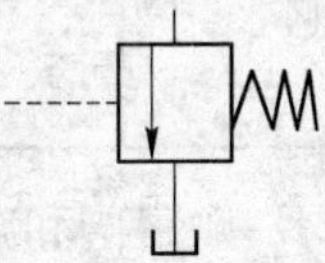	
	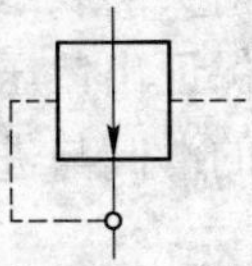	远程控制减压阀	限压切断阀	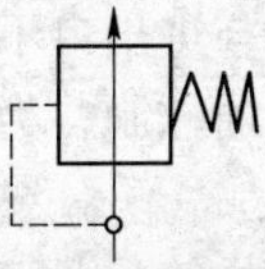	

表 4-40 流量控制阀

名 称	符 号	说 明
节流元件		固定节流器
		可变节流器
节流阀	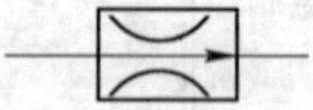	固定节流阀
		可变节流阀
调速阀		
分流阀	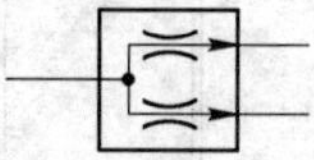	

溢流阀、顺序阀和减压阀等压力阀都是利用控制液压油推动滑阀压缩弹簧进行工作的，所以方框一侧都有一个弹簧，弹簧的对面都是用虚线表示的控制液压油。溢流阀与顺序阀都是由进口的压力来控制的，所以阀呈常闭式，中间带箭头的表示滑阀是平行错开的，与进出口不连成一线。减压阀是保证出口压力的，所以由出口来油控制，为常开式，中间带箭头的滑阀与进出口连成一线。

节流阀的符号是两段小圆弧夹着流动的油液。加一横斜箭头，表示流量可调；在节流前再加另一个横斜箭头，表示带有压力补偿的调速阀。在框侧有流回油箱符号的表示分路节流。

（3）方向控制阀（见表4-41）。换向阀主体以相连的几个方框表示，几个方框就表示几位；每个方框内有几个出管连接，就表示几通。二位换向阀的常态一般看左方框，三位换向阀的常态看中间的方框，各型机能用与连接通道符号相似的英文字母代号称呼。

表4-41 方向控制阀

名 称	符 号	说 明
二位二通阀		常闭式
		常开式
二位三通阀		
二位四通阀	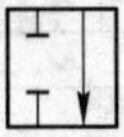	
三位三通阀	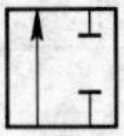	
三位四通阀		
三位四通阀中间位置内部通道连接形式		*AB* 连接 （U型）
		中间封闭 （O型）
		*PABO* 连接 （H型）

续表 4-41

名　　称	符　　号	说　　明
		*ABO* 连接（Y 型）
	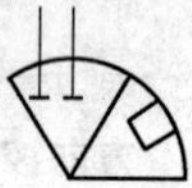	*PAO* 连接（K 型）
	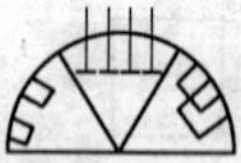	*PO* 连接（M 型）
	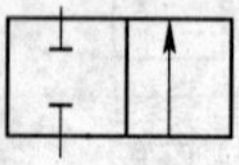	*PABO* 半开启连接（X 型）
三位四通阀中间位置内部通道连接形式	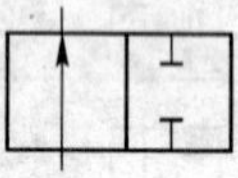	*ABO* 半开启连接（YX 型）
	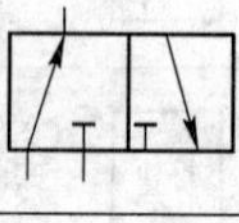	*PAB* 连接（P 型）
	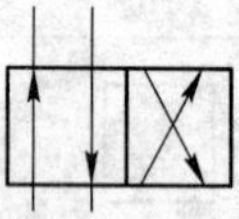	*BO* 连接（J 型）
	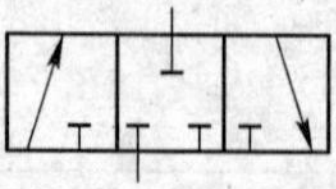	*PA* 连接（C 型）
	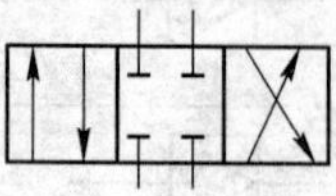	*AO* 连接（N 型）

续表 4-41

名　称	符　号	说　明
单向阀		单向元件（与其他元件组合使用）
	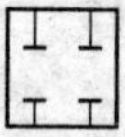	一般单向阀
	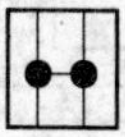	液控单向阀
手动截止阀		
转　阀	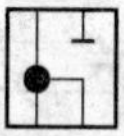	二位二通转阀
	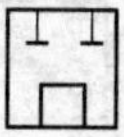	三位四通转阀

单向阀的符号是在方框内有钢球和锥凹。入口方向再加虚线的，为液控单向阀。

(4) 表示控制方式的符号(见表 4-42)。表示控制方式的符号有：蘑菇形为手动；脚踏板状为脚踏；手捏球把为手动；斜块式为机动；虚线为液压控制；加斜杠的方块为电磁控制，再加一个黑三角形就构成电流联动；带若干个缺口的为机械定位。

表 4-42 控制方式

名称	符号	说明
人力控制和操作	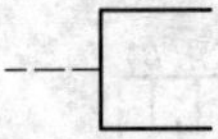	手动杠杆控制
	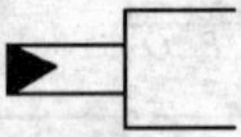	按钮控制
	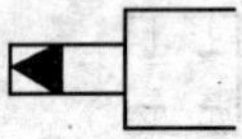	脚踏控制
弹簧控制	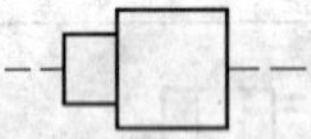	
机械控制	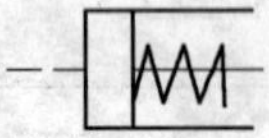	
电磁力控制	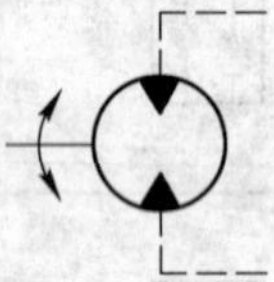	单线圈电磁铁控制
电磁力控制	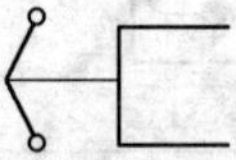	双线圈电磁铁控制
	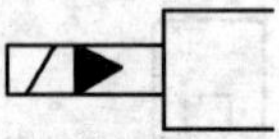	差动电磁线圈控制
电机控制	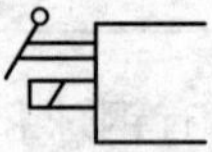	单向回转 交流电机控制
	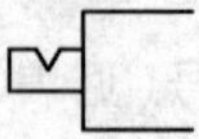	双向回转 直流电机控制
油马达控制	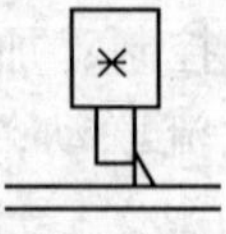	单向回转 油马达控制

续表 4-42

名　称	符　号	说　明
液压控制	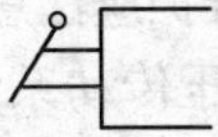	直接液压控制
	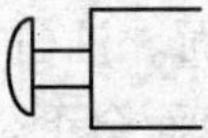	先导液压 控制压力控制
	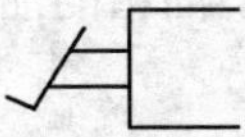	先导液压 控制卸压控制
		液压差动控制
	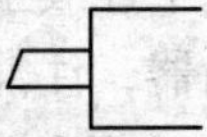	压力-位移 比例控制
油马达控制		双向回转 油马达控制
离心力控制	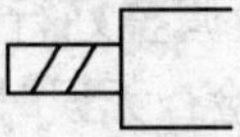	
电液控制	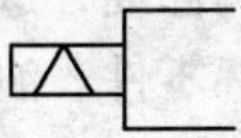	
手动-电磁控制	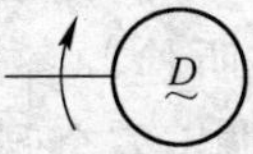	
定位机构		缺口数量根据 定位数量而定
锁紧机构	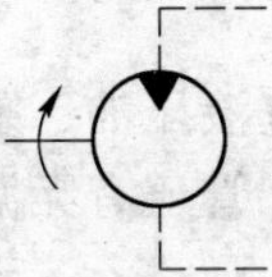	表示锁紧方式

184. 液压系统的操作和维护应注意些什么？

答： 液压系统的操作和维护应注意以下几点：

（1）要了解所操作的液压传动系统的组成，熟悉各控制按钮和手柄的作用、方向、高低速位置、高低压位置和中间位置。

（2）保持油箱正常油液面。油缸和油管容量较大时，试车后由于油进入系统，油箱油液面会下降，因此必须补油；在运行过程中由于液压系统的泄漏，油箱的油液面也会下降，故应经常检查和补油。

（3）保持液压油的清洁。液压油应定期检查，在油箱中取样与新油作比较，观察色泽、黏度有无变化，有无沉淀和杂质，对不符合质量要求的应加以更换。一般每半年到一年换油一次，在高温、潮湿、多粉尘的情况下连续工作的系统，要缩短换油周期。换油时要清洗油箱及滤油器，注油时应用0.122mm(120目)以上的滤网过滤。在擦拭油泵、阀和油箱时，要严格防止棉丝、布屑落入油中。

（4）油泵启动前，检查各种手柄（包括液压系统上的和机器上的），都应在空挡位置；调整好行程开关挡块，并检查溢流阀、安全阀是否灵活有效。检查无误时，才能启动油泵电机。油泵初次启动时，最好先向泵内注油，这样出油快，并可防止油泵在启动时由于无油润滑而损坏零件。油泵先空载运转，如发现油泵无油输出时，应立即关车，以防油泵损坏。

（5）油泵启动后，应“听检”各部分声音是否正常；压力表指示是否在限值范围内；调定安全阀，使油压保持规定数值。

（6）试运转各操作手柄或按钮，从慢速(指可调速者)开始观察各个回路有无不正常情况；行程开关是否起作用；设备和液压系统是否有振动。

（7）试运转时，要检查液压油、泵壳、轴承等处温度是否正常，一般应为30～50℃；管道有无漏油；密封是否良好；连接螺丝是否有松动。

(8) 试运转时，调整自动工作循环和顺序动作，检查各操作阀变换运动或方向时，是否有振动、噪声、爬行、冲击等现象。

(9) 试运转时，对油泵工作压力、卸荷压力、压力继电器工作压力、快速行程压力等进行调整，使其符合规定。

(10) 操作过程中应随时注意液压系统的工作情况，如振动、噪声、压力、温度，如有不正常，应立即停车检查，故障排除后方能继续工作。

(11) 操作结束后，应将全部控制手柄放在空挡位置，然后切断电源。

使用液压传动系统时，安全方面应注意以下几点：

(1) 凡是电机带动的元件均应装安全防护罩。

(2) 所有螺钉、销子等紧固件必须配全并装紧。一切联锁和锁紧装置必须校正。

(3) 压力表、温度表等检查用仪表应完好，便于观察。

(4) 液压系统发生故障或事故时，禁止在工作状态下进行检查、拆卸、调整。

(5) 在试运转时，不得靠近高压管道。当打开放气阀时，不能对着放气喷射方向看。

(6) 高压系统内的微小喷泄，应停车修理，严禁用手去堵塞或试探，要防止液压油伤人。

(7) 蓄能器注入气体后，不得拆开或松螺钉。需拆开时，必须放尽气体，确认无压力后才能进行。

185. 怎样延长液压元件的使用寿命？

答：各种液压元件都有额定的使用寿命，防止液压元件过早损坏，延长其使用寿命是有一定经济意义的。为了延长液压元件的使用寿命，应注意以下几点：

(1) 选用油质要适当。不同牌号的油混合后，可能引起油质的恶化，增加产生故障和损坏的机会。选择油液黏度要适中，黏度太大吸油困难，容易产生气蚀；黏度太大或太小，都会造成严重的温升。

（2）保持油净，防止污染。正确的过滤加上对过滤有条理的维护，可以减少故障，延长元件的使用寿命。尤其是伺服阀，对污染油液更为敏感。油质污染对元件的寿命影响最大，所以应当特别予以重视。

（3）控制油温要适中。油温过高时，油膜破坏，磨损加剧；零件热变形严重，间隙减小，滑阀卡死不灵，磨损加剧；橡胶密封件变形老化，失去密封机能；油液氧化，析出沥青等沉淀物，堵塞节流小孔，降低元件使用寿命。油温太低，压力损失大，吸油阻力大，产生气蚀、振动和撞击，降低元件的使用寿命。

（4）使用中注意加足油。油液不足时，吸油困难，将会产生噪声、振动和气蚀，影响液压元件的使用寿命。

186. 液压系统压力不足或完全无压力是什么原因，怎样排除？

答：液压系统压力不足或完全无压力的主要原因是压力油路与回油路短接，或有严重的泄漏，或油箱的油根本没有进入系统。

排除这种故障的方法是：

（1）检查油泵是否排油。如不排油，则可能是油泵转向不对，零件磨损严重，吸油管阻力过大（如吸油管较细、吸油管上滤网被堵塞、油太黏等），或吸油管漏气。

（2）如果油泵有油输出，则应检查各回油管，看是从哪个部件回油。如果溢流阀发生故障，例如因阀芯被卡住，先导阀阀座脱落成弹簧折断而失去作用，因而阀口保持在较大的开启状态，油泵打出的油就经溢流阀流回油箱而不能形成所需要的压力，也可能由于其他阀类元件动作不灵而卡住，使油泵处于卸载回路状态。需要检查有关阀的工作情况，如发现有的阀动作不灵或零件损坏。应进行修复或更换零件。

（3）如果油泵的供油能够由溢流阀调节，但油缸油腔中没有足够压力来推动工作部件，这可能是由于管路中节流小孔、阀口或管道被污物堵塞，也可能是由于油缸中密封不好或磨损过多，使压力油腔和回油腔间泄漏严重所造成，需要检查管路和油缸的工作情况，将有故障的地方进行修复。

187. 液压系统的爬行故障是怎样产生的，如何排除？

答：当液压传动系统中执行元件做低速运动时，可能产生时而运动时而停顿的爬行故障。产生爬行的可能原因和消除方法如下：

（1）液压系统中存在空气。由于空气有很大的压缩性，油缸承受载荷后出现运动不均匀即有爬行现象。检查油箱油面有无大量的泡沫，即可表明系统中有无空气。排除系统中的空气，最好的方法是在油缸或油管的最高点装设排气阀。无排气阀时也可在空载下使油缸快速往返运动几个全行程，将油缸中的空气排出。

（2）相对运动件间的机械摩擦阻力太大或摩擦阻力变化也容易产生爬行。因此，相对运动部件，如导轨、油缸、活塞杆等，应保证规定的几何精度、表面粗糙度以及相互位置精度等。相对运动表面间夹有污物，也会增加摩擦阻力，所以应当经常保持液压设备的清洁和油液干净。

（3）油缸的回油背压不足或溢流阀的调定压力过低。油缸回油背压过低或无背压，则油缸负荷中摩擦阻力的比例过大，增加回油背压可减小摩擦阻力变化时对油缸运动速度的影响。同样，溢流阀的调定压力应较实际工作压力略高，以保证摩擦阻力变化时，油缸仍具有足够的驱动能力。

188. 液压系统的噪声是怎样产生的，如何排除？

答：液压系统中进入空气是产生噪声故障的主要原因。另外液压元件质量不好也将产生噪声。例如油泵中有困油现象、齿轮油泵齿形的误差较大、叶片或柱塞卡住等都将引起噪声；阀芯与阀体配合不好或表面拉毛、油中杂质堵塞阀孔、阀中弹簧疲劳或损坏、阀芯移动不灵活等也都能引起噪声。如检查发现元件有损坏，应进行修复或更换。

管道过细过长，安装固定不好，可能引起振动而产生噪声，这时就需要选用直径较粗的管子，并将管子固定好。

当液压系统中因换向太快等原因而产生液压冲击时，也会产生噪声，这时就需要调整换向节流阀，使换向平稳无冲击。

189. 活套支持器有什么作用和要求？

答： 活套支持器设置在精轧机组各机座之间，它用来张紧精轧机座间出现的带钢活套，使连轧机相邻机座间的带钢在一定张力状态下贮存一定的活套量，作为机架间速度不协调时的缓冲环节。活套支持器在热连轧机精轧机组中占有很重要的地位。当机座间速度不协调时，能在短时间内放出或缩短活套量，使速度偏差不会立即影响带钢所受的张力。同时，当活套支持器减小或增大活套量时，活套臂摆动，发出角度位移信号，用来纠正各架轧机的速度差，保证热连轧机在稳定的小张力下进行轧制。

在连轧过程中，连轧机相邻机座的轧制速度和带钢速度经常处于微量变化的情况，其变化原因主要是：

（1）相邻机架的主电机发生不等的转速波动，使连轧机速度差值波动。

（2）粗轧机送来的带坯厚度往往有一定的波动，使连轧机速度差值波动。

（3）坯料温度不均等引起轧件变形阻力不均，从而影响轧制变形量，所以产生速度变化。

（4）在调整压下量时，带钢轧制后的厚度及带钢速度将相应变化。

为此，对活套支持器应有下列要求：

（1）活套支持器应保证各机座间可贮存一定长度的钢带。

（2）活套支持器在一定的转角范围内应使带钢上张力近似恒定，以便消除张力变化对带钢厚度和宽度的影响。

（3）必须惯性小、动作反应快。当带钢在活套支持器的前后机座通过时，活套辊应能迅速升起形成活套，使带钢建立一定的张力，以防止带钢折叠和保证带钢尺寸精度。当带钢离开前一个机座之前，活套辊应迅速下降，以免带钢尾部翘起，造成入口导板损伤。

（4）活套辊应能自动升起和降落。活套支持器的角度位移变化量通过控制系统立即向机座主电机发出纠偏调速的信号。

活套支持器有电动式、气动式和液压式三种。电动活套支持器反应快、张力波动小、控制精度高，但它的电气控制系统复杂。气动活套支持器结构简单、反应快，但其张力波动大。液压活套支持器惯性小，能较好地满足工艺要求，但液压系统较为复杂。目前，气动式和电动式活套支持器应用较多。

190. 电动活套支持器怎样实现恒张力控制？

答： 电动活套支持器由活套臂和驱动装置两部分组成。活套臂包括活套辊、活套臂、导板及转轴。图4-68为1700mm热连轧精轧机座的电动活套支持器与导卫装置。

为了保持带钢张力 T 不变，在活套臂转角 α 变化的情况下，正压力 N 必须随 α 角变化，即活套臂转轴驱动力矩应随 α 角变化(图4-69)。

活套臂转轴的力矩 M 由三部分组成：带钢张力产生的力矩 $M_{张}$；两机座间带钢重力产生的力矩 $M_{带}$；活套臂(包括活套辊)重力对转轴的力矩 $M_{自}$。

带钢张力产生的力矩 $M_{张}$ 为：

$$M_{张} = 2TR_1 \sin\frac{\theta + \phi}{2} \times \cos\left(\alpha + \alpha_1 - \frac{\theta - \phi}{2}\right)$$

式中的 θ 和 ϕ 角可由图4-69按下列公式求出：

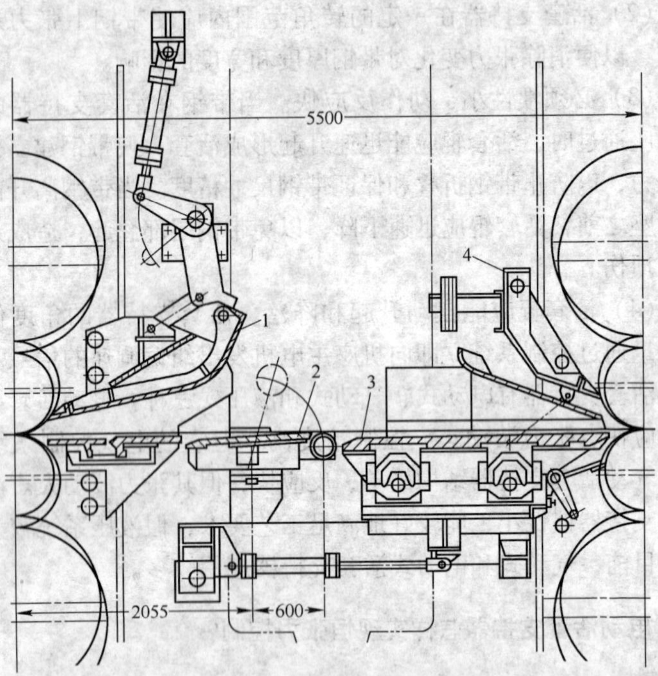

图 4-68　1700mm 热连轧精轧机座的电动活套支持器与导卫装置

1—出口导卫；2—电动活套支持器；3—进口导卫；4—轧辊擦拭器

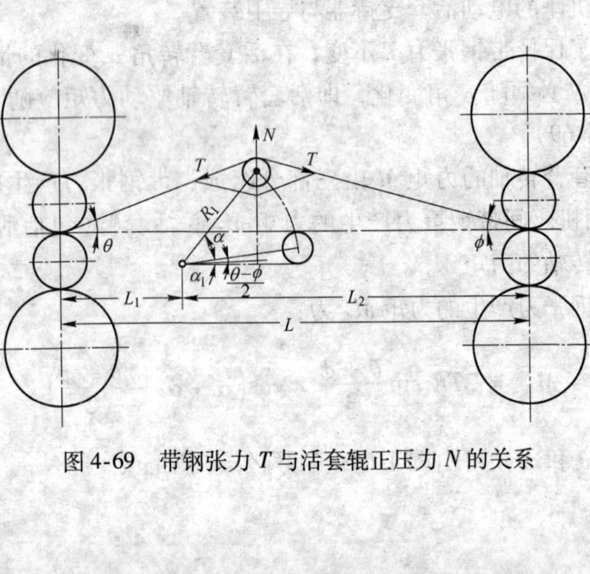

图 4-69　带钢张力 T 与活套辊正压力 N 的关系

$$\theta \approx \arctan \frac{R_1[\sin(\alpha+\alpha_1)-\sin\alpha_1]}{L_1+R_1\cos(\alpha+\alpha_1)}$$

$$\phi \approx \arctan \frac{R_1[\sin(\alpha+\alpha_1)-\sin\alpha_1]}{L-L_1-R_1\cos(\alpha+\alpha_1)}$$

由上式可以看出，张力力矩 $M_{张}$ 是张力 T 和转角 α 的函数，即 $M_{张}=f(T,\alpha)$。为了保持带钢张力 T 不变，在活套臂转角 α 变化时，电动机力矩应是 α 角的函数，即 $M_{张}=f(\alpha)$。

带钢和活套臂的总重力力矩 $M_{重}$ 为带钢重力产生的力矩 $M_{带}$ 和活套臂自重的重力力矩 $M_{自}$ 之和，即：

$$M_{重}=M_{带}+M_{自}=QR_0\cos(\alpha+\alpha_1)$$

式中 Q——机座间带钢和活套臂的总重力；

R_0——Q 力的作用点到转轴的距离。

综上所述，活套臂转轴的总驱动力矩 M 为：

$$M=M_{张}+M_{重}=f(\alpha)$$

由于各机架带钢的尺寸不同，重力不同，总张力也不同，因此，每架活套支持器对应不同尺寸规格的带钢有不同的力矩曲线。

在计算出力矩曲线后，在轧制过程中根据输出的转角 α 信号，运算系统按照 $M=f(\alpha)$ 的规律及时调整电动机的力矩，从而实现恒张力控制。

191. 气动活套支持器怎样实现恒张力控制?

答： 气动活套支持器的活套臂与电动活套支持器的相似。为了保证带钢张力恒定，电动活套支持器的电机力矩 M 随活套臂摆动角 α 而变化，即 $M=f(\alpha)$，而在气动活套支持器上则要使气缸臂杆的运动符合 $M=f(\alpha)$ 的变化规律，从而实现带钢张力恒定。

图 4-70 是气动活套支持器的受力简图。由图可以看出，转轴 O 上的阻力矩由带钢张力力矩和带钢及臂杆重力力矩组成。

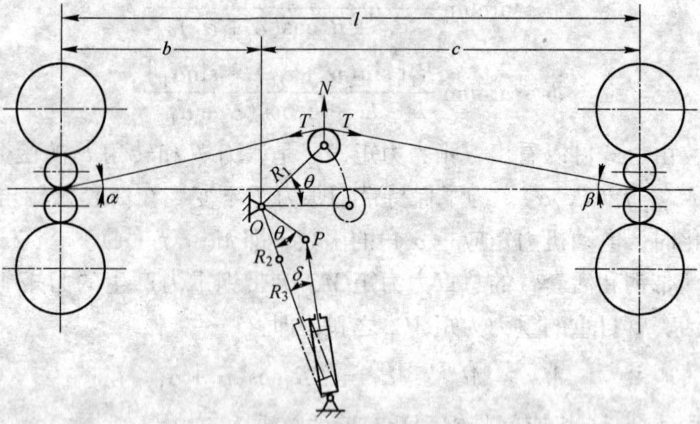

图 4-70　气动活套支持器受力简图

带钢及臂杆的重力力矩可由平衡缸产生的力矩来平衡。因此，张力力矩由工作缸产生的力矩来平衡。

为了使活套辊处于允许高度范围内的任何位置都能够保持带钢张力 T 不变，同时也保证工作缸作用力 P 不变，则带钢张力 T 和工作缸作用力 P 的关系应为：

$$T = \frac{R_2}{2R_1}KP$$

$$K = \frac{\sin(\theta + \delta)}{\sin\frac{\alpha + \beta}{2} \times \cos\left(\theta - \frac{\alpha - \beta}{2}\right)}$$

式中　P——工作缸作用力，N；

T——带钢张力，N；

α——活套辊和前一机座工作辊的切线与轧制线的夹角；

β——活套辊和后一机座工作辊的切线与轧制线的夹角；

θ——活套摆臂与水平线的夹角。

当 $\theta = 0$ 时，K 值为 K_0，即：

$$K_0 = \alpha\left(1 + \frac{R_2}{R_3}\right)\frac{(b + R_1)(c - R_1)}{lR_1}$$

由上式可以看出，工作缸作用力 P 以及 R_1、R_2 都是常数，如果能使 K 值在一定的 α 角范围内接近常量，则带钢张力 T 将近似恒定。而 K 值随 θ 角的变化规律取决于 l/R_1、b/R_1、R_3/R_2。活套辊的位置大约在两机座的中部，因此，机座中心距 l 和活套臂长度 R_1 确定以后，l/R_1 和 b/R_1 比值即已大致确定。正确地选择工作缸臂杆参数 R_3/R_2，就可使 K 值在各个 α 角时接近常数。几台热连轧机的气动活套支持器的技术参数见表 4-43。

表 4-43 热连轧机气动活套支持器技术参数

轧机名称		1700mm 热连轧机	1200mm 热连轧机	450mm 热连轧机	200mm 热连轧机
尺 寸	l/mm	6000	5200	3000	4000
	b/mm	2000	1735	900	1260
	c/mm	4000	3465	2100	2740
	R_1/mm	1000	865	600	740
	R_2/mm	1000	865	380	740
	R_3/mm	1200	1040	456	1628
	l/R_1	6	6	5	1.7
	b/R_1	2	2	1.5	5.4
	R_3/R_2	1.2	1.2	1.2	2.2
工作缸 $D\times L$/mm × mm		270×360 180×360 150×360	200×320 150×320	125×269	
平衡缸 $D\times L$/mm × mm		270×360	270×290	125×207	
工作压力/kPa		0~1600	0~1600	120~600	
活套辊工作角度/(°)		15	25/20/15	20	
活套辊最大升角/(°)		40	40	60	

192. 气动活套支持器和导卫装置的结构是怎样的？

答： 在热连轧精轧机组各架轧机的前后均设有导卫装置和活套支持器，使带钢能对准轧制中心线，顺利地咬入。我国设计制造的 1700mm、1200mm 宽带钢热连轧机和 450mm 窄带钢热连轧机均采用恒张力气动活套支持器。它们的参数虽不同，但是其机械结构是相似的。

国产 1700mm 热连轧机的气动活套支持器和进出口导卫装置如图 4-71 所示。进口导板设有调整导板开口度的机构和换辊移开导板的液压缸 8。当变化带钢的宽度规格时，电动机 16 通过

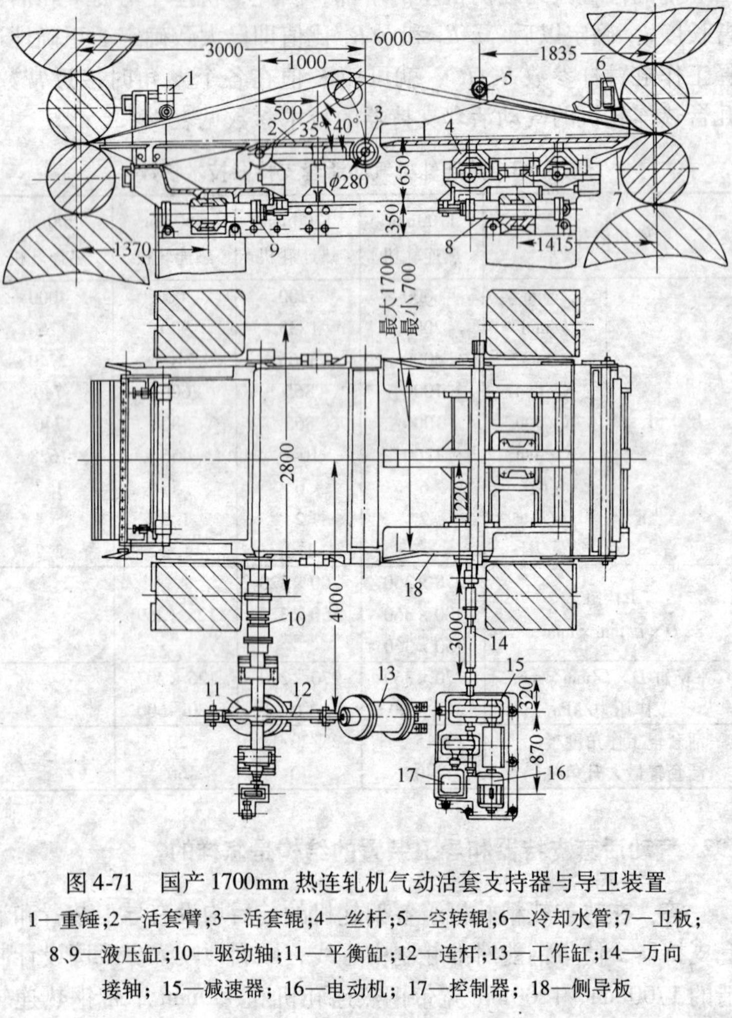

图 4-71　国产 1700mm 热连轧机气动活套支持器与导卫装置

1—重锤；2—活套臂；3—活套辊；4—丝杆；5—空转辊；6—冷却水管；7—卫板；8、9—液压缸；10—驱动轴；11—平衡缸；12—连杆；13—工作缸；14—万向接轴；15—减速器；16—电动机；17—控制器；18—侧导板

减速器15、万向接轴14转动丝杆4。丝杆4通过4个齿轮与另一个丝杆同步。为使侧导板上的两上螺母移动方向一致，同一侧两个丝杆的螺纹分别为左旋和右旋，而在一根丝杆上，一端为左旋，另一端为右旋。旋转两个丝杆，可带动两个侧导板18沿轧辊轴线方向同时移开或移近。导板的最大和最小开口度用行程控制器17控制。在导板进口处上面装有空转辊5，用以导正翘起的带钢进入轧辊。为防止带钢缠辊，导板和轧辊间装有带胶木的卫板7。紧接上下卫板处，装有冷却轧辊用冷却水管6。在换辊时，为把导卫装置从轧辊处移开，装有液压缸8。缸体固定在基础上，液压缸活塞杆推动进口导板在滑板上沿轧制线方向滑动。

出口导板由上、下卫板和侧导板组成。上、下卫板紧贴轧辊，上卫板用重锤1平衡。下卫板由两段组成，后一段卫板是在液压缸9活塞的作用下，在轧辊移开时可绕心轴向上转动。朝出口方向的侧导板为喇叭形，靠改变固定它的螺钉孔位置调节其宽度。

由图4-71可以看出，气动活套支持器的活套辊3安装在活套臂2的轴承座上，工作缸13和平衡缸11通过连杆12和驱动轴10使活套臂摆动。工作缸的作用是产生推力，使活套辊迅速升起，支承带钢并建立张力；平衡缸的作用是平衡机座间的带钢、活套臂、活套辊和传动杆件的重力。

这类气动活套支持器结构简单，动作迅速，维护方便，且不需要特殊电机；但是，压力调整精度差，调节范围小。

193. 气压传动系统的组成及工作原理是什么?

答: 气压传动系统是以压缩空气为工作介质传递动力和控制信号的系统。一般的气压传动系统由以下4部分组成:

(1) 气压发生装置，即空气压缩机。它将原动机供给的机械能变为气体的压力能。压缩空气由压缩空气站统一向各用气点分配。

(2) 执行元件，包括气缸、摆动缸或气动马达等。它是以压缩空气为工作介质产生机械运动，并将气体的压力能转变为机械能的能量转换装置。

（3）控制元件，包括各种压力阀、流量阀、方向阀、逻辑元件（逻辑阀、射流元件）和行程阀等。它是用来控制压缩空气的压力、流量和流动方向，以便使执行机构完成预定运动规律的元件。

（4）辅助元件，包括过滤器、油雾器及管件等。它是使压缩空气净化、润滑、消声以及从事元件间连接等所需要的一些装置。

在气压传动中需要有一定的压力和足够流量的洁净的压缩空气作为控制系统和执行系统的动力能源，才能使气动系统正常工作。压缩空气是由空压机产生的。从空压机出来的气体由于带有不少水分、油污和灰尘等脏物，不能直接送到控制系统和执行机构中，否则会引起控制元件失灵和机械部件的锈蚀磨损。因此，压缩空气需要净化。空气的过滤是气动控制中的重要环节。

常用的气源净化装置系统如图 4-72 所示。QSL 型分水滤气器是一种离心式分水滤气器，过滤效果较好，应用广泛。这种滤气器的结构原理如图 4-73 所示。

压缩空气从输入口进入后，被引入旋风叶子 1，旋风叶子上有很多小缺口，迫使空气沿切线方向产生强烈的旋转。这样，夹杂在气体中的较大的水滴、油污和灰尘等（主要是水滴）便获

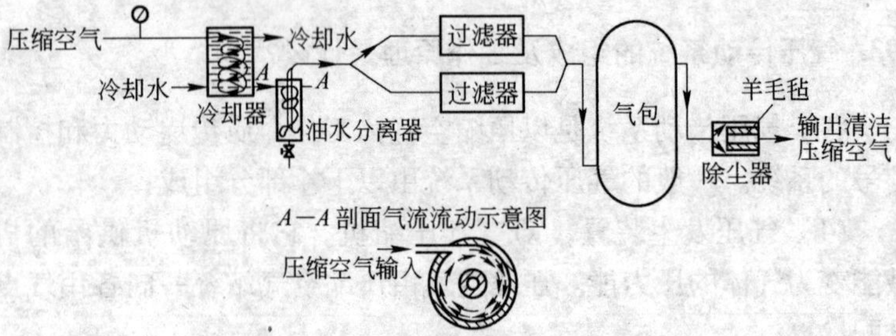

图 4-72　气源净化装置系统

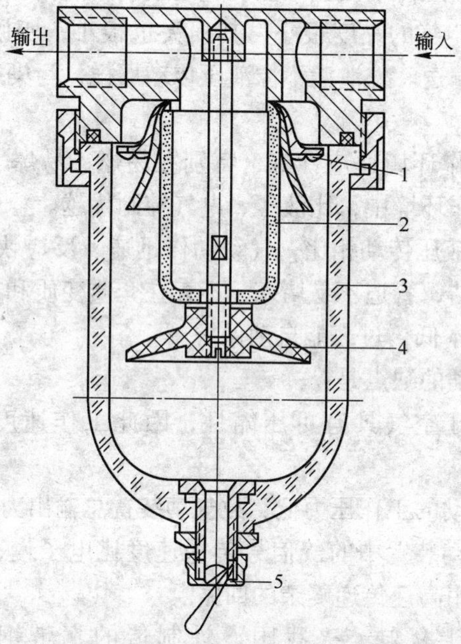

图 4-73 过滤器结构原理示意图

1—旋风叶子；2—滤芯；3—水杯；4—挡水板；5—排污水阀

得较大的离心力，并高速与水杯 3 内壁碰撞而从气体中分离出来，沉淀于水杯 3 底部。然后，气体通过中间的滤芯 2，少量的灰尘、雾状水被滤芯 2 拦截而滤去，洁净的空气便从输出口输出。挡水板 4 能防止气体的漩涡将杯中积存的污水卷起而破坏过滤作用。为保证分水滤气器的正常工作，需及时将存水杯中的污水通过排污水阀 5 放掉。

194. 气压传动的优缺点是什么？

答：气压传动的优点是：

（1）以空气为工作介质，工作压力较低（一般在 0.3 ~ 0.8MPa），工作介质来得比较容易，用后的空气排到大气中，处理方便，与液压传动相比不必设置回收油的油箱和管道。

（2）因空气的黏度很小，其损失也很小，所以便于集中供应，远距离输送。外泄漏不像液压传动那样，污染严重，压力降低明显。

（3）工作环境适应性好，特别在易燃、易爆、多尘埃、振动等恶劣工作环境中，比液压、电气控制优越。

（4）与液压传动相比，气动动作迅速、反应快，维护简单，工作介质清洁，管道不易堵塞，不存在介质变质和补充等问题。

（5）成本低，过载能自动保护。

气压传动的缺点是：

（1）由于空气具有可压缩性，因此工作速度的稳定性稍差。

（2）气动的工作压力低，故气动装置总输出力不会很大。

（3）气动装置中的气信号传递速度比电子慢，因此，气信号传递不适用高速传递复杂的回路。

根据以上优缺点，我国设计制造的宽带钢热连轧机和450mm 窄带钢热连轧机大多采用气压传动的恒张力气动活套支持器。

195. 带钢轧机气动活套支持器的操作要点是什么？

答：450mm 精轧机组采用气动活套支持器，它有两个气缸。工作缸的作用是在活套辊升起后，使带钢产生张力；平衡缸的作用是使活套辊迅速升起并平衡两个机座间的带钢、活套臂、活套辊及传动杆件的重力。450mm 精轧机组气动活套支持器的技术参数为：

工作缸 $D \times L$	125mm × 269mm
平衡缸 $D \times L$	125mm × 207mm
工作压力	120 ~ 600kPa
活套辊工作角度	20°
活套辊最大抬升角	60°

气动活套支持器的操作要点是：

（1）检修或计划换辊后，开车前应将活套气路中的积水放净，在每次开车前或调换品种后，均应按规程要求，调好平衡缸和工作缸气压，手动试验起落套正常，同时调节好分岔夹送辊气压，试车正常后方可开车。

（2）在正常轧制中，应根据来料温度、套量大小以及反映机架间带钢张力的电流大小来进行调速，保持套量适中，活套臂在25°角上下摆动，最小摆动角要大于15°，严禁拉钢操作。

（3）450mm 精轧机组的各机架之间，对大断面轧件采用较小单位张力值，对小断面轧件采用较大单位张力值，这样缩小了工作缸压力的调节范围，有利于减小张力波动和简化操作。各机架间带钢单位张力值如下：

活套支持器序号	1号	2号	3号	4号	5号
机架间带钢单位张力值/MPa	1.7～2.8	2.6～3.7	3.5～5.0	4.0～5.6	5.2～7.7

（4）当使用手动操作活套起落套时，要求在轧件进入下一机架后，及时升起活套臂；当轧件即将在前一机架轧完时，将活套臂落下，必须起套轧制。当发现活套发生故障（漏气、轧刹）时，不得任意增加气压。

196. 怎样调整带钢轧机？

答：带钢轧机的调整是指，大换辊后轧制前轧辊平行度、零位和开口度（辊缝）的调整。

（1）轧辊平行度的调整。为保证轧制中各轧辊轴线的水平度，首先要保证下轧辊位置的水平度。因此安装下轧辊之前，要找平支持下轧辊轴承座的球面垫高度。装入下轧辊后，用水平仪检查辊面的水平度。

安装上轧辊后，为消除可能由于轧辊轴承座及轧辊倾斜而产生的间隙，常将轧辊相互稍加压紧，空转少许，然后开始调整轧辊的平行度。

调整平行度的方法如下：在离工作辊辊身两边 100mm 处，放置直径约 6mm 的软钢丝，压下至 2 ~ 4mm 后，测量其厚度。当厚度差小于 0.02 ~0.03mm 时，认为轧辊是平行的。若上下轧辊不平行时，两钢丝被压扁后产生的厚度差设为 Δh，则为消除不平行度而相应的压下螺丝上抬或下压值 H 可根据图 4-74 分析确定，即：

$$H = \frac{L}{l}\Delta h$$

式中 L——轧机压下螺丝间距离，mm；

l——软钢丝间距离，mm。

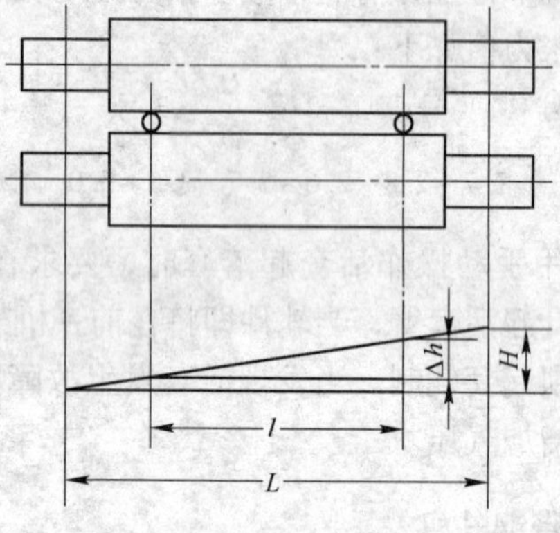

图 4-74 确定轧辊平行度的图解

（2）工作辊零位的调整。检查轧辊平行度后，必须进行零位调整，目的是考虑机座弹跳值的影响，使轧出的成品厚度更接近于压下螺丝行程的指示数。

调整方法为：在轧辊转动的情况下，将两个工作辊压紧，使压下电动机的电流达到一定的数值后，把压下螺丝行程的指示数拨至零位。或者当工作机架上设有测压仪时，使其压力达到一定的数值，一般此压力值应近似等于最后机架上轧制最薄、最宽带材时的轧制力。这个压力足以消除机架各零件间的间隙值，并产生一定的弹性变形。在这样的条件下，压下螺丝的位置即工作辊的位置规定为零位。

某2800mm/1700mm半连续带钢轧机的连轧机组采用的预压电流值为150A，相当于9MN的压力。

（3）轧辊开口度(辊缝)的调整。为获得较准确的产品尺寸，调整轧辊的开口度时，应考虑在轧制力作用下产生的机架各零件的弹性变形。轧件轧出厚度、弹跳值和辊缝间有下列关系：

$$h = S_0 + f_\varepsilon = (E_g - E_w) + \Delta f_\varepsilon$$

式中 h——轧件出口厚度，mm；

S_0——轧辊辊缝值，mm；

f_ε——机座的总变形值，mm；

E_g——轧辊工作时压下螺丝行程的指示数，mm；

E_w——轧辊预压时压下螺丝行程的指示数，mm；

Δf_ε——弹跳值变化量，mm。

根据所测得的压力和变形之间的关系，可绘制成刚度曲线。轧制某一规格的产品时，由于E_w为已知数，Δf_ε可从刚度曲线中查得，因此产品厚度仅决定于E_g的大小。从P-H图可以看出，不同的E_g，轧出的带钢厚度和轧制力不同。

197. 怎样调整带钢的镰刀弯和浪形？

答：带钢沿长度方向产生的缺陷主要有镰刀弯、“S”形弯、表面中间浪形、表面两侧浪形等。产生这些缺陷的原因，除原料尺寸不规范之外，在轧制方面，主要是轧辊表面产生了局部粗糙面，压下量分配不合理及两侧压下量不同等原因。

当轧辊表面产生对称的局部粗糙时，轧件弯曲总是发生在相对应的位置上，轧件弯曲的形状是波浪形的，且几乎是固定不变的。

如果轧辊粗糙部分在辊身中央，轧件延伸较大时，会产生中间浪形。如果轧辊辊身两端侧的辊面粗糙，轧件会在两边部产生浪形。

轧辊产生粗糙的原因是：轧辊冷却水嘴堵塞；轧辊冷却水嘴角度不良，水量不足。

针对上述原因，应经常检查轧辊冷却水嘴的喷射情况并调整水嘴角度和水量。生产时要十分注意对轧制状态和轧件的观察，根据观察的结果来确定轧辊的更换。

轧件弯曲是由轧件压下不均造成的。来料厚度不均，也会产生轧件弯曲。因此，要调整好轧辊水平，消除轧辊两端的辊缝差。生产中只有通过调整压下来矫正轧件的弯曲。

二、卷取机及其操作

198. 卷取机有哪几种形式，其特点如何？

答：卷取机按其卷筒形式可分为移动式和固定式两种，目前广泛采用的是固定式地下卷取机。移动式卷取机的卷筒高度与轧制线高度一致，随着卷径增大，卷筒逐渐下移，这种卷取机结构比较复杂。移动式卷取机的主要作用是改善卷取形状。但是由于轧制速度高速化，钢卷单重大型化，超厚高强度带钢的数量增多等原因，卷取机一般均采用刚度高的固定式卷取机，移动式卷取机目前已不存在了。

按夹送辊和助卷辊驱动形式，卷取机可分为气-液型和液压型卷取机。这两种卷取机的卷取能力和设备精度均高于气动式卷取机。液压型卷取机夹送辊和助卷辊辊缝由液压伺服系统完成，设定精度极高，冲击和振动也由液压缸吸收。为避免和减轻带钢头部在卷第二圈、第三圈时产生压痕，助卷辊采用于跳跃控制(AJC)技术。20 世纪 90 年代以来，我国新建或改造的卷取机均采用液压型卷取机，对旧有的气动式卷取机逐步淘汰。

另外，对薄规格带钢，由于在输出辊道上运行不稳定，易飘浮，限制了穿带速度，为了缩短穿带时间，减少故障，提高产量和确保终轧温度，国外已出现了近距离卷取机。它与精轧末架轧机距离 40 ~ 70m，卷取时，卷取张力在夹送辊与卷筒之间建立。

近距离卷取机适用于高温卷取的带钢和希望获得良好卷形的薄带钢。

卷取机按其助卷辊数量，可分为如表 4-44 所示的 4 种形式。

表 4-44　卷取机按助卷辊数量的分类

分类	特　点	机　　构
8 根助卷辊	(1) 结构复杂，故障多； (2) 缠头平稳	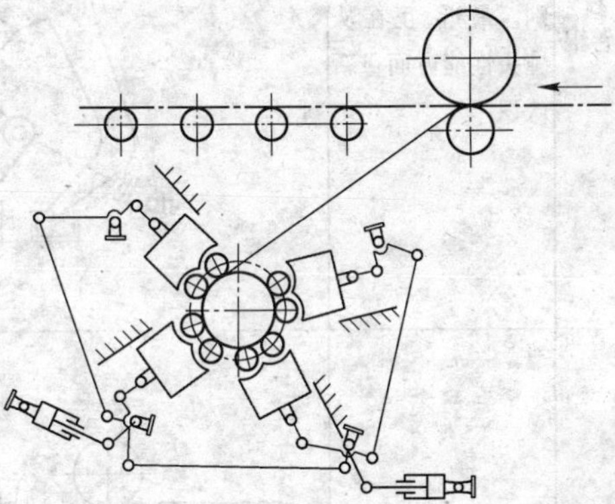
2 根助卷辊	(1) 缠头不平稳； (2) 头部擦痕多； (3) 易于维修； (4) 强度高	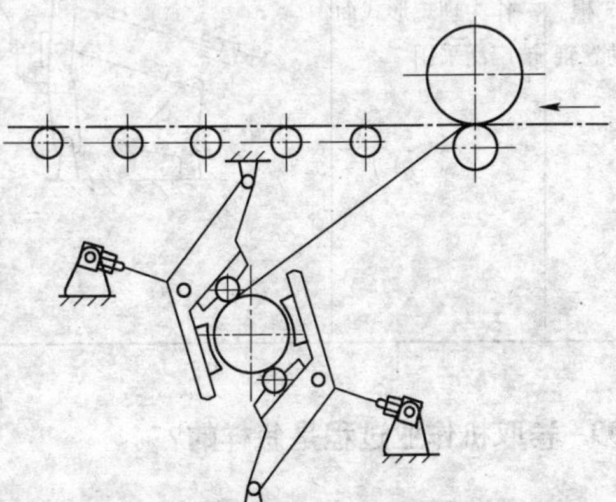

续表 4-44

分类	特点	机构
4 根助卷辊	若维修充分，与3根助卷辊无差别。最近，正在从缠头性能方面重新认识	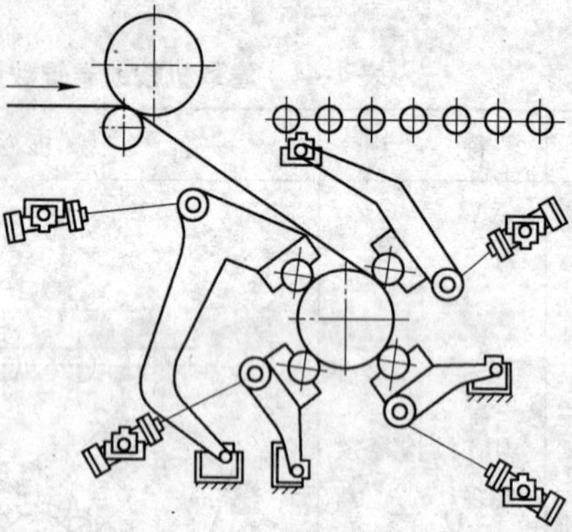
3 根助卷辊	作为理想形式而被广泛采用	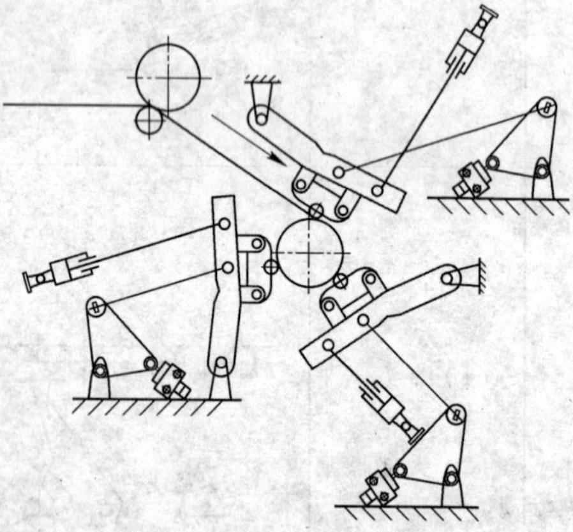

199. 卷取机作业过程是怎样的？

答： 卷取机的作业过程如下：带钢头部进入卷取机前，输出辊道、夹送辊、助卷辊、卷筒均以不同的速度超前率进行运转。带钢头部进入夹送辊后，借助上下夹送辊的力量，迫使带钢头部向下弯曲，并沿着导板进入由助卷辊及导板和卷筒形成的间隙前进，同时，借助卷筒和助卷辊的超前率作用，将带钢紧紧地缠绕在卷筒上。当头部在卷筒上缠紧后（大约3~4圈），输出辊道、夹送辊、助卷辊、卷筒的速度超前率降为零，与带钢速度相同，同时，保持一定的张力值进行卷取。卷取张力在卷筒与精轧机和夹送辊之间产生。卷取机以最大转矩法控制张力恒定，即使电流正比于 D/ϕ 而变化。

当带钢尾端由精轧机抛出时，输出辊道、夹送辊则以滞后于带钢速度运转，使之保持一定的张力，防止带钢折叠，同时，1号助卷辊下降压住钢卷，保证抛钢后的尾部带钢卷得同样整齐且紧密。卷取结束后，卸卷小车上升，托住钢卷后，助卷辊打开，卷筒收缩，端部支承打开。卸卷车移动，将钢卷移出卷取机。移出卷取机后的钢卷，有的立即打捆，有的在后面运输机上打捆，有的翻转成立卷放到钢卷运输机上运输，有的则以卧式钢卷直接送到钢卷运输机上。

200. 卷取机的速度控制和卷筒的转矩控制是怎样进行的？

答：（1）卷取机的速度控制。在卷取时，卷取机速度控制装置对输出辊道、夹送辊、助卷辊和卷筒的速度进行设定和控制。此设备进行速度设定和控制的依据是精轧机末架速度。为了使带钢头部在输出辊道上运行时有一定的前拉力，输出辊道的设定速度比精轧机末架的速度快，有10%~25%的超前率；夹送辊应吸收带钢的松弛，也应有5%~20%的超前率；卷筒为了把卷取转矩传递给带钢造成卷附状态，同时又需考虑卷取时的缩颈缺陷，因此对薄带钢卷筒速度超前率约为10%，对厚带钢超前率约为35%以内。助卷辊卷取时对带钢头部有弯曲作用，并移送带钢，应具有比卷筒大的超前率，约为15%~40%。头部卷紧后，卷筒切换到张力卷取。助卷辊打开，卷筒转为电流控制。

另外，带尾从精轧机出来至卷取结束，为得到好的卷形，此时卷筒转为速度控制，而夹送辊转为电流控制，对带钢尾部施加一定的张力。

卷取机速度曲线图如图4-75所示。

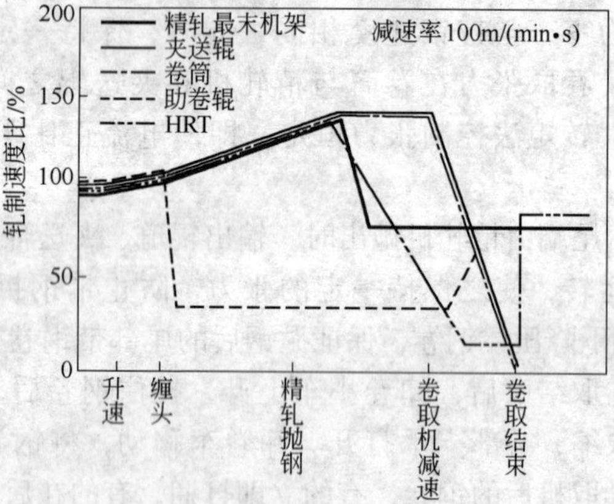

图4-75 卷取机速度曲线图

（2）卷筒的转矩控制。当带钢头部在卷筒上缠紧之后，卷取是在一定的张力下进行的。为保持恒张力卷取，随着卷径的增加，卷筒的输出力矩也应逐渐增加。为了实现这一控制目的，通常采用两种方法：其一，保持电枢电流为恒定值，与卷径的增大成比例地增大励磁电流；其二，使电枢电流与钢卷直径成比例（励磁电流）。第二种方法的优点是：在可能控制的范围内加强励磁，可以有效地利用电机转矩。

201. 三辊式卷取机组的带钢卷取过程是怎样的？

答：三辊式卷取机组由进口导板、送料辊、助卷辊、三辊卷取机、卸卷机、翻卷机、运卷车、钢卷升降机以及机上辊道等组成，如图4-76所示。三辊卷取机的结构如图4-77所示。

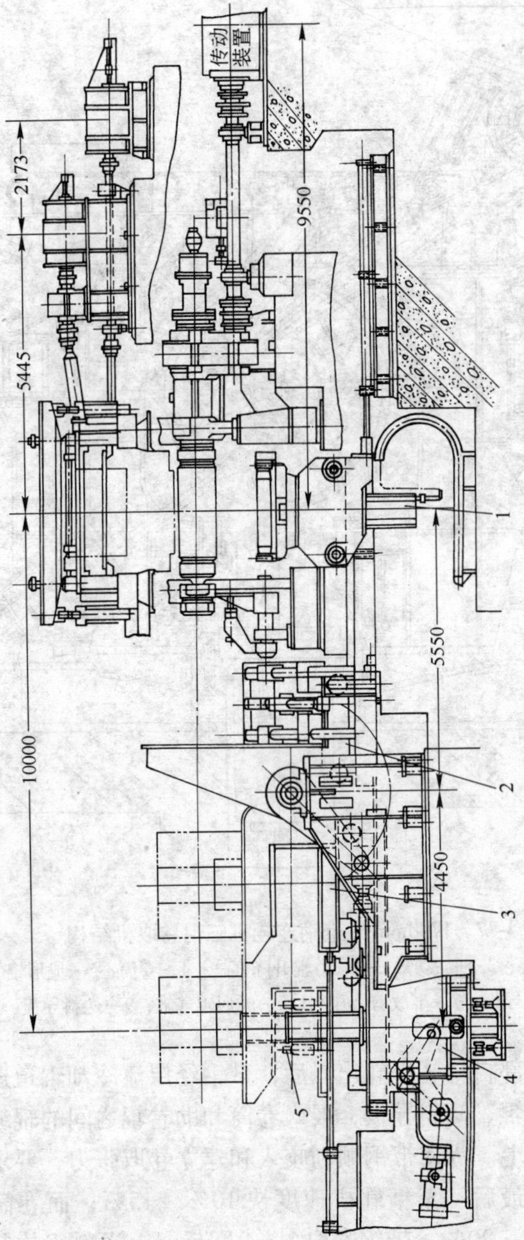

图 4-76　三辊式卷取机组

1—卸卷车;2—翻卷机;3—C 形运卷车;4—钢卷升降机;5—链式运输机

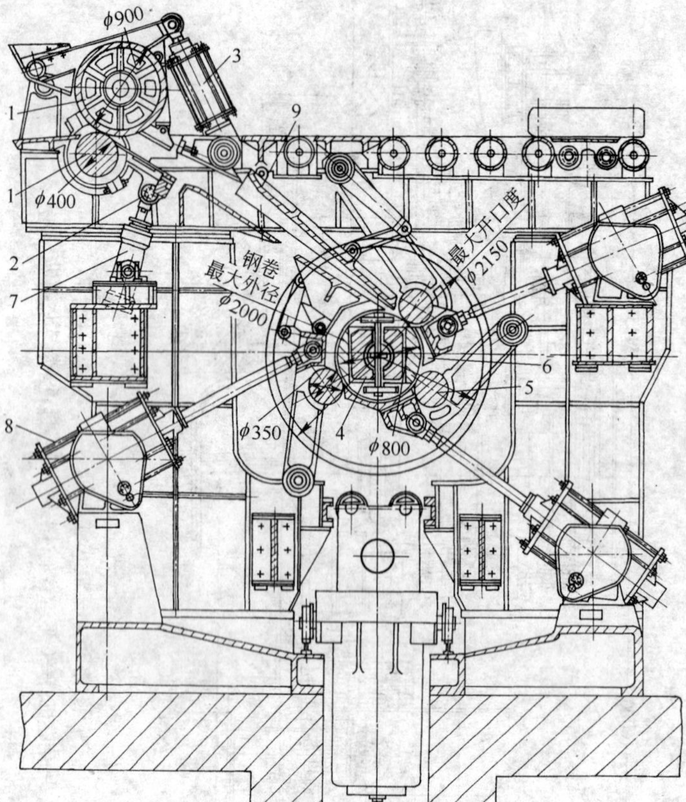

图 4-77　1700mm 热带钢连轧机三辊卷取机结构

1—张力辊；2—事故剪；3—张力辊升降气缸；4—卷筒；5—成形辊
6—成形导板；7—事故剪液压缸；8—成形辊气缸；9—送料导板

当带钢头部自精轧机轧出以后，带钢经层流冷却辊道进入入口导板、送料辊、倾斜导板，喂入卷筒和助卷辊之间的辊缝，最后缠绕在卷筒上。为使带钢顺利咬入和建立卷取张力，要求送料辊的线速度比最后一架精轧机速度快 10% ~15%；而卷筒的线速度则快 15% ~20%。带钢卷取 3 ~4 圈后，上送料辊抬起，助卷辊按2号、1号、3号的顺序开启，待助卷辊全部开启之后，带钢在卷筒与最后一架精轧机之间建立了张力，此时，轧机与卷取机同时升速。当带钢尾部即将离开最后一架精轧机时，上送料辊重新压下，使送料辊与卷筒之间的带钢建立张力。当带钢尾部即将出送料辊时，助卷辊又全部合拢，压向钢卷，降速卷取，直至卷完。

待卷取即将终了时，卸卷车的托辊与钢卷接触，并与卷筒等速回转。卷筒经过点动（15m/min）压住带钢尾部，由托辊闸轮制动，防止带钢松散和摆尾。然后卷筒收缩，侧导板、送料辊开启，挡板关闭，卷筒活动支承拉出、摆开，卸卷车将卷筒上的钢卷移出，送往翻卷机，在翻卷机上钢卷翻转90°，放在C形运卷车上，由运卷车将钢卷送到链式运输机作业线的钢卷升降机上，待升降机托起钢卷，运卷车退出。最后升降机下降，将钢卷放在链式运输机上运走。活动支承复位，卷取机即完成一个工作周期。

在卷取机全部操作过程中，各动作的速度、卷筒的张力以及各辊缝的给定均由电子计算机控制。卸卷的操作顺序由电气硬件控制。

202. 棱锥柱塞式卷筒怎样进行胀缩？

答：棱锥柱塞式卷筒结构如图4-78所示。4个扇形块1通过16个柱塞3与棱锥心轴4相接触，扇形块与棱锥心轴之间由套筒轴2隔开，并沿卷筒轴向固定柱塞位置。棱锥心轴通过开式半联轴节8、插销9与活塞杆相连接，棱锥心轴4在旋转液压缸的作用下可作轴向运动并通过柱塞的径向运动使扇形块胀大或缩小。

卷筒非传动端扇形块护圈5限制了扇形块的轴向位移，使其只有径向运动没有轴向位移。扇形块在弹簧6的作用下紧紧压在柱塞上，柱塞与扇形块之间没有相对运动，这就减少了扇形块内表面的磨损。

根据卷取带钢厚度的不同，卷筒可采用一次胀缩或两次胀缩结

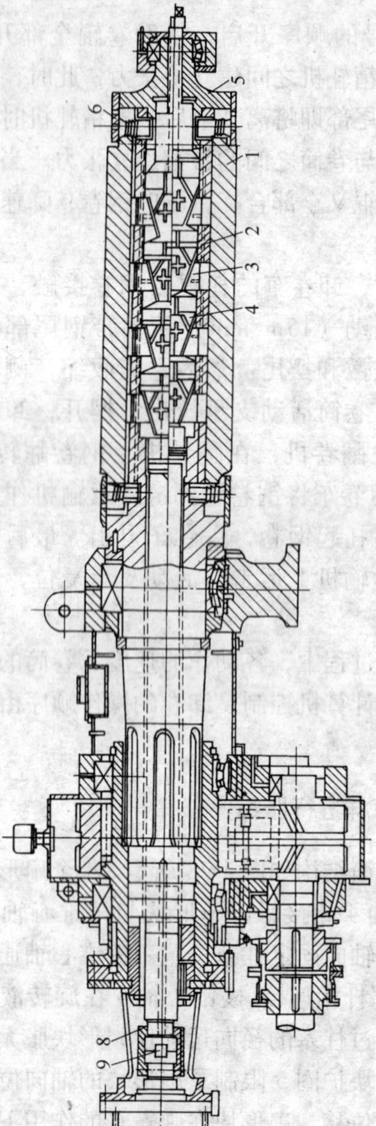

图 4-78 棱锥柱塞式卷筒结构

1—扇形块；2—套筒轴；3—柱塞；4—棱锥心轴；5—扇形块护圈；6—弹簧；
7—旋转液压缸；8—开式半联轴节；9—插销；10—回转接头

构。一次胀缩用于中等以下厚度带钢,两次胀缩多用于较厚带钢的卷取。在卷取较厚带钢时,由于带钢头部的弹复作用,头几圈可能卷得不紧,会使带钢相对卷筒打滑,难以形成必要的张力,因此先在小直径上卷,卷几圈后卷筒第二次胀径,张紧钢卷。

采用棱锥柱塞式卷筒的三辊卷取机技术性能如下:

卷取带钢:厚度 1.2 ~ 12.7mm,宽度 500 ~ 1550mm,低碳钢、低合金钢、硅钢;

钢卷外径 ϕ1000 ~ 2000mm,最大卷重 30t,单重 19.6kg/mm。

卷 筒:胀开直径 ϕ762mm,缩紧直径 ϕ725mm,长度 1888mm。

送料辊:ϕ920mm/ϕ460mm × 1700mm,偏移值 236mm。

助卷辊:ϕ350mm × 1700mm,3 个。

卷取温度:650 ~ 750℃。

卷取速度:11 ~ 23.6m/s。

卷取张力:h = 1.2 ~ 3.3mm,σ_0 = 4MPa;h = 4.5 ~ 7.0mm,σ_0 = 3MPa;h = 10 ~ 12.7mm,σ_0 = 2MPa。

203. 怎样调整送料辊辊缝?

答: 送料辊用于向卷取机送料,并与卷筒之间的带钢形成张力。送料辊由上辊、下辊、闸门、倾斜导板、气动开启装置以及辊缝调节装置等组成,如图 4-79 所示。为了改善咬入条件,一般上辊直径约为下辊直径的两倍,下辊中心线向前偏移一定角度。上送料辊 2 装在辊架 3 上,辊架的入口侧与机架 5 铰接,出口侧与两个气缸铰接。送料辊送料时,上辊压下并由气缸拉紧,活动盖板 7 由气缸 9 推动压住带钢头部导入助卷器。带尾通过送料辊之后不需要送料时,上送料辊开启,闸门 8 则由气缸将它推上去,封住入口。上下辊各由一台直流电动机(150/300kW,525/1050r/min)单独传动,速度超前率为 12%。

上下送料辊采用喷水冷却,并在送料辊前装设两根喷水集

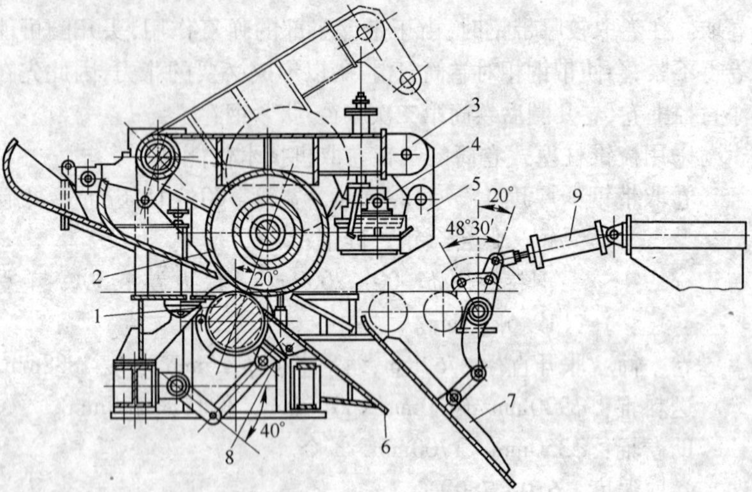

图 4-79　送料辊装置示意图

1—下送料辊（ϕ460mm）；2—上送料辊（ϕ920mm）；3—辊架；
4—千斤顶；5—机架；6—溜板；7—活动盖板；8—闸门；
9—气缸（2 个 ϕ200mm/ϕ50mm × 360mm）

管，交叉喷刷通过进口侧导板的带钢上面的铁屑。

送料辊辊缝调整装置的传动机构如图 4-80 所示。送料辊的辊缝由两个千斤顶调整，千斤顶通过蜗杆减速器 1 由直流电机 6 传动。两个千斤顶之间通过电磁离合器连接，可同时调节和单独调节。千斤顶固定于送料辊的机架上，推力为 250kN，此时转矩为 200N · m。辊缝开口度和辊缝平行度的调节范围，以轧制线为基准，向上 30mm，向下 15mm。当成品厚度给定之后，即可确定辊缝，一般辊缝较成品带钢厚度小 0. 4mm。

下送料辊后边的气动闸门，可绕下送料辊两端的辊颈回转，与倾斜导板下溜板相接，引导带钢进入卷取机卷筒。卷取完了，闸门复位，与上面辊道相接，引导带钢进入下一台卷取机。

送料辊的驱动为微张力控制（即零电流控制），与最后一架

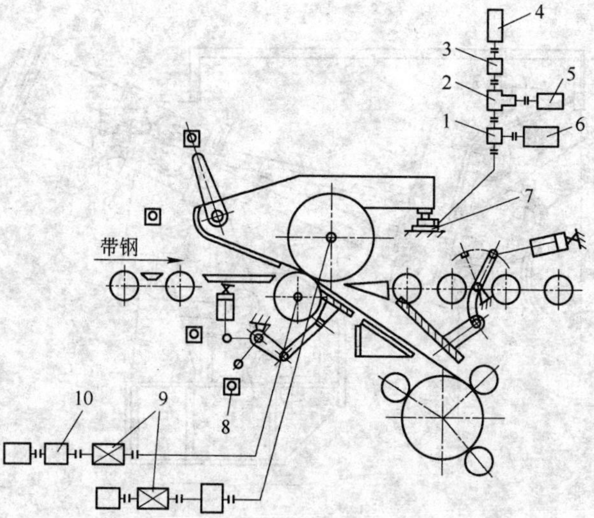

图 4-80 送料辊辊缝调整装置示意图

1—蜗杆减速器;2—圆锥齿轮减速器;3—行星齿轮减速器;4—主令控制器;
5—自同步机;6—电机(3.7kW,1025r/min);7—千斤顶;8—行程开关;
9—直流电机(150/300kW,525/1050r/min);10—测速发电机

精轧机架的轧制速度同步。当带钢尾部离开轧机后，输出辊道与送料辊减速，带钢在卷筒与送料辊之间形成一定的张力。卷取完了，上送料辊升起，下一卷带钢则进入下一台卷取机。当2号或3号卷取机卷取时，1号或2号送料辊作为送料使用。

204. 怎样调整助卷辊辊缝?

答: 助卷辊由辊子、摆动臂、弧形导板、辊缝调整装置以及传动装置等组成（图4-81）。

助卷辊与卷筒之间构成的辊缝，必须能给带钢头部以足够的送进力，使带钢沿卷筒周围的环形辊缝弯曲成形。助卷辊与卷筒之间的辊缝大小根据带钢的厚度、材质以及助卷辊的压力来确定。辊缝过大，带钢易产生打滑；辊缝过小，带钢咬入时冲击较大，易于起套。辊缝大小对于带钢的卷取质

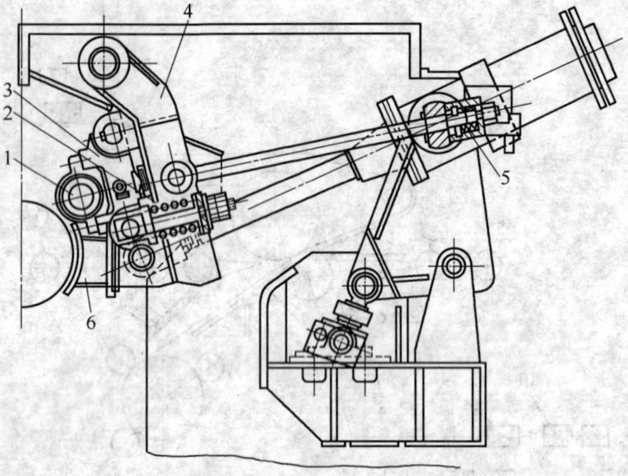

图 4-81　助卷辊装置示意图

1—助卷辊；2—缓冲弹簧；3—轴承座；4—摆动臂；

5—调整杆；6—弧形导板

量是有影响的。

助卷辊工作中所受的冲击负荷较大，因此，助卷辊的轴承座 3 装有缓冲弹簧 2，以减缓带钢头部对助卷辊的冲击和所引起的弹跳，从而延长摆动机构的寿命和提高卷取质量。为了调整助卷辊与卷筒之间的辊缝和消除各环节的间隙，装置了带有碟形弹簧的调整杆 5。助卷辊在安装、调试和维修时，均由安全拉杆将摆动臂 4 锁紧在机架上。

单独的气缸直接作用于助卷辊上，使其与卷筒之间产生压力，并且沿助卷辊的长度方向作用力均匀。气缸的工作压力可根据压紧力的需要进行调节，一般采用 0.7 ~ 1MPa。

助卷辊的辊缝调整装置与送料辊的辊缝调整装置基本相同（图 4-82）。辊缝的开度根据带钢的厚度和助卷辊的压紧力来确定。不同规格的带钢，各助卷辊与卷筒之间的辊缝见表 4-45。

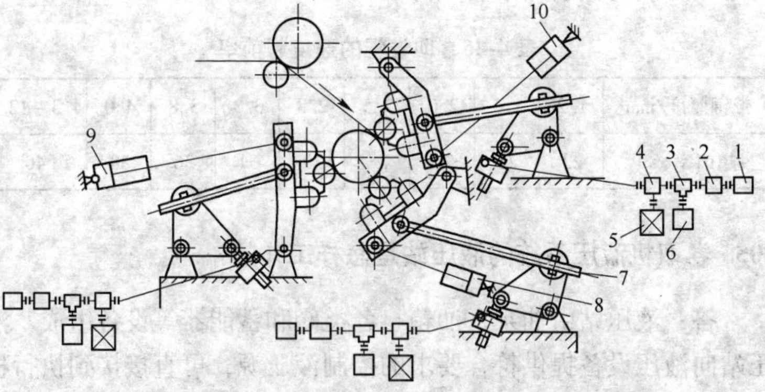

图 4-82　助卷辊辊缝调整装置简图

1—主令控制器；2、3、4—减速器；5—电机（3.7kW，1025r/min）；6—自同步机；7—调整杆；8、9、10—油缸

表 4-45　助卷辊辊缝值（mm）

成品厚度	1.2	1.4	1.6	1.9	2.3	2.8	3.2	3.8
1 号助卷辊辊缝	0.12	0.76	1.00	1.40	1.80	2.42	2.9	3.76
2 号助卷辊辊缝	0.0	0.28	0.50	0.80	1.20	1.62	2.18	2.90
成品厚度	4.5	5.0	6.0	7.0	8.0	9.0	10.0	12.7
1 号助卷辊辊缝	4.5	5.1	6.5	7.8	9.1	10.5	12.0	12.2
2 号助卷辊辊缝	3.6	4.5	5.0	6.3	7.7	8.9	10.0	10.1

表 4-45 中在带钢厚度大于 4.5mm 以后，1 号助卷辊的辊缝大于带钢厚度。这是由于带钢头部进入助卷辊冲向弧形导板时，1 号助卷辊同卷筒之间的中心连线与带钢进入方向不成直角，为此加大辊缝便于带钢咬入。1 号助卷辊与弧形导板起成形作用。卷取较薄带钢时，卷取 3 ~5 圈后助卷辊全部开启；卷取中等厚度带钢时，带钢卷取接近结束时 1 号助卷辊重新压紧；卷取较厚带钢时，1 号助卷辊直到卷取结束一直压紧带钢。

各助卷辊分别由单独的直流电机驱动，助卷辊的速度超前率与带钢厚度的关系列于表4-46。

表 4-46　助卷辊的速度超前率

带钢厚度/mm	1.2	1.5	2.0	2.5	2.8	3.3	3.8	4.0	4.3～12.7
超前率/%	23	26	26	28	29	31	36	38	40

205. 卷取机液压系统的液压站是怎样工作的?

答: 液压站由油泵、油箱、各类阀和蓄能器等设备组成。液压站向液压设备提供符合要求的控制液压源，可直接接到执行机构上。下面以卷取机液压系统的液压站为例，说明液压站（图4-83）各部件的名称和功能：

（1）单级叶片泵1，1台备用，另外4台分成两组投入工作。

（2）单向阀2，防止液压油窜回油泵。

（3）溢流阀3，调整系统的工作压力。卷筒胀缩机构、卸卷小车、推卷机等系统的工作压力为3.2MPa，翻卷机构液压系统的工作压力为6MPa。

（4）循环阀4是专用件，在流量允许的情况下，可由电控

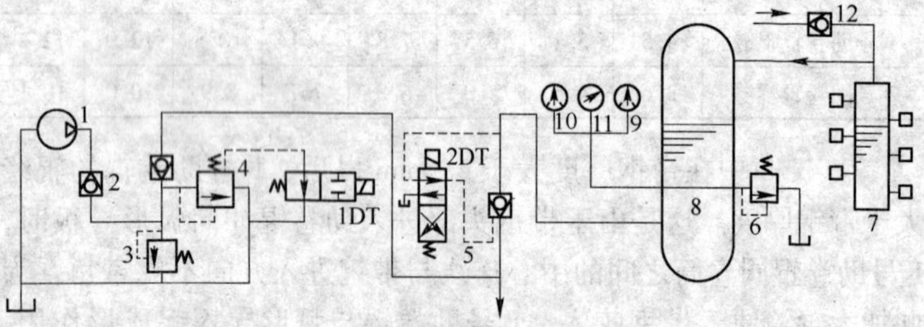

图 4-83　气液直接接触式蓄能器的液压站

1—单级叶片泵；2—单向阀；3—溢流阀；4—循环阀；5—自动阀；6—安全阀；7—液位控制器；8—蓄能器；9、10—电接点压力表；11—压力表；12—单向阀（图中仅画1台油泵，实际有5台油泵并联）

卸荷溢流阀和单向阀的组合，或单向溢流阀与电磁换向阀的组合来代替。它用于控制蓄能器的高液位，在蓄能器充满油液后，使泵在低压下工作。

（5）自动阀5是专用件，在流量允许的情况下，自动阀可以由液控单向阀来代替。它用于液压系统中，控制蓄能器向系统供液压油及防止最低液位时压缩空气进入系统。当二位四通电磁阀断电时，液控单向阀关阀，避免蓄能器中的压缩气体进入系统；当二位四通电磁阀通电时，液控单向阀打开，蓄能器向液压系统供油，补充油泵流量的不足。

（6）安全阀6的作用是控制蓄能器最高压力，当压力超过正常压力5%～10%时，使蓄能器中的油液经安全阀回到油箱。

（7）液位控制器7主要是控制和指示液罐中的液位，控制泵和阀的工作，并根据液位的不同情况发出各种信号。工作泵为两组时，一般用6个液位控制点，使工作泵、循环阀、自动阀三者正常自动工作。其液位控制如表4-47所示。

表4-47 蓄能器中液位的控制

图 示	信号	液位上升时	液位下降时
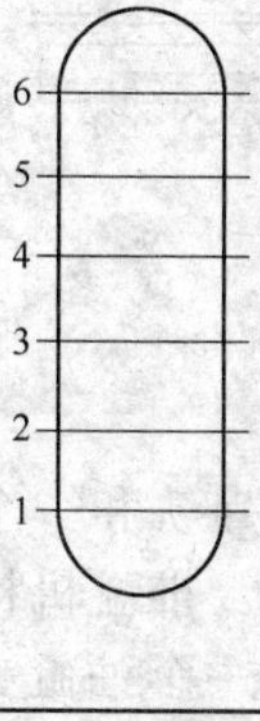	6	2号红灯亮，发出高液位报警信号，切断电机电源	2号红灯灭，解除高液位报警信号
	5	2号绿灯亮，第二组泵循环	2号绿灯灭
	4	1号绿灯亮，第一组泵停止工作或循环，第二组泵继续工作	第二组泵不循环，往蓄能器充液，1号绿灯灭
	3	2号白灯亮	第一组泵启动或不循环，2号白灯灭
	2	1号白灯亮，自动阀打开	1号白灯灭
	1	1号红灯亮，解除低液位报警信号，工作泵全部工作	1号红灯灭，自动阀关闭，蓄能器与主管路发出低液位信号

（8）蓄能器8是储存高压油液的容器。当泵的供油量大于工作油缸的耗量时，它把多余的油液储存起来；在相反的情况下，它可补充泵的供油量不足。此外，它能缓和液压冲击，消除

压力脉动。图示的蓄能器为气液直接接触式蓄能器。

(9) 电接点压力表 9 和 10 控制蓄能器最高与最低的压力，并发出高压或低压信号。

(10) 压力表 11 用于指示一般正常工作压力。

(11) 单向阀 12 用于防止压缩空气流向空压机。

206. 卷取机是怎样进行液压传动的?

答: 国产 1700mm 热带钢连轧机的卷取机卷筒收缩、卸卷小车、推卷机、翻卷机、运卷小车等均采用液压传动。卷筒及卸卷装置的传动如图 4-84 所示。卷筒 2 是卷取机的重要部件，它把带钢卷取在卷筒上。卷筒胀缩机构 3，在卷取前使卷筒张开，卷取后使卷筒收缩以便卸下钢卷。油缸 *A* 用来

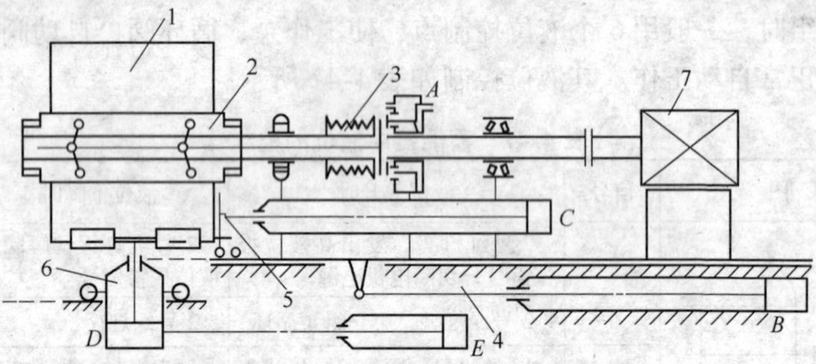

图 4-84　卷筒及卸卷装置传动简图

1—钢卷；2—卷筒；3—卷筒胀缩机构；4—卷筒移出机构；5—推卷机构；6—卸卷小车；7—电机

控制卷筒的张开和收缩。卷筒移出机构 4 由两个导轨和一个油缸 *B* 组成。卷筒由油缸 *B* 推出，以便进行检修。推卷机构 5 用于从卷取机中推出钢卷，推卷机构由推板和一个油缸 *C* 组成。卸卷小车 6 由托盘及其升降缸 *D*、小车车体及其水平移动缸 *E* 等组成。

卸卷工作过程如下：卸卷小车进到卷筒下面，由行程极限开

关控制，停在对准轧制中心线的位置上，卷取机开始工作。卷取终了时，卷筒停转，成形辊打开，卸卷小车托盘升起，当托盘接触钢卷且压力达到调整值时，电接点压力表控制液压系统的换向阀，关闭升降油缸管路。其余成形辊打开，卷筒收缩。推板移动，靠上钢卷端面且压力达到调整值时，对应的电接点压力表动作，卸卷小车开始移出钢卷。

钢卷移出卷筒后，卸卷小车运卷，经打捆机捆卷，再运往翻卷机。卸卷小车在光电管或限位开关控制下，准确地将钢卷送至翻卷机的翻斗上。当翻卷机接过钢卷时，托盘落下，卸卷小车返回。

207. 卷取机卷取的液压系统是怎样工作的?

答： 卷取机卷取的液压系统由卷筒胀缩机构液压回路、推卷机构液压回路组成，下面分别加以说明。

卷筒胀缩机构液压回路如图 4-85 所示，它由下列部件组成：

（1）卷筒胀缩机构 1，它由在卷筒周围均匀分布的 6 个轴向

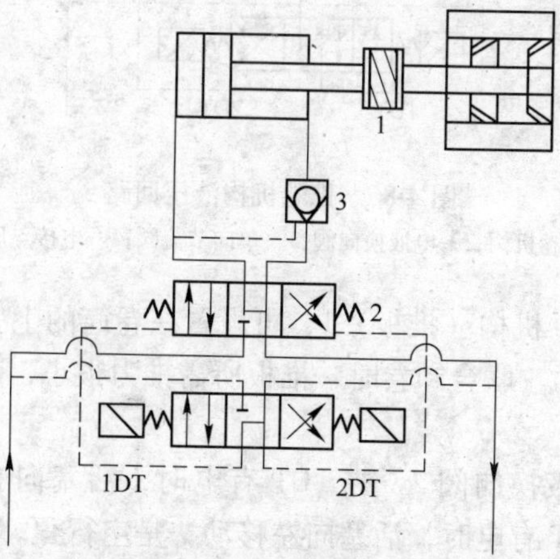

图 4-85　卷筒胀缩机构液压回路

1—卷筒胀缩机构；2—电液换向阀；3—液控单向阀

压力弹簧和1个油缸组成。卷筒的长期张开状态完全由轴向压力弹簧来保持。

（2）电液换向阀2，当1DT有电时，活塞右行使卷筒收缩；当2DT有电时，活塞左行使卷筒胀开。

（3）液控单向阀3，当电液换向阀处于中间位置时，靠液控单向阀的闭锁来支承，使油缸活塞停留在固定的位置上。

推卷机构液压回路如图4-86所示，它由下列部件组成：

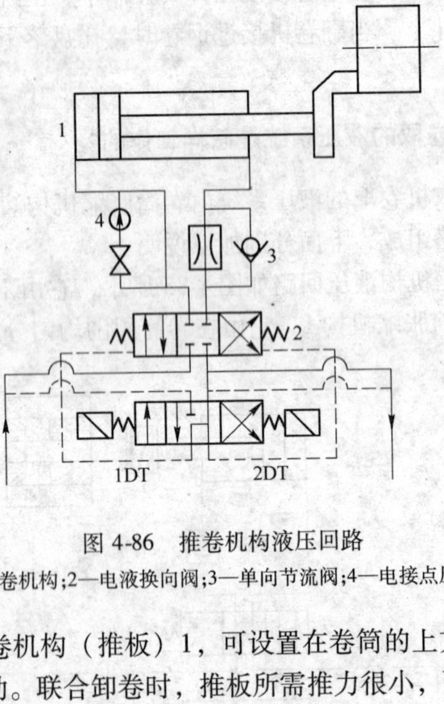

图4-86 推卷机构液压回路

1—推卷机构；2—电液换向阀；3—单向节流阀；4—电接点压力表

（1）推卷机构（推板）1，可设置在卷筒的上方或下方，推板用油缸驱动。联合卸卷时，推板所需推力很小，可减小推卷机构的尺寸。

（2）电液换向阀2，当1DT有电时，活塞向右移动，推出钢卷；当2DT有电时，活塞向左移动，是空行程。

（3）单向节流阀3，其作用是调节推卷速度和实现快速回程。

（4）电接点压力表4，用来控制卸卷小车开始移出钢卷。

208. 卷取机卸卷的液压系统是怎样工作的?

答： 卸卷小车的液压回路如图4-87所示。卸卷小车由托盘及其升降缸、小车车体及其水平移动缸等部分组成。

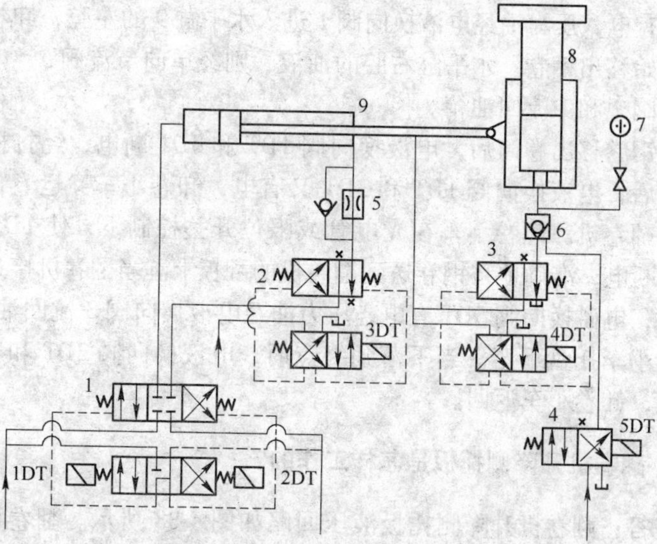

图4-87　卸卷小车液压回路

1、2、3—电液换向阀；4—电磁阀；5—单向节流阀；6—液控单向阀；7—电接点压力表；8—升降缸；9—水平缸

卸卷小车的卸卷工作过程如下：当电液换向阀2DT和3DT有电时，压力油经过电液换向阀1和2、单向节流阀5流到水平缸9的右腔，左腔的油液经电液换向阀1流回油箱。卸卷小车进到卷筒下面，由行程极限开关控制，使2DT和3DT断电，停在对准轧制中心线的位置上，卷取机开始工作。卷取终了时，卷筒停转，成形辊打开使电液换向阀1DT和4DT有电。此时压力油经电液换向阀1进入水平缸9的左腔和活塞杆的中心孔，并经电

液换向阀 3、液控单向阀 6 进入升降缸 8 中使托盘升起。当托盘接触钢卷且压力达到某一调整值时（该压力值由现场确定），电接点压力表 7 控制电液换向阀 3 使 4DT 断电，关闭升降缸管路。其余成形辊打开，卷筒收缩，推板移动，靠上钢卷端面且压力达到某一数值时（该压力值也由现场确定），对应的电接点压力表（图 4-86 推卷机构液压回路中的 4）动作，使电液换向阀 1DT 和 3DT 有电，压力油经电液换向阀 1 进入水平缸 9 的左腔，卸卷小车开始移出钢卷。水平缸右腔的油液，则经单向节流阀 5、电液换向阀 2 和 1 流回油箱。

钢卷移出卷筒后，电液换向阀 1DT 和 3DT 断电，经打捆机捆卷后，电液换向阀 1DT 和 3DT 又有电，卸卷小车又运卷，再运往翻卷机。卸卷小车在光电管或限位开关控制下，使 1DT 和 3DT 断电，准确地将钢卷送到翻卷机的翻板上。当翻卷机接过钢卷时，电磁换向阀 5DT 有电，压力油经电液换向阀 3 流回油箱，卸卷小车托盘下落。当下落到终点时，电液换向阀 2DT 和 3DT 有电，卸卷小车返回。

209. 翻卷机升降侧托板是怎样工作的?

答: 翻卷机升降侧托板液压回路如图 4-88 所示。翻卷机升降侧托板工作过程如下：

翻卷机位于快速受料链旁，用来从卸卷小车上将钢卷接过来，并翻转 90°，立放在链子上。每台卷取机都配有一台这种翻转机。翻斗上有两个升降托板 13 和 14，每个托板配有一个升降油缸（1、2）和两个导杆。

卸卷小车运来钢卷时，电液换向阀 3 的 1DT 有电，压力油经电液换向阀 3、液控单向阀 5，进入初始位置较低的油缸 1 的下腔，使托板 13 先以一定速度升起；油缸 1 上腔的油液经单向节流阀 7、阀 3 流回油箱。

当托板 13 升到与托板 14 的高度相同时，限位开关起作用，使电液换向阀 4 的 3DT 有电。此时，压力油经电液换向阀4、液控单向阀6进入油缸2下腔，托板14开始以相同的速度升起。

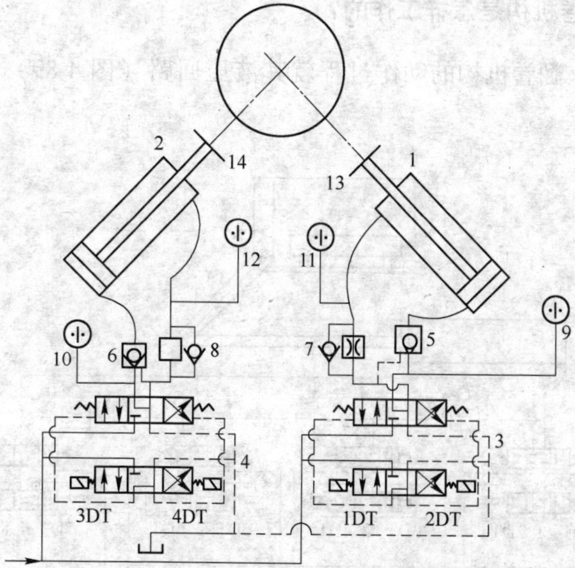

图4-88 翻卷机升降侧托板液压回路

1、2—升降油缸；3、4—电液换向阀；5、6—液控单向阀；7、8—单向节流阀；9、10、11、12—电接点压力表；13、14—升降托板

当两个托板都接触钢卷且压力达一定数值时，液压系统中对应的电接点压力表9和10起作用，使电液换向阀1DT和3DT断电，管路关闭。

卸卷小车托盘下落，钢卷完全由两个托板支承，使不同外径的钢卷中心线水平高度保持不变，以便翻卷后都能对正链子中心。翻卷是通过下面的翻转油缸，驱动翻转轴来实现的。当翻斗翻转85°时，钢卷能够靠端面支承在翻斗上，此时，电液换向阀2DT和4DT有电，压力油分别经电液换向阀3和4、单向节流阀7和8的单向阀（并同时打开液控单向阀5和6）进入油缸1和2上腔；油缸1和2下腔的油液分别经液控单向阀5和6、电液换向阀 3 和 4 流回油箱，并通过电接点压力表 11 和 12 使电液换向阀 2DT 和 4DT 断电。

210. 翻卷机构是怎样工作的?

答： 翻卷机构的动作过程就其液压回路（图 4-89）加以说明。

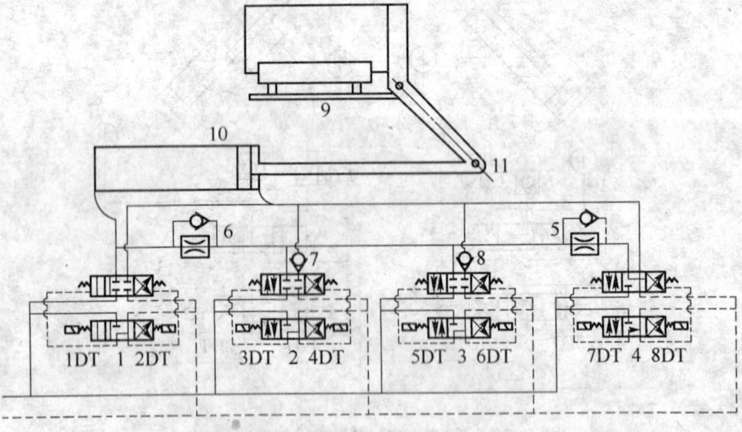

图 4-89 翻卷机构液压回路

1、2、3、4—电液换向阀；5、6—单向节流阀；7、8—单向阀；9—翻斗；10—翻转油缸；11—翻转轴

翻斗 9 通过下面的翻转油缸 10 驱动翻转轴 11 来动作。为使翻转平稳，在液压系统回路上安有单向节流阀 5 和 6，还在油缸 10 的活塞两侧装有缓冲器。在整个翻卷过程中，钢卷与翻斗的质量对翻转轴的力矩是变化的。当两者的重力合力通过翻转轴时，电磁阀起作用，逐渐减小回路流量，即逐渐增加活塞阻抗翻转的压力，使转动平稳。当翻转接近终了时，油缸中的缓冲器开始起作用，使翻转更加缓慢地停止，避免冲击。

全部翻卷过程由翻转轴轴端引出的主令控制器来控制电液换向阀的电磁铁动作。

当电液换向阀 1DT、3DT、5DT、7DT（全部或部分）有电时，压力油进入油缸左腔中使翻斗复位。

当电液换向阀 2DT、4DT、6DT、8DT（全部或部分）有电时，压力油进入油缸右腔中使翻斗工作。油缸左腔的油液经电液换向阀 1 回油箱时为快速；只经单向节流阀 6 回油箱时为中速；经单向节流阀 6 和 5 回油箱时为慢速。

211. 立式钢卷捆扎机是由哪些装置组成的？

答：钢卷自动捆扎机是热带钢连轧机的一个重要辅助设备，它可以防止钢卷松散引起带钢表面划伤而造成废品。经捆扎后的钢卷便于运输和贮放。某 1700mm 热带钢连轧机的立式钢卷捆扎机装在地下卷取机后链式运输机一侧。

如图 4-90 所示，立式钢卷捆扎机由机架 4、升降装置 6、平衡装置 9、移动台车 5、捆扎机头 7、捆带收放装置 8、捆带成圈装置 10、悬臂式电动起重机 3 以及液压站 1 和气动装置等组成。

捆扎机机架的内侧装有升降装置用的导轨和齿条，上部装有平衡装置用滑轮。

升降装置上装有移动台车和捆带成圈装置等，它在机架导轨中可垂直升降运动。升降装置在捆扎时下降，使捆带成圈装置能套住钢卷，捆扎完成后上升，使钢卷顺利地运走。平衡装置采用重锤式，主要用来平衡升降装置的自重。

移动台车装有捆扎机头、捆带收放装置和捆带成圈装置的移动圈等。台车由油缸驱动，可沿升降装置上的水平轨道移动。该油缸使台车具有三个速度：高速前进时为 135mm/s，高速后退时为 238mm/s，低速前进或后退时为 100mm/s。台车移向钢卷时，先高速前进，接近钢卷时用低速；台车后退时，先高速后退，待靠近终点时用低速。

捆扎机头（图 4-91）是捆扎机的核心部分，由封口卡扣输送装置、捆带夹送辊、矫正装置、翻转导板、捆带拉紧装置和钳剪夹装置等组成。

封口卡扣输送装置由贮槽和推入装置组成。推入装置可将封

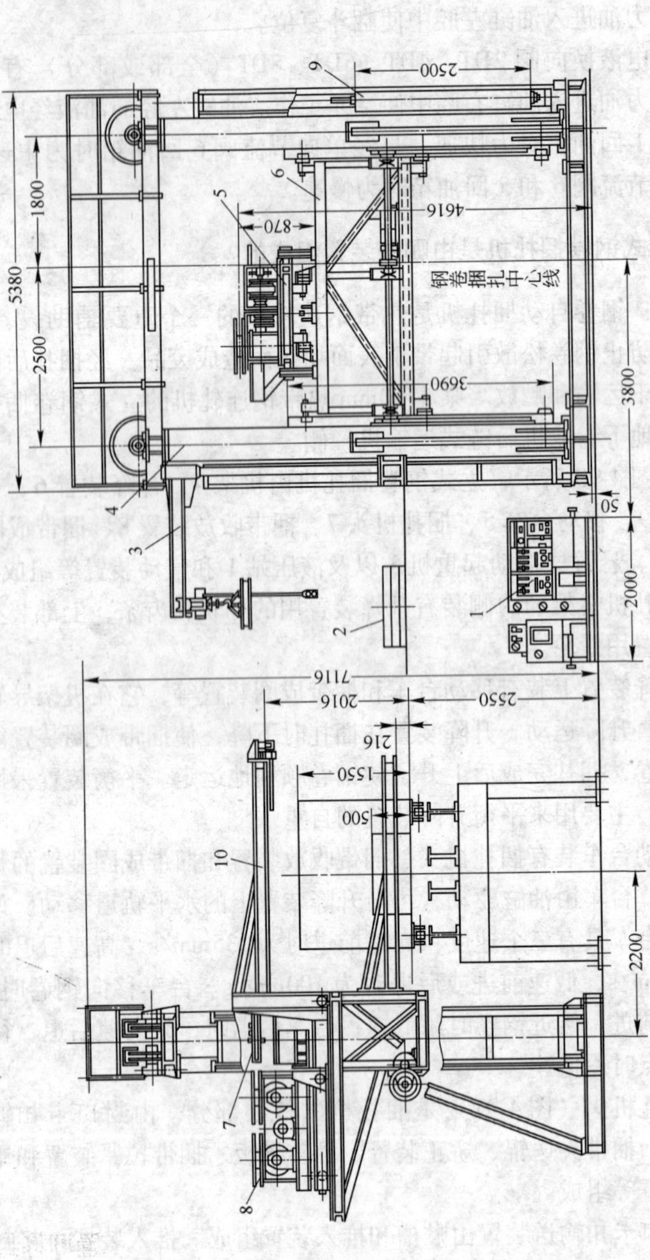

图 4-90 1700mm 热带钢连轧机的立式钢卷捆扎机

1—液压站;2—预备捆带;3—悬臂式电动起重机;4—机架;5—移动台车;6—升降装置;
7—捆扎机头;8—捆带收放装置;9—平衡装置;10—捆带成圈装置

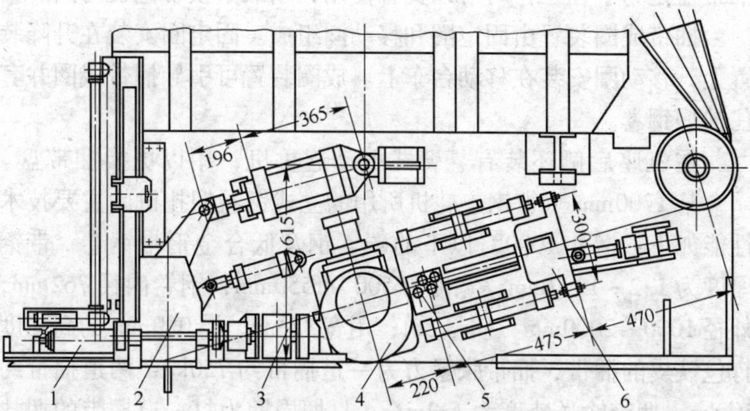

图 4-91 捆扎机头

1—封口卡扣输送装置；2—钳剪夹装置；3—翻转导板；
4—捆带夹送辊；5—矫正装置；6—捆带拉紧装置

口卡扣一个接一个地推入钳剪夹装置的钳口下。推杆由气缸带动。

捆带夹送辊用来输送捆带。夹送辊面经滚花加工成网纹，以防辊面与捆带打滑。

矫正辊由 4 个设在夹送辊前端的立辊组成。捆带通过矫正辊矫正平直后由夹送辊输送出去。

翻转导板用于捆扎机头导向，使捆带头顺利地导入并通过封口卡扣后，摆动气缸带动导板向上翻转约 140°，等待下捆扎操作。

捆带拉紧装置由带齿夹钳和拉头组成。夹钳用来夹紧捆带，捆扎时用拉头拉紧捆带。

钳剪夹装置由封口钳、剪断机和夹钳组成。封口钳的作用是：在封口卡扣被推入钳口中时，在气缸活塞杆上弹簧的作用下，封口钳爪抱住封口卡扣；在封口气缸的作用下，对已拉紧的捆带和封口卡扣进行封接。剪断机用于剪断封接后多余的捆带。

捆带收放装置用于存放带卷、回收未用完的捆带。设置两个捆带盘是为了在工作时可以交替使用，以减少换带停机时间。

捆带成圈装置由固定圈和移动圈组成。固定圈安装在升降装置上，移动圈安装在移动台车上。成圈装置可引导捆带成圈并套住被捆钢卷。

在机座后侧还装有悬臂式电动起重机，用以更换捆带盘。

某1700mm热带钢连轧机所用的立式钢卷捆扎机的主要技术性能如下：捆扎1000℃以下的碳素钢及低合金钢带钢卷，带钢厚度为1.2～12.7mm，宽度为500～1550mm，钢卷内径762mm，外径1000～2000mm，质量30t；用宽32mm、厚0.9mm的高强度打包铁皮的捆带，捆带张紧力为一道捆带约750kg，两道捆带约500kg，捆带输送速度为1.2m/s；打捆周期为打一道捆带的捆扎时间约为41.5s，打两道捆带约为60s。

212. 立式钢卷捆扎机的打捆过程是怎样的？

答：立式钢卷捆扎机的操作顺序如下：向钳剪夹装置输送封口卡扣；向成圈装置输送捆带并使其成圈；成圈装置下降套住钢卷并准确停在捆扎位置；捆带头部被牢牢夹住；捆扎机头向前并紧靠钢卷；捆带反卷并拉紧；封接牢固和剪断多余捆带；成圈装置上升到不阻碍钢卷进入或运出的位置。

捆带的打捆过程如下：

（1）准备阶段。捆扎机头的翻转导板闭合，闭合到位后，触动限位开关发出指令，使封口卡扣输送装置的推杆前进，把一个封口卡扣推送到钳剪夹装置中的封接钳口下。推杆到位后触动限位开关发出指令，进行两个动作：封接钳爪抱住封口卡扣；捆带拉紧装置夹头的移动楔形齿块同时后退。楔形齿块后退到位后触动限位开关发出指令，进行下列三个动作：大小夹送辊夹紧捆带，将捆带向前输送；捆带拉紧装置拉头复位；捆带收放装置制动器打开，捆带盘放带。当捆带头部触动位于成圈装置引导槽出口处的限位开关时，发出指令使延时继电器接通，延时0.5s后操作下列4个动作：大小夹送辊脱开捆带，送带停止；捆带收放装置制动器闭合，使捆带转盘不能转动以防捆带松散；捆带夹钳牢牢夹住捆带头部；封口卡扣推杆后退，同时接通延时继电器，经0.5s延时后翻转导板打开，到位后触动限位开关，发出准备完成信号。

（2）打捆。钢卷到位后，打捆过程开始。升降装置下降到打捆位置停下，触动限位开关发出指令，进行下列三个动作：捆带收放装置制动器打开；成圈装置上气动导板打开，捆带导杆向钢卷靠紧；移动台车高速前进，靠向钢卷。同时接通延时继电器，延时1.4s后捆带收放装置磁粉离合器弱磁接通，捆带盘转动使捆带反卷收回。当移动台车上的触杆碰到钢卷触动限位开关时，完成三个操作：移动台车转为慢速前进；磁粉离合器转换为强磁接通，捆带反卷拉力增大；接通延时继电器，延时2.5s后，拉紧装置楔形齿块前进，夹住捆带，同时接通另一延时继电器，延时1s后，拉紧装置的拉头前进，将捆带拉紧。另一延时继电器接通后，延时2s，拉头停止前进，进行下列5个动作：磁粉离合器断电打开，反卷捆带停止；收放装置制动器闭合，捆带盘被闸住；成圈装置上气动导板关闭，捆带导杆复位；封接钳进行封接，剪断机将多条捆带剪断；接通延时继电器，延时1s，封接钳松开复位。到位后，触动限位开关，发出指令使移动台车高速后退，并使升降装置上升到待机位置停下。移动台车后退触动限位开关后转为慢速，直到触动另一限位开关时，台车后退停止，切断液压负载，机架上升到待机位置时停止。同时触动限位开关发出指令开始下步的打捆准备。

当升降装置到达待机位置时，链式运输机自动接通，运走已捆好的钢卷，运入将要捆扎的钢卷。

三、轧机调速

213. 热轧带钢轧机的工作特点是什么，对主电机有哪些要求？

答：热轧带钢轧机的工作制度按操作方式可分为可逆式和不

可逆式两种。

（1）不可逆式工作制度。热带钢精轧机组采用不可逆式工作制度。当采用这种工作制度时，轧辊和轧件的运动方向始终不变，但轧制速度却要求是可调的。为了保证通过每个机架的金属秒流量相等，保持轧件张力的恒定，以及升速轧制，需要在轧制过程中不断调整轧制速度。在精轧机组上，一般都采用调速范围广、超载能力大、惯性力矩小的直流电机来驱动。

（2）可逆式工作制度。3/4 布置的粗轧机组中，轧辊既要逆转又要能调速，这类轧机采用调速范围广、惯性力矩小的直流电机驱动。为了提高轧机的生产能力，一般都要求能快速启动和制动。

各种热轧带钢轧机的工作特点和对主电机的要求见表 4-48。

表 4-48　各种热带钢轧机的工作特点和对主电机的要求

轧机类型	主传动装置工作制度	轧机工作特点和对主电机的要求	采用的电机
窄带钢粗轧机组	不要求调速的不可逆式工作制度	（1）轧件作往复交叉轧制，间隙时间短； （2）采用飞轮，使电机负荷均匀； （3）启动次数极少	交流同步电机 TZ、TD 系列或交流异步电机 JR、JQ 和 JRQ 系列
精轧机组	要求调速的连续轧制工作制度	（1）各机架间轧件有小张力，且要求张力稳定； （2）低速穿带，升速轧制； （3）整个机组为一整体速度控制系统，但又可分别调节； （4）普遍采用厚度自动控制； （5）可全部采用计算机控制	采用冶金型直流他激电机 ZJD 或 ZD 系列
$\frac{3}{4}$式粗轧机组	频繁启动、制动及正、反转，有间断尖峰负荷，可逆式工作制度	（1）频繁的启动、制动和正、反转，冲击负荷很大； （2）启动、制动的过渡时间短； （3）带负荷加、减速； （4）调速范围广； （5）常采用大扭矩、低转速的电机传动，要求两台电机负载平衡和转速同步	

214. 异步电机的铭牌说明什么，怎样判断电机的常见故障?

每台电机出厂时，在机座上都有一块铭牌，上面标有该电机的型号、规格和有关技术数据。电机的铭牌如图 4-92 所示，各项内容如下：

(1) 型号。型号说明如下：

JO_2-L-5 2-4

- 4——极数
- 2——表示铁芯长度,用 1、2、3、… 表示
- 5——表示机座号,数越大,电机体积越大
- L——表示定子绕组为铝线(没有字母为铜线)
- 2——设计序号
- O——封闭式
- J——交流异步电机

(2) 额定功率。电机的额定功率也称额定容量，表示电机在额定工作状况下运行时能输出的机械功率，单位为 W 或 kW。

(3) 额定频率。额定频率指电机所使用的交流电源的频率，我国规定电力系统的额定频率为 50Hz。

(4) 额定转速。电机在额定电压、额定频率和额定负载下工作时，每分钟的转数即为电机的额定转速。它略低于定子绕组旋转磁场的同步转速。

(5) 额定电压。电机定子绕组规定使用的线电压，单位为 V。按照国家标准规定，我国交流电机额定电压的等级有 220V、380V、660V、3000V、6000V 及 10000V 等几种。

(6) 额定电流。额定电流是指电机在额定电压、额定功率和额定负载下定子绕组的线电流。

(7) 接法。电机定子绕组的常用接法为 △ 和 Y 两种。接线盒内连接的方法应与电机铭牌及电源的线电压相适应。如标有

220/380V、△/Y 接法的电机，表示当电源线电压为 220V 时，定子绕组为△接法；当电源电压为 380V 时，定子绕组为 Y 接法。又如标有 660/380V、Y/△ 接法的电机，当电源线电压为 660V 时，采用 Y 接法；当电源线电压为 380V 时，应为△接法。不能任意改变接法，否则会损坏电机。

（8）绝缘等级。电机的绝缘等级是指绕组所采用的绝缘材料的耐热等级，它表明电机所允许的最高工作温度。电机的绕组温度如果超过极限温度，会使绝缘加速老化，缩短电机的使用寿命。

（9）定额。电机的定额是指它在额定情况下，允许连续使用时间的长短。电机的定额有三种：连续——在额定负载范围内，允许连续长期使用；短时——只能在规定的短时间内，在额定负载下运行；断续——可在额定负载下断续工作。定额为短时或断续运行的电机若以连续状态工作，则容量要相应降低。

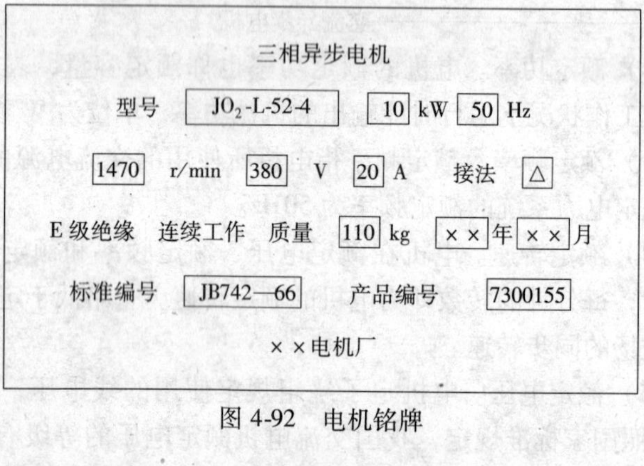

图 4-92 电机铭牌

寻找电机故障的方法，除利用仪表进行检查外，有时可根据出现的现象判断如下：

（1）单相运转。电机一相定子绕组断开，这就是常见的单相运转故障。此时电机转矩显著减小，因此转速变慢，声音异常。由于单相电流很大，运转时间稍长会使电机发热严重而烧坏。单相运转的电机带负载无法重新启动，在接上电源后，会发出“嗡嗡”的堵转声。当发现单相运转现象时，应首先检查线路各线熔丝是否完好。

（2）电机严重发热。如电机运转正常，而温升已超过规定值，甚至散发出绝缘漆烧焦的气味，如各部分发热均匀，一般是电机过载了，应检查生产机械负载是否太重或传动机构是否正常，也可能是因电源电压过低或过高。若电机发热不均匀，某一部位（如轴承盖）热得烫手，轴承运转带有杂音，一般是轴承滚珠损坏，也可能是轴承内有异物，需要调换或拆洗加油。

（3）电机运转不久就冒烟。定子绕组之间或定子与机壳之间的绝缘损坏使定子绕组部分短路，电机运转不久就因短路电流过大而绝缘被烧冒烟。这时，必须断开电源用仪表检查。

215. 直流电机由哪些主要部分组成，其转动原理是什么？

答：直流电机主要由两大部分组成：定子和电枢。

（1）定子。直流电机定子由主磁极、换向极、机座等组成。

主磁极：主磁极由极身和极靴两部分组成，通常用0.5～1.0mm厚的硅钢片叠制而成。铁芯靠近电枢的一端称为极靴，它能使磁通容易通过空气隙。极身处有励磁绕组，用以产生磁场。

换向极：当电枢绕组中的线圈电流在换向时，与该线圈相连的换向片同电刷之间会产生火花。换向极用来改善直流电机的换向性能。换向极一般采用整块锻钢制成，也有用硅钢片叠制而成的。

机座：机座除了支承整个直流电机零部件外，还是磁路的一部分。机座中传导磁通的部分称为磁轭。

端盖、电刷架：端盖是电机的防护盖，同时支承着电机的转子。电刷架固定在机座内壁或端盖内侧，由刷杆、刷盒和电刷组成。电刷架是固定电刷将直流电流引入旋转电枢的一个重要部件。

（2）电枢。直流电机电枢由电枢铁芯、电枢绕组、换向器等组成。

电枢铁芯：由 0.5mm 厚涂有绝缘漆并冲成电枢冲片的硅钢片叠制而成。较大容量的直流电机，其电枢铁芯在轴上分为数段，段间留有约 10mm 的径向通风沟，用以改善散热条件。电枢铁芯外圆轴上有分布均匀的轴向槽，槽内嵌放电枢绕组。

电枢绕组：用铜线或铜排绕成线圈嵌入电枢铁芯槽内，然后按一定的接线方法与换向片相连构成电枢绕组。

换向器：由多片带燕尾的梯形铜排和同形状的云母片间隔压制组成。

风扇：用于降低温升，加速电机散热。

直流电机的转动是依据载流导体在磁场中受电磁力作用而运动的。现以图 4-93 来说明直流电机是怎样旋转起来的。

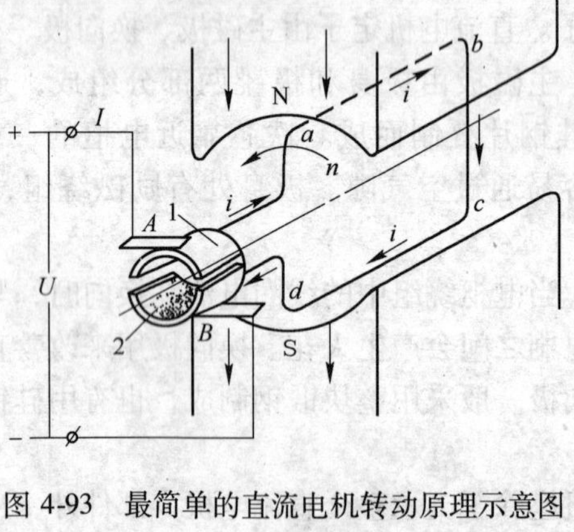

图 4-93　最简单的直流电机转动原理示意图

1、2—换向片

从图中可知，将直流电源正极接电刷 A，负极接电刷 B，电流经电刷 A、换向片 1、线圈 $abcd$、换向片 2 和电刷 B 回到负极。这时，载流线圈 ab 边和 cd 边在磁场中分别受到电磁力的作用。线圈 ab 边处于 N 极下，根据右手定则可知，线圈 ab 边受到一个向左的作用力，线圈 *cd* 边受到一个向右的作用力。线圈在这一力偶的作用下便开始向逆时针方向旋转起来。当线圈转到磁极中性面时，也就是当电刷与换向片间的绝缘物接触时，此时线圈中电流等于零，电磁力也等于零。但由于机械转动时的惯性作用，线圈将继续转动。当线圈 *ab* 边从 N 极转至 S 极后，换向片 1 也同时转到与电刷 *B* 接触，它的通路是电源正极电刷 *A*、换向片 2、线圈 *dcba*、换向片 1、电刷 *B* 和电源负极。线圈中又有电流流过，经过 *ab* 边的电流反向，但电磁转矩的方向保持不变。因此，线圈仍然按逆时针方向旋转，这就是直流电机的转动原理。

216. 直流电机包括哪几种，其铭牌上的数据表示什么意义？

答：直流电机按励磁方式的不同可分为：他励电机、并励电机、串励电机、复励电机，如图 4-94 所示。

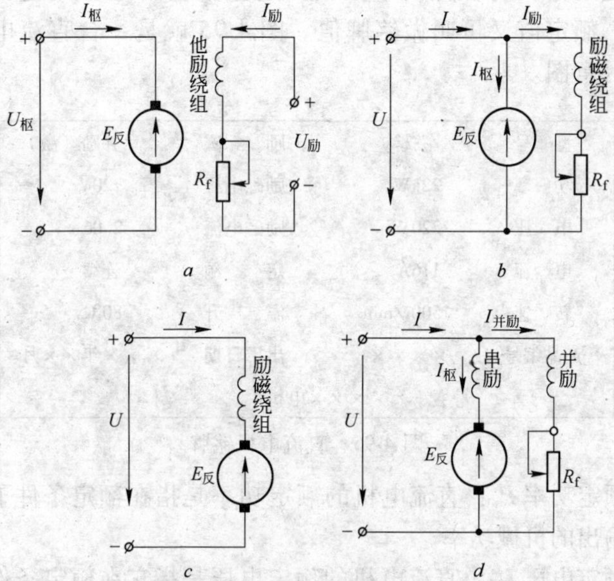

图 4-94 直流电机按励磁分类

a—他励；*b*—并励；*c*—串励；*d*—复励

他励电机的励磁绕组由单独的直流电源供电，与电枢绕组无关。并励电机的励磁绕组与电枢绕组并联，由同一直流电源供电。串励电机的励磁绕组与电枢绕组相串联，也由同一直流电源供电。复励电机的励磁绕组包括串联绕组和并联绕组，它们分别与电枢绕组串联和并联。

在直流拖动系统中，由于他励直流电机的特性较好，因而应用也较广泛。

我国生产的直流电机的几个主要系列如下：

Z_2 系列是普通中小型直流电机；ZD 系列是一般用途的直流电机；ZJ 系列是大型直流电机，它能够承受经常逆转、紧急制动、短时过载等冲击性负载，适用于大型轧钢机的传动；ZZ 系列和 ZZK 系列是冶金工业起重用电机。

每台直流电机的机座上都有一块铭牌，它表明了正确合理地使用电机的各种技术数据。这些数据就是直流电机的额定值，额定值又可叫做铭牌值。图 4-95 就是一台直流电机的铭牌示意图。

型　号	Z_2-72	励　　磁	并励（激）
功　率	22kW	励磁电压	220V
电　压	220V	励磁电流	2.06A
电　流	116A	定　　额	连续
转　速	1500r/min	温　　升	80℃
产品编号	××××	出厂日期	××年××月
×××电机厂			

图 4-95　直流电机铭牌

额定功率 P_e：直流电机的额定功率是指在额定条件下电机轴上输出的机械功率。

额定电压 U_e：直流电机的额定电压是指它在额定条件下加在电机两端上的电源电压。有的铭牌上电压项目中标有 185/220/320V，表示正常工作电压为 220V，但在 185V 和 320V 时都能工作。

额定电流 I_e：对电机来说，是指轴上带有额定机械负载时的输入电流。

因此，直流电机的额定电压 U_e 与额定电流 I_e 的乘积是它的输入功率 P_1；额定输出功率是 U_eI_e 与额定效率 η_e 的乘积。

额定转速：是指电压 U_e、电流 I_e 和输出功率 P_e 均为额定值时的转子每分钟转速。

励磁：是指定子的励磁方式。

励磁电压：是指建立定子固定磁场所需要的额定电压。

励磁电流：是指在输出额定功率的情况下建立定子固定磁场所需要的磁场电流。

定额：是指电机的运行方式，一般分连续、断续、短时三种。

温升：是指电机绕组温度和环境温度的差值。

217. 什么是电机的机械特性、调速范围和静差率？

电机的机械特性是指电机的转速 n 与电磁转矩 M 的关系，即 $n = f(M)$。电机的启动、稳定运行、制动和转速调节等，都和电机的机械特性有关。

对于电机的机械特性有一个重要的指标，就是机械特性的硬度。通常用硬度系数 β 来表示转速随转矩变化而变化的程度。特性曲线上任一点的硬度系数，就是该点的转矩变化百分数与转速变化百分数之比，即：

$$\beta = \frac{\Delta M}{\Delta n}$$

从硬度的观点来看，可把电机的机械特性分为三种类型：

（1）绝对硬的机械特性。当转矩改变时，转速保持不变，机械特性是一条平行于横坐标轴的直线，斜率 $k = 0$，它的硬度系数极大。同步电机即具有此种特性。

（2）硬机械特性。这种特性转速随转矩而变化，但改变程度不大，斜率 k 的绝对值不大，且为一定值。β 约为 40 ~ 10。他励直流电机即具有此类特性。

（3）软机械特性。这种特性是转速随转矩的变化有较大的改变。斜率 k 的绝对值较大，且线上各点的 k 值不同，$\beta < 10$ 且不为一常数。串励电机即具有此类特性。

他励直流电机要改变电机的固有特性，可以采用三种方法：（1）在电枢电路中，串入附加电阻 R_f；（2）改变供给电枢的电源电压；（3）减弱电机的磁通 Φ。以此来改变转速 n 和电磁转矩 M 的关系。

精轧机组在轧制过程中要经常改变速度，当穿带或咬入时，要求轧辊低速运行，然后升到较高速度轧制。带钢轧完时，又要降低轧辊转速，带钢慢速脱尾。由于轧制工艺的要求，这几个速度变化过程是在很短时间内连续变化的，所以要求控制系统使电机能在很大范围内调节转速。

电机的调速范围，是指在规定的恒速精度下，在满负荷时，最高工作转速到最低工作转速的可调节范围，用调速比 D 来表示，即：

$$\text{调速比}\, D = \frac{\text{最高工作转速}}{\text{最低工作转速}} = \frac{n_{\text{最大}}}{n_{\text{最小}}}$$

通常用最大静差率来表示恒速的精度。电机电流为额定电流时，转速降 Δn 与电机理想空载转速 n_0 之比叫静差率，以 S 表示，即：

$$S = \frac{\Delta n}{n_0} \times 100\%$$

而最大静差率 $S_{\text{最大}}$ 为：

$$S_{\text{最大}} = \frac{\Delta n}{n_{0\text{最小}}}$$

式中　$n_{0\text{最小}}$——最低空载转速。

调速比 D、最大静差率 $S_{\text{最大}}$ 和转速降 Δn 三者的关系如下：

$$D = \frac{n_{最大}}{n_{最小}} = \frac{n_{最大}S_{最大}}{\Delta n(1 - S_{最大})}$$

上式表示电机调速时，如转速降 Δn 一定，所要求的静差率 $S_{最大}$越小，则调速比 D 也越小，即调速范围窄。但调速比和静差率是生产工艺所要求的，对于一般调速系统，总是希望调速比 D 大，静差率 S 小。特别应当指出：调速范围和静差率是两个不可分割的指标。孤立地要求调速范围而没有静差率的限制是没有意义的。

218. 什么是发电机-电机机组供电？

答：在热带钢生产中，大多要求直流电机驱动，并且要求直流电机的调速范围能满足轧制工艺的需要。因此，在较长时期内采用发电机-电机机组供电，一般叫 F-D 系统。图 4-96 为 F-D 拖动系统的原理图。异步电机 Y 拖动直流发电机 F 和励磁机 L，发电机 F 对直流电机 D 的电枢供电，励磁机 L 则对发电机和电机的励磁绕组供电。

发电机 F 和直流电机 D 的电枢直接连接，在 F-D 系统主回路里不接启动电阻或调速电阻。控制发电机的励磁就可以控制发

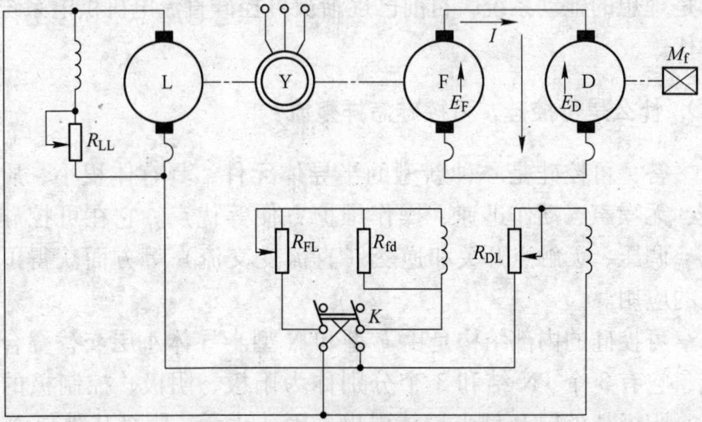

图 4-96　发电机-电机机组原理示意图

电机的输出电压，以达到控制电机的启动电流、工作转速和旋转方向的目的。

F-D 拖动系统的启动、调速和反转等都在励磁回路里操作，所以可选用小容量的控制电器。

在 F-D 系统中，由于交流电机 Y、直流发电机 F 和励磁机 L 这三台电机都为直流他励电机服务，再由直流电机去带动轧辊旋转，因此能够得到比较满意的拖动性能。

由于对发电机-电机机组中的直流他励电机可以同时采用调磁的方法（恒功率）和调压的方法（恒转矩）来调速，这样可以大大地扩大调速范围。调压时，可使 $n_{最大}$ 为 $n_{最小}$ 的 5 ~ 10 倍。当调磁时，又可使 $n_{最大}$ 再升高 1.5 ~ 3 倍。这样，发电机-电机机组他励直流电机总的调速范围可达 7.5 ~ 30 倍。

发电机-电机机组的主要优点是：除了调速范围大外，还容易得到近似的无级调速。只要增加发电机励磁调节电阻和电机励磁调节电阻的抽头数目，就可以使各级速度之间的差数很小，而接近无级调速。

这种机组的缺点是：设备容量大，需要的电机多，占地面积大，振动大，噪声大，能量损耗也大。因此，发电机-电机机组不是理想的拖动系统，目前已逐渐被可控硅直流电机供电系统所替代。

219. 什么是可控硅，可控硅怎样整流？

答： 可控硅是一种新型的半导体元件，具有体积小、质量轻、无噪声、动作迅速、操作维护方便等优点。它在可控硅整流、调压、无触点开关和逆变（直流变交流）等方面获得了广泛的应用。

可控硅的内部结构是由 P 型和 N 型半导体 4 层交替叠合而成，它有 3 个 PN 结和 3 个分别称为阳极、阴极、控制极的电极。阳极从外层 P 型半导体引出，用 A 表示；阴极从外层 N 型半导体引出，用 C 表示；而控制极从内层 P 型半导体引出，用 G

表示。

常见可控硅的外形见图 4-97*a*、*b*。图 4-97*a* 为平板型，这种形式便于夹在散热器中间，将热量迅速散去，所以大容量的可控硅常作成这种形式。图 4-97*b* 为螺旋型，具有螺栓的那个极是阳极，一般和散热器连接在一起，阴极用编织线引出，控制极用细软线引出。图 4-97*c* 是可控硅的表示符号。

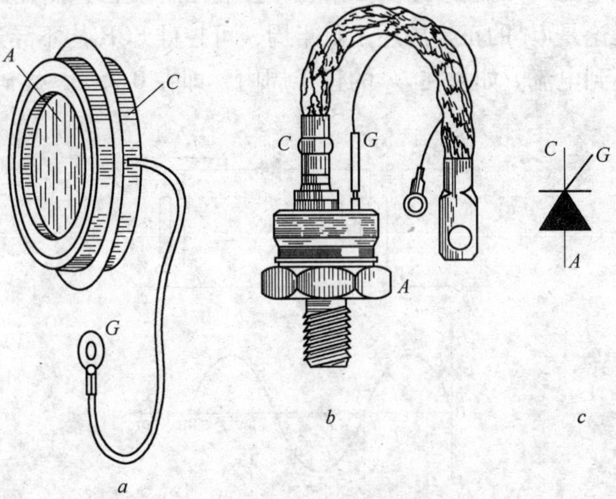

图 4-97 可控硅外形和符号

国产可控硅元件按国家标准命名为 3CT 系列，元件型号及所代表的意义如下：

3 C T □/□

- □（斜线后）——表示元件的断态重复峰值电压
- □（斜线前）——表示元件的额定通态平均电流
- T——表示可控硅整流元件
- C——表示 N 型硅原始材料
- 3——表示有 3 根电极

例如，3CT200/750 表示通态平均电流为 200A、断态重复峰值电压为 750V 的可控硅整流元件。

目前，可控硅主要并广泛地应用于整流。下面简要叙述可控硅整流的原理。

图 4-98*a* 是单相半波可控硅整流的电路图，由可控硅元件 SCR、整流变压器 B 以及直流负载（如电阻 *R*）组成。图 4-98*b* 是交流电压 U_2 的波形图。如果在可控硅控制极上不加触发脉冲，那么无论是 U_2 的正半周还是负半周，可控硅 SCR 均不导通，负载得不到电流。如果在 U_2 的正半周内，即在 $0 < \omega t < \pi$ 期间，

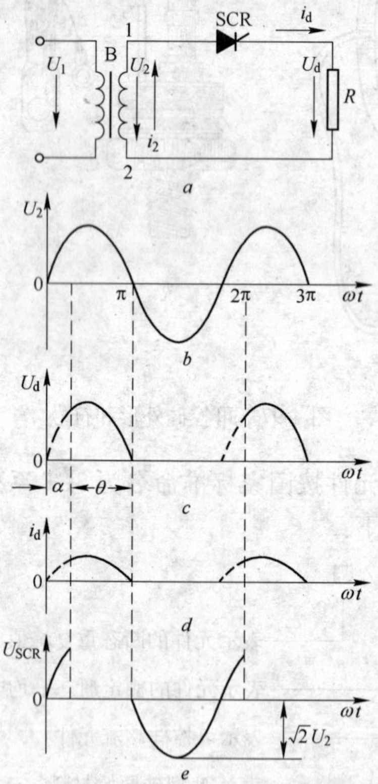

图 4-98　单相半波整流电路图及波形图

变压器副边绕组 1 端为正，2 端为负，可控硅 SCR 受正向电压。具备了导通的电压条件下，当 ωt 等于 α 时给控制极加上正向触发脉冲电压 U_g，则可控硅即行导通。这时有电流流过负载 R，全部电源电压加到负载两端。当交流电 U_2 下降到接近零时，可控硅的正向电流减小到维持电流以下，可控硅关断。到了交流电压的负半周，即 $\pi < \omega t < 2\pi$ 期间，可控硅受反向电压，不可能导通，交流电压全部反向作用于可控硅两端，负载上电流为零。负载 R 两端的电压 U_d 波形如图 4-98c 所示。因电阻负载的电流与电压同相位，故电流的波形与电压波形相似，如图 4-98d 所示。可控硅两端电压波形如图 4-98e 所示。

如果 U_2 再由负半周进入正半周时，电路情况重复前面的过程，因而负载上所得到的电压、电流是单相正弦半波的一部分。

工业上应用的三相全控桥式整流电路，其可控硅整流原理是相同的。

220. 交流电机怎样调速？

答：小型窄带钢轧机往往由横列式轧机改造而成，驱动轧机的主电机多数是交流电机，而精轧机组采用连轧工艺，就要求交流电机能够调速。交流电机比直流电机具有结构简单、运行可靠、成本低、维护容易以及机械惯性小等一系列优点，但它的调速却比直流电机实现起来要困难得多。电子技术及可控硅技术的发展，给交流电机调速开辟了广阔的前途。可控硅串级调速已用于轧钢机等大型交流传动装置上。

可控硅串级调速是在绕线型感应电机转子回路中加入一个反电势的调速系统，系统主回路接线情况如图 4-99 所示。图中 YD 为绕线型感应电机，电机转子电压 U_2 经 $D_1 \sim D_6$ 组成的三相桥式整流器整成直流电压 U_d，U_d 经平波电抗器 PDK 加到由可控硅 $SCR_1 \sim SCR_6$ 组成的三相逆变器，再经过变压器 NB 和交流电网连接。

串级调速是在电机转子回路引进一个附加反电势，用电压

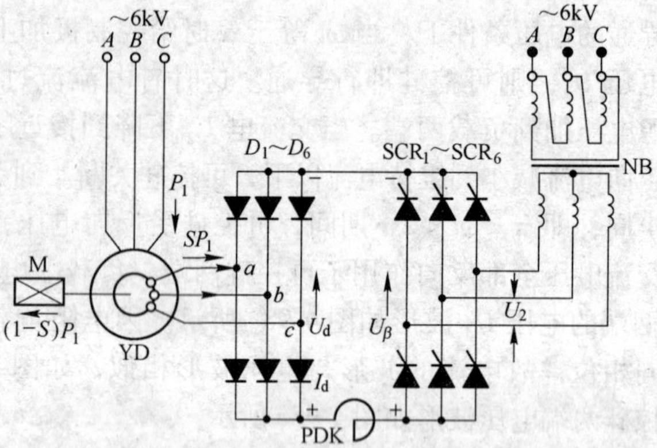

图 4-99　串级调速工作原理示意图

U_β 表示，改变 U_β 的大小，即可控制电机的速度。逆变器直流侧电压 U_β 极性和转子整流电压 U_d 相反，当两者数值相等时，转子回路中没有电流，电机不产生转矩。如 $U_\beta < U_d$，两者电势差在转子回路中产生电流，如果这个电流产生的电磁转矩大于负载转矩，电机就加速；反之，电机转矩小于负载转矩时，电机转速将降低。

可控硅串级调速，用接于转子侧的整流器将转差功率 SP_1 经整流后变为直流电能，再经过逆变器变成与电网同频率的交流电能送回电网。这不仅节约电能，而且具有调速平滑、机械特性硬等优点。

221. 直流电机的调速方法有几种，各有哪些特点？

答：直流电机可以在很宽的范围内平滑地调速。转速方程为：

$$n = \frac{U - I(R_s + r)}{C_e \Phi}$$

式中　U——电枢端电压；

I——电枢电流；

R_s——电枢电阻；

r——电枢电路中串接调节电阻；

C_e——电动势常数；

Φ——磁通。

从上式可以看出，直流电机可采用调节励磁电流、电枢端电压和电枢回路电阻等方法进行调速。下面分别叙述不同调速方法的特点。

（1）调节励磁电流 I_f。减小励磁电流也就是减弱磁通 Φ。转速 n 随励磁电流 I_f 和磁通 Φ 的减小而升高。但是由于电机铁芯磁饱和的原因，一般不允许增大磁通 Φ，而只能采用减弱磁通的办法进行调速。

减弱磁通 Φ 实现调速是一种简单、经济和控制方便的办法。它具有调速平滑、范围宽、损耗小、稳定性好等优点，配合其他装置可进行无级调速。用这种方法调速后获得的机械特性比较硬。

调节励磁电流 I_f 的调速方法在电枢电流保持额定值不变时，转矩 T 与磁通 Φ 成正比，转速 n 与磁通 Φ 成反比，输入输出功率及效率基本不变。因此，弱磁调节适用于额定转速以上的恒功率调速。

（2）调节电枢端电压 U。当磁通为常值时，转速 n 随电枢端电压 U 的减小而降低。改变电枢端电压 U 进行调速，可保持机械特性硬度不变，且调速平滑，范围广。一般用调节发电机的励磁来改变电机的端电压。但由发电机组供电时，最低转速受发电机剩磁的限制。该调速方法的缺点是需要一套能够改变电压的直流设备。

当电枢电流保持额定值不变时，转矩 T 保持不变，转速 n 和电枢端电压成正比，输入、输出功率随 U 和 n 的降低而减小，效率基本不变。这种调节电枢端电压的调速方法适用于额定转速以下的恒转矩调速。

（3）调节电枢回路电阻 r。当电枢端电压为常值时，转速 n 随电枢回路电阻 r 的增加而降低。这种调速方法的特点是：当负载力矩增大时，电枢回路电流增大，因此调节电阻 r 上的压降也大，使端电压下降，转速降低，这种负载加大转速变低的情况称为机械特性变软。它的优点是比较简单，容易实现。

当电枢电流保持额定值不变时，转矩 T 保持不变，可作恒转矩调速，但低速时，输出功率随 n 的降低而减小，而输入功率不变，效率将随 n 的降低而降低。这种调速方法只适用于额定转速以下，不需经常调速，调节范围不大且要求不高的场合。

222. 精轧机组在什么情况下采用恒转矩调速和恒功率调速？

答：精轧机组要求调速范围广，以实现低速穿带和升速轧制。驱动轧机的直流电机既要改变电枢电压进行调速，又要减弱励磁以进一步提高电机的转速。电机在额定负载、额定电压 U_e、额定磁通下对应的转速叫额定转速 n_e，也叫基速。

（1）恒转矩调速。基速以下用改变电枢电压 U 的方法调速，简称升压调速。基速以下调速是在额定磁通 Φ_e（又称为满磁）时，改变电枢电压 U 调速。设电机电流为 I_D，那么电机转矩 M_D 为：

$$M_D = K_M \Phi_e I_D$$

只要负载不变，I_D 就不变，转矩 M_D 与电枢电压 U 无关，因此基速以下调速是恒转矩调速，它的功率 P 为：

$$P = \frac{M_D n}{975} = \frac{M_D}{975} \times n = Cn$$

式中　C——常数。

电机功率 P 与转速 n 成正比。基速以下改变 U 调速，转速越低，功率越小，电机利用率不高，不经济。

（2）恒功率调速。基速以上用减弱磁通的方法调速，简称变磁通调速，又称为弱磁调速。

基速以上调速是在额定电压 U_e 时，减弱磁通调速。这时电机功率为：

$$P = \frac{M_D n}{975} = E_D n$$

式中 E_D——电机的反电势，$E_D = U_e - I_D R_D$。

基速以上调速，U_e 固定不变，为了充分利用电机，令 I_D 不变，电机内阻压降 $I_D R_D$ 就不变了。因此，反电势 E_D 也是不变的，即电机电流不变时，功率也不变，所以，基速以上弱磁调速称为恒功率调速，即：

$$E_D = K_e \Phi n = 常数$$

式中 K_e——常数，与电机构造有关。

若想保持反电势 E_D 不变，Φ 与 n 的乘积必须不变，即：

$$\Phi n = A, \qquad \Phi = \frac{A}{n}$$

基速以上减磁通调速，电机是恒功率输出。Φ 与 n 按双曲线关系变化，Φ 逐渐减小，n 逐渐增加。电机转矩 M_D 为：

$$M_D = K_M \Phi I_D = K_M \times \frac{A}{n} \times I_D = \frac{A'}{n}$$

式中 A'——负载电流不变时为常数。

基速以上弱磁调速时，随着转速的升高，转矩逐渐下降，M_D 与 n 也是按双曲线关系变化。

基速以下升压调速和基速以上弱磁调速有关物理量变化情况如图 4-100 所示，其中 n_{gd} 为转速给定信号。

223. 直流电机转速控制系统的基本原理是什么？

答： 图 4-101 是一个可控硅直流电源供电给直流电机的方框图。在输入端的电机对应有一个转速，从输出到输入之间没有任何形式的电路联系，我们把这样的系统叫做“开环控制系统”。

当电机的负荷增大时，电机转速便下降，要想减小转速降，可以增大给定电压 U_{gd}，使整流电压 U_d 增大，用来补偿电枢压

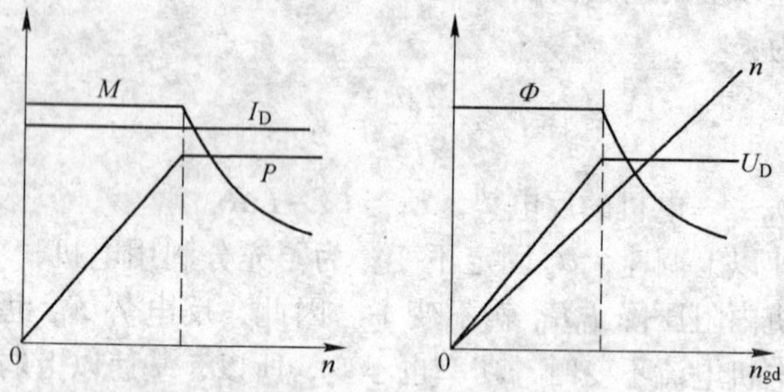

图 4-100 两种调速方法中有关物理量间的关系

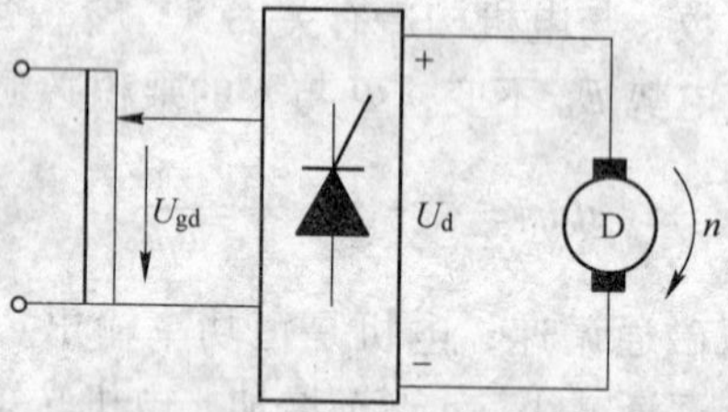

图 4-101 可控硅-电机开环控制系统

降，使电机转速恢复到原来的数值，这样就可以保证既有较大的调速范围，又可保证具有较小静差率的要求。而开环控制系统不能及时地做到这一点。

在图 4-102 中，CF 表示测速发电机，它与电机 D 装在同一根机械轴上，所以测速发电机发出的电压 U_{nf}与电机的转速成正比。把 U_{nf}引入到输入端与给定电压 U_{gd}反极性相串联，这两个电压之差 $\Delta U_k = U_{gf} - U_{nf}$，用这个电压差作为可控硅整流装置的输入电压，控制整流电压 U_d，进而控制电机的转速。其中电机叫做控制对象，电机的转速称为被控制量（也称输出量），U_{gd}叫做给定量或输入量。

电压 U_{nf}返回到输入端参加控制，U_{nf}的大小反映被控制量电机转速的高低，把这种方式叫做转速反馈，因为电压 U_{nf}与给定

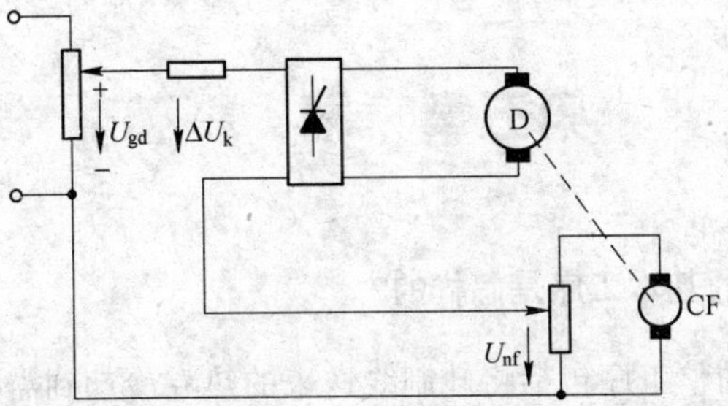

图 4-102 转速负反馈调速系统

电压 U_{gd}相反，所以叫转速负反馈，这种系统叫做“转速负反馈控制系统”。它是最常用的一种反馈控制系统。

当转速 n 下降时，U_{nf}减小，则 $\Delta U_k = U_{gd} - U_{nf}$增大（因为 U_{gd}未变），使整流电压升高，电机转速上升接近原来的转速；又由于负荷减小或其他影响而电机转速 n 升高，这时测速发电机电压 U_{nf}增大，则 $\Delta U_k = U_{gd} - U_{nf}$减小，使整流电压下降，转速随着下降到接近原来的数值。转速负反馈可以维持转速接近恒定，实现恒转速控制。

把反映转速 n 的电压 U_{nf}反馈到输入端，与给定电压 U_{gd}比较，形成一个闭环。当给定电压不变时，转速 n 的波动，通过反馈作用，系统可以自动调节转速 n 接近恒值，所以把这种系统叫做“闭环控制系统”。

依靠反馈信号的作用，达到阻止被控制量变化的目的，我们把这样的控制方法叫做“反馈控制”。

在转速负反馈系统中，电机负荷增大以后，所产生转速降 Δn 比不加反馈时要小，从而达到扩大调速范围的目的。

第五章　精　　整

224. 精整的基本工序是怎样的?

答: 精整工序包括将轧制线送来的热卷冷却到需要温度，并根据订货合同将冷却后的热轧钢卷加工成钢板或各种宽度和卷重的钢卷并进行成品包装。各热轧厂按照产品的特点设有下列全部或部分精整生产线:

(1) 平整线;

(2) 横切线;

(3) 纵切线。

精整工序的工艺流程如图 5-1 所示。

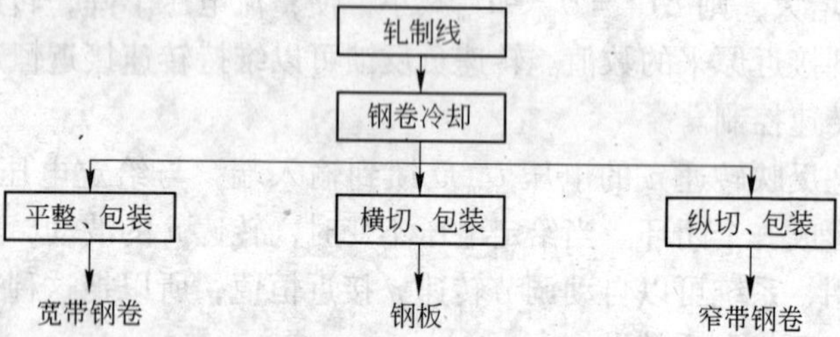

图 5-1　精整工序的工艺流程图

225. 液压斜刃剪是怎样进行剪切的?

答: 液压斜刃剪由于具有结构简单、设备质量轻等优点，得到了广泛的应用。图 5-2 是剪切位置可调的液压斜刃剪的结构示意图。如图所示，限位挡板 1 可决定剪切位置，限位挡板 1 的位置由固定在机架 11 上的液压缸 2 来调整。当液压缸 3 供液时，柱塞不运动而缸体向下运动，缸体通过横梁 4、拉杆 5 带动上刀

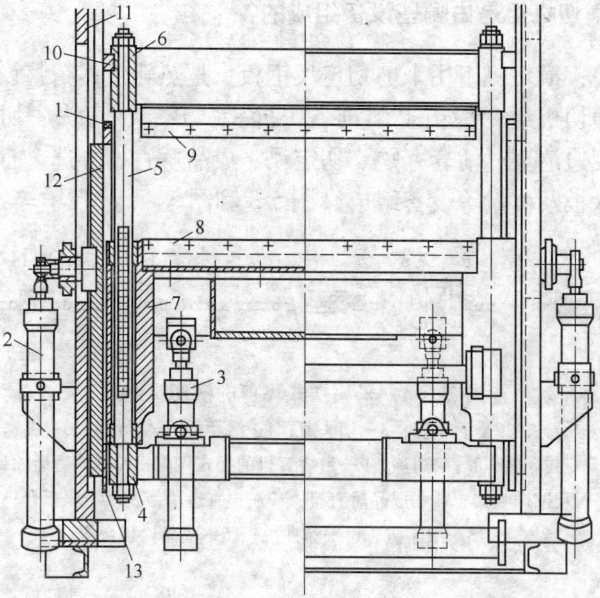

图 5-2 液压斜刃剪

1—限位挡板;2、3—液压缸;4—横梁;5—拉杆;6—上刀架;7—下刀架;
8—下剪刃; 9—上剪刃; 10、13—挡块; 11—机架; 12—滑槽

架 6 向下运动，直至安装在上刀架 6 上的挡块 10 与限位挡板 1 相接触为止。此时液压缸 3 继续充液，由于上刀架的运动被限位挡板阻挡，因而下刀架 7 由液压缸的柱塞带动向上运动并进行剪切。这种剪切机剪切时产生的剪切力由连接上下刀架的拉杆 5 来承受，机架 11 不承受剪切力。

剪切完毕后，液压缸 3 反向充液，柱塞带动下刀架 7 下降，直至接触到与滑槽 12 固定在一起的挡块 13 为止。此时液压缸 3 继续充液，则缸体上升，带动上刀架上升，回复到原始位置，等待下一次剪切。不剪切时，上下刀架系统的质量通过挡块 13、滑槽 12 及液压缸 2 支承在机架 11 上。下刀架液压缸通过齿轮齿条实现机械同步。

226. 横切机组是由哪些设备组成的?

答: 横切机组用来剪切定尺钢板，是热轧带钢精整设备的一种。横切机组一般由上料准备、拆头、开卷、直头、切头、切边、废边清理、活套存贮、切定尺、成品矫直、分选、打印、涂油、垛板及称量等设备组成（图5-3和图5-4）。

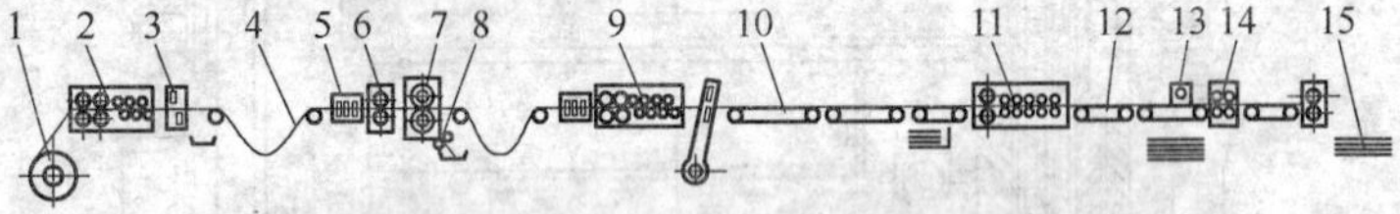

图5-3 采用摆式飞剪的横切机组

1—开卷机；2—直头机；3—切头剪；4—活套；5—侧导辊；6—夹送辊；7—圆盘剪；8—碎边剪；9—带矫直机的摆式飞剪；10—剪后运输带及试样收集；11—成品矫直机；12—检查运输带及次品垛板台；13—滚印机；14—涂油机；15—成品垛板台

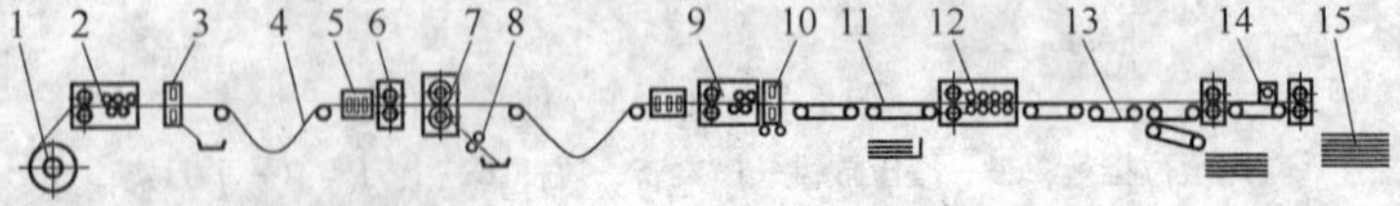

图5-4 采用模式飞剪的横切机组

1—开卷机；2—直头机；3—切头剪；4—活套；5—侧导辊；6—夹送辊；7—圆盘剪；8—碎边剪；9—矫直机；10—模式飞剪；11—剪后运输带及试样收集；12—成品矫直机；13—检查运输带及次品垛板台；14—滚印机；15—成品垛板台

上料准备由立卷运输链、翻卷机、卧卷运输链、钢卷吊运机及带升降的钢卷车等设备组成。

开卷机有双锥头式、悬臂卷筒式和双柱式等。直头机由压紧辊、压力辊、导板、夹送辊和矫直机等组成，其作用是导入并矫直带钢端头。

切头剪切去带钢不规整的端头，以顺利通过作业线。切头一般采用下切式电动剪或液压剪。切头后的带钢通过活套台进入剪边圆盘剪前的夹送辊，由夹送辊将带钢送入圆盘剪，剪边最大宽度为30～50mm。剪下的板边用碎边剪切成小块落入收集筐。剪边的目的是为了得到整齐的板边。

定尺剪前面的活套有两个作用：一是调节、补偿设备之间的速度差，二是带钢因镰刀弯而引起的偏移可得到自然的调整。

横切机组中的定尺剪有摆式飞剪、模式飞剪等几种。在飞剪前面设有带夹送辊的矫直机，用以向飞剪输送平直的钢带。矫直机与飞剪由同一电机传动，通过变速与空切机构来调节剪刃的剪切周期，从而得到所需的定尺长度。

227. 横切机组的工艺操作是怎样的?

答：引进1700mm带钢热连轧机的1号、2号横切机组是采用摆式飞剪的横切机组（图5-3)。两套机组的设备基本相同(2号机组多一台平整机和一台涂油机)。机组的工艺操作如下：

要在1号、2.号横切机组上剪切的带钢卷，从钢卷库用吊车立着吊到1号钢卷运输链上运到翻卷机，翻卷机将立卷翻成卧卷后放到钢卷运输车上运往2号钢卷运输链。用移送机将钢卷送到鞍形车上，自动检测钢卷外径并将钢卷头部打开，开卷机的卷筒插入钢卷中心。钢卷头部经矫直后切头剪切头，再经1号活套进入圆盘剪，切去两条侧边（2号横向机组还要经过2号活套、张力垫及张紧辊进入二辊平整机)。经X射线测厚仪检查厚度公差后，带钢送进IHI型摆式飞剪，切成要求长度的钢板。剪切后的钢板经矫直机矫直、表面检查，并进行分选。不合格钢板送往废品垛板台。对有轻微缺陷的钢板，操作人员应用砂轮清理。检查合格的钢板在滚印机上打印，送往一级品堆垛机。板垛由链式移送机拖运到称量和打捆辊道上，捆扎好后用半门形吊车从板垛上卸到运输辊道上，再用吊车吊到仓库。

3号横切机组是采用模式飞剪的横切机组（图5-4)，其上料部分与1号、2号机组相同。带钢切边后经2号活套台进入

2 号矫直机。带钢进入模式飞剪后则按设定长度进行连续剪切。剪切的钢板由皮带运输机送入十一辊成品矫直机进行矫直，然后检查钢板表面质量，不合格品送入次品垛板台收集，合格钢板经打印送入垛板机堆垛并由辊道运出。用半门形吊车将板垛卸至辊道旁边，需要时板垛在线外称重，然后用吊车将板垛吊运到仓库堆存。

228. 滑块摆式飞剪怎样进行定尺剪切?

答: 滑块摆式飞剪是一种定尺飞剪。某 1700mm 热带钢连轧机的横切机组中采用这种滑块摆式飞剪，剪切带钢厚度为 0.9 ~ 6.4mm，宽度为 700 ~ 1550mm，剪切定尺范围为 800 ~ 12800mm，最高剪切速度为 107m/min。该飞剪的上刃口做近似椭圆形的往复摆动；下刃口随上刃口做封闭曲线形往复摆动，同时在上刀架的滑槽中上下滑动，实现与带钢的同步剪切。

滑块摆式飞剪主要由剪切机构、空切机构、匀速同步机构和传动系统等组成，其剪切机构及传动系统如图 5-5 所示。

钢板由十一辊矫直机送入飞剪。矫直机与飞剪用一台直流电机驱动。电机通过传动装置既传动矫直机，又传动摆式飞剪的主轴。

剪切机构中，上刀架 1 通过滚动轴承和上刀架偏心套 9 装于剪切机构主轴 8 上。偏心套 9 用键固定于主轴上，此偏心套对于主轴 8 的偏心距为 e_1。下刀架 2 和套式连杆 3 用销轴 7 铰接；同时套式连杆 3 依次通过滚动轴承、外偏心套 4 及内偏心套 5 空套于主轴 8 上。外偏心套 4 和内偏心套 5 可以经齿轮系 M 的驱动而各自独立地运转，构成一种双偏心轴机构。

只有当外、内偏心套的偏心同时转到最高位置，且上刀架偏心套 9 的偏心距 e_1 也在同一时刻转到最低位置，即三个偏心同处于一个垂直平面时，上下剪刃才能重合进行剪切。此外，上刀架 1 经与其铰接的内摇杆 10 通过摇杆曲柄轴 11 及带有偏心套的连杆Ⅰ12 和主轴 8 相连接，构成一对连杆系统。当主轴 8 转动时

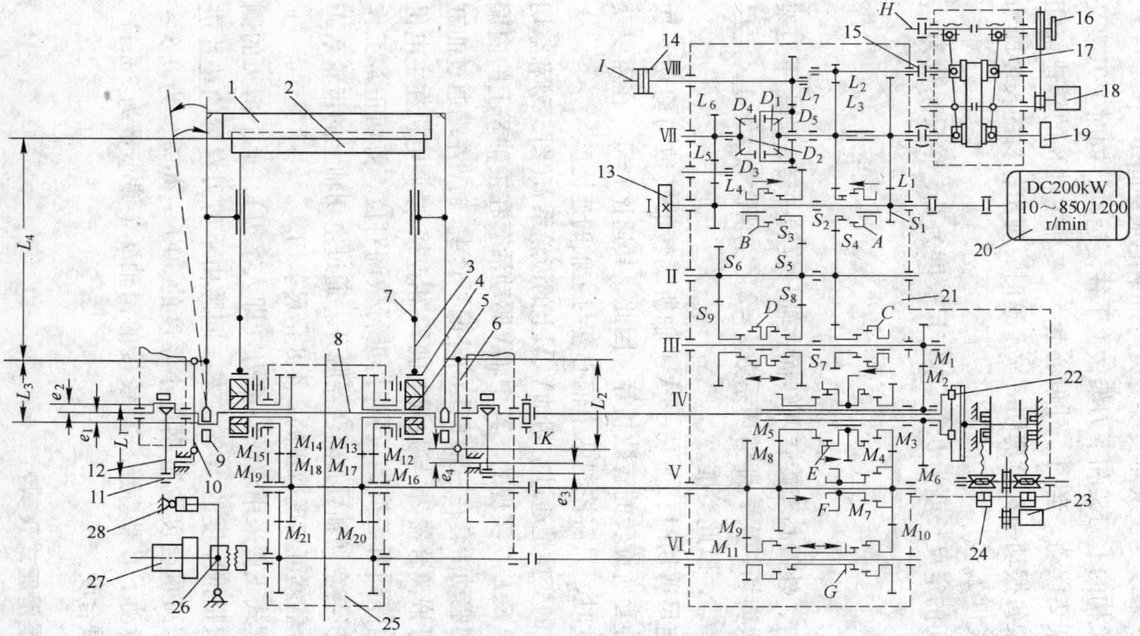

图 5-5 滑块摆式飞剪的剪切机构及传动系统

1—上刀架；2—下刀架；3—套式连杆；4—外偏心套；5—内偏心套；6—连杆Ⅱ；7—销轴；8—主轴；9—上刀架偏心套；10—内摇杆；11—摇杆曲柄轴；12—连杆Ⅰ；13—飞轮Ⅰ；14—电磁离合器；15—安全联轴节；16—手轮；17—无级变速器；18—齿轮电机；19—飞轮Ⅱ；20—主电机；21—传动箱；22—匀速（同步）机构；23—齿轮电机；24—锁紧油缸；25—空切传动箱；26—牙嵌离合器；27—微调电机；28—油缸

A、B、C、D—变速换挡离合器；E、F、G—空切换挡离合器；H—接定尺指示装置；I—接送料矫直分配箱；K—气动制动器就可以实现上下刀架的往复摆动。主轴 8 的转速可以通过剪切机构齿轮系 S 来改变，从而实现剪刃与带钢的水平同步。

剪切机构的上刀架和下刀架做上下往复运动，同时上刀架又带着下刀架 2 摆动。当内、外偏心套 5、4 和主轴 8 的转速都相同时，刀架每摆动一次就剪切一次。这时，剪出板材的长度即为基本定尺长度 L_0。

若剪切的定尺长度为 L，基本定尺长度为 L_0，倍尺系数为 k，则：

$$L = kL_0$$

如果内、外偏心套旋转两转而主轴只旋转一转，则上下刀架每摆动两次剪切一次，即剪切系数 $k=2$，空切次数 $k'=1$，定尺长度 $L = 2L_0$，以此类推。

基本定尺剪切时，剪切一次主轴所旋转的转数与剪切一次内、外偏心套所旋转的转数相等，因此，其速比 $i=1$。在需要获得倍尺长度时，只需控制两个偏心套与主轴的速比。

速比 i 的变换是通过空切轴Ⅴ、Ⅵ上的齿轮系 M(图 5-5)和空切换挡离合器 E、F、G 实现的。其中轴Ⅴ驱动活套在主轴 8 上的内偏心套 5，轴Ⅵ驱动活套在主轴 8 上的外偏心套 4。轴Ⅵ左端通过油缸 28 控制的牙嵌离合器 26 与微调电机 27 相连接，微调电机在主电机不能准确地停到所需换挡位置时，进行微调对位。剪切正常工作时，微调电机与空切轴Ⅵ的离合器脱开。通过空切轴上的齿轮系 M 及换挡离合器就可实现剪机的 2、4、8 倍尺剪切。

滑块摆式飞剪采用双倾斜剪刃（即人字刃），上下剪刃的侧间隙一般取带钢厚度的 10% 左右，间隙由下剪刃脊背的垫片进行调整。剪刃重合度取带钢最小厚度的 30% ~40%，为 0.3 ~ 0.5mm。转动下刀架与连杆相铰接的销轴 7（偏心量为 2mm），即可调整重合度。

229. 什么是滑座式飞剪?

答： 滑座式飞剪（又称模式飞剪）是通过滑座的横向移动

使上下剪刃与被切带钢保持同步，同时，摇床向上滑移使下刃车上升完成剪切工作，它是滑座往复移动的下切式飞剪。热带钢连轧机的横切作业线上设置滑座式飞剪（图5-6），其剪切带钢厚度为4.5～12.7mm，宽度为700～1550mm，剪切定尺范围在2～12m之间，每分钟最高剪切次数为20次，机组最高剪切速度为60m/min。

滑座式飞剪由入口侧矫直机（夹送辊和压送计测辊）和飞剪本体组成。滑座式飞剪本体主要由滑座及横向移动机构、摇床及曲柄传动机构、机架、压辊、摇床支撑缸组成。

滑座由上刃车16和下刃车10组成。下刃车放在摇床8的平台导轨上。下刃车在上刃车的滑槽14中受横向约束可上下滑动，并能随上刃车一起横向移动。下刃车的升降是由摇床控制的。

摇床8位于上下刃车组成的滑座下面，曲柄机构驱动摇床沿底座9上的数个斜台滑动，摇床推动下刃车升降完成对带钢的剪切。

上刃车的剪刃座上装有对称的双倾角剪刃（即人字刃），用10个螺钉紧固在剪刃座上。上刃车车架端部各有两个导轮可在机架端部的导轨上移动，导轨与导轮的间隙可用斜楔机构调节。

下刃车的剪刃座上也用10个螺钉紧固平直剪刃。滑座中上下剪刃之间的最大距离为100mm。下刃口在带钢通过线以下10mm处。下剪刃行程为100mm。

剪刃的侧间隙通过上刃车两侧滑槽中的斜楔来调整。调整时转动调动螺钉，利用相对的两个斜楔的进退来调整侧间隙的大小。

滑座式飞剪的结构特点是，上下剪刃与带钢的同步机构和完成剪切的剪切机构能分别独立地运行，它们之间没有严格的机械联锁，而是通过电气控制系统进行联锁，因此机械机构大为简化。

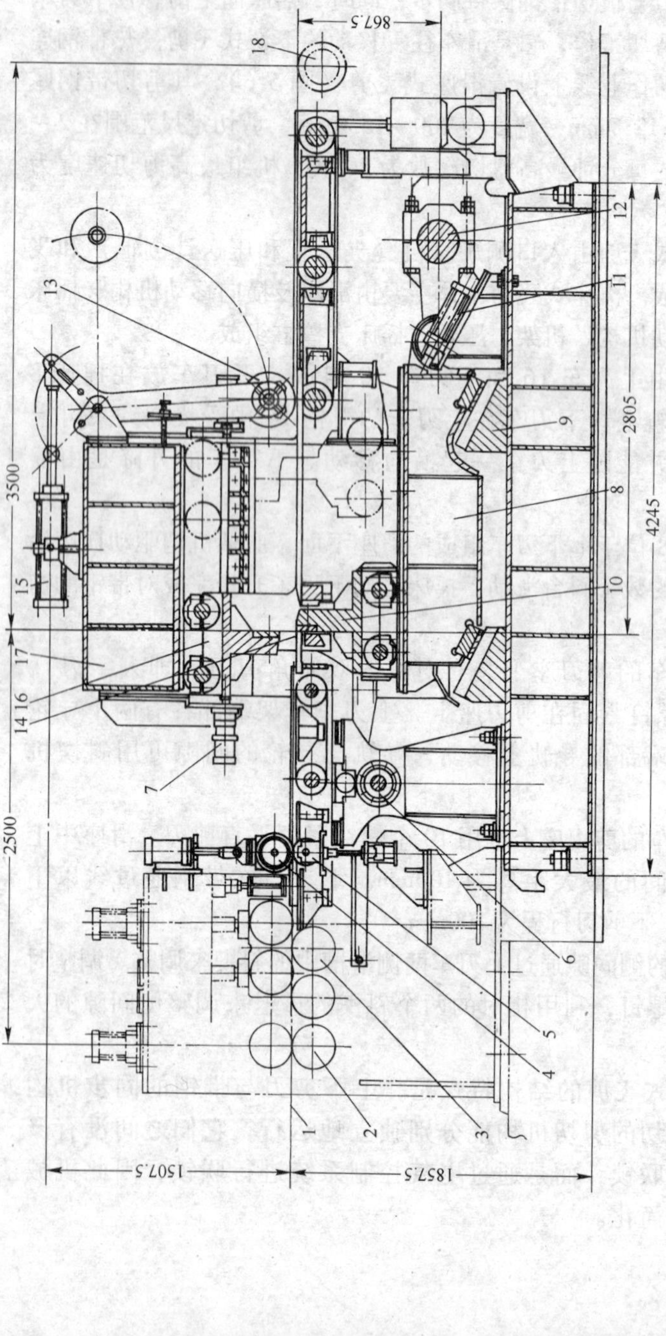

图 5-6 滑座式飞剪

1—带钢;2—夹送辊;3—矫直辊;4—压送辊;5—计测辊;6—齿轮齿条;7—油压缓冲器;8—摇床;9—底座;10—下刃车;11—摇床支撑油缸;12—曲柄轴;13—压辊;14—滑槽;15—气缸;16—上刃车;17—机架;18—出料台

230. 滑座式飞剪定尺剪切的工作原理是怎样的?

答: 滑座式飞剪的滑座(上下刃车)与带钢保持同步,下剪刃随滑座平移,同时上升完成对带钢的剪切。上下剪刃每剪切一次,滑座将经过前进、返回、加速及停车等阶段。在每一剪切循环内,带钢与剪刃和滑座之间必须保证严格的相互协调的运动关系。

滑座式飞剪入口侧备有一台夹送和矫直用的矫直机，矫直机由一对电动压下和液压快速打开的夹送辊和电动压下式的压送计测辊组成。

压送计测辊装设于矫直机的出口处，下辊为计测辊，上辊为压送辊，均为空转辊。上下辊通过气缸张开或压紧。计测辊的轴端经塑料挠性联轴器与脉冲发生器 PLG_1 相连接，用以记忆带钢走过的距离。

通过矫直机后的压送计测辊 MR 及同轴的脉冲发生器 PLG_1，可以随时检测带钢实际运行所走过的距离 ΔA，并将该值输入到钢板长度计数器中，见控制原理图 5-7。

驱动滑座的直流电机 DM 轴带动测速发电机 TG 和脉冲发生器 PLG_2。在 PLG_1 测出 ΔA 的同时，PLG_2 检测出滑座瞬时位移量 ΔB，此 ΔB 值也输入到钢板长度计数器中进行比较。其结果 $-(A-B)$经变号器输入比较放大器，在此与钢板长度设定数字开关输入的设定数值进行比较。其输出量 C_3 即为驱动滑座的直流电机能按给定的滑座加速度工作的检测值。将 C_3 值输入直流电机转速控制系统，就可获得该瞬间直流电机应具有的速度。

当输出量 C_3 为零时,即意味着滑座移动速度 v 已达到带钢的运行速度 v_B,即相互同步速度 v_s。这时经开关电路使交流电机 IM 的电磁气动离合器接合,驱动曲柄轴,推动摇床上升进行剪切。剪切完毕,曲柄轴复位,此时工作侧的凸轮极限开关 LS 发出信号,钢板长度计数器“清零”,做好下一次剪切检测的准备。

经过数模转换器 D/A 将 C_3 数值量信号转化为模拟量，经开方器处理后以 $K\sqrt{C_3}$输出，把它与频率-电压变换器转化成模拟

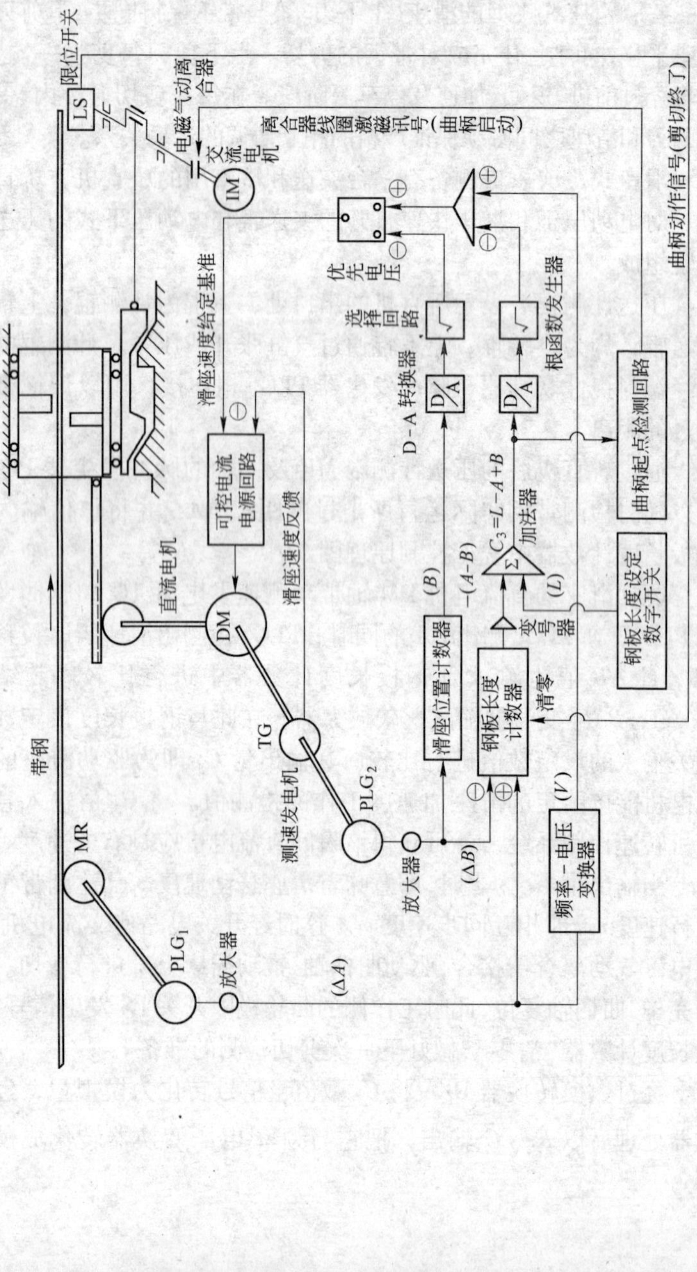

图 5-7 滑座式飞剪的电气控制原理图

量的 v_s 相比较之后，就可作为速度给定的基准，输入到可控直流电源回路中。

测速发电机 TG 作为速度负反馈输入到可控直流电源回路，依实际值与给定值之差进行控制。

231. 纵切机组的工艺操作是怎样的?

答： 为满足电焊管、冷弯型钢、冷轧窄带钢等机组对带钢宽度的要求，设置纵切机组。纵切机组除可剪边外，还可分剪出不同数量和宽度的带钢卷。

纵切机组的设备组成如图 5-8 所示，头部设备与横切机组相似。机组的穿带速度一般为 0.5m/s，剪切时的正常速度一般为 1~3m/s。纵切机组的工艺操作如下：

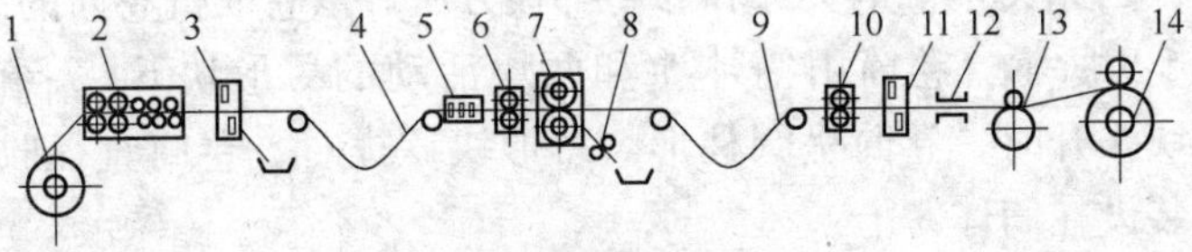

图 5-8　纵切机组

1—开卷机；2—直头机；3—切头剪；4、9—活套；5—侧导辊；6、10—夹送辊；7—圆盘剪；8—碎边剪；11—分切剪；12—张紧装置；13—导辊；14—张力卷取机

将立卷用吊车从仓库吊到进口钢卷运输机上，在运输机末端翻卷机把立卷翻成卧卷，放在进口钢卷小车上并回转 90°，使钢卷轴线与开卷机中心线平行。在小车运送钢卷的过程中自动检测出钢卷外径。在卷筒插入钢卷之前，由钢卷车自动对准卷筒。卷筒插入钢卷后，卷筒转动并借助进口导向台的作用用凿子打开带头，将带头喂入夹送机、矫直机中。带钢由切头剪切头后经 1 号活套台送进纵剪，剪成要求的宽度。带钢的两侧边用碎边剪切成短块，送进废料箱。纵剪后的窄带钢经 2 号活套台，由夹送辊送入张力垫、切分剪、导向辊。导向辊使带钢前端向下送入卷取机的钳口，重新卷成窄带卷。带钢前端被卷取后张力垫下压，使带

钢形成张力（张力值为 5 ~ 20MPa），以便卷紧。每块张力垫可单独调整压力，使各带钢张力均匀一致，并使带卷卷取形状良好。卷完后每个窄带卷沿径向进行人工捆扎。带卷从卷筒卸到四臂回转臂上，回转臂转 90°，翻卷机的提升臂伸入回转臂，推出机将窄带卷推到翻卷机上。翻卷机把带卷翻成立卷移送到称量和打捆辊道上，称重后人工沿轴向打捆，由移出翻卷机逐卷移出，套在一字臂上。一字臂回转 180° 后将带卷放在输出运输机上。为防止窄卷倾倒，同一钢卷纵切后的各窄卷在一字臂上捆在一起。成捆带卷从运输机上用吊车吊到仓库。

232. 什么是斜楔弓形块卷取机？

答： 斜楔弓形块卷取机卷筒的直径可以胀缩，钳口能夹紧和松开，因此夹紧带钢头部和卸卷都很方便。该卷取机卷筒的结构如图 5-9 所示。卷筒由筒体 5 和两块活动的弓形块 6、7 组成。弓形块张开时，卷筒呈圆柱形。弓形块靠拢时，卷筒直径收缩。钳口装设在筒体 5 上。

当液压油作用在大活塞 14 和小活塞 15 的左端时，推动空心轴 3 连同上斜楔 11、拉杆 4 连同下斜块 8 向右移动，这时卷筒胀大，上斜块 9 夹紧进入钳口的带钢，开始进行卷取。相反，当液压油作用在大、小活塞的右端时，则上、下斜楔同时向左移动，在弹簧 1 的作用下，可动弓形块 6 和 7 靠拢，卷筒收缩。在弹簧 2 的作用下，钳口松开，即可卸卷。

这种卷取机多用在剪切、酸洗等机组上。

233. 怎样操作调整分条圆盘剪？

答： 分条圆盘剪即多对刀盘的圆盘剪，在剪切带材边部的同时将带材纵切成多条较窄的带材。分条圆盘剪主要用于纵剪机组，它由机架、上下刀轴、移动机构、传动装置和调整机构等组成（图 5-10），其操作调整主要是更换刀盘、调整刀盘重合度和调整刀片侧向间隙。

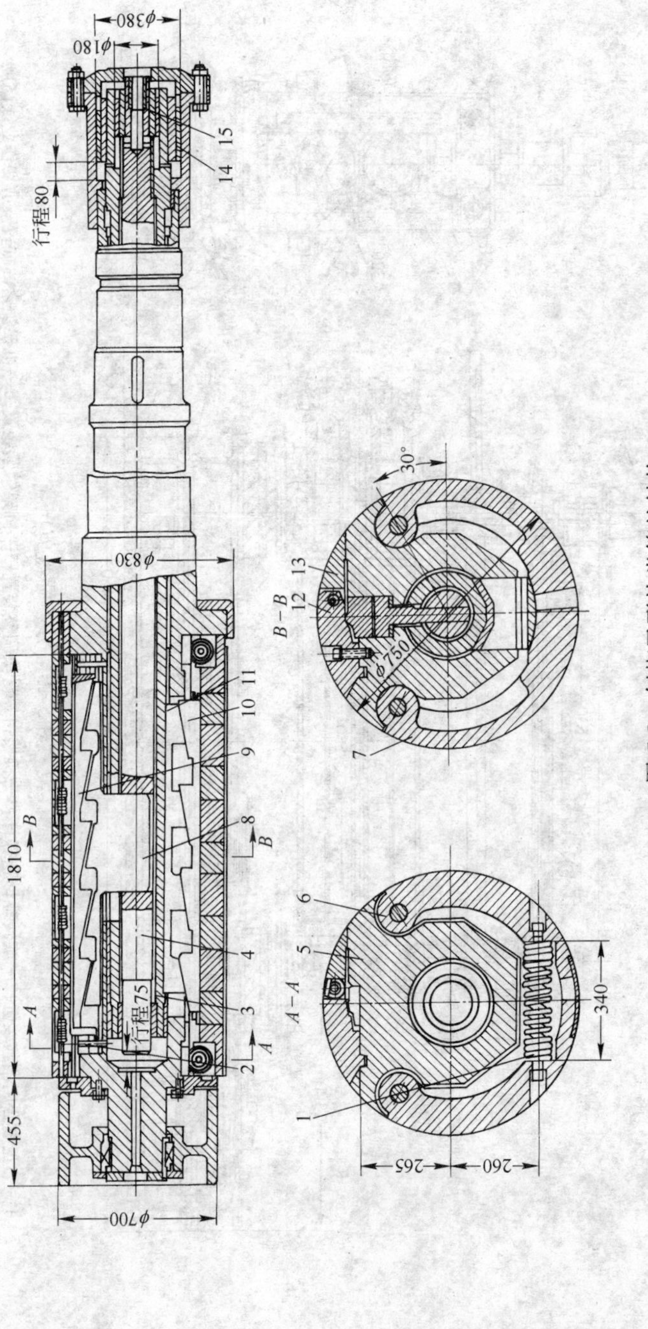

图 5-9 斜楔弓形块卷筒的结构

1、2—弹簧；3—空心轴；4—拉杆；5—筒体；6、7—弓形块；8—下斜块；9—上斜块；
10—下斜楔；11—上斜楔；12—固定板；13—压板；14—大活塞；15—小活塞

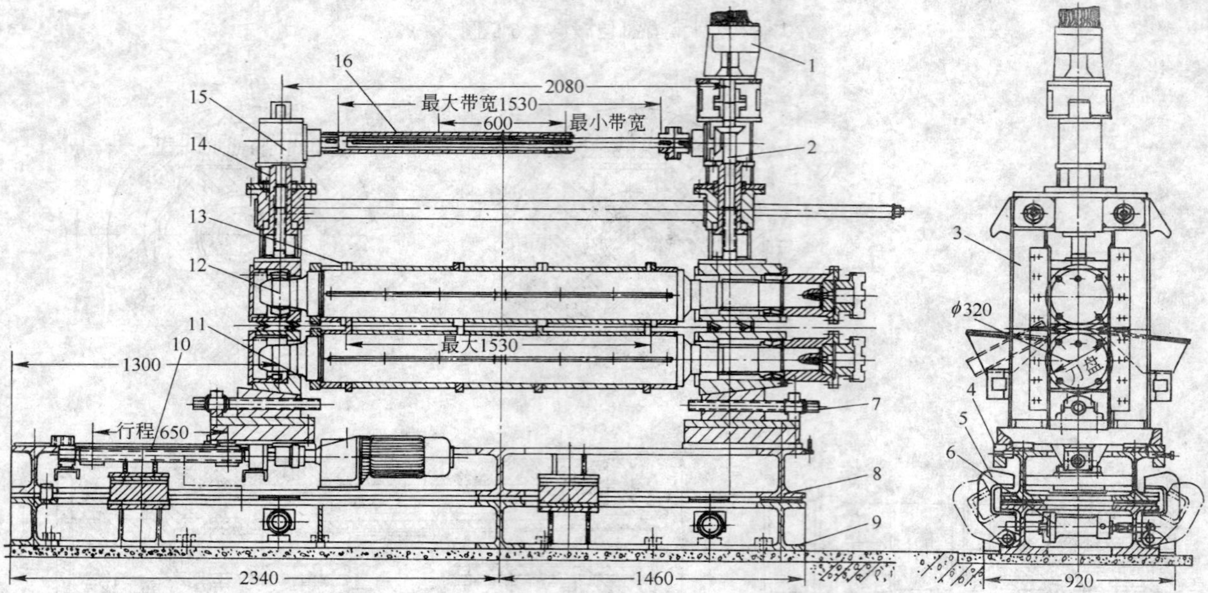

图 5-10　分条圆盘剪

1—刀盘重合度调整装置;2—旋转螺母和螺杆;3—机架;4—滑块调整装置;5—机架锁紧装置;6—机架锁紧油缸;7—剪切作业线高度调整装置;8—活动底座;9—底座;10—机架移动装置;11—液压螺母;12—刀轴;13—刀盘;14—压下螺母;15—圆锥齿轮对;16—伸缩轴

分条圆盘剪一般使用两套机架（包括左右机架和上下轴），以适应剪切不同宽度带材的要求。分条圆盘剪更换刀盘操作如下：

先将作业线上的机架锁紧装置5松开，脱开万向联轴器上的离合器，将全套机架吊走，安放在作业线外的底座上，然后装上已更换好刀盘的全套机架。在作业线外换刀盘时，利用机架移动装置10，使非传动侧的机架及轴承脱离刀轴，松掉液压螺母11，拆下刀盘13和隔套，根据剪切钢带宽度和工艺要求换上新刀盘和隔套，装上液压螺母，检查无误后移动机架使刀轴进入轴承，利用滑块调整装置4中的锁紧装置将机架锁紧到活动底座8上，以备吊回作业线使用。

圆盘刀片的刃口角度一般为90°，刀片的材料通常用9SiCr、4CrW2Si、T8等，刀刃硬度为50～55HRC。刀盘两端面的平行度一般取4～5级精度，表面粗糙度 R_a 为0.32～1.25μm。

刀盘重合度与板带厚度有关，在剪切操作过程中要加以调节。若剪刃的重合度不够，在剪切时会引起机械超负荷和带材局部弯曲；剪刃重合度太大，则引起带材的“竖立”。当剪切薄钢带时，上下刀盘的重合度为不大于2mm；当剪切厚度大于5mm时，采用负的重合度，即上下刀盘互相离开一个距离，变为开口度。

分条剪的重合度调整机构（图5-10）由一台带减速器的立式电机、圆锥齿轮对15、旋转螺母和螺杆2等组成。螺杆下端固定在上刀轴轴承座上面方槽内。机架能够动，两机架上的圆锥齿轮对15用伸缩轴16连接。电机使两机架的上刀轴的轴承座同步上下移动，将刀轴上各刀盘的重合度调整到同一数值。

确定刀盘侧向间隙，要考虑被切钢带的厚度和材质强度。侧向间隙过大，剪切时带钢将产生撕裂；侧向间隙过小，又会导致设备超载，刀刃磨损快，带钢剪边发亮和毛边过多。剪切热轧钢带时，侧向间隙一般为带钢厚度的12%～16%。分条剪的刀盘侧向间隙，是在更换刀盘时用中间隔套来确定的，工作时不再调整。

234. 怎样使用和维护剪切机？

答：剪切机是重要的辅助设备之一，其工作是否正常，直接影响轧机的生产，因此对剪切机必须精心维护，正确地使用。

剪切机在开动之前，必须检查：

（1）动力和润滑系统，包括电源、液压、风压以及润滑油供应是否正常。

（2）剪切机的刀片安装和间隙调整是否符合规定（与被剪切轧件是否适应）。

（3）离合器的调整是否恰当，工作是否正常。

（4）各附属装置的动作是否正常。

剪切机开始工作时，应先开空车进行空切，然后由薄到厚试剪轧件，进行必要的补充调整，最后进行正常的连续生产。

使用中应注意不要使刀片长时间接触热的轧件，以免刀片受热后产生裂纹或变软，以致在剪切时崩刃或倒棱。

发现刀片刃口变钝或有小的崩刃时，应及时更换修磨，否则会使剪切力增加而损坏设备，使剪切质量不合要求，或使刀片大块崩刃而报废。

刀片安装时，固定螺栓的螺帽必须牢牢紧固并锁定。修磨使刀片尺寸变小时，应加装适当的垫片。刀片间隙的调整是影响剪切机工作的重要因素。刀片间隙过大会使剪切质量下降，而间隙太小会磨损刀片，因此要定期检查调整间隙。

有离合器的剪切机，要经常检查离合器的工作状况。离合器的离、合不灵，会使刀片不能停留在正常位置，甚至使刀片在完成工作循环后继续动作，这样不但会剪坏轧件，损坏设备，甚至会造成人身伤亡。因此，对离合器的离合部分（牙盘或摩擦盘）和操纵部分（手动、气动或液动的杠杆系统等）必须经常检查维护，对损坏的零件要及时更换。

对剪切机的安全装置如安全联轴节、电气保护装置等必须按规定调整和安装，不能任意变动。

在操作中要注意轧件翘头情况，防止撞坏压紧器（压板）和刀片（刀架）等。切头必须及时清理，清理时应与剪切操作密切联系配合，防止发生事故。

235. 平整分卷线的作用是什么？

答：平整分卷线的作用主要是：

（1）改善板形。热带钢轧机轧制的带钢往往并不十分平直，为此，将冷却至一定温度的钢卷在平整机上进行压下率为1% ~4%的轻压下，通过对钢卷全宽度施加均匀延伸来矫正板形。

（2）改善力学性能。平整机对带钢施加压下，通常随着平整压下率的增加，屈服极限延伸减小，抗拉强度增加，全延伸降低。平整机就是利用材料的这一性质，通过控制压下率来改善力学性能。通过平整可以消除带钢因屈服平台而产生的拉伸应变和吕德斯线的皱纹缺陷，增加其弹性变形区域。

（3）改善表面状态。通过在平整机上对热轧带钢进行压下，将轧制状态下的粗糙表面改善为平滑的表面；另外，也使表面氧化层产生龟裂，有利于酸洗时去除氧化铁皮。

（4）尺寸、表面擦痕、外观检查。对产品质量是否满足用户要求的检查工作是以钢卷为单位进行的，在钢卷全长范围内，实测板厚、板宽和检查表面擦痕及板形，同时除去不合格部分。

（5）调整钢卷单重。根据用户的要求调整出口侧钢卷的单重。

（6）调整钢卷内径、外径以及卷形。为适应用户对不同内径的要求，多数生产线采用更换张力卷筒的形式来改变出口侧钢卷的内径。

236. 平整机组的工艺操作是怎样的?

答: 热轧带钢平整的目的是改善钢板的板形和消除局部的厚度超差。不大的压缩率（1%左右）还能降低屈服极限，改善深冲性能。热轧带钢平整时的压缩率一般不大于3% ~5%。

平整机组的组成如图5-11所示。四辊式平整机采用液压压下。为矫正板形还设置了正、负弯辊装置。平整机组的工艺操作如下所述。

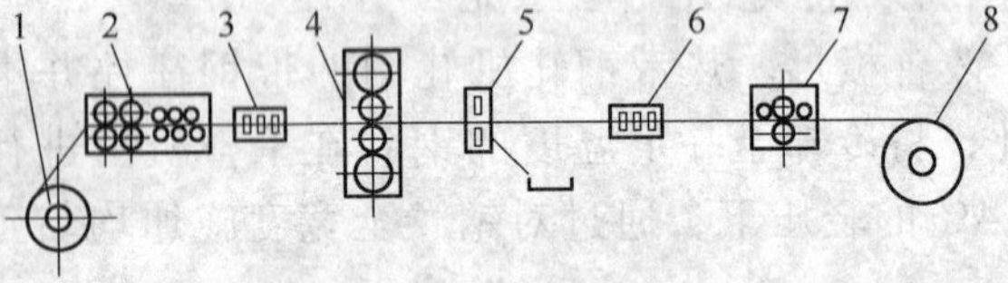

图5-11　平整机组

1—开卷机；2—直头机；3、6—侧导辊；4—四辊平整机；5—下切剪；7—导辊；8—张力卷取机

用吊车将钢卷库内立放的钢卷吊到进口运输机上，运往末端翻卷机，将立卷翻成卧卷放到进口钢卷小车上。小车将钢卷运到直头机前并将钢卷放在定位辊上。借助定位辊的转动，直头机将钢卷头部打开，继而用切头剪切头。定位辊反转将切头后的钢卷重新卷起，通过直径检测系统测出钢卷直径。钢卷小车将钢卷托起送到开卷机处，自动对准卷筒中心。把钢卷送进开卷机的卷筒后，钢卷小车返回。带钢头部经缓冲辊、压力辊和导板台喂入矫直机，矫直后送入四辊平整机平整。平整后的带钢由导向辊送至卷取机，在皮带助卷器协助下，卷取机将带钢重新卷起。平整机与开卷机之间形成张力后，矫直机即可返回原位，钢卷对中装置投入工作，平整机加速进行平整。平整机上采用液压压上装置调整辊缝。

需分卷的钢卷，在操作台上设定带钢长度，分成两卷或多卷，带钢在接近分卷点前，机组自动减速停车，用平整机后的切分剪剪切。分卷后的钢卷用钢卷车运出，再由运输机经称量、打捆后运出机组，用吊车吊到成品仓库。

平整机组的工作速度可达 8～10m/s，机组的穿带速度通常采用 0.5m/s。

237. 怎样调整十七辊单倾斜辊式矫直机?

答：在热带材生产中，温度不均、变形不均、轧后的冷却、运输及其他因素的影响，致使轧出来的带材常常出现波浪和瓢曲等缺陷。为此轧后的带材需进行矫直，以满足用户的要求。

辊式矫直机使用历史最长，它广泛用于矫直各种规格、材质的剪切成块的板材。辊式矫直机的矫直过程是使在旋转的矫直辊之间运动的板带材经受多次弯曲以消除原始曲率。板带材在矫直辊矫直力的作用下，进行纯弯曲和弹塑性弯曲变形，当矫直力消除后，板带材弹性回复，这样就消除一部分原始曲率。经过多个矫直辊的作用，板带材的剩余曲率逐渐减小，板带材趋于平直。

某 1700mm 热带钢连轧机的横切作业线剪切机后设有十七辊单倾斜辊式矫直机，其结构为开式机座，包括机架和活动上横梁两部分，支撑辊装在两矫直辊之间且错开布置。上矫直辊除了能升降调整开度外，还能作倾斜度的调整。活动上横梁、压下传动装置、上矫直辊与上支撑辊的全部质量都由 4 根压下螺杆支承，采用 4 个平衡油缸来平衡这一部分质量。

十七辊矫直机压下装置进行辊列调整，即辊缝的开度和纵向、横向倾斜度的调整。压下装置采用蜗轮升降调整方式，其结构如图 5-12 所示。活动上横梁 1 的顶面安装压下装置的传动机构，上辊列位于上横梁的下面。螺杆 2 用空心圆柱销 3 同机架 6 相连。定位垫 4 用于使空心圆柱销准确地进入螺杆的孔中。弧形块 5 安装在活动上横梁进出口外侧，可以限制上横梁偏转，活动上横梁作倾斜调整时，弧形块又能使活动上横梁入位。

压下指示盘的指针安装在压下装置减速器的低速轴上，用以指示矫直辊的开度。辊列倾斜度指示装置由固定不动的指针和连

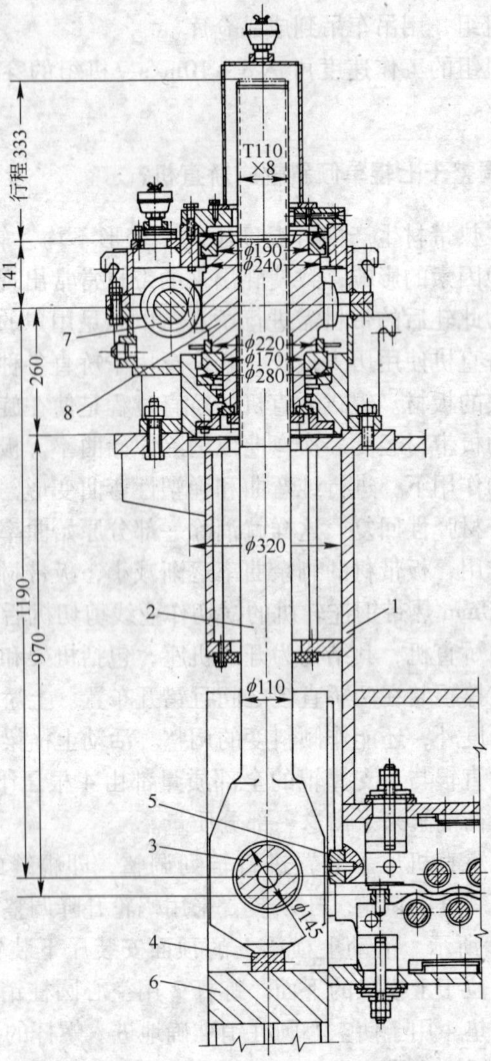

图 5-12 压下装置

1—活动上横梁；2—螺杆；3—空心圆柱销；4—定位垫；
5—弧形块；6—机架；7—蜗杆；8—蜗轮

接在压下螺杆顶部的活动标尺组成，用以指示辊列倾斜度和换辊时活动上横梁的提升高度。

238. 怎样进行辊型调整？

答： 辊型调整是在垂直方向调整支撑辊，即按照板带材的变形情况调整支撑辊，迫使矫直辊按某一预定的曲线发生弯曲。通常，矫直波浪弯曲的板材时要保证矫直辊辊型为一直线；而矫直瓢曲板材，按瓢曲的具体情况来确定辊型，或中间凸起，或中间凹下，或一边凸起，或一边凹下，则要求对支撑辊的高度进行调整。

十七辊矫直机采用下矫直辊电动斜楔进行辊型调整，其调整机构如图 5-13 所示。下支撑辊架 7 坐落在上斜铁 6 上，由 0. 4kW 电机通过行星减速器 2 使螺母 3 旋转而使螺杆 4 前进或后退，下斜铁 5 随螺杆 4 移动，并推动下支撑辊架 7 沿机架窗口两侧的滑道 9 上升或下降，用限位装置 8 控制其极限行程。

239. 怎样调整十一辊矫直机？

答： 某 1700mm 热带钢连轧机 3 号横切作业线剪切机后的十一辊矫直机如图 5-14 所示。闭式机座由机架、下横梁和上横梁用螺栓连接而成。入口端设有入口导板 11，不设送料辊；出口端有一个滑道辊 4。上矫直辊及其支撑辊都安装在活动上横梁 6 上，其质量由平衡油缸 7 平衡。活动上横梁在 4 根压下螺杆 12 的作用下可以沿机架内侧的导板升降。下矫直辊及其支撑辊安装在四轮小车上。下框架 8 上有水平轨道，换辊时用油缸顶起下框架，使轨道与机外临时吊装来的轨道位于同一水平面上。这样，坐落在小车上的上下矫直辊、上下支撑辊、滑道辊及活动上横梁便可一起由牵引钢绳拉出机架窗口进行换辊。装在活动上横梁出口侧的滑道辊是自由辊，设有专用的升降调整装置，能减轻钢板出矫直辊时的冲击和防止翘起。

矫直机调整机构包括辊列调整和辊型调整机构。辊列调整即

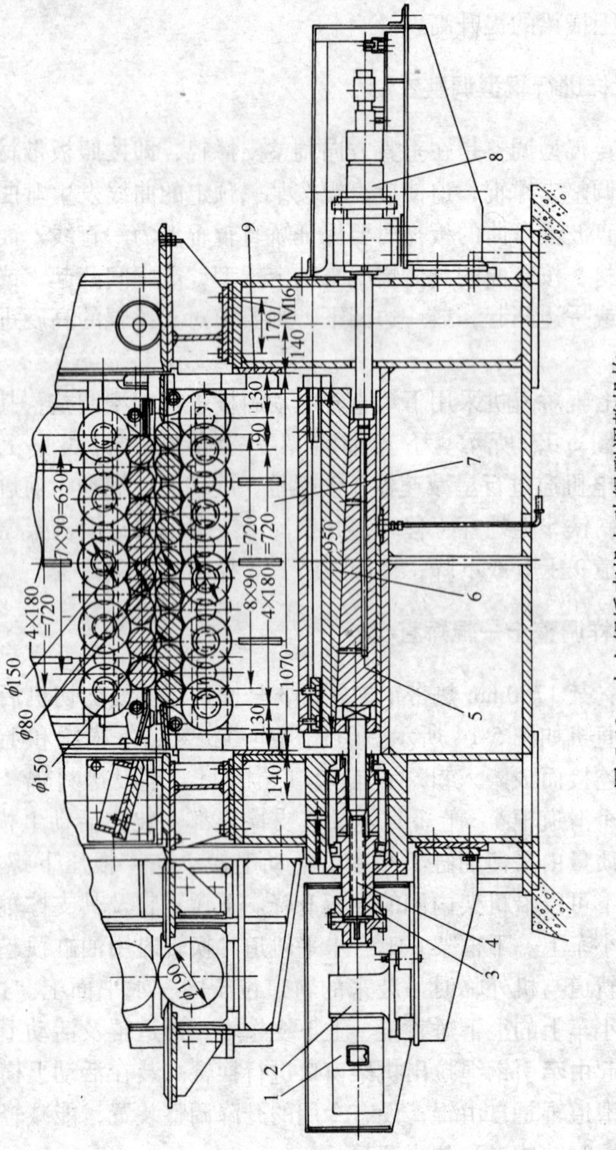

图 5-13 十七辊矫直机电动辊型调整机构

1—电机；2—行星减速器；3—螺母；4—螺杆；5—下斜铁；6—上斜铁；7—下支撑辊架；8—限位装置；9—滑道

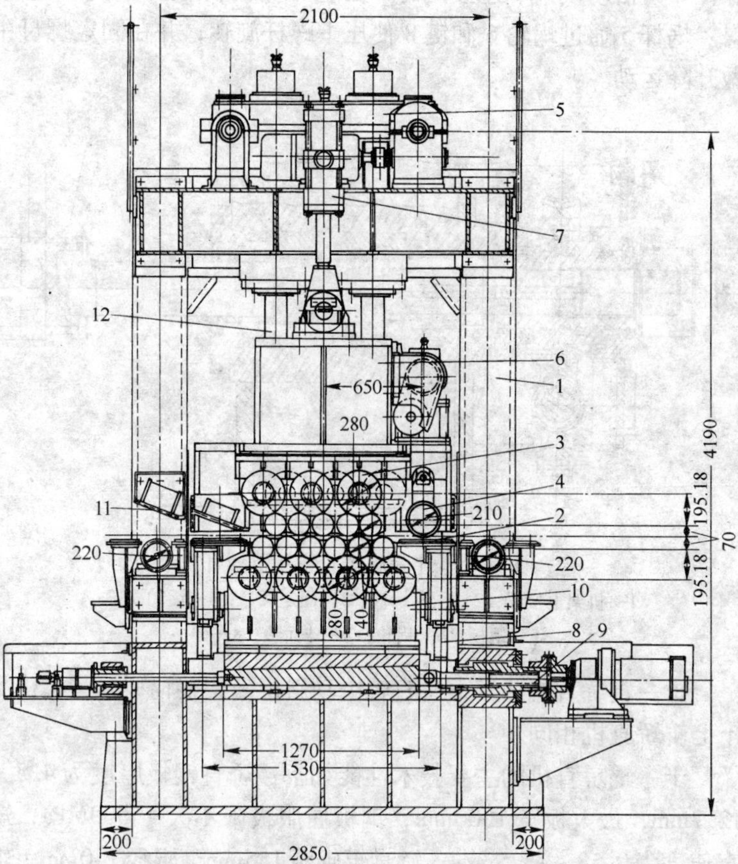

图 5-14　十一辊矫直机

1—机架；2—矫直辊；3—支撑辊；4—滑道辊；5—压下装置；6—活动上横梁；7—平衡油缸；8—下框架；9—电动辊型调整装置；10—小车；11—入口导板；12—压下螺杆

辊缝的开度和纵向、横向倾斜度的调整。辊型调整是在垂直方向调整支撑辊，迫使矫直辊按某一预定的曲线发生弯曲。

十一辊矫直机采用螺杆升降调整辊列，其压下螺杆如图 5-15 所示。压下传动机构和固定螺母 3 都安装在机架上横梁上。压下螺杆 2 与活动横梁 4 连接处有球面垫 7，允许活动横梁有少量倾斜。蜗杆 5 通过蜗轮 6 和键 8 使压下螺杆旋转，并在固定螺母中做升降运动。

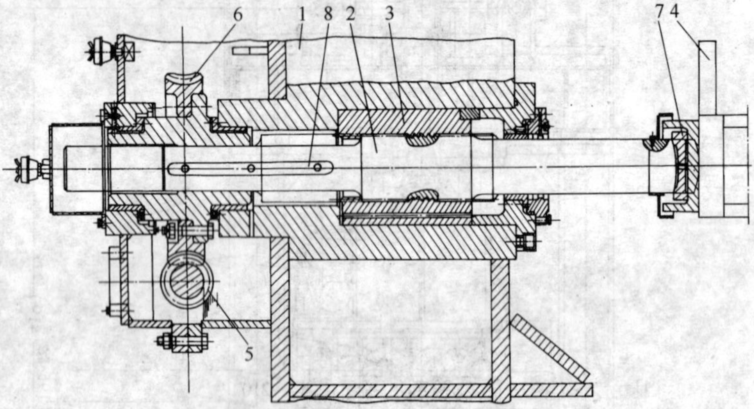

图 5-15　十一辊矫直机压下螺杆

1—机架上横梁；2—压下螺杆；3—固定螺母；4—活动横梁；5—蜗杆；6—蜗轮；7—球面垫；8—键

十一辊矫直机采用下矫直辊电动斜楔来调整辊型，其机构与十七辊矫直机相同。

十一辊矫直机的主要技术性能如下：矫直钢板厚度为 4.5 ~ 12.7mm，最大板宽 1500mm，钢板屈服极限不大于 500MPa，矫直速度为 0.58 ~ 1.25m/s，矫直辊辊距 155mm、辊径 140mm、辊身长 1890mm、5 个上辊、6 个下辊，支撑辊辊径 280mm、辊身长 114mm、27 个上辊、32 个下辊，压下装置的最大开度为 210mm。

240. 什么叫球化退火，在操作中应注意些什么？

答：碳工钢（过共析碳素钢）、合工钢、含铬轴承钢等热轧带钢在轧后冷却过程中，在 A_{cm} ~ Ar_1 温度范围内，浓度过高的碳以碳化物形式沿奥氏体晶粒边界析出，包围着奥氏体晶粒，在显微镜下呈现网状，叫网状碳化物。

网状碳化物增加钢的脆性，使钢的冲击韧性降低并缩短轧件的使用寿命。

球化退火的目的是使钢中片状和网状碳化物转变成球状，以改善组织，降低硬度，改善切削加工性，防止淬火变形开裂，提高淬火后的性能。

普通球化退火时，碳工钢带常加热到 Ac_1 +（20～30℃），保温较长时间，然后缓慢冷却到500℃以下出炉空冷。

球化退火的操作应注意以下几点：

(1) 严格控制退火温度。退火温度过高，则碳化物溶解较多，奥氏体均匀化程度大，将减少或失去球化的核心，退火后易获得片状珠光体；温度过低，原来组织中片状珠光体较难溶解，也不能达到球化的目的。

(2) 适当掌握保温时间。保温时间过长，会促使奥氏体均匀化，不利于球化；时间过短，则原组织中的片状组织难以完全破坏，也达不到球化的效果。

(3) 精确控制冷却速度。球化退火的冷却速度不影响珠光体的形状，但决定碳化物的弥散度，因而可决定退火后的硬度。冷却速度过大，碳化物来不及聚集长大，在冷却中会产生新晶核，因而可得到弥散度大的细粒状或点状珠光体，硬度将偏高；反之，冷却速度过小，则常得到弥散度小、硬度过低的粗粒状珠光体。

241. 什么叫奥氏体不锈钢的晶界腐蚀，怎样防止?

答：奥氏体不锈钢的晶界腐蚀是钢的晶粒边界受到腐蚀的一种腐蚀破坏形式，它的特点是腐蚀沿晶界深入到金属内部，并使钢材的机械强度显著下降，严重者可失去金属声，稍受力即沿晶界断裂。所以晶界腐蚀是一种危害性极大的腐蚀破坏。

奥氏体不锈钢产生晶界腐蚀的原因是，不锈钢在450～850℃的危险温度范围停留一定时间后，钢中晶粒内多余的碳很容易扩散到晶界上，与铬结合形成碳化铬（$Cr_{23}C_6$），并沿晶界析出，造成固溶体的晶界上发生贫铬现象，而使不锈钢铬含量降至能耐腐蚀的下限（13%）以下，因而使金属丧失了抗腐蚀性能。

不锈钢中的碳含量越高，碳向晶粒表面扩散的倾向就越大，晶粒边界上的铬含量也就越缺乏，所以，2Cr18Ni9 钢的晶界腐蚀倾向比 1Cr18Ni9 钢要大得多。

消除铬镍奥氏体不锈钢晶界腐蚀的一般常用方法是：采取固溶处理或添加稳定碳化物的元素，另外还可采取稳定化热处理等措施。

固溶处理就是将钢加热至高温并以较快的速度冷却，一般加热至 1050~1100℃，使钢中所有的碳都溶入奥氏体固溶体，而以足够快的速度将这种状态固定下来（水冷），便可获得均一的固溶体。经固溶处理的奥氏体不锈钢，具有高的耐腐蚀性能，对于不含钛或铌的铬镍奥氏体钢，固溶处理是防止晶界腐蚀的重要手段。

添加稳定碳化物元素就是向钢中按比例地添加与碳亲和力比铬大的钛、铌、钽等元素，使它们与碳结合成稳定的碳化物，而不形成碳化铬，含有这些元素的钢，即称为稳定化钢。

稳定化热处理就是将钢加热至 820~850℃，让集聚在碳化物附近的铬进行扩散使之均匀化，力求把析出碳化物的害处限制在最小限度内。

除铬镍奥氏体不锈钢会产生晶界腐蚀外，高铬铁素体不锈钢也会产生晶界腐蚀。高铬铁素体产生晶界腐蚀的温度大于900℃。

第六章　热轧车间管理

242. 热轧车间管理的主要内容有哪些？

答：热轧车间管理就其业务范围来说，大致可以归纳为：计划管理、生产管理、质量管理、技术管理、设备管理、物资管理、劳动管理、财务管理、劳动保护工作、环境保护工作、能源利用与管理、职工培训工作及思想政治工作等。

计划管理包括编制计划、调整计划和检查计划执行情况，使车间现有的人力、物力与财力得到最合理的组织和利用；同时，按照“以销定产”的精神，根据用户和市场需要的变化，及时调整计划，不断进行综合平衡，保证各工序的衔接、配合，以保证车间各项技术经济指标的完成。

生产管理是对车间生产过程的组织、指挥与调度。其任务是根据车间的生产计划，科学、合理地组织生产，核算生产能力，编制与执行作业计划，通过有效的指挥和调度活动，防止与消除各生产环节之间的脱节、失调或中断现象，保证生产均衡进行。

质量管理是在产品设计、物资技术准备、确定工艺与加工制造、产品包装、产品销售及售后服务的全过程中，严格执行质量标准，加强检查和检验，运用数理统计方法全面预防与控制影响产品质量的各个因素，保证产品的质量要求，并且根据用户使用要求、意见，不断研究和改善产品的质量标准。

技术管理是充分利用现有的物质技术条件，科学地组织车间的各项技术活动，不断研究与采用新技术、新工艺，试制新产品，加强科技信息化工作、技术基础工作，提高车间生产技术水平。

设备管理是根据车间产品生产的安排和要求，合理地配置、使用与保管企业的机器设备。在使用过程中，加强计划修理与日常维护保养，以此来提高设备的完好率，延长设备使用寿命，同时进行设备改造与更新，有效地提高各设备的能力。

物资管理指有计划地组织供应车间生产所需的原料、材料、燃料、动力和工具等生产资料，并通过先进的技术方法以及合理的定额，指导与控制各生产环节降低消耗与节约资金。

劳动管理(即劳动工资管理)指科学合理地组织和调配、使用劳动力,加强定额、定员、劳动保护和劳动竞赛等工作,充分发挥劳动者的生产积极性,同时通过多种培训方式,帮助职工掌握先进技术操作方法和管理方法,从而有效地提高企业劳动生产率。

财务管理（即成本财务管理）指通过对成本与财务计划的编制、贯彻执行和检查分析，通过系统严格的经济核算与经济活动分析，促进改善经营管理，以尽可能少的人力、物力和财力，取得最大的经济效果。

上述几项管理内容是密切联系、相互保证、相互促进、相互制约的，并通过信息化管理手段实现现代化管理。计划管理在整个车间管理中居于首位，它平衡车间的经济技术指标，通过指标体系把各项管理部分有机地联系起来，从而给其他各项管理提出了相应的任务和要求。生产管理是直接组织生产过程的，对于保证按计划实现均衡生产产品这个中心任务，具有重要意义，它是车间管理的中心。质量管理是整个车间管理的关键，因为只有产品质量良好，适合用户需要，才是有意义的，否则，一切生产活动都是无价值的。

243. 全面质量管理的原理是什么？

答：全面质量管理的定义是：为了能够在最经济的水平上并考虑到充分满足顾客要求的条件下进行市场研究、设计、制造和售后服务，把企业内各部门的研制质量、维持质量和提高质量的活动构成为一体的一种有效的体系。

全面质量管理的基本原理表现为以下几个方面：

（1）“质量控制”（Quality Control）这一短语中，“质量”

一词并不具有绝对意义上的“最好”的一般含义。质量是指“最适合于一定顾客的要求”。这些要求是：1）产品的实际用途；2）产品的售价。

（2）在“质量控制”这一短语中，“控制”一词表示一种管理手段，包括4个步骤：1）制订质量标准；2）评价标准的执行情况；3）偏离标准时采取纠正措施；4）安排改善标准的计划。

（3）影响产品质量的因素可以划分为两大类：1）技术方面的，即机器、材料和工艺；2）人方面的，即操作者、班组长和公司的其他人员。在这两类因素中，人的因素更为重要。

（4）全面质量管理是提供优质产品所永远需要的优良的产品设计、加工方法以及认真的产品维修服务等活动的一种重要手段。

（5）质量管理的基本原理适用于任何制造过程，由于企业行业、规模的不同，方法的使用上略有不同，但基本原理仍然是相同的。方法上的差别可概括为：在大量生产中，质量管理的重点在产品；在单件小批量生产中，质量管理的重点在控制工序。

（6）质量管理贯穿于工业生产过程的所有阶段。首先是向用户发送产品，并且进行安装和现场维修服务。

（7）要有效地控制影响产品质量的因素，就必须在生产或服务过程的所有主要阶段加以控制。这些控制就叫质量管理工作（Job of quality control），按其性质可分为4类：1）新设计控制；2）进厂材料控制；3）产品控制；4）专题研究。

（8）建立质量体系是开展质量管理工作的一种最有效的方法与手段。

（9）质量成本是衡量和优化全面质量管理活动的一种手段。

（10）在组织方面，全面质量管理是上层管理部门的工具，用来委派产品质量方面的职权和职责，以达到既可免除上层管理部门的琐事，又可保留上层管理部门确保质量成果令人满意的手段的目的。

(11) 原则上，总经理应当成为公司质量管理工作的“总设计师”，同时，他和公司其他主要职能部门还应促进公司在效率、现代化、质量控制等方面的发挥。

(12) 从人际关系的观点来看，质量管理组织包括两个方面：1）为有关的全体人员和部门提供产品的质量信息和沟通渠道；2）为有关的雇员和部门参与整个质量管理工作提供手段。

(13) 质量管理工作必须有上层管理部门的全力支持。如果上层管理部门的支持不够热情，那么，向公司内其他人宣传得再多也不可能取得真正的效果。

(14) 在全面质量管理工作中，无论何时、何处都会用到数理统计方法，但是，数理统计方法只是全面质量管理中的一个内容，它不等于全面质量管理。

(15) 应该认真地在公司的范围内逐步开展全面质量管理活动。明智的做法是，选择一两个质量课题加以解决并取得成功，然后按这种方式一步一步地实施质量管理计划。

(16) 全面质量管理工作的一个重要特征是，从根源处控制质量。例如，通过由操作者自己衡量成绩来促进和树立他对产品质量的责任感和关心，就是全面质量管理工作的积极成果。

244. 质量管理的意义是什么？

答：车间质量管理的意义在于：

(1) 提高产品质量；

(2) 改善产品设计；

(3) 加速生产流程；

(4) 提高员工的工作热情和增强质量意识；

(5) 改进产品售后服务；

(6) 提高市场的接受程度；

(7) 降低经营质量成本；

(8) 减少经营亏损;

(9) 降低现场维修成本;

(10) 减少责任事故。

245. 质量管理常用的统计方法有哪些?

答: 反映质量情况的数据,是对质量状态作出正确判断和采取改进措施的依据。没有数据,就没有准确的质量概念。搞全面质量管理,要不断采取措施改进质量,为了采取正确的措施,必须根据正确的数据作出正确的判断。用数据说话,是尊重客观、实事求是的科学态度和科学方法的表现。

全面质量管理运用了许多科学的统计方法,常用的统计方法有以下 7 种:

(1) 直方图(频数分布直方图):将取得的产品质量特性数据用直方图表示分布情况。

(2) 排列图(主次图、巴氏图):将产品的各种质量问题按其主次排列表示。

(3) 因果图(特性要因图、树枝图、鱼刺图):将产品质量问题的各种原因及影响途径与结果联系起来表示。

(4) 相关图(散布图):分析研究两种数据之间关系的坐标表示图。

(5) 管理图(控制图):判定工程是否稳定的动态坐标图。

(6) 调查表:调查、统计生产过程中的有关数据。

(7) 分层法:将取得的数据分类进行研究。

值得指出的是,现有用于统计分析的计算机软件能够根据人们的需要,按必要的实测数据,很方便地计算出各种结果并能绘制出各种统计图表。

246. 什么是直方图,怎样用直方图分析热带钢质量?

答: 在热轧生产中,为了弄清产品质量(如热带钢厚度)分布情况,我们可以实测一批带钢,获得一批质量数据,将测得的带钢厚度从小到大分成几段，统计每段范围内厚度的个数，然后用直观的方块图形表示出来，这种表示质量分布情况的图形就是直方图，也叫频数分布图或质量分布图。图 6-1 是热轧窄带钢厚度直方图，横坐标为厚度尺寸，纵坐标为频数，即各个厚度尺寸段出现的次数。

直方图是从尺寸分布情况来分析质量问题的，可以帮助我们分析质量分布是否符合要求，是否出现异常的情况，判断生产是否可以进行下去，它是一种常用的质量管理工具。

现用一个例子说明直方图的画法：

（1）测定数据。现从某热轧窄带钢车间的 3.5mm × 165mm 带钢卷产品中抽样 100 根，测量其厚度尺寸，测得的数据按测量顺序记录下来（表 6-1）。

表 6-1 实测厚度尺寸（mm）

数据（100 个，每行 10 个）									
3.56	3.46	3.48	3.50	3.42	3.43	3.52	3.49	3.44	3.50
3.48	3.56	3.50	3.52	3.47	3.48	3.46	3.50	3.56	3.38
3.41	3.37	3.47	3.49	3.45	3.44	3.50	3.49	3.46	3.46
3.55	3.52	3.44	3.50	3.45	3.44	3.48	3.46	3.52	3.46
3.46	3.48	3.32	3.40	3.52	3.34	3.46	3.44	3.30②	3.46
3.59	3.63	3.59	3.47	3.38	3.52	3.44	3.48	3.31	3.46
3.40	3.54	3.46	3.51	3.48	3.50	3.68①	3.60	3.46	3.52
3.48	3.50	3.56	3.50	3.52	3.46	3.48	3.46	3.52	3.56
3.52	3.48	3.46	3.45	3.46	3.54	3.54	3.48	3.49	3.41
3.41	3.45	3.34	3.44	3.47	3.47	3.41	3.48	3.54	3.47

①最大值；②最小值。

（2）整理数据，列出频数表。将数据按大小顺序（从小到大）进行整理，划分几个厚度尺寸段（组），统计各段（组）内的尺寸个数，得到如表 6-2 所列的频数表。这里，频数是某厚度尺寸段内尺寸出现的个数。

表 6-2 频数表

组 号	尺寸范围/mm	代表值/mm	频数记录	频 数
1	3.275 ~ 3.325	3.30	下	3
2	3.325 ~ 3.375	3.35	下	3
3	3.375 ~ 3.425	3.40	正正	9
4	3.425 ~ 3.475	3.45	正正正正正正丅	32
5	3.475 ~ 3.525	3.50	正正正正正正正下	38
6	3.525 ~ 3.575	3.55	正正	10
7	3.575 ~ 3.625	3.60	下	3
8	3.625 ~ 3.675	3.65	一	1
9	3.675 ~ 3.725	3.70	一	1

频数表中，尺寸分为 9 组（段）。分组时，要考虑不让测得的尺寸数据漏掉，并使以后画出的直方图不致因分组不当而出现折齿形。分组的方法如下：

步骤 1：找出 100 个厚度数据的最大值 X_{max} 和最小值 X_{min}，求全体数据的分布范围 R：

$$R = X_{max} - X_{min} = 3.68 - 3.30 = 0.38$$

步骤 2：确定组数（分段数）k。组数 k 是后面作直方图的块数，不要过多，也不能太少，可参考表 6-3 来确定。

表 6-3 数据个数与分组数

数据个数（n）	分组数（k）	数据个数（n）	分组数（k）
50 以内	5 ~ 7	100 ~ 250	7 ~ 12
50 ~ 100	6 ~ 10	250 以上	10 ~ 20

暂假定分组数 $k = 10$，然后用 k 去除范围 R，得到每组尺寸的范围（组距）h：

$$h = \frac{R}{k} = \frac{X_{max} - X_{min}}{k} = \frac{0.38}{10} = 0.038$$

考虑分组方便，将上述 h 值修改为0.05，即以 $h=0.05$ 作为正式分组的组距（每组的范围）。从最小厚度尺寸开始，考虑不漏掉一个数据，设第一组的尺寸范围为3.275～3.325（因最小厚度是3.30），依次按每组尺寸范围0.05将组数分下去，得第二组及以后各组尺寸范围为：3.325～3.375，3.375～3.425，……总共分得9个组别，即实际组数 $k=9$。

分好组后，就可统计各组范围内实测厚度尺寸的个数（频数），用划“正”字的方法一一进行统计，这样可得到频数。

（3）作直方图。作出表6-2所示的频数表，从表中可以看出每组尺寸出现的次数。为了更直观，画成直方图，如图6-1所示。图中，横坐标表示厚度尺寸大小（分成9组），纵坐标表示每组尺寸出现的次数（频数）。

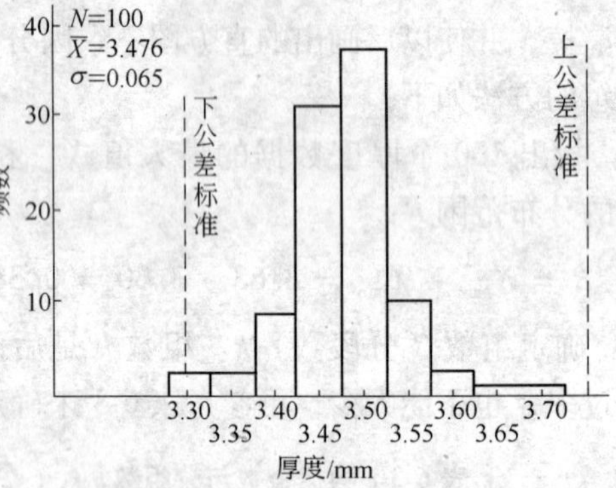

图6-1　热轧窄带钢厚度直方图

直方图是表示一批成品质量分布情况的，使用直方图分析质量可从两个方面进行：

（1）看形状是否正常。作出直方图后，首先观察分布形状是属于正常型，还是异常型。正常型的直方图，图中有一个峰，左右两面大体上是对称分布的，像折齿状、分立小岛型、双峰型、偏峰型和峭壁状直方图都属于异常型。如果是异常型直方图，应判别它是属于哪类异常，以便分析原因，采取措施。

(2) 看范围是否超差。将直方图和标准公差比较，看是否在公差范围内。

247. 什么是排列图（又称主次因素分析图）？

答：在质量管理工作中，往往遇到产品种类或问题较多的情况，而产生每种缺陷的原因又是多种多样的。这时，我们要分析什么是影响质量的主要缺陷或问题，究竟从何处着手才是解决问题的捷径？用排列图，就能够简便地分析出哪个缺陷或问题是影响质量的主要因素。

在产品质量管理中，把影响产品质量的各种缺陷、问题（或原因），按其不同类别整理出数据，然后将数据按不合格品数目多少（或金额多少）顺次排列作图，以直观的柱条形长短及其累计频率（百分比），用折线来表明影响质量的关键所在，这种图叫排列图，又称主次因素分析图，其形式如图 6-2 所示。

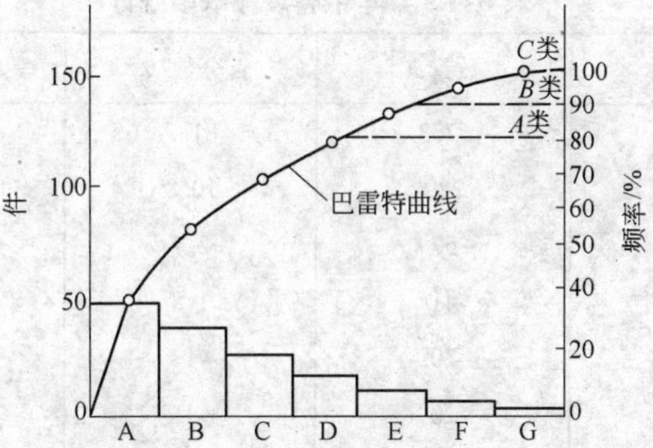

图 6-2 排列图

排列图中一般有两个纵坐标，一个横坐标，以及在横坐标上的几个直方条和一条曲线（或折线）。左边的纵坐标表示频数（或数量、金额等），右边的纵坐标表示频率，即不合格品的累计百分数。有时为了方便，也可把两个纵坐标都画在左边。横坐标表示影响质量的各种因素，一般按影响质量因素的主次，从左至右顺序排列。直方条高度表示某个因素影响的大小，曲线表示各影响因素大小的累计百分数，这条曲线就称巴雷特（巴氏）曲线。

按排列图的习惯用法，通常将累计百分数分为三类：0～80%为*A*类因素，显然是主要因素，即图6-2上A、B、C、D 4个因素；80%～90%为*B*类因素，是次要因素，即图6-2上E、F两个因素；90%～100%为*C*类因素，是一般因素，即图6-2上G因素。

248. 如何绘制排列图?

排列图作法和步骤如下：

（1）收集一定时间内的数据，并把收集的数据进行分层，计算出各因素的频数。某热轧带钢车间在一年内的带卷废品统计见表6-4。

表6-4 某年带卷废品缺陷统计

废品名称	数量/t	百分数/%	累计百分数/%
轧　损	1733	81.7	81.7
公　差	229	10.8	92.5
鳞　层	57	2.7	95.2
用户退料	41	1.8	97
弯　曲	20	1	98
松　卷	20	1	99
其　他	22	1	100
总　计	2122	100	

（2）画坐标。左边是废品数量，右边是累计百分数。计算方法如下：

$$某种废品占废品总数的百分比=\frac{某种废品量}{废品总数}\times 100\%$$

如：

$$轧废的百分比 = \frac{1733}{2122} = 81.7\%$$

累积百分比等于按大小顺序排列的各个废品百分比之和。

(3) 作直方形的图。按各类原因造成的废品数量，依次在横坐标上注明相应的报废原因，并用直方形表示，如图 6-3 所示。

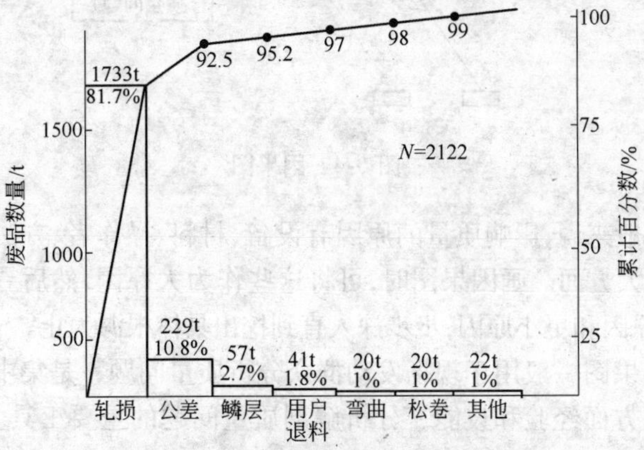

图 6-3　热轧带卷废品缺陷分析排列图

(4) 画巴氏曲线。按右边纵坐标的比例，画出每个报废原因的累计百分比坐标点，并连接起来，成为一条由左向右逐渐上升的曲线，即巴氏曲线。

(5) 分别注明数据的日期、统计总数、绘制者姓名及供参考的事项等。

从图 6-3 看出，该热轧带钢车间带卷质量的主要影响因素是轧损和公差。这是解决质量问题的关键所在，从而应积极采取措施来改善带卷的质量。在采取措施前后均画出排列图以示对比，验证其效果。

249. 什么是因果图，怎样绘制？

答： 因果图是寻找造成质量问题原因的简便而有效的方法之一。它的形状像树枝和鱼刺，是以结果作为特征，以原因作为因素，在它们之间用箭头联系起来。其形状如图 6-4 所示。

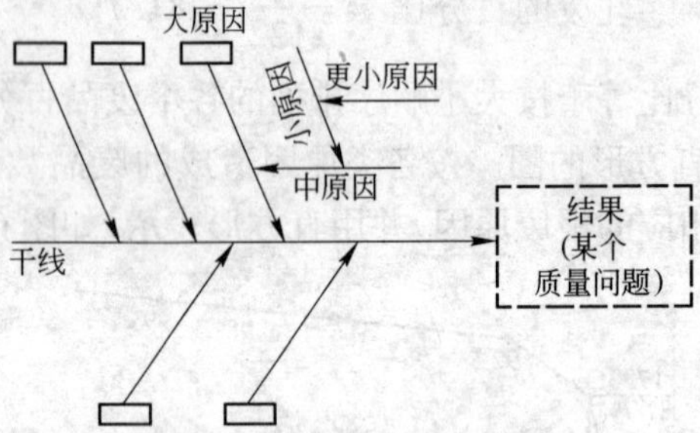

图 6-4　因果图

一般来说,影响质量的原因有设备、材料、操作者、方法和环境条件 5 大方面。画因果图时,可将这些作为大原因,然后寻找中原因、小原因和更小原因,步步深入直到挖出具体根源为止。

因果图一般用于现场发动群众分析质量问题，是集中群众智慧和各方面经验和技能、分析解剖质量问题的重要工具。图 6-5

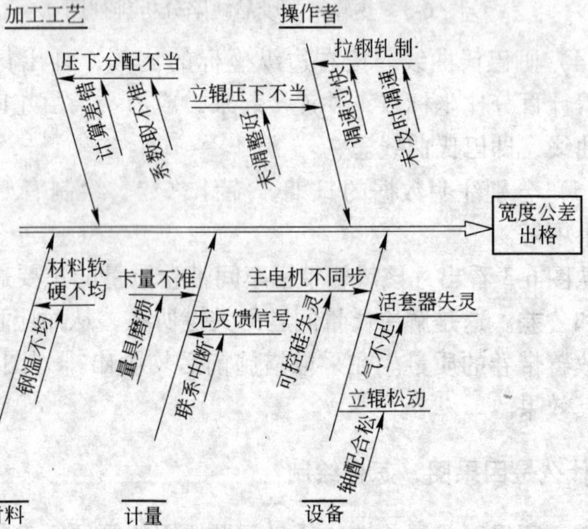

图 6-5　热轧长带钢的宽度公差因果图

是某热轧带钢车间热轧长带钢的宽度公差特性因果图。图中清楚地揭示了原因和结果之间的关系。大原因是操作者、原料、加工工艺等。从图中可以看出，由于几个主要原因的影响，形成了带钢的宽度公差。

画因果图时一般要注意以下几点：

（1）召集了解情况的人员参加，充分发扬技术民主，让大家从不同的角度来深挖原因，发表见解，有争论的要一一记录，不要急于做结论。

（2）在整理归纳各种原因时，要主次分明，层层深入。经分析确定主要原因后，可用方框画出，以引起注意。

（3）画图和定出主要原因后，要到现场验证。

（4）制订措施，改进以后再用排列图等检查其实际效果。

250. 什么是相关图，怎样绘制？

答：在生产中常常涉及两个测定值之间的关系，如张力与压力、废品与成材率、钢的淬火温度与硬度等。我们把测量得到的两种数据之间的关系用图形来表示，该图称为相关图，也叫散布图。这两种数据之间的关系为不完全确定的关系（称为相关关系）。绘制相关图的目的在于确定两种数据之间的密切程度。如果相关程度很大，则可直接控制其中一种因素（数据）代替控制另一种因素（数据），从而达到简便或节约的目的。

图 6-6 是几种典型的相关图，其中 a 为正相关，即 x 增加，y 的趋势也是增加，如产量与利润的关系；b 为负相关，即 x 增大时，y 的趋势是减小，如张力与轧制力的关系；c 是完全相关，即 x 与 y 之间有确定的函数关系，相关图呈一直线，如轧制力与机座弹跳量的关系；d 是不相关，即 x 与 y 完全无相关关系；e 是曲线关系，即 x 与 y 之间的关系不是线性关系，如钢的淬火温度与硬度的关系。

相关图作法如下：

（1）将需要研究的两种数据采集 30～100 组，列入数据表，

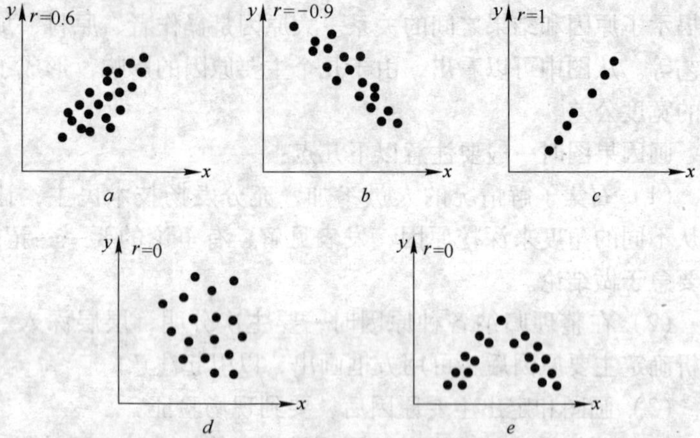

图 6-6 几种相关图

将对应的数据分别设为 x、y，x 为要因，y 为特性。

（2）求数据 x、y 各自的最大值和最小值，在坐标纸上画出纵坐标轴与横坐标轴。

（3）将数据在图上用坐标点表示出来，有两组数据完全相同，则该点用●表示。

（4）写上数据个数、采集时间、工序名称及制作人员姓名和日期等。

251. 什么是钢铁企业的信息化管理，其内容是怎样的？

答：所谓钢铁企业的信息化管理，就是指以计算机数字技术为核心，网络通讯技术为手段，精确的数学模型为基础，实现物资流、资金流、信息流高效准确地运转，从而对钢铁生产经营活动实现全过程、全系统的最优控制，使企业获取最大的经济效益和社会效益。简单地说，就是以数字技术来覆盖整个钢铁企业运行的过程，从而实现最大的经济效益和社会效益。

具体而言，钢铁企业的信息化管理的基本内容主要是：钢铁工业生产过程的自动化、智能化和管理的信息化。钢铁企业的管理信息化包括：管理信息系统、企业的决策支持系统（DDS）和专家系统（ES）、企业资源计划（ERP）、客户关系管理（CRM）、供应链管理（SCM）和管控一体化系统等现代管理模式以及电子商务业务。钢铁工业生产过程的自动化、智能化则包括全面采用数字控制技术、多样化的操作控制方式、一体化技术、智能控制技术和大量的数字化的数学模型等。

252. 钢铁企业管理信息化实现的途径是什么？

答：钢铁企业管理信息化的实现，必须大力加强自动化系统软、硬件装备的研制开发，重点发展生产过程自动化、工艺智能化和管理信息化技术。具体而言，体现在以下几个方面：

（1）继续提高基础自动化水平，支持新一代基础自动化装备的产业化建设，降低基础自动化装备成本，大力提高过程自动化水平。

生产过程自动化是实施现代先进工艺的重要关键手段和保障条件。加强数学模型的开发创新，因为工艺数模的研究，会使过程计算机的效能得到更好的发挥，提高生产过程自动化系统的水平。

（2）结合常规模型，加强智能技术研究。在钢铁工业中，智能技术的应用涉及到整个过程的每一工序和企业管理的方方面面。生产工艺过程和市场策划营销的复杂性，使得钢铁智能控制技术的研究开发与应用更加具有重要意义。我们应该鼓励开展智能技术在系统设定与控制中的研究开发与应用，使智能控制技术与数模结合，提高控制精度；开展智能技术在质量检测与设备诊断问题中的研究开发和应用，实现专家知识共享，判断标准化，不断积累经验，建立高水平设备状态诊断系统；鼓励智能系统软件工具和平台的研究开发与应用，以及引进系统的二次开发，为广泛开展工艺控制和管理智能化应用软件的开发创造条件；鼓励智能化成套工艺装备的国产化研究开发和产业化。

（3）大力应用电子信息技术，提高企业管理水平。企业管理现代化与信息化是增强企业市场竞争力的关键手段和保障条件。我们应该继续鼓励钢铁企业的 CIMS、MIS 和 ERP 技术的研究开发与应用，支持钢铁行业信息系统的深层开发和完善工作；鼓励企业综合信息网络方案的研究开发与应用，改造企业现有管理计算机网、有线电视网、电话网，使之升级为现代信息网络，与国家公共信息网络以及国际互联网络接通；鼓励企业管理信息模型的研究和数据库的建设，改造、重构旧数据库，真正实现数据共享，同时注重数据采集、知识发现等项目的研究开发与应用；鼓励钢铁企业现代管理模式、功能模型、管理重组与方法的研究，包括市场营销、生产计划、调度、产品质量管理、物料资源管理、设备维修管理、财务管理等应用软件包的研究、开发和商品化；继续开展企业资源计划 ERP 的研究开发与应用，实现企业的物流、资金流、信息流的最佳匹配，更好地实现高质、低耗、高效率和高效益，增强市场竞争力。其中开发与推广新技术项目包括冶金行业信息网络建设及宏观调控信息支持系统、企业管控一体化系统（CIMS）、企业综合信息网络系统、企业数据库系统、企业信息管理软件包等。前沿技术有企业决策支持系统，多媒体、可视化、虚拟技术，管控一体化信息集成平台，企业现代化管理模式、功能模型、管理重组与方法的研究，企业供应销售电子商务系统等。

（4）建立高速控制系统。随着计算机控制系统控制范围的进一步扩大，要加强第三级生产控制级，以协调炼钢、连铸和热轧的生产；随着产品厚度越来越薄，对板形控制、自由轧制以及层流冷却等特殊要求，特别是既要加强除鳞保证表面质量，又要防止温降过大影响薄规格产品的生产，必须提高计算机的控制功能；采用光纤提高通讯网的传输带宽和速度，为企业数据通讯、工业电视与计算机控制系统合二为一创造条件；加强诊断系统解决故障的能力；采用国际标准总线结构、开放式操作系统和国际通用软件，提高系统的开放性。最终提高轧钢过程自动化高速控制能力和高速通讯能力。

除了以上 4 个方面外，加强通用硬件与软件的产业化、优化控制软件包这两方面的内容也是数字钢铁实现途径的重要内容。

253. 怎样做到安全生产？

安全生产是企业管理的一项重要任务。安全的含义有两个方面：一是人身安全，二是设备安全。安全生产就是工人在从事劳动生产过程中，保护好自己的安全和健康，采取各种办法消除危害工人安全、健康和影响生产正常进行的因素，使工人有一个既安全又卫生的工作环境，使机器设备等经常保持正常运行，以促使劳动生产率的不断提高。

企业领导和生产管理人员，在负责组织生产时要负责安全工作，在计划、布置、检查、总结生产工作时，要布置、检查和总结安全工作，坚决纠正把生产与安全对立起来的错误观点。小组与个人都要有安全生产责任制，做到“安全生产，人人有责”。班组长管生产，也应对本班组的安全负责。

开展安全生产教育，内容包括三个方面：经常性的安全生产教育；新工人和调动新工作岗位工人的三级安全教育；特殊危险工种工人的教育。安全生产要经常检查，通过检查互相促进，并做到及时发现问题，消除不安全因素，堵塞漏洞，保证安全生产。

安全技术操作规程，是每一个工人在生产中为了预防事故必须严格遵守的操作规程。安全技术操作规程反映了客观规律，是根据不同的生产性质、不同的机械设备性能，规定出合乎安全技术要求的操作程序。贯彻执行这个规程，就能达到不出事故的目的。因此，每一个操作工都要认真学习，严格执行各种安全技术规程，如生产工艺的安全要求、人的操作和设备安全上的要求等。

班组在安全生产中应做好下列工作：

（1）要教育、督促和检查工人自觉贯彻执行安全生产方面的各项规章制度，制止违章作业。

（2）积极参加车间、厂各种安全生产活动，及时向上级反映安全生产情况，查隐患，主动提出改进安全生产的措施。

（3）正确佩戴个人防护用品。

（4）保持工作现场整洁，工作完后坚持清扫场地，关闭水、电、油、汽开关，并把当班情况向下班交代清楚。

254. 热轧带钢的计算机控制功能有哪些？

带钢热轧生产是目前应用计算机控制最为成熟的一个领域，其控制范围包含了整个生产过程，从加热炉入口，甚至从连铸出口开始到成品库，包括了轧制计划、板坯库管理、数学模型、设备控制和质量控制以及传动（电气及液压传动）数字控制等各个层次，是轧钢自动化领域中最为庞大、最为复杂的控制系统。热轧带钢的计算机控制功能主要包括：

（1）基础自动化控制功能。基础自动化面向机组，面向设备及设备的机构。随着电气传动的数字化以及液压传动的广泛应用，数字传动已逐步与基础自动化成为一个整体。基础自动化控制功能按性质可分为以下几种：

1）轧件跟踪及运送控制。轧件（钢坯、带坯、带钢）的运送是生产工艺所要求的基本功能之一，其基本任务是控制各区段辊道速度及其转停，使轧件以最快速度从加热炉入口运送到加热炉、粗轧、精轧、卷取，并在各区进行加工处理后由运输链运出，但在保证最快速度运送的同时还要保证自动轧钢时前后轧件不相互碰撞，维持一定的节奏。

为了能根据工艺要求对生产线上多根轧件（从加热炉出口到运输链最多可有7~8根轧件）进行运送及顺序控制，基础自动化各控制器需要知道每一根轧件在轧线上的位置及其位置的变化，因此轧件跟踪实质上是协调各程序并获取“事件”的重要程序。轧件跟踪将在基础自动化、过程自动化及生产控制级中分别进行，但各级的要求不同，并都以基础自动化的位置跟踪结果为依据。基础自动化的跟踪实质上是对生产线各轧件的位置及其变化进行跟踪，并为顺序控制提供“事件发生”信号（热金属检测器由OFF变为ON或由ON变为OFF都称作为一个事件）。基础自动化的位置跟踪结果将上送过程自动化。

过程自动化的跟踪实质上是对各轧件的数据进行跟踪,以使数据和轧件能对号设定计算和自学习,同时亦利用一些“事件”来启动某些程序的投入。生产控制的跟踪将用于质量控制及报表打印。

2）顺序控制和逻辑控制。逻辑控制是生产过程自动化的基本内容之一。实际上，基础自动化的所有控制功能都含有一定的逻辑功能，包括功能的连锁、功能执行或停止的逻辑条件等，因此每一个功能都将存在逻辑部分和控制部分两个部分。除此之外，根据工艺需要将设置一些只包括逻辑部分的顺序控制功能，主要是炉区及粗轧区辊道的运转（自动加速、稳速、减速以及反转）的顺序控制。

3）设备控制。设备控制包括设备的位置控制和速度控制，包括轧机辊缝定位、侧导板定位、窜辊位置控制、推钢机行程控制、主传动速度控制等，还包括弯辊装置的恒压力控制。全生产线有上百个设备控制回路，因此可以说设备控制是最基本的控制功能。设备控制接受过程自动化级数学模型计算所得的各项设定值（辊缝、速度、弯辊力等），对各执行机构进行位置和速度整定，在半自动状态下则接受操作人员通过人机界面输入的设定值并进行位置和速度整定。随着电气及液压传动的数字化，设备控制将逐步由数字传动控制承担。

4）质量控制。对带钢热连轧来说，质量控制包括：厚度控制、终轧温度控制、卷取温度控制（包括冷却速度控制）、宽度控制、板形控制、表面质量控制。

过程自动化设定模型的主要任务是对各执行机构的位置、速度进行设定，以保证带钢头部的厚度、温度、板形质量。而质量控制功能则用于保证带钢全长的厚度、温度、板形等精度。

（2）过程自动化控制功能。过程自动化面向整个生产线,其中心任务是对生产线上各机组和各个设备进行设定计算,为此其核心功能为对粗轧、精轧机组负荷进行分配(包括最优化计算)及数学模型的预(报)估。为了实现此核心功能,过程控制计算机必须设有板坯(数据)跟踪、初始数据输入、在线数据采集以及模型自学习等为设定模型服务及配套的功能。热连轧过程自动化控制的主要功能是精轧机组的厚度设定数学模型和板形设定数学模型,设定值计算后下送基础自动化,由设备控制功能执行。

（3）生产控制级功能。生产控制级主要完成生产计划的调整和发行，生产实绩的收集、处理和上传给生产管理级，对板坯库、钢卷库、成品库进行管理，以及进行产品质量控制等任务。

（4）生产管理级。生产管理级主要完成合同管理、生产计划编制、各生产线的相互协调、按合同申请材料、将作业计划下发给生产控制级、收集生产控制级的生产实绩、跟踪生产情况和质量情况、组织成品出厂发货以及财务管理等任务。

为了更好地说明过程自动化与基础自动化各功能间的关系，以及各相关功能间的关系，图6-7给出了带钢热连轧计算机控制主要功能总框图。

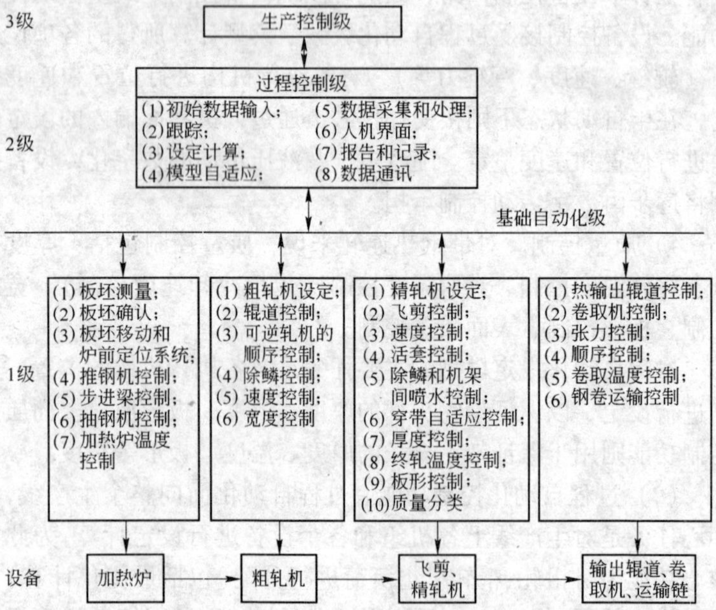

图6-7　带钢热连轧计算机系统的功能

参 考 文 献

1 中国金属学会热轧板带学术委员会．中国热轧宽带钢轧机及生产技术．北京：冶金工业出版社，2002
2 贾耀卿．常用金属材料手册（上）．北京：中国标准出版社，2000
3 黄华清．轧钢机械．北京：冶金工业出版社，1980
4 赵志业．金属塑性变形与轧制理论（第2版）．北京：冶金工业出版社，1999
5 王廷溥．轧钢工艺学．北京：冶金工业出版社，1996
6 邹家祥．轧钢机械（第3版）．北京：冶金工业出版社，2000
7 金兹伯格 V B．高精度板带材轧制理论与实践．姜明东，王国栋等译．北京：冶金工业出版社，2000
8 刘文，王兴珍．轧钢生产基础知识问答（第2版）．北京：冶金工业出版社，1997
9 张景进．热连轧带钢生产．北京：冶金工业出版社，2005
10 韩尧坤，王春铭等．现代热轧板带钢生产技术．沈阳：东北大学出版社，1993
11 刘玠，孙一康．带钢热连轧计算机控制．北京：机械工业出版社，1997
12 王廷溥．板带材生产原理与工艺．北京：冶金工业出版社，1995
13 曲克．轧钢工艺学．北京：冶金工业出版社，1991
14 滕长岭．钢铁产品标准化工作手册．北京：中国标准出版社，1999
15 冶金工业部信息标准研究院标准研究部．钢板及钢带标准汇编．1998
16 刘天佑．钢材质量检验．北京：冶金工业出版社，1999